网络空间安全技术丛书

数据安全实践

能力体系、产品实现与解决方案

DATA SECURITY PRACTICE

Capability System,
Product Implementation,
and Solutions

张黎 魏园 岑峰 著

图书在版编目（CIP）数据

数据安全实践：能力体系、产品实现与解决方案 / 张黎，魏园，岑峰著 . —北京：机械工业出版社，2024.6
（网络空间安全技术丛书）
ISBN 978-7-111-75433-6

Ⅰ. ①数… Ⅱ. ①张… ②魏… ③岑… Ⅲ. ①数据处理－安全技术 Ⅳ. ① TP274

中国国家版本馆 CIP 数据核字（2024）第 061943 号

机械工业出版社（北京市百万庄大街 22 号 邮政编码 100037）
策划编辑：杨福川　　　　　　责任编辑：杨福川　罗词亮
责任校对：郑　雪　刘雅娜　　责任印制：郜　敏
三河市国英印务有限公司印刷
2024 年 6 月第 1 版第 1 次印刷
186mm×240mm・21.25 印张・444 千字
标准书号：ISBN 978-7-111-75433-6
定价：99.00 元

电话服务
客服电话：010-88361066
010-88379833
010-68326294

网络服务
机　工　官　网：www.cmpbook.com
机　工　官　博：weibo.com/cmp1952
金　　书　　网：www.golden-book.com
机工教育服务网：www.cmpedu.com

Preface 前　言

为何写作本书

当今世界，云计算、大数据、5G、人工智能、区块链、量子科技等新一代信息通信和数字技术日新月异，正在向政治、经济、文化、社会、军事等领域全面渗透，推动各行各业朝着数字化、网络化、智能化方向加速转型，世界已进入以数据驱动、平台支撑、普惠共享为主要特征的数字文明新时代。

数据是数字技术大规模应用的产物，是数字经济发展的新兴生产资源，具有明显的商品属性，可以被采集、加工、流转、使用，可以通过市场进行配置，它作为新型生产要素的价值和地位已经得到我国政府的认可。

2022 年 12 月，《中共中央　国务院关于构建数据基础制度更好发挥数据要素作用的意见》(以下简称“数据二十条”）发布。“数据二十条”要求，“以维护国家数据安全、保护个人信息和商业秘密为前提，以促进数据合规高效流通使用、赋能实体经济为主线，以数据产权、流通交易、收益分配、安全治理为重点”“充分实现数据要素价值、促进全体人民共享数字经济发展红利”“统筹发展和安全，贯彻总体国家安全观，强化数据安全保障体系建设，把安全贯穿数据供给、流通、使用全过程，划定监管底线和红线”。

2023 年 1 月，工业和信息化部、国家网信办、发展改革委等十六部门发布《关于促进数据安全产业发展的指导意见》，提出：“到 2025 年，数据安全产业基础能力和综合实力明显增强。产业生态和创新体系初步建立，标准供给结构和覆盖范围显著优化，产品和服务供给能力大幅提升，重点行业领域应用水平持续深化，人才培养体系基本形成。”

鉴于数据安全在国家政治安全与经济社会发展中的重要性，为促进社会各界对数据安全的了解，闪捷信息基于在数据安全领域的多年积累，组织行业专家系统梳理了数据安全能力建设的思路和方法，特撰写了本书，希望能够帮助各行各业的数据安全团队轻松应对数据安全能力建设工作。

本书主要内容

本书注重方法论与实践的结合，侧重探讨企业组织在数据安全建设过程中经常关注的问题，从能力体系、产品实现到解决方案的落地，覆盖数据安全能力建设的各个环节。

本书共分为五篇，系统总结了数据安全相关的基础技术、方法论、通用产品、综合方案和典型行业实践案例，旨在为政府部门、行业机构、专家学者、大专院校等开展数据安全相关工作提供参考和借鉴。

第一篇（第 1 ～ 3 章）是数据安全基础技术，介绍了数据安全行业一些常见的技术概念。第 1 章主要是加密、认证等密码学方面的知识。第 2 章是身份认证、授权等访问控制方面的内容。第 3 章则提供人工智能及其安全方面的一些思考。

第二篇（第 4 ～ 7 章）是数据安全能力体系，从数据安全能力框架、数据安全管理措施、数据安全技术措施到数据安全运营，介绍了一些常见方法论，主要阐述当前的数据安全能力建设思路，为后续数据安全方案的设计提供依据。

第三篇（第 8 ～ 12 章）是数据安全产品系列，介绍了目前常见的数据安全产品，涵盖产品的定位、应用场景、基本功能、部署方式、工作原理和常见问题解答。

第四篇（第 13 ～ 16 章）是数据安全综合方案，提供了 4 个比较典型的数据安全综合建设方案，包括政务大数据安全解决方案、工业互联网数据安全方案、数据流转风险监测方案和数据出境安全评估。

第五篇（第 17 ～ 20 章）是数据安全实践案例，分享了 4 个比较典型的数据安全综合案例，介绍了数据安全项目建设中的实施计划、遇到的问题和难点，以及解决思路。

本书读者对象

本书适合以下读者阅读：

- 从事数据安全和数据管理工作的技术人员。
- 从事数据安全运维、运营工作的技术人员。
- 数据安全领域的专家学者。
- 大专院校信息安全相关专业的学生。

勘误

因编者水平所限，如有不当之处，敬请各位业界同人和广大读者批评指正。欢迎将宝贵的意见发送到 datasec@secsmart.com，期待收到广大读者的反馈。

Contents 目　录

第三篇　数据安全产品系列

第四篇 数据安全综合方案

第五篇 数据安全实践案例

第一篇 Part 1

数据安全基础技术

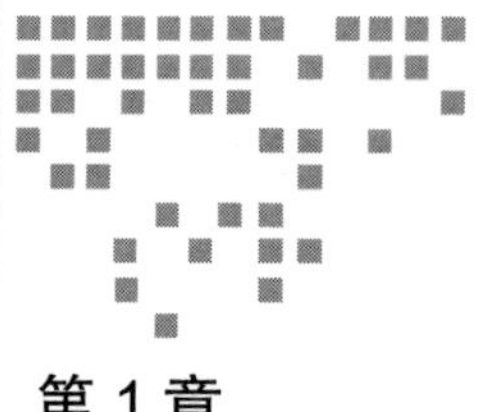

Chapter 1 第1章

密码相关技术

密码技术主要用于让数据在传输和存储时保持一种安全的形态，使得未经授权的人或者计算机无法读取和处理，它可以提供数据的保密性、完整性、可用性、抗抵赖性等保护。密码技术是数据安全保护中最为关键的技术，尤其是其中的加密技术在数据安全领域发挥着核心作用。同时，密码技术也是许多其他数据安全保护技术，如云访问安全代理（CASB）、身份识别与访问管理（IAM）、区块链、安全多方计算等的基础支撑技术。

密码技术主要包括两部分，即基于数学的密码技术和非数学的密码技术，其中基于数学的密码技术包括公钥密码、分组密码、序列密码、消息认证码、数字签名、Hash函数、身份识别、密钥管理等，非数学的密码技术包括信息隐藏、量子密码、基于生物特征的识别技术等。另外，随着技术的发展，也出现了一些基于公钥密码机制的新密码技术，如同态加密。

基于数学的密码技术也就是现代密码技术，其加解密过程及安全性都基于数学难题，除一次一密外的其他密码系统都只具有计算安全性，攻击者只要有足够强的计算能力，就可以破译相关密码。但这类现代密码技术在算法和理论上都是相当成熟的，目前国内有两套算法体系，分别是国际通用密码算法体系和国家密码管理局组织推广的国密算法体系。随着《中华人民共和国密码法》的颁布以及国产替代的推行，国密算法将会在国内重要信息系统及关键基础设施中得到强制应用。但在一些与国际互联互通的系统中，仍然需要沿用国际通用密码算法（尽管国密算法也在向国际上推广）。可以预见，在未来相当长的一段时间内，这两套算法会并存。

在非数学的密码技术中，信息隐藏是一种在网络环境下把机密信息隐藏在大量信息中不让他人发觉的方法，包括图像叠加、数字水印、潜信道、隐匿协议等，其中数字水印在数据确权和溯源过程中有重要应用。量子密码是量子力学与现代密码学相结合的产物，具有对外界任何扰动的可检测性和易于实现的无条件安全性等特点，它的安全性基于量子力学的测不准性和不可克隆性。另外，任何窃取量子的动作都会改变量子的状态，所以一旦存在窃听者，会立刻被量子密码的使用者发觉。目前量子密码方面已有较为成熟的产品，它们主要用于量子密钥的产生与分发。基于生物特征（比如手形、指纹、语音、视网膜、虹膜、脸形、DNA 等）的识别在理论与技术上已有所发展，也形成了一些产品，其中基于指纹或脸形的识别技术已有很多应用，如电子门禁、人脸识别等，其他识别技术由于成本高尚未被广泛应用。

在整个数据生命周期中，数据的加密传输与静态数据的加密存储都已经得到较好的解决，但针对使用中数据的安全保护目前还没有理想的产品化方案，当前业界研究得较为成熟的是同态加密技术。

同态加密技术是基于计算复杂性理论的密码学技术，可以实现对加密数据的处理。对经过同态加密的数据进行处理得到一个输出，将这一输出进行解密，其结果与用同一方法处理未加密的原始数据得到的输出结果是一样的。同态加密可分为单同态加密和全同态加密，前者是指加密算法只满足加法同态或乘法同态，后者指加密算法同时满足加法同态和乘法同态。全同态加密实现了在密文数据上同时进行加法与乘法运算的功能。由于同态加密是公钥加密，直接作用到数据上必然会带来效率低下的问题，因此研究高效的同态加密算法在大数据安全处理中的应用将是未来的主流方向。

1.1　加密算法

密码算法是一组规则，规定了加密和解密的方式。大多数算法是复杂的数学公式，以特定的顺序应用于明文。现今计算机系统中使用的许多密码算法是公开的，并不是加解密过程中需要保密的内容。

提供加密和解密的系统或产品称为密码系统，密码系统既可以是硬件组件形态的，也可以是程序代码形态的。密码系统使用加密算法（决定加密过程的复杂程度）、密钥以及必要的软件组件和协议。大多数加密方法需要使用密钥，这通常是一长串的位（bit），密钥与算法一起对文本进行加密和解密。在整个加解密过程中，密钥需要严格保密。

在加密中，密钥（密码变量）是一个包含大量随机位序列的值。这些位序列并非随意拼凑在一起的。一个算法包含一个密钥空间，密钥空间是一个可用于构造密钥的取值范围。当算法需要生成新密钥时，它会使用来自密钥空间的随机值。密钥空间越大，可用于表示不同密钥的值越多，密钥的随机性越强，就越难被发现。例如，如果一个算法允许密钥长度为 2 位，则该算法的密钥空间大小将为 4（$2^2=4$），这也代表了可能的不同密钥的总数。较大的密钥空间允许更多可能的密钥。(随着硬件算力的提升，密钥的大小也需要不断增长，通常使用256位、512位甚至1024位或更大的密钥。) 512位的密钥大小将提供 2^{512} 种可能的组合（密钥空间)。加密算法应该使用整个密钥空间，并尽可能随机地选择组成密钥的值。

密码学上有一个柯克霍夫原则（Kerckhoffs's Principle）：即使密码系统的所有细节已为人悉知，只要密钥未泄露，它就应当是安全的。

密码算法的分类基于算法和密钥两个因素，目前主要有两种类型，分别是对称加密和非对称加密。对称加密算法在加密过程和解密过程中使用同一个密钥，非对称加密算法则需要使用两个不同的密钥（称为公钥和私钥)，分别用于加密过程和解密过程。

根据加密所用到的算法，对称加密还可以分为两种基本类型：替换和换位（置换)。替换密码用不同的位、字符或字符块替换位、字符或字符块。换位密码不会用不同的文本替换原始文本，而是移动原始值。它对位、字符或字符块的位置重新调整，以隐藏原始含义。

1.2 对称加密

对称加密是密码学算法中的一种，它使用相同的密钥来加密明文和解密密文，或者在两个密钥之间建立简单的转换关系。实际上，密钥代表两方或多方之间的共享秘密，可用于维护私有信息链接。

与非对称加密（也称为公钥加密）相比，对称加密的主要缺点之一是双方都要访问密钥，由于收发数据双方使用同一个密钥对数据进行加密和解密，这就要求密文接收方事先必须知道加密密钥。稍微想一下就会发现，密钥的分发存在极大的安全挑战。泄露密钥就意味着任何人都可以对他们发送或接收的消息进行解密，所以密钥的保密性对通信的安全性至关重要。然而，对称加密目前也有着不可替代的优势。除了一次性密码本之外，其密钥尺寸更小，这意味着更少的存储空间和更快的传输速度，通常更适用于大数据量加密。因此，通常使用非对称加密来交换对称加密的密钥。

对称加密有多种算法，根据对明文消息加密方式的不同，可以分为流密码和分组密码两大类。

1.2.1 流密码

流密码（Stream Cipher）又称序列密码，是一种对称加密算法。流密码算法相对简单，对明文和密钥按位做约定的运算，即可获得密文。其设计原理是采用一个短的种子密钥来生成长的密钥流，然后使用密钥流对明文或密文进行加解密运算。种子密钥的长度较短，易于存储和分发。流密码中最有名的算法是RC4（Rivest Cipher 4)、GSM加密算法和祖冲之序列密码算法（简称 ZUC 算法）。

流密码技术的基础是“一次一密”（One Time Pad，OTP）加密技术。1949 年，信息论之父香农证明了只有 OTP 密码体制才是理论上不可破译且绝对安全的。由 OTP 加密得到的密文要达到无法破解的程度，密钥必须满足以下 4 个条件：

- 密钥完全随机，不能存在某种规律；
- 密钥不能重复使用；
- 通信双方对密钥保密；
- 密钥至少和明文一样长。

在实际应用中，OTP 密码体制由于存在密钥产生、分发和管理极为困难的缺点，应用范围受到限制。例如，OTP 要求密钥至少与明文一样长，而且每次加密都要产生一个极长的新密钥，并保障这个与明文一样长的密钥安全地到达接收方。这样的思路并不实际。长密钥的分发成本很高。而且，既然能安全交换密钥，为什么不直接把明文安全地传输到接收方呢？

流密码技术改进了 OTP 密码体制。与 OTP 相同的是，流密码采用双方事先约定且不会改变的密钥；与 OTP 不同的是，流密码技术会多次使用此密钥。每次需要加密一些数据时，流密码技术都会依靠一种特殊的算法（密钥流生成器）将密钥扩展为一个新的、唯一的加密密钥，如图 1-1 所示。这个加密密钥实际上与明文数据长度相匹配。

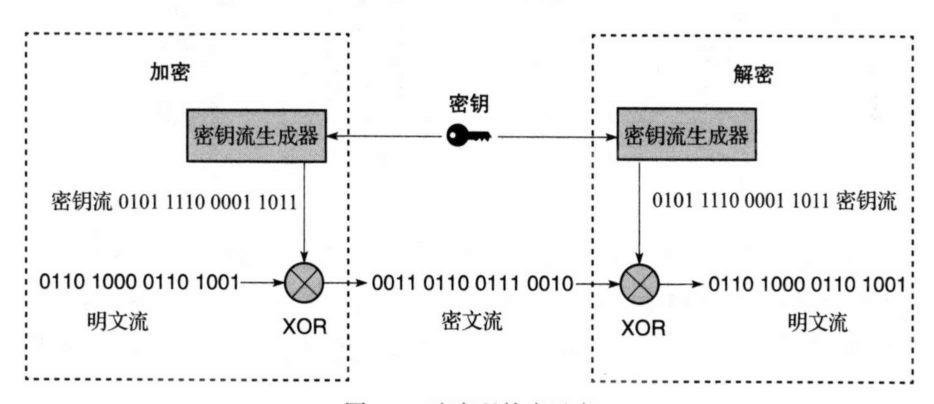

图 1-1 流密码技术示意

流密码根据工作方式可分为同步流密码和自同步流密码。同步流密码是指密钥流的生成过程是独立的，明文及密文不参与其中；而自同步流密码（也叫异步流密码）中的密文参与密钥流的生成。

流密码技术的优势可以总结为 4 点：

- 速度快。流密码技术的加密形式通常比包括分组密码在内的其他加密形式更快。
- 复杂性低。流密码技术易于嵌入程序中，开发人员不需要复杂的硬件即可实现。

- 流式处理。一些公司处理的是“涓涓细流”写下的信息。通过逐位处理，流密码允许它们在信息准备好时发送信息，而不是等待一切完成。
- 易于使用。流密码是对称的加密工具，因此公司不会被迫使用公钥和私钥。

由于流密码易于实现，有许多个人和组织在使用它。比如，当用户连接到受保护的网站时，该网站会向用户的计算机发送 SSL 证书。该证书是加密的，大多数网站使用流密码来保障证书的发送。

1.2.2 分组密码

分组密码（Block Cipher）同样属于对称加密，它先将原始明文序列按照固定长度进行分组，然后在同一密钥控制下用同一算法逐组进行加密，从而将各个明文分组变成长度固定的密文分组，如图 1-2 所示。在确定了分组密码算法之后，分组的大小是固定的。分组大小的选择并不直接影响密码的强度，密码的强度取决于密钥的长度。分组密码可以有效抵抗明文攻击，是现代加密算法的基础。

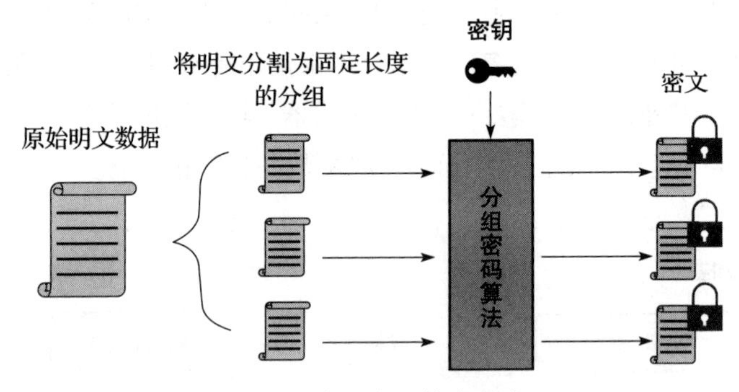

图 1-2 分组密码技术示意

分组密码技术的基本思想是将原始明文分割为固定长度的分组，例如 64 位或 128 位，然后对每个分组使用密钥相关的变换算法进行置换和替代，生成对应的加密分组，再将所有加密分组链接起来构成密文。在解密时，使用相同的算法和密钥对每个密文分组进行逆变换，恢复明文分组。

常见的分组密码算法如下。

1）DES（Data Encryption Standard，数据加密标准）：分组密码的基础。关于分组密码的早期研究都是围绕 DES 展开的。其初始密钥长 64 位，其中实际参与加解密运算的只有 56 位，其余 8 位为校验位。DES 对 64 位分组数据加密，以每个 64 位大小的分组加密数据，这意味着 DES 的输入是 64 位明文，输出是 64 位密文。该算法在 20 世纪 70 年代提出，受到高强度攻击时容易被破解，目前仅供研究参考。

2）3DES（Triple DES）：DES 的加强版。DES 密钥长度较短，容易被暴力破解，而

3DES 算法对 DES 算法进行了改进，通过增加 DES 的密钥长度来避免类似的攻击。它针对每个分组进行三次 DES，使用两个或三个不同的 56 位密钥对信息进行三次加密，从而有效抵抗暴力破解。相比 DES，3DES 因密钥长度变长，安全性有所提高，但其处理速度不快。于是又出现了速度更快、安全性更高的 AES 算法。

3）AES（Advanced Encryption Standard，高级加密标准）：使用 128 位、192 位或 256 位密钥对 128 位分组信息进行加密。AES 是美国联邦政府采用的一种加密标准。这个标准被用来替代 DES，截至目前仍是最强的分组密码之一，得到了广泛使用。

4）SM4：国产商用密码算法，目前已成为 ISO/IEC 国际标准。SM4 的分组长度和密钥长度均为 128 位。其加密处理方式具有密文反馈连接和流密码的某些特点，前一轮加密的结果与前一轮的加密数据拼接起来供下一轮加密处理。一次加密处理 4 个字，产生一个字的中间密文，这个中间密文和前三个字拼接起来后再供下一次加密处理。一共会迭代加密处理 32 轮，产生 4 个字的密文。整个加密处理的过程就像一个宽度为 4 个字的窗口在滑动，加密处理完一轮，窗口就滑动一个字，窗口一共滑动 32 次后加密迭代就结束了。整个过程如图 1-3 所示。SM4 算法设计简洁，安全高效，不仅适用于软件编程实现，也特别适用于硬件芯片实现。

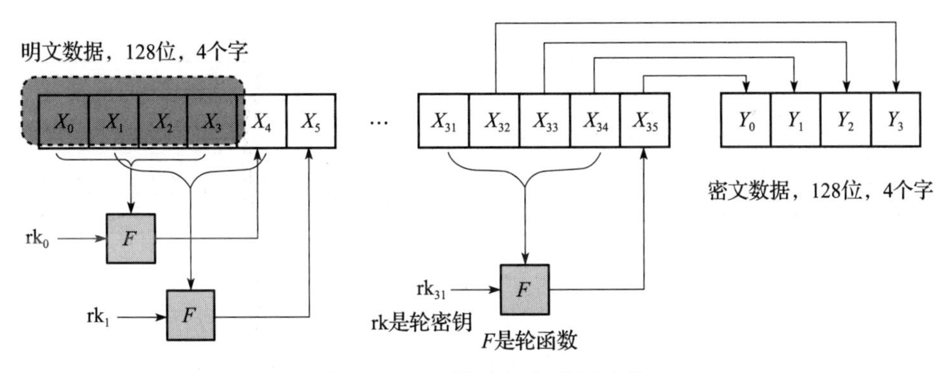

图 1-3　SM4 算法加密过程示意

5）IDEA（International Data Encryption Algorithm，国际数据加密算法）：由 DES 发展而来，同样是为了解决 DES 密钥较短的问题。IDEA 包含子密钥产生、数据加密、数据解密三部分，采用 128 位密钥对 64 位分组信息加密，对密码攻击具有很强的抵抗力。IDEA 曾被用于 PGP（Pretty Good Privacy，优良保密）协议，目前是 OpenPGP 标准中的一种可选算法。

分组密码算法的复杂性直接影响了算法的安全性，通常要从两个方面考虑：一个是扩散（diffusion），另一个是混淆（confusion）。扩散是指将算法设计成明文，使每一位的变化都尽可能地引起输出密文序列的变化，以便隐蔽明文的统计特性，这被形象地称为雪崩效应。扩散的目的是让密文中的任一位都尽可能与明文、密钥相关联，或者说使得明文和密钥中任何一位发生改变，都会在某种程度上引起密文序列的变化，以防止攻击者将密钥分解成若干个孤立的小部分，然后各个击破。

混淆则是指使加解密变换过程中明文、密钥以及密文之间的关系尽可能复杂，以防密码破解者采用解析法进行破解。混淆可以用“搅拌机”来形象地解释，即将一组明文和一组密钥输入算法中，经过充分混合，最后变成密文。

分组密码技术是现代密码学的基石，被广泛用于信息加密、数字签名等场景。自 1976 年以来，分组密码在许多加密标准中被广泛使用，提供了大多数现代密码底层的关键算法技术。在很长一段时间内，破解这些密码成为世界各地密码破解者的首要目标。随着信息技术的发展，它也面临密钥管理、算法攻击等风险，这需要在实际应用中进行风险评估和控制。

流密码与分组密码的对比如表 1-1 所示。

表 1-1 流密码与分组密码对比

对比项	流密码	分组密码
运算对象	密钥和算法每次对一个二进制位进行运算	密钥和算法每次对一个分组（也称为数据块）进行运算
运算耗时	较短	较长
特性支持	不支持分组密码的特性	通过特定模式可以支持流密码的特性
软硬件适用性	硬件更容易实现流密码	软件更容易实现分组密码
开发代码量	开发代码少	开发代码多
应用场景	SSL/TLS 连接、蓝牙连接、4G 连接等	数据库加密、文档加密等，应用范围更广

1.3 非对称加密

非对称加密也称作公钥加密，是一种使用公钥和私钥这两个不同的密钥对信息进行加密和解密的技术。这种技术的安全性建立在大整数分解或离散对数等数学问题的计算难度之上。

公钥加密技术的主要特征如下：

- 使用不同的密钥进行加密和解密，其中公钥用于加密，私钥用于解密；
- 公钥可以由任何人使用，私钥只有消息接收方持有；
- 没有预先共享的密钥，发送方只需要获得接收方的公钥即可；
- 具有数字签名功能，发送方使用私钥对信息签名，接收方使用公钥验证。

公钥加密技术的常用算法如下：

- RSA：最早提出的公钥加密算法，基于大整数分解问题。密钥长度通常为 1024 ～ 4096 位。

- ECC：椭圆曲线加密算法，基于椭圆曲线离散对数问题。密钥长度短但安全强度高，适用于移动设备。
- ElGamal：基于离散对数问题，用来进行加密和数字签名，但签名效率较低。
- DSA：数字签名算法，由美国政府提出，只用于数字签名，与ElGamal相比签名效率更高。

公钥加密技术的主要应用如下：

- 混合加密：使用公钥加密对称密钥，然后使用对称密钥加密大量数据。
- 数字签名：用于鉴别信息的发送方和信息完整性校验。
- 身份认证：用于结合数字证书进行客户端和服务端的身份认证。
- 安全电子邮件：用于电子邮件的加密、数字签名和发送方身份认证。

公钥加密技术相比对称加密技术，具有密钥管理方便、支持数字签名和身份认证等优点，但运算效率较低且受密钥长度限制。在实践中，公钥加密也常与其他技术（如证书、对称加密等）结合使用以发挥最大作用。

公钥加密技术为我们带来了开放和方便的加密环境，并促进了电子商务、网络安全等领域的发展。但是，其安全性依赖于算法本身及密钥的保护与管理，这需要在实际应用时综合考虑。公钥加密技术与其他安全技术的结合应用将是其未来的发展方向。

1.4　抗量子密码

量子技术的快速发展对密码学形成了挑战。公钥加密算法所依赖的数学问题可以被高效的量子算法解决。这些数学问题包括离散对数（及椭圆曲线版本）、大整数分解等。这直接影响目前使用的RSA、Diffie-Hellman、椭圆曲线等算法。为应对这种危机，业内已经在研究能够抵抗这种攻击、能够在量子计算及之后时代存活下来的密码技术，并将其统称为“抗量子密码”。

1.4.1　基于QKD的量子密码

1. 什么是QKD

QKD即量子密钥分发（Quantum Key Distribution），是通信双方通过传送量子态共同生成一组随机数（可以作为对称密钥）的方法，是目前实用性和工程化程度最高的量子通信技术。远程分发的生成随机数主要作为对称密钥，结合现代密码体系使用。

2. QKD如何工作

QKD并不直接实现传统的信息传送，而是通过协议实现随机数的生成与分发，将远程分发的随机数用于密钥的生成。不同于传统的密钥分发，QKD使用的量子系统依赖于基本的自然规律，而不是数学假设来保护数据。目前最为有名的 QKD 算法是 BB84（Bennett-Brassard 84）和 B92（Bennett 92）。以 BB84 为例，通信双方通过光纤，利用偏振光子的特性进行随机数分发。其过程如图 1-4 所示，详细说明如下。

1）发送方随机生成位流。

2）发送方随机选择偏振基（⊕，⊗）。

3）发送方根据偏振基调制单光子信号。

4）接收方随机选择偏振基，用于接收单光子信号。

5）接收方根据单光子偏振态测量转换出的密钥位，可以看出：当双方选择同一偏振基时，可以测得一致的密钥位；当双方选择不同偏振基时，有可能会测出不一致的密钥位。

6）接收方通过公开信道将自己的基选择发送给发送方。

7）发送方将正确的基选择的子集通过公开信道发送给接收方。

8）双方从相同基所选择的密钥中选择一段公布（用 y 表示）。如果出现的序列不完全相同，说明有人在窃听，则将这次通信作废。

9）如果完全相同，则将相同基所选择密钥的未公布部分（用 n 表示）作为最终的密钥位。

1	发送方位流	1	0	0	1	1	1	0	0	1	0	0	1
2	发送方偏振基	⊕	⊗	⊕	⊗	⊗	⊕	⊕	⊗	⊕	⊗	⊗	⊕
3	偏振角度	0	135	90	45	45	0	90	135	0	135	135	0
4	接收方偏振基	⊗	⊗	⊕	⊕	⊗	⊕	⊗	⊕	⊕	⊗	⊕	⊗
5	接收方位流	1	0	0	0	1	1	0	1	1	0	1	1
6	偏振基相同?	n	y	y	n	y	y	n	n	y	y	n	n
7	筛选后的位流		0	0		1	1			1	0		
8	是否数据校验		y	n		y	n			y	n		
9	密钥			0			1				0		

图 1-4 BB84 的密钥生成过程

注意，发送方随机产生的位流并不都作为密钥。

3. QKD 的优势

量子密钥是一串随机的字符串，长度也可随意设定，而且每次需要传输信息时都重新产生一段密钥，这样就完全满足了香农定理的三个要求（密钥随机、长度不小于明文和一次一密），因此用量子密钥加密后的密文是不可破译的。这一过程在理论协议层面具备信息论安全性。

1.4.2 后量子密码算法

近年来，研究者对量子计算机进行了大量研究。量子计算机是利用量子力学现象来解决传统计算机难以解决的数学问题的计算机。如果建造出大规模的量子计算机，它将能够破解目前使用的许多公钥密码系统，这将严重损害互联网以及其他地方数字通信的机密性和完整性。后量子密码学（也称为抗量子密码学）的目标是开发对量子计算机和经典计算机都安全的密码系统，并且可以与现有的通信协议和网络进行互操作。

何时建造大型量子计算机是一个复杂的问题。过去人们不太清楚大型量子计算机是否存在物理可能性，而现在许多科学家认为存在，只是这是一项重大的工程挑战。一些工程师甚至预测，在未来20年左右的时间里，将建造出足够强大的量子计算机来破解当前使用的所有公钥方案。从历史上看，部署现代公钥密码基础设施花费了将近20年的时间。因此，无论能否准确预估量子计算时代到来的具体时间，我们都必须从现在开始准备信息安全系统来抵御量子计算攻击。

2016年，NIST（美国国家标准与技术研究院）启动了一个流程来征集、评估和标准化一种或多种抗量子公钥加密算法。新的公钥密码学标准旨在指定一种或多种数字签名、公钥加密和密钥建立算法，这些算法是公开披露的，但还没有被分类。这些算法可在全球范围内使用，并能够在可预见的一段时间内，包括在量子计算机出现之后，保护敏感的政府信息。

1.5 隐私计算

隐私计算（Privacy-preserving Computation）是指在保护数据本身不对外泄露的前提下实现数据分析计算的技术集合，它结合了密码学、统计学、计算机体系结构和人工智能等学科，实现数据“可用、不可见”，从而在充分保护数据和隐私安全的前提下，完成数据价值的转化和释放。主流的技术路线有面向精确计算的安全多方计算、面向机器学习建模和预测的联邦学习，以及面向集中计算的可信执行环境。

1.5.1 安全多方计算

安全多方计算（secure Multi-Party Computation，MPC）是密码学的一个重要分支，它可以让多个数据所有者在不泄露各方数据的前提下进行协同计算以提取数据的价值。伴随着云计算、人工智能、物联网等多种技术的快速发展以及数据隐私安全问题的日益突出，当前诸多领域（比如金融、医疗健康、电子商务等）对MPC均有着大量的实际需求，MPC在现实中的作用变得越来越大。

MPC起源于20世纪80年代姚期智教授提出的百万富翁问题（Yao's millionaires' problem）：两个富翁想知道谁拥有更多的财富，但是又不想把各自的财富告诉对方，这在没有一个可信第三方参与的情况下应该如何进行？概括地说，安全多方计算所要解决的问题是：持有秘密数据的两方或者多方，在缺乏一个可信第三方的情况下，希望共同计算某个函数并得到各自的输出，在整个计算过程中，每个参与方除了自己的数据和应该得到的函数输出（以及该输出推导出的信息）之外，不能获得任何额外的信息。

根据计算参与方个数的不同，MPC 可分为只有两个参与方的 2PC（安全两方计算）和有多个（3 个及以上）参与方的通用 MPC。2PC 所使用的协议为混淆电路（Garbled Circuit，GC）+ 不经意传输（Oblivious Transfer，OT），而通用 MPC 所使用的协议为同态加密 + 秘密共享 + 不经意传输。

混淆电路是指通过布尔电路构造安全函数计算，使参与方可以针对某个数值来计算答案，而不需要知道他们在计算式中输入的具体数字。不经意传输是指发送方发送一条信息给接收方，接收方以 1/2 的概率接收该信息，待协议执行完成后，发送方不知道接收方是否接收了该信息，但接收方能确切地知道他是否得到了该信息，从而保护了接收方隐私以及数据传输过程的正确性。

秘密共享是在一组参与方中共享秘密的技术，共享的秘密在一个用户群体里进行合理分配，以达到由所有成员共同掌管秘密的目的。它主要用于保护重要信息，防止信息丢失、被破坏、被篡改。

而同态加密则是对密文进行计算，可以得到与处理明文计算一样结果的技术，在前文已介绍过。

MPC 协议在执行过程中可能会受到来自外部或者内部敌手的攻击，因此，MPC 的安全模型中定义了一个可以控制腐化的（corrupted）参与方子集的敌手，以涵盖外部攻击、内部攻击以及各类合谋攻击的场景。在 MPC 中，常用的敌手行为模型有半诚实行为模型（semihonest model）和恶意行为模型（malicious model）。在半诚实行为模型中，假设敌手会诚实地参与 MPC 的具体协议，遵照协议的每一步进行，只是想通过从协议执行过程中获取的内容来推测他方的隐私；而在恶意行为模型中，敌手可以不遵循协议，采取任意的行为获取他方的隐私。

MPC 的安全性是通过一种理想世界 / 现实世界的模型来定义的。在该模型中，首先定义了一个存在可信第三方的理想世界。每个参与方将各自的秘密数据通过安全信道提供给可信第三方，由可信第三方在联合的数据上进行函数的计算。在完成计算后，可信第三方把输出发给各个参与方。与理想世界相对应的是现实世界。现实世界中不存在可信第三方，各参与方通过直接和对方交互执行协议来实现在联合数据上的函数计算。如果任何现实世界中的攻击都可以在理想世界中被模拟，那么我们说这个多方计算协议是安全的。具体来说，对于现实世界中的任意一个敌手，在理想世界中均存在一个敌手，其在理想世界执行中的输入 / 输出联合分布与现实世界执行中敌手的输入 / 输出联合分布计算不可区分。

1.5.2 联邦学习

联邦学习（Federated Learning）是一种分布式机器学习方法，可以使多个数据拥有方在不交换数据的情况下共同训练并产生全局模型。在这一过程中，数据不需要离开数据拥有方的手机、笔记本电脑或服务器，而是将学习算法部署在边缘设备上来实现。边缘设备上运行的学习算法会产生模型更新，然后将这些更新聚合在中心服务器上以产生全局模型。由于在训练过程中数据不发生转移，联邦学习可以很好地解决传统机器学习中数据集中带来的隐私与可扩展性问题，具有广阔的发展前景。

联邦学习有三大构成要素：数据源、联邦学习系统和用户。在联邦学习系统下，各个数据源方进行数据预处理，共同建立机器学习模型，并将输出结果反馈给用户。联邦学习的步骤如图 1-5 所示，详细说明如下。

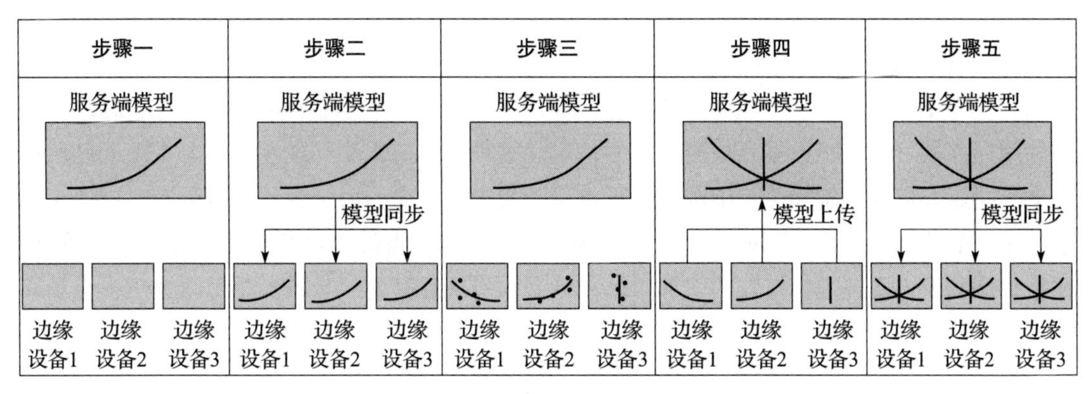

图 1-5　联邦学习步骤示意

1）在服务端预先选择一个初始模型。

2）将所选的初始模型分发到边缘设备（各数据所有者的本地设备）。

3）每个数据所有者都使用自己的本地数据进行现场训练。这些训练数据由于涉及个人隐私，是严格限制流转的。

4）本地训练后，新生成的模型会通过加密的通信信道发送回服务端。服务端没有得到任何真实的数据，只得到了模型的训练参数（如神经网络中的权重）。来自所有边缘设备的更新被平均并聚合到一个共享模型中，从而提高了模型的准确性。

5）新模型被分发到所有的设备和服务端。

根据各参与方数据源特征的不同，联邦学习可以分为三类：横向联邦学习、纵向联邦学习和联邦迁移学习。

（1）横向联邦学习

在两个数据集的用户特征重叠较多而用户重叠较少的情况下，把数据集按照横向（用户维度）切分，并取出双方用户特征相同而用户不完全相同的那部分数据进行训练。这种方法叫作横向联邦学习。比如业务相同但是分布在不同地区的两家企业，它们的用户群体分别来自各自所在的地区，相互的交集很小。但是，它们的业务很相似，因此，记录的用户特征是相同的。此时，就可以使用横向联邦学习来构建联合模型。

（2）纵向联邦学习

在两个数据集的用户重叠较多而用户特征重叠较少的情况下，把数据集按照纵向（特征维度）切分，并取出双方用户相同而用户特征不完全相同的那部分数据进行训练。这种方法叫作纵向联邦学习。同一个区域里的两个不同业务机构，例如银行和电商，它们的用户群体很有可能包含该地的大部分居民，因此用户的交集较大。但是，银行记录的都是用户的收支行为与信用评级，而电商则保有用户的浏览与购买记录，它们的用户特征交集较小。纵向联邦学习就是将这些不同特征在加密的状态下进行聚合，以增强模型能力的联邦学习。

（3）联邦迁移学习

在两个数据集的用户与用户特征重叠都较少的情况下，我们不对数据进行切分，而可以利用迁移学习来克服数据或标签不足的情况。这种方法叫作联邦迁移学习。在不同区域的两个不同业务机构，例如位于中国的银行和位于美国的电商，由于受到地域限制，这两家机构的用户群体交集很小。同时，由于机构类型的不同，二者的用户特征也只有小部分重合。在这种情况下，要想进行有效的联邦学习，就必须引入迁移学习来解决单边数据规模小和标签样本少的问题，从而提升模型的效果。

1.5.3 可信执行环境

可信执行环境（Trusted Execution Environment，TEE）是一种在相对不安全的主机环境中建立一个独立、安全、完全受控的计算环境的技术，需要特殊的 CPU 指令和主板硬件的支撑。ARM 的 Trust Zone 和 Intel 的 SGX 就是这方面的代表。

在可信执行环境中，仅能运行经过认证的可信应用，而可信应用的执行过程对于可信执行环境外的主机来说是不可见的。传统意义上的机密数据，例如非对称加密体系中的私钥，就可以安全地放在可信执行环境中，这样即便主机操作系统受到攻击，位于可信执行环境中的私钥也是安全的。

可信执行环境必须有硬件的支持，如图 1-6 所示。因为在操作系统内核空间，运行的代码有可能被利用来访问可信应用才能使用的内存区域。换句话说，软件无法保护软件。因此，可信执行环境需要对硬件（总线、外围设备、内存区域、中断等）进行分区和隔离。只有运行在可信执行环境中的可信应用才能完全访问主处理器、外围设备和内存中受保护的资源，而硬件隔离措施可以保护这些应用不受运行在富操作系统中不可信应用的影响。

在硬件不被破解的前提下，攻击者无法直接读取可信执行环境中的隐私数据和系统密钥，数据的机密性因而得以保障。相比纯软件的隐私保护技术方案，可信执行环境在计算逻辑复杂、通信量大和性能要求高的场景中有明显的优势。

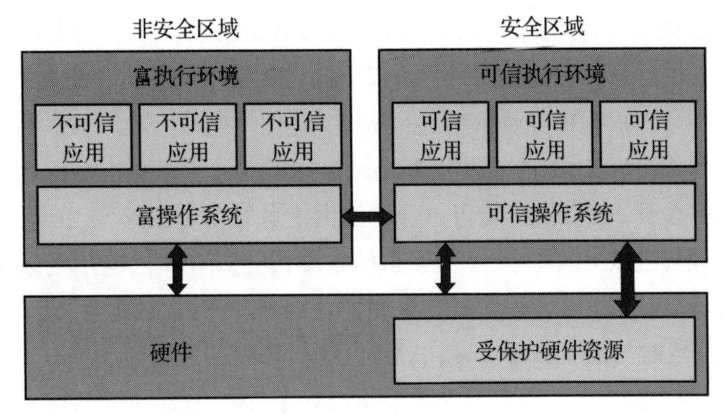

图 1-6　可信执行环境示意

1.6　密钥管理和应用

我们已经了解到密钥对于加密的重要性。现代密码学认为，加密算法可以公开，而密钥必须保密，以确保加密的安全性。其实这一点很容易理解。在日常生活中，人们经常因为丢了钥匙而抓狂。而在密码领域里，密钥的管理要复杂得多。密钥有可能被泄露，被破坏，或者丢失，任何一种情形都会对加密数据的安全造成威胁。因此，从密码协议选择到密钥的生成、存储、分发、轮换、回收和销毁等环节的有效管理，都应根据实际需要进行系统性的设计和配置。

1.6.1　密码协议

密码协议是计算机网络中用于密码运算和密钥交换的规则与流程的总称，用于在网络通信中实现信息的机密性、完整性、认证和不可抵赖性。常见的密码协议如下：

- Diffie-Hellman 密钥交换协议：一种允许两方在公开信道上生成共享密钥的密钥交换协议。它是许多现代协议的基础，但无法提供认证。
- 公钥基础设施（PKI）：使用数字证书和认证中心来管理公钥，可以在不安全的网络上进行身份认证和加密。X.509 是 PKI 的主要标准。
- 安全套接层（SSL）：在 TCP 连接上提供加密、认证和完整性保护的协议，主要用于网页加密和电子商务交易。SSL 已被传输层安全（TLS）取代。
- TLS：SSL 的继任者，目前的加密标准，提供机密性、数据完整性和服务器认证，支持许多加密套件和密钥交换协议。
- Secure SHell（SSH）：一种网络协议，用于计算机之间的登录、命令执行、软件复制等。它包含多个加密和认证机制，保护网络连接免受第三方监听、窃取和网络攻击。
- 无线加密协议（WEP/WPA/WPA2）：用于保护无线局域网的安全协议。WEP 的安全性较低，已被 WPA/WPA2 取代，后者基于 RADIUS 和 802.1X 认证框架。

- IPsec：一种开放标准的 IP 网络层协议，提供机密性、数据完整性、来源认证和反播功能，常用于 VPN 和无线网络安全。
- 边界网关协议（BGP）：主要用于路由器之间的路由信息交换。BGP 也有特定的扩展用于增强安全性，如 BGPsec 可以保护路由信息的完整性。

密码协议的设计与应用是信息安全体系的重要内容。在实际应用场景中，需要根据通信环境、设备能力、安全需求等因素来选择和配置恰当的密码协议。并且，需要持续关注密码协议本身的安全性能与最新破解进展，对协议进行持续的升级和改进。

密码协议为我们提供了一套在不安全网络环境下保护信息安全的标准方法框架。但需要注意，没有一套密码协议能 100% 实现信息安全，这依赖于整个系统的设计与操作。所以，在应用密码协议时需要权衡安全性与可用性，并在整体安全体系中发挥其最大作用。

1.6.2 密钥管理

密钥生命周期如图 1-7 所示。密钥管理是密码技术应用中的核心任务之一，良好的密钥管理是保证密码系统安全性的基础。在我国的商用密码应用的安全性评估过程中，密钥管理是一项关键的评估项。

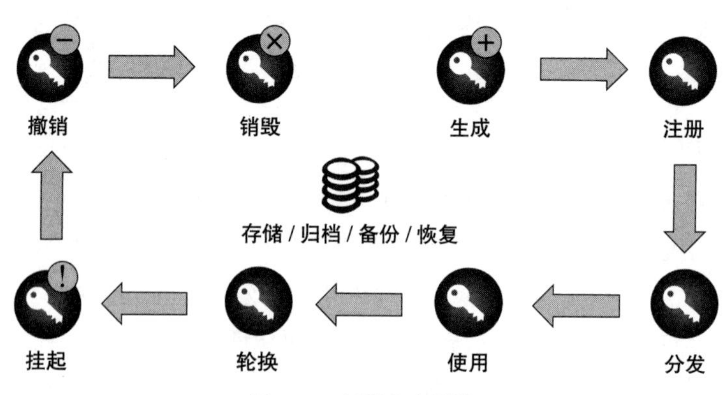

图 1-7 密钥生命周期

密钥管理是对密钥在其生命周期内的各阶段进行管理，内容如下：

- 密钥生成：使用密码学安全的随机数生成算法生成密钥。密钥的长度和生成算法直接影响密钥空间的复杂度和安全强度。
- 密钥注册：将新生成的密钥加入密钥管理系统中，以正式启用该密钥。注册过程会为新密钥分配一个唯一的标识符（ID），并记录密钥的元数据。在判断新密钥符合系统的密钥策略之后，新密钥加入密钥管理系统中，与其 ID 和元数据关联起来。
- 密钥分发：将密钥分发给需要进行加密 / 解密或身份认证的各个实体。常用的分发方式有手工录入、电子分发、Diffie-Hellman 协商等。

- 密钥使用：密钥使用是密钥适用期内发挥密钥作用并确保加解密有效的过程。根据密钥建立协议的类型，密钥可能是临时的（会话密钥），并且需要在数字证书到期时撤销。
- 密钥存储：对生成和分发的密钥进行安全存储。可以存储在硬件安全模块、IC 卡、文件等之中。存储安全性也影响整体的密钥安全。
- 密钥归档：对过期或撤销的密钥进行归档存储，这有利于后续进行审计或调查工作。需保证归档密钥的安全。
- 密钥备份：出于容灾和恢复目的，进行密钥的备份存储。需保证备份密钥的安全。
- 密钥恢复：授权实体从备份或归档中获取或重建密钥。
- 密钥轮换（更新）：为了降低密钥被破解的风险，需要对密钥进行定期更新。密钥的更新需要在整个系统中同步进行。
- 密钥挂起：暂时禁止使用某个密钥，使其失效。当密钥存在安全隐患或需要临时禁用时，可以进行挂起操作。挂起后的密钥不能被用于加密、解密、签名等密码运算，但其本身并不会被删除。
- 密钥撤销：撤销或者废除一个密钥。对于那些已知或怀疑已泄露的密钥，需要立即进行撤销，从系统中删除，以防止其继续被使用。
- 密钥销毁：在一个密钥的生命周期结束时，安全地销毁该密钥。它是密钥管理的最终步骤，目的是确保该密钥不再被任何人使用，这一过程涉及对密钥的软件副本、硬件副本进行销毁，防止其泄露造成损害。

密钥管理涉及密钥在整个生命周期内的各个方面，直接决定着密码系统或信息系统的安全性。在实际运用中，需要制定全面的密钥管理政策，指定密钥的生命周期、使用范围以及各过程的操作规程。在密钥的整个生命周期内，对它的管理都需要进行过程记录并进行审计，特别是要定期审计密钥的使用情况、密钥是否在授权范围内进行了更新或访问等。这有助于及时发现密钥使用异常并进行整改。

作为信息安全的基石，密钥管理工作面临很多挑战。密钥生命周期中的任何一个环节出现纰漏，都会有密钥泄露的风险。这些工作的管理成本高，人为操作风险大等，因而未来需要寻求更加自动化和智能化的管理手段。

1.7　认证

认证，又可以理解为鉴别、确认，即核对人和事确实与宣称的一致。认证在互联网上是非常必要的，并且每时每刻都在发生。互联网的设计者并没有意识到，在网络高度发达的今天，伪造、仿冒、篡改等恶意行为成为互联网应用的巨大威胁。正是有了认证相关技术的不断发展，互联网才会蓬勃发展，成为数字经济的基础设施。

根据场景的不同，认证通常会用到 Hash 算法、数字签名和数字证书等技术。Hash 算法用于验证消息的完整性，数字签名用于验证签名的真实性，而数字证书则用于验证身份的真实性。

1.7.1 Hash 算法

Hash 算法是密码学中非常重要的算法之一，是数字签名和加密通信等技术的必要前提。作为一种单向运算算法，它可以将任意长度的输入信息通过 Hash 运算得出一个固定长度的输出，这种转换是一种压缩映射，其输出被称为 Hash 值或消息摘要，如图 1-8 所示。在进行完整性校验的时候，Hash 值也叫 Checksum（校验值）或者 Fingerprint（指纹）。Hash 算法不属于加密算法，这主要是因为，经加密算法运算后输出数据的长度与输入数据的长度是直接相关的，并且加密算法运算的输出是要能够逆向算出原始明文的。

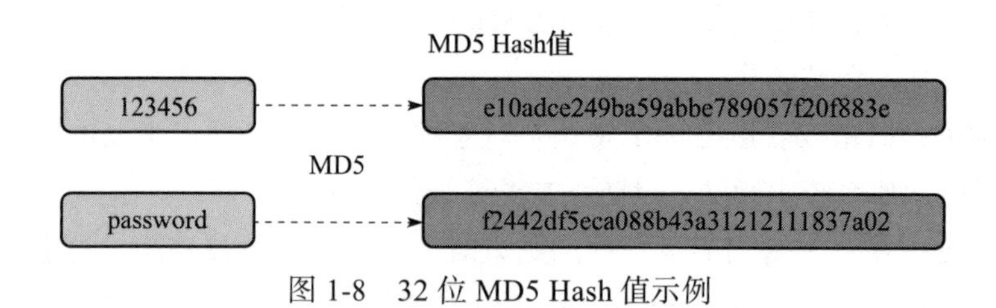

图 1-8　32 位 MD5 Hash 值示例

Hash 算法主要有以下特点：

- 单向性：给定 Hash 值，无法通过运算得出输入信息。这是 Hash 算法的基本特征，也是保证信息安全的基础。
- 定长输出：无论输入信息的长度如何，Hash 运算的输出长度是固定的。这有利于信息的存储和管理。
- 撞击难度大：两条不同的输入信息生成的 Hash 值相同的概率非常小。这保证了 Hash 值可以作为信息的数字指纹。
- 快速计算：Hash 算法可以在较短时间内计算出输入信息的 Hash 值。这使其适用于大量数据的运算。

常用的 Hash 算法有 MD5、SM3、SHA-1、SHA-2、SHA-3 等。较新版本的 Hash 算法生成的 Hash 值更长，运算难度更大，安全性也更高。

Hash 算法在信息安全领域有着广泛的应用，主要包括：

1）信息完整性验证：通过 Hash 运算生成信息的特征码，并与信息绑定后进行验证，可以检测信息在传输或存储过程中是否被修改，如图 1-9 所示。

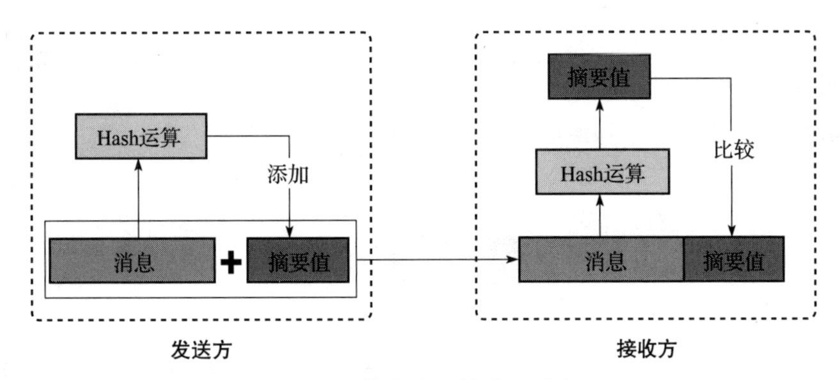

图 1-9 信息完整性验证示意

2）数字签名：发送方对信息进行 Hash 运算后使用私钥加密 Hash 值生成数字签名，接收方使用公钥解密签名并核对 Hash 值，以验证发送方身份。

3）密码存储：不存储明文密码，而是存储密码的 Hash 值，在验证时比较输入密码的 Hash 值与存储的 Hash 值。这对密码进行了一定程度的保护。但是由于 Hash 值定长，攻击者能够开发出彩虹表这样的工具。我们可以将彩虹表理解成一张预计算的大表，其中存储着一些常见密码的 Hash 值，攻击者在通过入侵获取某些网站的数据库之后，就可以通过预计算表中的 Hash 值来反查原始登录密码。

4）防止重复提交：通过存储信息的 Hash 值来标识信息，在接收到信息时计算 Hash 值进行对比，以识别重复的信息。

5）BitTorrent：BitTorrent 协议使用 Hash 值来标识不同的文件块，用于 P2P 网络中文件分块的识别。

总之，Hash 算法通过单向 Hash 运算可以生成信息的数字指纹，这使其在信息安全领域得到广泛应用。但是，Hash 算法的安全性依赖于运算难度和 Hash 值长度，因此需要根据实际应用场景选择较为安全的 Hash 算法版本和参数配置。此外，对 Hash 值的破解也在不断进步，这也是 Hash 应用面临的主要风险之一。

1.7.2 数字签名

数字签名和纸质材料上的签名类似，其作用主要是证明被签名的材料是真实可靠的，是签名者认可并且愿意承担责任的。数字签名使用加密技术来生成签名，主要用于保证数据的完整性、真实性和不可抵赖性。

数字签名是附加在数据单元上的一些数据，是对数据单元进行密码变换后的输出，如图 1-10 所示。这种数据与数据单元一起在网络上传输，信息的接收方可以通过数字签名确认数据单元的来源和完整性，防止被他人（如接收方或中间人）篡改。

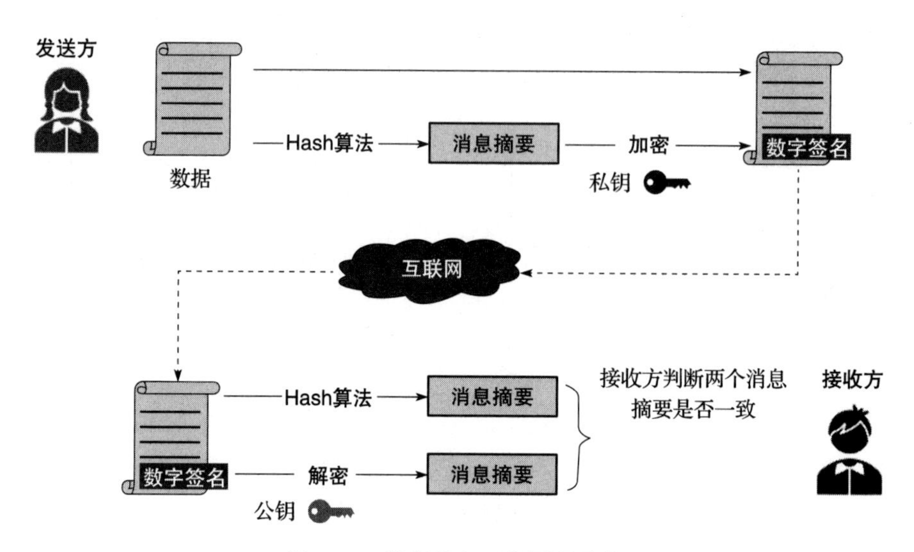

图 1-10 数字签名工作原理示意

数字签名通常基于公钥密码学，主要涉及公钥、私钥和证书。其主要过程如下：

1）密钥生成：签名者生成公钥和私钥。

2）消息摘要：计算消息的 Hash 值以简化签名计算量。常用的 Hash 算法有 SM3、SHA、MD5 等。

3）签名生成：使用私钥对消息摘要进行签名，生成数字签名。

4）签名验证：使用公钥对数字签名进行解密，得到消息摘要。直接对消息进行 Hash 运算，获得另一个消息摘要。通过对比两次的消息摘要是否一致来判断消息是否被篡改。

5）证书验证：验证证书的有效性，确认公钥的来源和权威性。

常见的三种数字签名算法如下：

- RSA 签名算法：目前使用最为广泛的数字签名算法。它基于 RSA 算法，速度较慢，签名长度较长，安全性较高，常用于邮件的数字签名。
- DSA：数字签名技术有一个数字签名标准（Digital Signature Standard），其标准算法就是 DSA（Digital Signature Algorithm，数字签名算法）。DSA 只能进行签名，不能进行加密或解密。
- ECC 签名算法：基于椭圆曲线密码学（ECC），运算速度较快，签名长度短，安全性高，常用于物联网和区块链中的数字签名。

在发展迅速的数字经济时代，数字签名广泛应用于电子合同的签署，确保合同内容的完整性和签约方的真实身份。在电子商务、区块链、数据存证等领域也有数字签名的安全保障。未来，随着数字化的深入发展和 PKI 的完善及算法的更新，数字签名将会在更多领域发挥作用。

1.7.3 数字证书

（1）什么是数字证书

数字证书是一种电子文件或电子密码，由权威的第三方颁发，用于在数字领域证实用户身份。数字证书身份验证可以帮助组织确保只有受信任的设备和用户才能连接其网络。数字证书必须具有唯一性和可靠性。

（2）为什么需要数字证书

数字证书的出现，主要是为了解决互联网世界中身份未知或仿冒的问题。没有数字证书，通信的双方无法互相信任，这会导致很多业务无法开展，例如签订合同、金融交易甚至投票。数字证书将公钥的所有权与其所有者联系起来，以确保发送方的数据不会丢失、泄露或被盗，并保护已发送的信息不会被篡改。

（3）证书颁发机构

数字证书可以通过工具产生，而攻击者也能够使用工具生成证书，并声明其证书的合法性。这就好像不法分子伪造了一张普通人的身份证，并使用该身份证四处行骗一样。要解决这样的问题，必须由权威机构来颁发数字证书，这样的权威机构称为证书颁发机构（CA）。

（4）数字证书有哪些内容

数字证书通过使用密码学和 PKI 来证明设备、服务器或用户的真实性。数字证书包含可识别信息，例如用户名、公司或部门以及设备的 IP 地址或序列号。数字证书包含证书持有者的公钥副本，需要将其与相应的私钥进行匹配以验证其真实性。公钥证书由 CA 颁发，CA 签署证书以验证请求设备或用户的身份。

（5）数字证书种类

根据应用场景的不同，数字证书可以分成多种类型，如表 1-2 所示。

表 1-2　数字证书种类及应用场景

证书种类	应用场景
代码签名证书	用于对下载的软件或数据进行签名。一般由软件的开发商 / 出版商签署，旨在说明程序或文件的来源，并证明程序或文件在分发过程中没有被篡改。目前很多终端安全产品依靠代码签名证书来判断软件的合法性
客户端证书	客户端证书是相对于服务器端而言的，是用于证明客户端用户身份的数字证书，使客户端用户在与服务器端通信时可以证明其真实身份。在使用支付客户端时，用户可以将客户端证书用作双因素身份验证，系统将提示用户输入其凭据并进行进一步的验证
TLS/SSL 证书	TLS/SSL 证书安装在服务器上，包括 Web 服务器、应用程序服务器、邮件服务器、LDAP 服务器等。受 TLS/SSL 证书保护的网站更受互联网用户的信任，因为这类证书不仅能证明网站的身份合法，还能加密并保护传入和传出网站的私密数据
证书颁发机构（CA）证书	由 CA 颁发的数字证书。CA 证书就像电子版的身份证，提供了一种在互联网上验证通信实体身份的方式。CA 证书包括识别信息及其公钥。其他人可以利用 CA 证书的公钥来检查 CA 颁发和签署的证书的有效性

（续）

证书种类	应用场景
用户证书	用户证书是一种数字凭证，用于验证拥有该证书的客户端或用户的身份。现在有许多应用程序允许用户使用证书而不是用户名和密码来验证身份
对象签名证书	用于对对象进行数字签名的证书。签名可用于声明对象的来源或所有权，并保护对象数据免遭未经授权的更改。对象接收方想要确保对象在传输过程中未被更改以及对象源自公认的合法来源，可以使用签名证书的公钥来验证原始数字签名。如果签名不再匹配，则数据可能已被更改
签名验证证书	签名验证证书是对象签名证书的副本，没有该证书的私钥。使用签名验证证书的公钥来验证使用对象签名证书创建的数字签名。通过验证签名，可以确定对象的来源以及它自签名后是否已被更改

（6）证书获取过程

证书获取过程如图 1-11 所示，可以概括为以下 4 个步骤：

1）服务器生成一对密钥，自己保留私钥；

2）将公钥和申请人信息结合，生成 CSR 文件提交给 CA；

3）CA 进行审核，并用自己的私钥对服务器提供的公钥进行签名；

4）生成证书文件，下发给服务器。

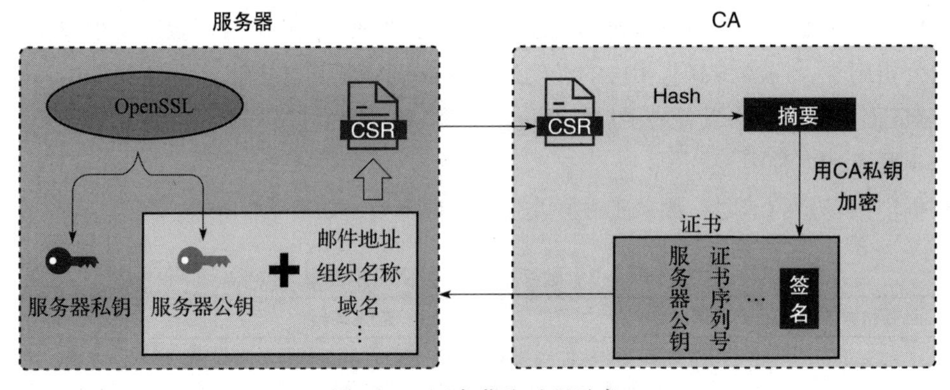

图 1-11 证书获取过程示意

（7）证书是如何工作的

仍然以客户端访问 Web 服务、建立 HTTPS 连接为例。在这一过程中，服务器端与客户端互换数字证书，双方都会验证对方的身份。客户端验证服务器证书的过程如下：

1）客户端浏览器向 Web 服务器发送访问请求，服务器向客户端浏览器发送自身的数字证书。

2）客户端浏览器用 CA 的公钥对服务器的证书进行验证：如果摘要比对一致，说明该服务器证书中的公钥真实可用；如果摘要比对不一致，则说明获得的服务器证书存在伪造的可能。

3）客户端浏览器使用服务器公钥与服务器进行加密通信。

1.8　区块链

区块链是一种按照时间顺序将数据区块以链条的方式组合成特定数据结构，并以密码学方式保证其不可篡改和不可伪造的去中心化、去信任的分布式共享总账系统。

从数据的角度来看，区块链是一种实际不可能被更改的分布式数据库。传统分布式数据库仅由一个中心服务器节点对数据进行维护，其他节点存储的只是数据的备份，而区块链的“分布式”不仅体现为数据备份存储的分布式，也体现为数据记录的分布式，即由所有节点共同参与数据维护。区块链的增长过程如图 1-12 所示。单一节点的数据被篡改或被破坏不会对区块链所存储的数据产生影响，以此实现对数据的安全存储。

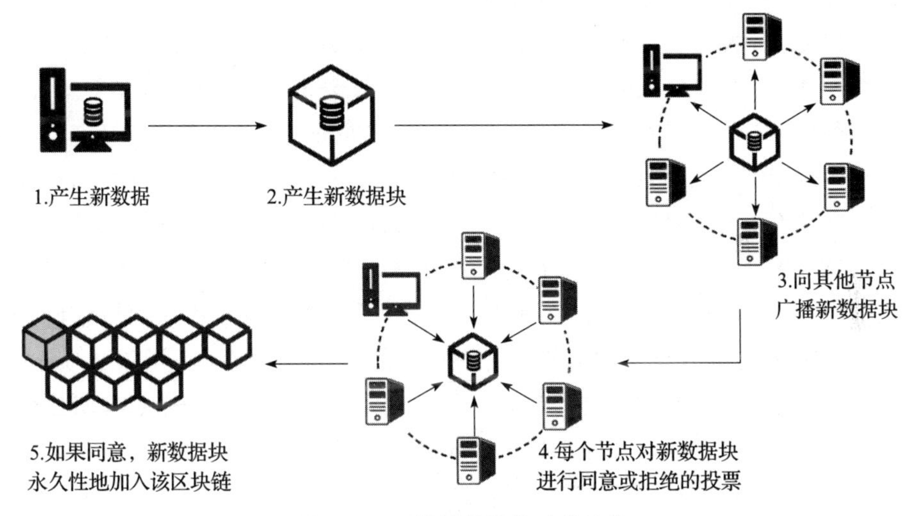

图 1-12　区块链的增长过程示意

从技术的角度来看，区块链并不是一项单一的技术创新，而是 P2P 网络技术、非对称加密技术、共识机制、链上脚本等多种技术深度整合后实现的分布式账本技术。区块链技术利用加密的链式区块结构来验证和存储数据，利用 P2P 网络技术和共识机制实现分布式节点的验证、通信以及信任关系的建立，利用链上脚本实现复杂的业务逻辑功能以对数据进行自动化的操作，从而形成一种新的数据记录、存储和表达的方法。

1.8.1　区块链应用模式

区块链技术的应用模式主要有公有链、私有链和联盟链三种类型。

公有链中无中心化的官方组织及管理机构，参与的节点可自由进出网络，不受系统限制，任何节点间都能够基于共识机制建立信任从而开展工作，网络中的数据读写不受限制。

私有链建立在企业、政府等相关机构内部，网络中的所有节点被一个组织控制，系统的运行规则及共识机制由该组织自行决定，不同节点被赋予了不同的操作能力，写入权限仅限于该组织内部节点，读取权限对外有限开放。由少数高能力节点对全局节点进行管理，不同节点间的地位可能不平等，但也保留区块链的不可篡改、安全和部分去中心的特征。

联盟链由若干机构联合发起，部分节点可以任意接入，另一部分节点则必须经过授权才能接入。它介于公有链和私有链之间，具有多中心或部分去中心的特征，兼顾了公有链和私有链的特点。

1.8.2 区块链的安全特性

数据保护技术的核心是实现对数据机密性、可用性和完整性的保护。机密性是指数据不被未授权者访问，可用性是指数据在授权的情况下能够正常使用，完整性是指数据真实、有效、未被篡改。区块链基于其去中心化的特点，能够为数据提供多种安全保护。

- 完整性保护：区块链上的每一个节点都会保存交易记录。交易信息的 Hash 值会被用来校验数据，也会被用来标记上下两个区块之间的关系。单独修改其中一个节点的数据会改变该节点的 Hash 值，导致原有的链条被破坏，需要整个网络对这种改变进行重新计算。但这是不可能做到的，除非能够控制网络中 51% 以上的节点。简单地说，就像一群人通过两两对话在整个人群中形成一个共识后，只有过半的人愿意再去重复一遍耗时耗力的对话，否则只影响某一个人的观点，是不会让所有人认可的。正是区块链的这种特质，使得链上的数据很难被篡改，从而保证了数据的完整性。
- 可用性保障：区块链网络上没有中心化的服务器，数据在所有节点之间分布式存储和管理。这减少了中心化存储被攻击的风险，提高了数据安全性。
- 信息可追溯：区块链上的所有交易都经过时间戳记录和加密，产生了交易链。这使交易可以被追溯和审计，有助于防止欺诈等安全事件的发生。
- 加密机制：区块链广泛采用 PKI 加密技术来保护数据安全和用户隐私。这使得未经授权的人更难访问区块链数据，从而有效防止数据泄露和被攻击。

1.8.3 数据保护方案

每个区块由于容量有限，难以存储大规模的数据。针对数据规模的不同，分别采取链上数据保护和链上链下结合的数据保护两种方案。

1. 链上数据保护

区块链上记录的数据只增不减且不可篡改，该特性可用于对数据使用的全流程监控，实现不可篡改的数据记录，例如，可用于日志审计、数据真实性保障、合同管理、数字取证等领域的数据完整性保护。但由于区块链中存储的交易信息与智能合约直接暴露在区块链中，所有用户都可对其进行查看，这就带来了交易数据隐私暴露的问题。目前有研究人员针对该问题进行研究，不把隐私交易信息直接存储于区块链，以解决区块链上隐私和智能合约安全保护的问题。

由于区块链的高度安全性及时间维度，链上数据拥有极高的数据抗篡改特性，能够有效保障数据的完整性，且成本低廉，易于实施，可广泛应用于物联网设备数据保护、大数据隐私保护、数字取证、审计日志记录等多个技术领域。

2. 链上链下结合的数据保护

由于区块链容量有限，区块链技术在应用于数据保护时，通常使用数据存储与数据管理分离的方式，即数据索引及操作权限由区块链管理，真实数据并不存储在区块链中，而是集中存储于专用的数据服务器中，通过区块链分布式总账来保证数据的完整性，通过数据服务器来保证数据的机密性。但是，这种方法也存在一些共性问题：

- 数据的管理依托区块链自身的安全机制，若区块链遭遇共识攻击（如 51% 攻击），则数据的安全性将无从谈起。
- 用户身份与区块链中的公钥地址唯一对应，若用户私钥丢失，将无法找回，与用户相关的数据资源也将全部丢失。因此，如何保证区块链的共识安全、账户安全还有待于进一步的研究。

Chapter 2 第2章

访问控制

访问控制技术是信息安全的一个重要组成部分，起源于计算机操作系统对文件和资源的访问控制。它控制谁可以访问哪些信息和资源，涉及身份验证、授权和审计等机制，通常采用识别、鉴别和授权等步骤来控制访问。

2.1 访问控制模型

访问控制通常需要遵循某种访问控制模型，也就是对访问进行控制的依据。表 2-1 列出了比较常用的几种模型。访问控制技术广泛应用于各类计算机系统和网络环境中，它所采用的访问控制模型会随着系统和安全要求的变化而不断发展。从访问控制模型的发展过程来看，其目的始终是实现精细化的访问管理和保护系统关键资源。

表 2-1 访问控制模型简介

模型名称	模型简介
DAC	DAC（自主访问控制）模型基于资源所有者进行控制。这种控制较为简单，但较难全面控制复杂系统的访问
MAC	MAC（强制访问控制）模型由系统管理员设置全局控制策略，资源所有者无法自行授予权限。代表技术有 Bell-LaPadula 模型和 Biba 模型等。这些模型在军事系统得到应用但较难应用于商用系统
RBAC	RBAC（基于角色的访问控制）模型基于用户的角色或职责进行访问控制，更适用于商业系统。用户通过被分配的角色来获得权限。它被应用于许多操作系统和商业应用中
ABAC	ABAC（基于属性的访问控制）模型通过判断用户的各种属性和环境属性来进行动态授权，更加灵活和细致。相比固定的 RBAC，它可以应对动态变化的访问控制需求

（续）

模型名称	模型简介
HBAC	HBAC（基于层次的访问控制）模型将资源和用户按照层级结构划分，同一层级内的用户可以访问同一层级的资源。它的管理较为简单，但表达能力较弱
ReBAC	基于使用者与资源间关系的访问控制模型
TBAC	基于信任的访问控制模型

访问控制在很大程度上依赖于身份认证和授权等技术，这些技术允许组织明确验证用户是不是他们所声称的用户，以及这些用户是否被授予了基于设备、位置、角色等上下文的适当访问权限。这些过程在国内衍生出多种叫法，例如身份认证、授权、鉴权、权限验证等，但是关键的过程其实就是身份认证和授权。

2.2 身份认证

身份认证（authentication）有时也称作身份验证，是对访问系统的用户身份进行验证的过程。由于访问控制通常基于访问资源的用户身份，因此身份验证对于安全性至关重要。用户身份验证是通过凭证来实现的，凭证至少由用户 ID 和密码组成。目前也有多因子认证，它具有更高的安全性。

身份认证就是核对身份的过程，访问者宣称自己是某个身份时需要提供一些信息来证明。用于身份认证的信息类型（因素）分为三种：

- 用户知道的东西，例如密码、口令或 PIN（个人识别码）；
- 用户拥有的东西，例如智能卡或密钥卡；
- 通过生物测量验证的用户身份，例如用户指纹、虹膜。

密码和口令是大众最常用的认证信息。这类用户知道的信息有可能被泄露、滥用或者猜出来，安全性较低。因此，除了使用强口令、定期更换口令之外，也会结合其他认证信息（因素）来实现安全性更高的身份认证，这就是多因素认证。

2.3 授权

授权（authorization）是指系统授予或撤销访问某些数据或执行某些操作的权利的任何机制，如图 2-1 所示。通常，用户必须使用某种形式的身份验证登录系统。访问控制机制通过将用户的身份与访问控制列表（ACL）进行比较来确定用户能否执行某个操作。在有些场景中，为用户的访问请求授予令牌（token）的过程也被称为授权。

完整的访问控制体系还包括策略的管理。这包括根据系统的安全需求创建访问控制规则，以及后续的存储、分发、执行、监控和维护等多个环节。策略管理是实施访问控制的基础，直接决定系统的安全防护水平。因此，策略管理要覆盖全面，且具有一定的自动化措施，减少人为错误的可能性。同时，要权衡灵活性与控制力度，避免因过于严格而影响业务。

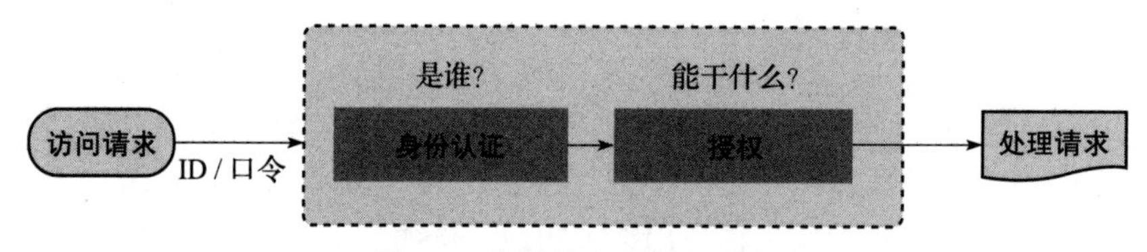

图 2-1 身份认证和授权示意

新技术和新环境相继涌现，访问控制技术也在不断发展，如基于区块链的去中心化访问控制、应用于软件定义网络（SDN）的访问控制方法、针对容器和微服务的新模型等。这需要融合新技术的特点与安全主体之间的新关系。不同的访问控制技术各有优缺点，需要根据实际应用场景选择。

2.4 文本内容识别

为预防数据丢失，无论数据的存储、复制或传输位置在哪里，都必须准确地检测所有类型的敏感数据。如果无法进行准确的内容识别，数据安全系统就会生成许多误报（将并未违规的消息或文件标识为违规）以及漏报（未将违规的消息或文件标识为违规）。误报会因进一步调查和解决明显事故而耗费大量的时间和资源。漏报会掩盖安全漏洞，导致数据丢失、潜在财务损失、法律风险，并有损组织声誉。

基于内容的深度识别是数据安全最基本的识别引擎，关注数据细粒度的深度识别，支持识别数百种文件格式以及多种协议和应用，采用关键字、数据字典、正则表达式、数据标识符等基础匹配方法，并结合精确数据匹配（Exact Data Matching，EDM）、索引数据匹配（Index Data Matching，IDM）、向量机学习（Vector Machine Learning，VML）等高级比对方法，实现高质量、高性能的识别和匹配。

智能学习引擎使用自然语言处理（Natural Language Processing，NLP）和文本分类算法，采用人工智能理论和机器学习技术，构造出能够理解和识别内容的学习工具，帮助用户对关键数据进行有针对性的聚类和分类。同时支持光学字符识别（Optical Character Recognition，OCR）技术，能够提取图片中的文字信息进行敏感信息识别和分类，进而自动进行网络图片的监控和过滤。

基础匹配方法采用常规的检测技术进行内容搜索和匹配，比较常用的有正则表达式和关键字，这两种方法可以对明确的敏感信息内容进行检测。文档属性检测主要是针对文档的类型、大小、名称进行检测，其中文档类型检测是基于文件格式进行检测，不是简单的基于后缀名检测。对于修改后缀名的场景，文件类型检测可以准确地检测出被检测文件的类型，并且可以通过自定义特征识别特殊文件类型格式的文档。

高级比对方法中，EDM 用于保护通常为结构化格式的数据，例如客户或员工数据库记录。IDM 和 VML 用于保护非结构化的数据，例如 Microsoft Word 或 PowerPoint 文档。对于 EDM、IDM、VML 而言，敏感数据会先由企业标识出来，然后由数据防泄露（DLP）判别其特征，以进行精准的持续检测。判别特征的流程包括 DLP 访问和检索文本及数据，予以归一化，并使用不可逆的打乱方式进行保护。

2.4.1 正则表达式

正则表达式是一种文本模式，可以用来检查一个字符串是否含有某个子字符串、将匹配的子字符串进行替换或者从一个字符串中取出符合某个条件的子字符串等。正则表达式由普通字符和元字符组成，普通字符表示自身，元字符表示一些特殊的含义或功能。正则表达式可以用来进行各种文本处理，如验证输入格式、搜索和替换、数据提取等。

正则表达式的语法和用法因不同的编程语言或工具而有所差异，但基本的规则和元字符都是相同的。常见的编程语言中使用正则表达式的记法都源于 Perl，现在普遍使用的正则表达式绝大部分属于 PCRE（Perl Compatible Regular Expressions，Perl 兼容正则表达式）这个分支。因此，通常的做法是实施 PCRE 的语法规则。PCRE 的语法规则包括但不限于以下几个方面：

- 单字符表达式：用来匹配单个字符，如 . 匹配除换行符之外的任何字符，[xyz] 匹配 x、y 或 z 中的任意一个，\d 匹配任何十进制数字。
- 复合匹配：用来连接或选择两个或多个表达式，如 xy 匹配 x 后接 y，x|y 匹配 x 或 y。
- 重复匹配：用来指定一个表达式可以出现的次数，如 x* 匹配零次或多次 x，x+ 匹配一次或多次 x，x? 匹配零次或一次 x，x{n,m} 匹配 n 到 m 次 x。
- 分组构造：用来将一个表达式作为一个整体进行操作，如（re）表示一个编号捕获组，可以获取匹配的子字符串，（?:re）表示一个非捕获组，不会获取匹配的子字符串。
- 定位点：用来指定匹配必须出现在字符串中的某个位置，如 ^ 匹配字符串的开头，$ 匹配字符串的结尾，\b 匹配单词边界。
- 空字符串：用来匹配空字符串或者不消耗任何字符的条件，如（?=re）表示一个前向肯定界定符，只有当后面跟着 re 的时候才能匹配成功。

正则表达式对计算性能有较高的要求。如果添加正则表达式条件，请对系统进行一小段时间的观察，确保系统速度不会降低，且不存在误报。

如果正在实施正则表达式匹配，请在将策略规则部署到生产之前考虑使用第三方工具测试正则表达式。推荐使用 RegexBuddy，RegExr（regexr.com）也不错。

2.4.2 指纹

指纹源自生物识别技术，具备存储空间小、能够迅速辨识生物个体差异，以及指纹特性与个体其他属性互不影响、不随个体其他属性的变化而变化等优势。广义上的指纹泛指任何具有唯一识别功能的信息，例如人的虹膜、身份证号码、手机号码等。文件指纹与人的指纹相似，是能够唯一识别一个数字文件的信息。

文件指纹匹配作为数据安全系统内容识别的重要组成部分，具有广泛的应用价值。高科技公司利用该技术对核心源代码进行样本训练，以便及时发现涉事人员非法复制源代码（即便只是部分模块）。客户利用该技术在其数字档案馆或电子文档库中，识别大量的中间文档或重复文档，并对其进行标记或清除。还可以从专利、配方数据、试验数据等敏感数据样本中抽取指纹，对目标文件进行指纹相似度匹配或 EDM。在数据安全内容识别中的指纹算法通常包含 EDM 和 IDM。

EDM 可保护客户与员工的数据及其他通常存储在数据库中的结构化数据。EDM 允许根据特定数据列中的任何数据栏组合进行检测，也就是在特定记录中检测 M 个字段中的 N 个字段。它能在“值组”或指定数据类型集上触发，例如，可接受名字与身份证号码这两个字段的组合，但不接受名字与手机号这两个字段的组合。

举例：一个 EDM 策略要求检测“姓名 + 手机号 + 身份证号”的组合，那么“张三” + “13888888888” + “110101299003079796”就能触发这个策略，而即使“李四”也在同一个数据库里，“李四” + “13888888888”就不能触发这个策略。

EDM 还支持近似逻辑以降低误报情况。对于检测过程中处理的自由格式文本，单个特征列中的每个数据的字数都必须在可配置的范围内，才能被认为是匹配的。例如，按照默认设置，在检测到的电子邮件正文的内容里，“张三” + “13888888888” + “110101299003079796”的每个数据的字数必须在选定的范围内，才会有匹配结果。对于包含表格数据（比如 Excel 电子表格）的文本，单个特征列中的所有数据都必须在表格文本的同一行上，才能被认为是匹配的，以降低整体误报情况。

IDM 通过创建文档指纹特征，能够准确检测以文档形式存储的非结构化数据，包括原始文档中已检索部分、草稿或不同版本的受保护文档。IDM 首先对敏感文件进行学习和训练，打开敏感内容的文档时，IDM 采用语义分析技术进行分词，然后进行语义分析，提取出敏感信息文档的指纹模型。接着，IDM 利用同样的方法对被测文档或内容进行指纹抓取，将得到的指纹与训练的指纹进行比对，根据预设的相似度进一步确认被检测文档是否为敏感信息文档。这种方法赋予了IDM极高的准确率和较大的扩展性。

IDM技术是从样本文档中生成指纹特征库，然后以同样的方法从待检文档或内容中提取指纹，再将得到的指纹与指纹库进行匹配，获得其相似度，如图2-2所示。一般来说，文件指纹匹配包括文本预处理、指纹生成、指纹选取、相似度计算四个部分。

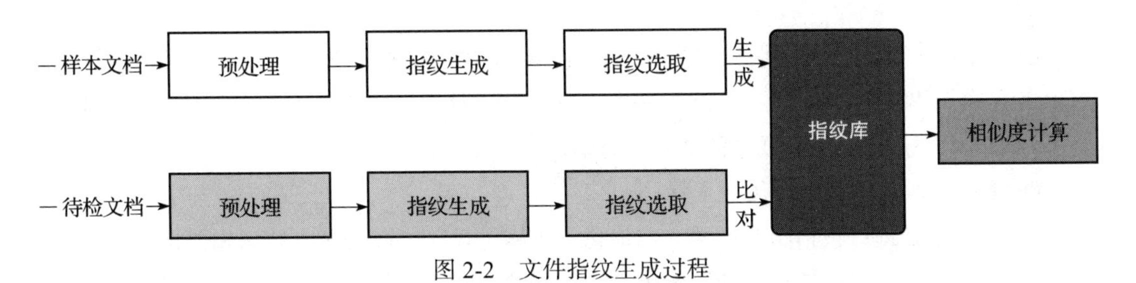

图2-2 文件指纹生成过程

文本预处理是为了消除文本中的无关信息，从而降低指纹对相似性判断的干扰。根据不同的目的、不同的语言特征，不同指纹方案的预处理方法会有所差异。指纹生成是基于预处理后的文本，按照设定的文本粒度，运用文件指纹算法得到指纹。指纹选取是依据一定的指纹选取策略，从生成的指纹中挑选出代表文档的文件指纹。经过这些步骤，就可以构建需要保护的文件指纹库。最后，在线文件也要经过预处理、指纹生成和选取等步骤，得到该文件的文件指纹，然后与指纹库中的文件指纹进行相似度比较，输出文件相似度作为结果。

2.4.3 机器学习

智能内容识别算法中使用了多种机器学习算法，具体应用的算法取决于不同的场景和任务。从不同的角度来说，包含但不限于以下常用的方法。

（1）SVM

SVM（Support Vector Machine，支持向量机）用于二元分类和多元分类任务，具有较好的泛化性能。SVM是著名的数据挖掘十大算法之一，也是VML算法的核心和基础，主要用于分类和回归问题。它的主要思想是将输入数据映射到高维空间，并在这个空间中寻找最佳的分类超平面或回归超平面。

在SVM中，训练数据由一组输入向量和对应的输出标签组成。对于分类问题，输出标签通常是二元的（正/负或1/–1）；对于回归问题，输出标签通常是连续的实数值。SVM的目标是找到一个超平面，将正例和负例分开，或者在回归问题中，找到一个能最大化预测值与实际值之间相关性的超平面。

SVM的核心是核函数（Kernel Function），该函数用于计算数据点在高维空间中的距离。

常见的核函数包括线性核函数、多项式核函数和径向基核函数等。SVM 通过选择合适的核函数和调整超平面的参数，可以实现高维非线性数据的分类和回归。

SVM 的优点在于它对于小样本数据具有较好的泛化能力，同时在高维空间中的分类和回归能力也非常强。SVM 可以应用于多个领域，例如生物信息学、计算机视觉、自然语言处理等。

（2）OCR

OCR（光学字符识别）将扫描或图片中的字符转换为文本，然后对文本进行内容识别。OCR 通常分为两个阶段：文本检测和文本识别。文本检测是将图片中的文字区域位置检测出来，文本识别是对文字区域中的文字进行识别。

OCR 技术通常包括以下几个步骤：

1）图像预处理：包括图像增强、二值化、去噪等操作，以提高字符识别的准确性。

2）特征提取：将预处理后的图像中的字符提取出来，并将其表示为特征向量。

3）字符分类：将提取出来的字符特征向量与训练集中的特征向量进行比对，并确定字符的类别。

4）后处理：对于字符识别结果进行后处理，以进一步提高字符识别的准确性。

OCR 技术主要用于防止文档和图像中的敏感信息泄露。例如，在企业中，员工可能会通过邮件或云端存储等方式共享包含敏感信息的文档和图片，这时候可以使用 OCR 技术对文档和图片进行扫描与识别，从中提取敏感信息并加以防护。此外，OCR 技术还可以结合 NLP 及其他机器学习方法进行更加精细的敏感信息识别和防护。

在智能内容识别算法中，还可以使用一些其他的机器学习算法，例如逻辑回归（Logistic Regression）、*k*- 近邻（*k*-Nearest Neighbors）、梯度提升决策树（Gradient Boosting Decision Tree）以及近几年兴起的基于深度学习的方法等。实际应用中需要根据具体情况选择合适的算法，并进行参数优化和模型训练，以达到最好的识别效果。

2.4.4 自然语言处理

自然语言处理（NLP）是一种使计算机能够解读、处理和理解人类语言的技术。在数据防泄露领域，NLP 技术将自然语言文本转化为计算机可以理解和处理的形式，被广泛应用于敏感信息的识别和防护。

自然语言虽然有一定的语法结构，但实际使用过程中却非常灵活，往往还要结合语境和上下文进行综合理解。在 DLP 的实践过程中，NLP 技术提升了文本内容的识别能力，使系统能够像人类一样理解大段的文本。例如，在企业中，员工可能会在邮件、聊天记录、文档等数据中泄露敏感信息，这时候可以使用 NLP 技术对文本进行分析和识别，从中提取出敏感信息并加以防护。

NLP 技术通常包括以下几个步骤：

1）分词（Tokenization）：将文本按照一定规则切分成若干个词语或符号，以便后续处理。

2）词性标注（Part-of-Speech Tagging）：对文本中的每个词语标注其词性（如名词、动词、形容词等），以进一步理解其语义。

3）命名实体识别（Named Entity Recognition，NER）：识别文本中具有特定实体含义的词语，如人名、地名、组织机构名等。

4）语义分析（Semantic Analysis）：分析文本的语义含义，包括实体关系、情感分析等。

除了在 DLP 中的应用，NLP 技术也被广泛应用于其他数据安全领域，比如：文本分类和过滤，NLP 技术可以帮助识别和分类文本数据，从而过滤掉恶意软件、垃圾邮件等有害信息；情感分析，NLP 技术可以帮助分析文本数据中的情感倾向，从而发现和预防网络欺凌、虚假宣传等不良行为；舆情分析和媒体监测，NLP 技术可以帮助分析社交媒体和新闻报道中的舆情和趋势，从而帮助企业和政府做出决策。

总之，NLP 技术在数据安全领域具有广泛的应用，并在各个方面都能为企业和个人提供更加安全和可靠的服务。

2.5 数据脱敏

数据脱敏又称数据漂白或数据遮蔽（Data Masking），是对敏感信息进行数据变形，实现敏感信息可靠保护的过程。通常，对数据进行脱敏的目的是在满足数据分析和应用需求的同时，最大限度地减少敏感信息的泄露风险。数据脱敏会有信息损失、可识别性降低、数据真实性降低等影响，需要根据实际应用场景选择合适的脱敏方案。

要对个人信息进行脱敏处理，需要了解去标识化和匿名化两种处理过程。从定义上看，《信息安全技术 个人信息安全规范》（GB/T 35273—2020）第 3.14 条规定，匿名化是指通过对个人信息的技术处理，使得个人信息主体无法被识别或者关联，且处理后的信息不能被复原的过程。该规范第 3.15 条还规定，去标识化是指通过对个人信息的技术处理，使其在不借助额外信息的情况下，无法识别或者关联个人信息主体的过程。匿名化处理后的信息不适用该规范的相关原则和安全要求，例如知情同意原则、目的限制原则、最小化原则等对匿名化处理后的数据不具有约束力。

2.5.1 应用场景

数据脱敏技术最早应用在医疗行业。医疗数据包含大量敏感的个人隐私信息，如病历、药方、治疗方案等。为了在医学研究和其他医疗应用中使用这些数据，同时保护患者隐私，医疗领域使用加密、删除标识信息等手段对病人身份进行脱敏。随着生物科技的发展，基因序列信息等个人生物特征也成为个人隐私数据的一部分，需要在使用过程中用到数据脱敏技术。

在金融行业，金融交易和投资数据同样涉及大量个人隐私信息，如用户名、账号、资产信息、家庭住址等。金融机构在使用和分享这些数据时，需要对其进行脱敏处理，以保护客户隐私。常用的脱敏手段有加密、Token 化等。

除医疗和金融行业外，电信运营商在使用通信数据进行数据分析和用户画像时会采用脱敏技术。政府部门在公开和共享数据时，也会对数据进行脱敏处理。

2.5.2 脱敏算法

对数据进行脱敏有很多种方式，为了满足不同的数据使用要求，产生了比较复杂的脱敏算法，例如匿名化、随机化、合成数据和差分隐私等算法，具体介绍如下。

1）匿名化：通常使用 k- 匿名化算法。该算法通过泛化和隐藏等过程，使得处理后的数据中，根据任何字段组合查询的结果记录数至少为 k。如图 2-3 所示，对经过 3- 匿名化后的数据进行查询，以邮政编码和年龄为条件，查询的结果都是 3 条记录，无法知晓用户的疾病信息。k- 匿名化算法有多种具体实现，包括 k- 均值聚类和 k- 最近邻算法等。

邮政编码	年龄	疾病
59277	29	流感
59202	22	结膜炎
59278	27	鼻炎
59305	43	荨麻疹
59309	52	肺炎
59306	47	扁桃体炎
59205	30	咽炎
59273	36	流感
59207	32	流感

3-匿名化

邮政编码	年龄	疾病
592**	2*	流感
592**	2*	结膜炎
592**	2*	鼻炎
5930*	≥40	荨麻疹
5930*	≥40	肺炎
5930*	≥40	扁桃体炎
592**	3*	咽炎
592**	3*	流感
592**	3*	流感

图 2-3 3- 匿名化示例

2）随机化：在不影响数据属性分布的前提下，在数据值中加入随机噪声。例如在年龄数据上加入 ±1 的扰动。这可以防止通过属性值定位到特定个人，但会损失一定精度。

3）合成数据：使用机器学习模型学习原数据集的联合分布，生成无法对应到具体个人但具有相近统计特征的新数据，取代原始数据。代表模型有 VAE 和 GAN 等。

4）差分隐私：差分隐私的出现是为了抵抗差分攻击。差分攻击是一种根据两次查询结果的差异分析出单条记录的攻击行为，如图 2-4 所示。例如：某数据库本来统计有债务的人数是 97，在王五登记之后，统计有债务的人数变成了 98，前后对比就能分析出王五也是有债务的人。这就是通过查询结果的差异获得隐私信息的攻击。差分隐私算法会使查询结果呈现一定的概率分布，使得攻击者无法确定是否包含特定个人，达到隐私保护的目的。

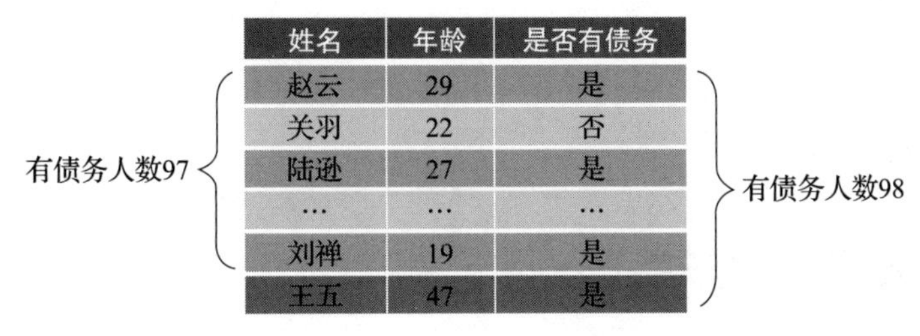

图 2-4　差分攻击示例

2.5.3　技术挑战

数据脱敏技术可以在一定程度上保护数据隐私，但是在实际应用中也存在以下挑战。

- 信息损失。经过脱敏处理的数据会存在一定的信息损失，包括数据之间的关联性、完整性及统计特征等信息。这可能会影响后续的数据分析和模型精度。我们需要权衡脱敏程度与信息保留之间的关系。
- 可逆性。置空、替换，以及一些匿名化技术对数据的处理是不可逆的，这使得在需要追溯数据源的情况下无法还原。另外，可逆脱敏技术涉及可逆脱敏算法及一些参数，这些信息泄露也会导致数据泄露，其安全性需要关注。
- 匿名程度评估。目前并没有标准的方式来给出一个数据的绝对匿名程度。业内只能通过一定的攻击方式进行评估，这本身不太严谨。匿名程度的评估体系还需要不断完善。
- 隐私泄露风险。任何一种脱敏技术都无法 100% 保证实现绝对匿名和防止隐私泄露，因为总会存在更强大的数据关联技术和计算能力来对匿名数据进行攻击。这需要我们在应用中持续评估风险。

数据脱敏技术在实际应用中已经覆盖了许多行业和领域，但每一个应用场景的敏感数据类型和保护需求都不同，所以数据脱敏的方案也需要针对具体应用场景来设计和实现。只有在满足数据分析需求的同时又能真正保护用户隐私，这类脱敏方案和技术才能真正发挥其应用价值。

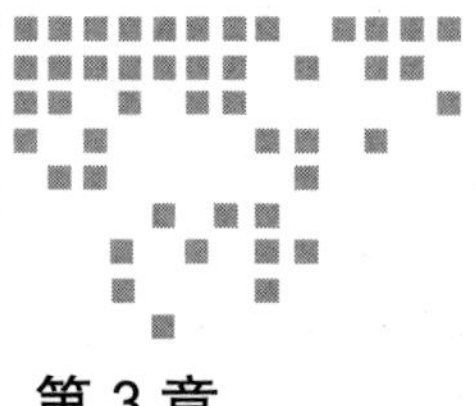

Chapter 3 第3章

人工智能安全

2022年11月，人工智能公司OpenAI推出了基于生成式人工智能（Generative Artificial Intelligence）的自然语言处理工具ChatGPT。生成式人工智能为人类社会打开了认知智能的大门。Gartner将生成式人工智能与元宇宙、同态加密等技术一起列为2022年最具影响力的技术，但实际上，这远没有体现出AIGC所带来的深远影响。

与以往的人工智能技术相比，ChatGPT等生成式人工智能具有极高的普及率。生成式人工智能在互联网、金融、医疗、教育和工业等领域带来了巨大的冲击，同时也给人类社会带来了真实而紧迫的风险。

为促进生成式人工智能技术健康发展和规范应用，国家网信办联合国家发展改革委、教育部、科技部、工业和信息化部、公安部、广电总局，于2023年7月公布《生成式人工智能服务管理暂行办法》。该办法不仅对既有安全三法（《网络安全法》《数据安全法》《个人信息保护法》[一]）有体现，也吸收了《互联网信息服务算法推荐管理规定》《互联网信息服务深度合成管理规定》等规定。在鼓励和支持人工智能技术发展的同时，也对生成式人工智能技术提出了要求，对生成式人工智能的技术研发、内容创作、行业应用等方面都做出了规定。

本章汇集了若干生成式人工智能的安全问题，以期引发读者的思考。

㊀《网络安全法》《数据安全法》《个人信息保护法》分别是《中华人民共和国网络安全法》《中华人民共和国数据安全法》《中华人民共和国个人信息保护法》的简称，后文在提到这三部法律中的一部或多部时，均采用其简称。

3.1 背景

人工智能是通过机器模拟人类认知能力的技术，包括机器学习和深度学习等技术，如图 3-1 所示。它涵盖了感知、学习、推理与决策等方面的能力，其核心能力是根据给定的输入做出判断或预测。

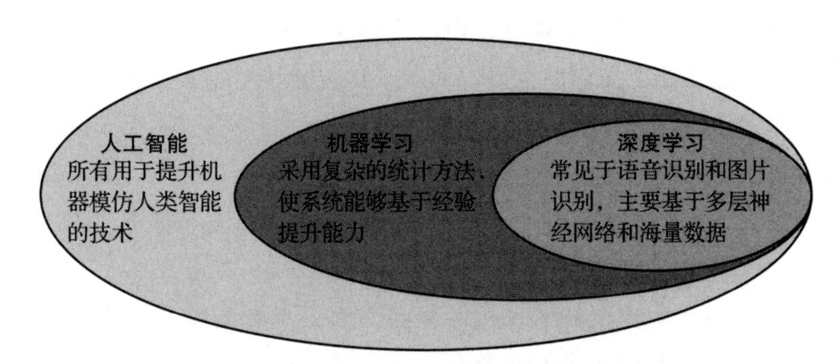

图 3-1　人工智能、机器学习和深度学习的关系

人工智能的历史可以追溯到 20 世纪 40 年代末，当时阿兰・图灵（Alan Turing）和约翰・冯・诺伊曼（John von Neumann）等计算机先驱首先开始研究机器如何"思考"。在随后的数十年里，人工智能虽然在专家系统、计算机视觉、语音识别等领域不断突破，但发展比较缓慢。20 世纪 90 年代中期，计算能力和信息存储的技术进步提高了人们研究人工智能的兴趣。人工智能在几个重要标杆问题上的性能得到了显著提高，例如图像识别，在某些任务上，机器表现得几乎与人类一样好。

21 世纪初期是人工智能取得重大进展的时期。第一个重大进步是自学习神经网络的发展。到 2001 年，它的性能已经在对象分类和机器翻译等特定领域超越了人类。在接下来的几年里，由于基础技术的改进，研究人员提高了其在一系列任务中的性能。

这一时期的第二个重大进步是基于生成模型的强化学习算法的开发。生成模型可以从给定的类中生成新颖的示例，这有助于从很少的数据中学习复杂的行为。例如，它们可以用来通过仅 20 分钟的驾驶经验来学习如何控制汽车。

除了这两项进步之外，过去十年人工智能领域还取得了其他几项重大进展。人们越来越重视将深度神经网络用于计算机视觉任务，例如对象识别和场景理解。人们也越来越关注使用机器学习工具来执行信息提取和问答等自然语言处理任务。

人工智能的最新进展催生了一种称为生成对抗网络（GAN）的新型系统，它可以生成逼真的图像、文本或音频。基于这种算法，生成式人工智能能够模拟人类的创造性思维，生成具有一定逻辑性和连贯性的语言文本、图像、音频等内容。与传统的人工智能系统不同，生成式人工智能系统能够自己创造出新的内容。输出的范围从深度伪造到人工智能聊天机器人，从文本到图像，从文本到视频，等等。其非凡的能力引发了人们对这项技术未来可能会取代人类的担心。

人工智能可以快速做出决策。它们从错误中吸取教训并不断改进。它们不会疲倦或放慢速度，可以全天候工作。它们比管理大量安全专家更便宜。甚至它们的培训也更便宜，因为它们使用更少的电力和其他公用设施来运行它们的系统。

人工智能技术的成本变得越来越低，以前许多小企业因价格昂贵而被排除在前沿信息技术产品和服务市场之外，现在它们也可以使用人工智能技术。人工智能可以帮助企业保护自己免受网络犯罪分子的侵害，快速识别威胁并在威胁对其计算机网络造成损害或窃取有价值的数据之前将其消灭。这些有价值的数据种类多样，例如客户名单、财务记录或知识产权（如软件源代码），以及已经过测试但尚未向公众发布的专有产品（如电子游戏）的产品设计和研究数据。

人工智能技术能够强化安全技术。机器学习作为人工智能的一种形式，利用模式识别技术，通过聚类算法可以识别网络上的异常活动。另一种形式的人工智能用于加密或标记化，可以使用算法随机化加密模式并按计划记录解密密钥以进行用户身份验证。下面来进一步地了解如何保护数据免受更复杂的网络安全威胁。

3.2 赋能数据安全

在数据安全领域，人工智能驱动数据安全治理加速向自动化、智能化、高效化、精准化方向演进。人工智能的自动学习和自主决策能力可有效缓解现有数据安全技术手段对专业人员分析判断的高度依赖，实现对动态变化数据安全风险的自动和智能监测防护。人工智能卓越的海量数据处理能力可有效弥补现有数据安全技术手段数据处理能力不足的缺陷，实现对大规模数据资产和数据活动的高效、精准管理和保护。

随着技术的进步，人工智能变得越来越明确和成熟，为保护组织数据和信息带来了前沿方法。从数据创建到销毁的数据安全生命周期的所有阶段，都可以看到人工智能的广泛应用。每个行业都可以使用人工智能来更好地支持其数据安全的实践和流程。以下是人工智能在数据安全领域发挥影响力的一些主要方式。

1. 增强身份认证措施

信息系统的身份认证从无到有，再从简单到复杂。为应对各种针对身份认证环节的攻击行为，安全人员在不断完善理论和实践。验证码、面部识别和指纹扫描仪等人工智能工具使组织能够自动检测登录服务的尝试是否真实。这些解决方案有助于防止暴力攻击和撞库等网络犯罪行为，这些行为可能会使组织的整个网络面临风险。

2. 识别未知数据安全风险

与传统的数据安全风险识别相比，人工智能突破了经验的限制。机器学习算法可以根据历史数据进行训练，使它们能够识别已知的攻击模式和行为。随着新威胁的出现，人工智能算法可以动态调整其检测模型，确保它们跟上不断变化的威胁形势。这种适应性使人工智能能够实时识别新出现的威胁，为组织提供主动防御能力。

人工智能可以识别试图绕过现有安全系统的恶意软件或试图通过未经授权的路径登录网络的恶意用户。此外，它还有助于识别内部威胁，例如心怀不满的员工试图窃取机密数据或破坏系统。

3. 自动化地监测和响应攻击

在快节奏且不断发展的网络威胁环境中，实时监测和响应攻击的能力对于最大限度地减少恶意活动造成的潜在损害至关重要。

人工智能提供对现有安全系统的洞察，它使用机器学习算法分析来自多个来源的数据，包括网络流量日志、用户行为日志、端点日志等。这些算法监测日志记录中的异常情况，以在新威胁对系统造成损害之前识别它们。通过快速处理来自各种来源的数据，人工智能可以识别可疑模式、异常，或者可能表明正在进行或即将发生网络攻击的指标。这种实时分析使安全团队能够立即了解潜在威胁并采取行动来降低风险。

当监测到潜在威胁时，人工智能驱动的系统可以向安全团队发出实时警报，使他们能够迅速作出响应。这些警报可以包括威胁性质、潜在影响以及建议的补救措施等详细信息。人工智能使安全团队能够做出明智的决策并有效响应，通过实时提供可操作的建议来降低与网络攻击相关的风险。

人工智能还可以自动化完成响应过程的某些方面，例如隔离受影响的系统、阻止恶意活动或启动事件响应工作流程。这样，组织可以最大限度地缩短威胁监测和响应之间的时间，缩小攻击者的机会窗口，并通过自动化这些响应操作来限制安全事件的潜在影响。

人工智能提供的实时威胁监测和响应对于防止数据泄露、最大限度地减少财务损失和维护组织声誉特别有价值。通过快速监测和消除威胁，组织可以最大限度地减少攻击者在其网络中的停留时间，从而降低数据泄露、系统受损或未经授权访问的可能性。实时响应功能还使安全团队能够在威胁蔓延之前遏制并消除威胁，防止进一步的损害。

4. 神经网络结合数据加密

神经网络是一种机器学习算法，可用于创建数据加密系统。基于生物学模型，神经元以分层的形式互联形成网络，然后处理信息。这些网络可用于创建在任何给定时刻改变加密级别的加密系统。这意味着当有人试图侵入你的系统时，他们将不得不持续改变攻击方法，因为加密总是在变化。这将使黑客很难破解代码并窃取你的信息。神经网络使用神经加密密钥（NEK，它是一串比特位），允许它以相适应的方式加密数据。人工智能和神经网络正在通过加密改变数据安全性。

5. 增强安全人员的能力

现实情况是，组织始终需要安全人员，特别是能够充分利用现有工具和资源的人员。安全人员需要与时间竞赛，但又面临挑战，如图 3-2 所示。

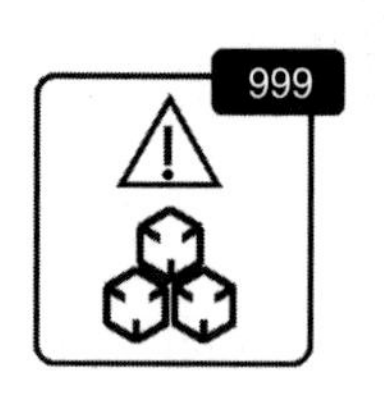

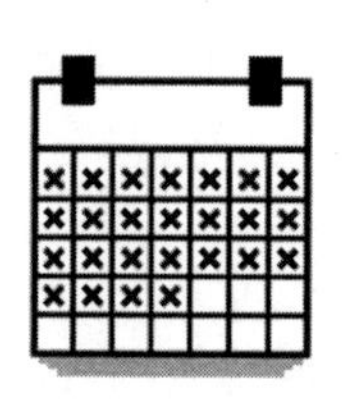

图 3-2　安全人员面临的挑战

这就是人工智能的用武之地。安全人员可以借助强大的人工智能增强软件和工具应对以上挑战。

3.3　人工智能的合规风险

人工智能以海量数据为基础，通过学习训练对外提供服务。新技术往往会先于相应的法律规范，而人工智能的发展和采用就是在法律不确定的背景下进行的。对于人工智能而言，法律的不确定性来源于人工智能模型的创建和使用，以及训练模型的数据原创者的权利。结合近期对人工智能的体验可以发现，人工智能的每一个环节都需要从数据安全的角度进行监管。

1. 数据来源是否合法

我们在惊讶于人工智能所展现的能力时，也要清醒地意识到，一个强大的人工智能模型经过了多少数据的训练。据统计，GPT-3 模型所学习的数据集为 40TB，英文维基百科的文本内容为 50GB，一个普通人在一生中所习得的信息量平均约为 34GB，而 GPT-4 模型学习的数据集约为 1024TB，如图 3-3 所示。

人工智能的表现与模型训练的数据量有着很强的相关性。就在不久以前，我们还只是模糊地觉得数据是宝藏，是充满价值的矿山，是新经济的石油，直到人工智能的出现，数据的价值才以一种十分具体的方式呈现。正是数据的这种巨大价值，使得人们很少考虑获取数据的方式是否合理。

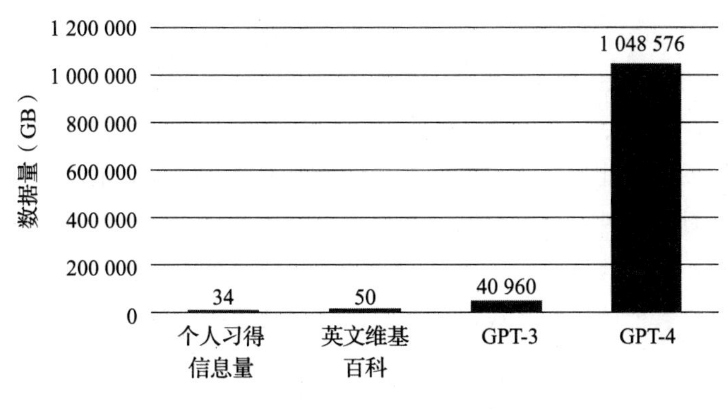

图 3-3 数据量对比

生成式人工智能可以用中文进行交互，在理解中文的同时，输出中文形式的论文、旅行计划、工作总结和商业文案。这背后肯定需要大量中文样本来支撑。毫无疑问，国内网站上的中文内容为类 GPT 模型做出了巨大贡献。但是，这些内容是否得到了许可？我们的文化，我们的历史，我们在网上的言论，在毫不知情的情况下，被固化在这些模型里，成了模型的能力。这就像别人偷偷地拿走了你的东西，然后让世人惊叹于他的能力却忽略了你的贡献。这个场景，着实令人切齿。

好在国内在数据安全方面的措施正紧锣密鼓地实施。国家互联网信息办公室发布的《数据出境安全评估办法》从保护个人信息权益、维护国家安全和社会公共利益的角度，对数据出境活动进行规范。欧盟的 GDPR（《通用数据保护条例》）在这方面也有明确规定，组织必须确保已获得个人的必要同意，才能出于收集数据的特定目的处理其个人数据。这意味着个人必须有机会明确选择是否参与其数据的处理。

2. 对数据的学习是否合法

《个人信息保护法》第四十四条规定，个人对其个人信息的处理享有知情权、决定权，有权限制或者拒绝他人对其个人信息进行处理；法律、行政法规另有规定的除外。第四十八条规定，个人有权要求个人信息处理者对其个人信息处理规则进行解释说明。与之类似，欧盟在 GDPR 中将透明度作为数据处理的基本原则。但是，当下以机器学习为主导的人工智能本质上并不透明，人工智能系统的运行缺乏透明度。即使是创建人工智能系统的人工智能专业人士可能也不知道自己的系统是如何运作的。他们无法解释人工智能如何得出结果，这意味着系统的运行就像一个“黑匣子”。

人工智能具有强大的学习能力，但在不合法的前提下学习数据，那就是在剽窃知识成果。首先也是最重要的是，组织必须确保它们对人工智能的使用是透明的，并向个人提供有关如何收集、使用和处理其个人数据的清晰简洁的信息。这包括提供收集数据的目的、收集的数据类型以及收集和处理数据的法律依据等信息。

3. 对外的输出是否合法

关于输出内容的合法性，可以从以下 3 点考虑。

1）输出的内容是否会被用户用于危害社会和其他公民的利益，如图 3-4 所示。事实证明，人工智能在为安全赋能的同时，也被不法分子所利用。网络罪犯可利用它自动创建高度可信的钓鱼邮件，针对收件人高度定制，增加攻击的成功率。在地下黑客论坛，网络罪犯演示了利用生成式人工智能改进网络钓鱼邮件的潜力。即使攻击对象使用的语言不是攻击者的母语，在生成式人工智能的帮助下攻击者将可以轻而易举地伪造可信的邮件。

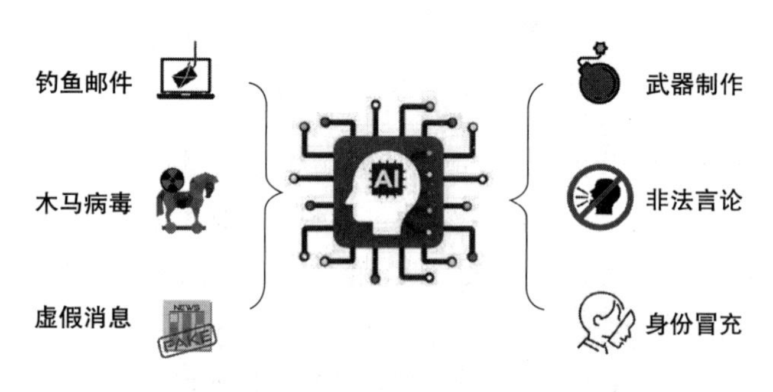

图 3-4 人工智能生成的违规内容示例

除了钓鱼邮件之外，生成式人工智能还能生成恶意代码，生成虚假内容或消息，甚至散播非法言论。这些问题并不新鲜，当下普遍使用的搜索引擎也都需要对其产生的内容进行审核。

2）人工智能生成的内容是否超出了用户权限的范围，简单地说就是用户是否访问到了权限允许之外的信息。人工智能学习的样本数据来源非常广泛，在生成内容时也并没有核查用户的身份和权限，很有可能获取敏感信息。

3）人工智能系统输出的内容对个人的潜在影响是否合法。这种风险的危害是，由人工智能产生的信息对用户产生了法律效力或类似的其他重大影响。GDPR 的第 22 条规定，个人有权反对仅基于自动化处理（包括分析）对其做出的决策。确保系统在没有足够的人类监督的情况下，不会做出对个人产生重大影响的决策。

人工智能作为下一代信息来源，更贴近用户。用户的决策将严重依赖人工智能的输出，人工智能提供的不健康、不正确、不负责任的信息有可能误导大众。人工智能应用也可能存在信息滥用的情况，这些都有可能造成社会面消息混乱。需要从法律法规、标准、流程制度和技术等方面对人工智能进行更多的安全治理，对输出的内容进行规范。

4. 人工智能交互过程中的信息泄露

据 SBS 等韩国媒体报道，三星刚引入 ChatGPT 还不到 20 天，就发生了 3 起机密数据泄露事件，其中涉及三星半导体设备测量资料、产品良率等信息。有韩国媒体认为，这些三星的机密资料已“完整地”传给了美国，被存入 ChatGPT 学习数据库中。

在用户与人工智能交互的过程中，信息在不断地交换。用户输入的信息会被人工智能学习，有可能呈现给第三方用户。就像三星这次泄露事件中的那样，员工将源代码复制到了ChatGPT中寻找bug的解决方法，这个操作将使三星半导体设备的测量相关代码成为ChatGPT的学习资料。

据Cyberhaven统计，不少企业的员工正在将公司数据直接传给ChatGPT，让它帮忙处理。仅一天之内，每10万名员工就平均给ChatGPT发送了5267次企业数据。

当然，我们也不能因噎废食，拒绝人工智能技术无疑是自断经脉，企业要做的是兼顾业务和安全。除了对员工进行相关的培训和教育，让员工了解新技术的使用方法和注意事项，还需要在流程、制度和技术措施等多方面来构建数据安全防护能力。

总体而言，组织在人工智能和数据安全方面的主要考虑因素包括透明度、同意以及自动化决策对个人的潜在影响。通过考虑这些因素并采取适当的措施，组织可以确保其对人工智能的使用符合法律法规并尊重了个人对其个人数据的权利。

为规避人工智能的数据安全合规风险，这里列出了人工智能在数据保护方面的关键考虑因素。

1）确保个人数据的收集、处理和存储符合相关数据保护法律法规。

2）实施适当的安全措施，保护个人数据免遭未经授权的访问、披露或滥用。

3）定期监控和审核个人数据的使用，以确保其用于合法目的并符合已授予的任何同意或许可。

4）向个人提供透明、清晰的信息，说明人工智能系统将如何使用他们的个人数据，包括他们访问、纠正、删除或限制处理其个人数据的权利。

5）建立响应个人访问或更正其个人数据的请求以及处理投诉或与数据保护相关的其他问题的流程。

6）制定稳健的治理框架，确保以道德和负责任的方式使用人工智能系统，包括定期评估该系统对个人和社会的潜在风险与影响。

尽管数据保护在确保人工智能的道德使用方面发挥着重要作用，但同样重要的是要认识到数据保护不应该只是一项例行检查工作。换句话说，它不应被简单地视为必须遵守的监管要求，而应被视为人工智能技术开发和使用的重要组成部分。

对于组织来说，一方面存在技术进步和使用人工智能的诉求，另一方面需要尊重数据保护规则、指南和法律。因此，平衡这两者的关系至关重要。此外，数据保护不应成为减缓人工智能创新和进步的借口。相反，它应该被视为确保人工智能以道德、公平和尊重个人权利的方式使用的一种方式。与人工智能专家一起彻底审查人工智能用例非常重要，这可以让数据保护专家清楚地知道使用不同的算法和软件系统各有什么影响。通过认真对待数据保护，组织可以帮助建立对人工智能的信任，并确保其用于造福社会。

3.4 人工智能的安全隐患

人工智能以前所未有的速度取得进步，但同时其安全隐患不容忽视。人工智能在众多商业领域发挥着颠覆性的作用，数据安全变得越来越重要。传统环境中，大型企业及其网络要处理大量敏感信息，因此它们需要关注数据的泄露、篡改和破坏等安全问题。然而，随着人工智能程序的兴起，情况已经发生了变化。人工智能，特别是生成式人工智能的训练和决策，严重依赖数据内容，使其容易受到“不健康”数据引起的安全风险影响。许多人工智能计划都低估了数据可靠性问题，认为现有的安全措施已经足够，然而，这种观念未能考虑针对人工智能系统的恶意攻击的潜在威胁。图 3-5 中的 7 种场景凸显了人工智能系统对数据安全的迫切需求。

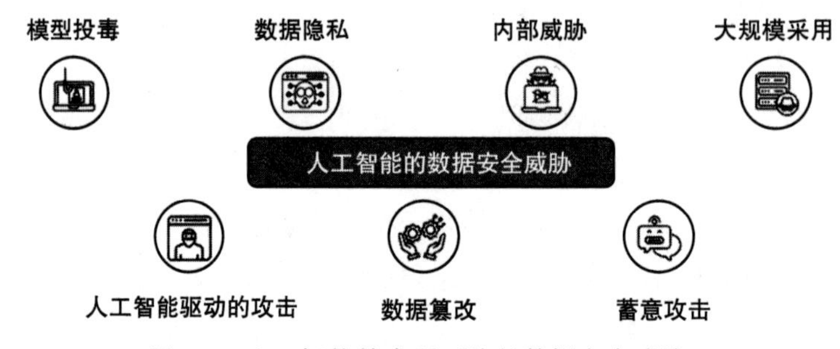

图 3-5 人工智能技术所面临的数据安全威胁

（1）模型投毒

模型投毒指的是攻击者操纵人工智能模型学习过程中使用的数据，导致人工智能学习不正确并做出错误的预测或分类。这是通过对抗性示例来完成的——故意设计的输入数据会导致模型出错。例如，精心制作的对抗性图像对于人类来说可能与普通图像无异，但可能会导致图像识别人工智能对其进行错误分类。减轻这些攻击具有一定的挑战性。针对有害行为的一种保护措施是对抗性训练，这种技术涉及在人工智能模型的学习过程中添加棘手的、误导性的示例。另一种方法是防御性蒸馏，此过程旨在简化模型的决策，使得潜在威胁更难以找到这些误导性的示例。

（2）数据隐私

数据隐私是一个主要问题，因为人工智能系统通常依赖大量数据进行训练。例如，用于在平台上个性化用户体验的机器学习模型可能需要访问敏感的用户信息，例如浏览历史记录或个人偏好。违规可能会导致敏感数据泄露。差分隐私（Differential Privacy）等技术可以在这方面提供帮助。差分隐私通过向数据添加仔细计算的随机“噪声”量，提供了量化数据隐私的数学框架。这种方法可以掩盖数据集中任何单个个体的存在，同时保留可以从数据中学习的统计模式。

（3）数据篡改

数据篡改在人工智能的背景下是一个严重的威胁，因为数据的完整性对于这些系统至关重要。攻击者可能会修改用于训练或推理的数据，导致系统行为不正确。例如，如果自动驾驶汽车的人工智能系统接收到的图像被改变，它可能会被欺骗而误解路标。加密签名等数据真实性技术可以帮助确保数据不被篡改。此外，安全多方计算等解决方案可以使多方共同计算其输入的函数，同时保持这些输入的私密性。

（4）内部威胁

内部威胁尤其危险，因为内部人员拥有访问敏感信息的权限。内部人员可能会滥用其访问权限来窃取数据、搞破坏或进行其他有害行为。缓解内部威胁的技术包括监控异常行为、实施最小权限策略，以及使用基于角色的访问控制（RBAC）或基于属性的访问控制（ABAC）等技术来限制用户的访问权限。

（5）蓄意攻击

由于所涉及数据的高价值和敏感性，对人工智能系统的蓄意攻击可能特别具有破坏性。例如，对手可能会瞄准医疗保健人工智能系统来获取医疗记录。强大的网络安全措施，包括加密、入侵检测系统和安全软件开发实践，对于防范这些威胁至关重要。此外，人工智能模糊测试等技术可以帮助提高系统的稳健性。人工智能模糊测试是用随机输入轰炸人工智能系统以发现漏洞的过程。

（6）大规模采用

人工智能技术的大规模采用会增加安全事件的风险，因为有更多的潜在目标可用。此外，随着这些技术变得更加复杂和相互关联，攻击面也在扩大。安全编码实践、全面测试和持续安全监控有助于降低风险，通过共享威胁情报等方式获取有关新兴威胁和漏洞的最新知识也至关重要。

（7）人工智能驱动的攻击

人工智能本身可以被威胁者武器化。例如，机器学习算法可用于发现漏洞、进行攻击或逃避检测。Deepfake是使用人工智能创建的合成媒体，是人工智能驱动的攻击的另一种形式，用于传播错误信息或进行欺诈。防御人工智能驱动的攻击需要先进的检测系统，要能够识别表明此类攻击的微妙模式。此外，随着人工智能驱动的攻击的不断发展，安全社区需要投资于人工智能驱动的防御机制，以适应这些攻击的复杂性。

3.5 提升人工智能模型的安全性

在数据安全的背景下，人工智能模型需要提升自己的安全性，也就是抵御输入数据的干扰或旨在操纵模型输出的对抗性攻击的能力。

面对人工智能的各种攻击，我们可以采取三类防御措施，分别是模型优化、数据优化和附加网络，这三类防御措施又包含多种方法，如图 3-6 所示。下面就其中几种典型的方法进行简单介绍。

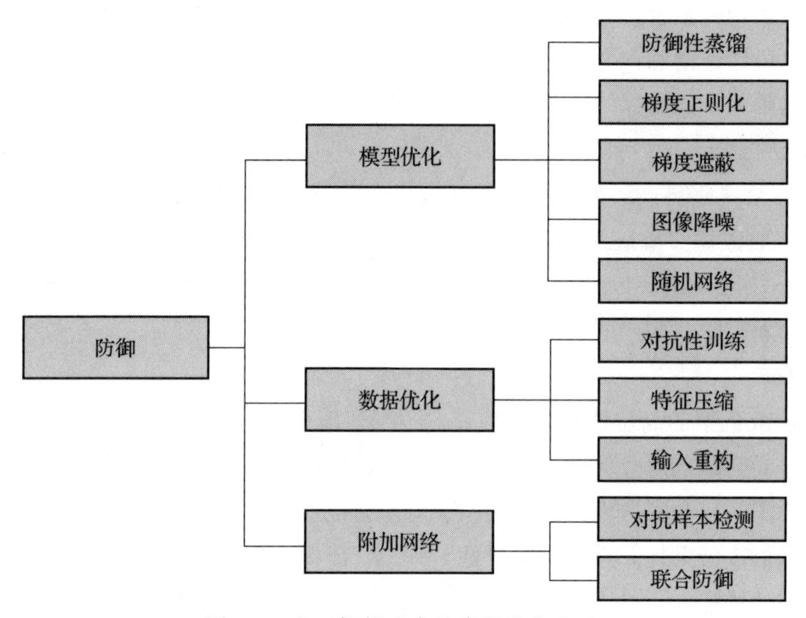

图 3-6 人工智能攻击的常见防御方法

（1）防御性蒸馏（Defensive Distillation）

防御性蒸馏使模型不易受到恶意输入的误导。之所以叫蒸馏，主要是因为这种技术类似于在模型处理中增加了一层过滤机制，有那么点提炼、提纯的意思。这是一种对抗性训练技术，使用教师（更大、效率更高）模型来观察学生（更小、效率更低）模型的关键特征，然后使用教师模型来改进学生模型的准确性。这种技术通过降低分类器模型对输入扰动的敏感性，生成更平滑的分类器模型。这些更平滑的分类器对恶意的样本具有更强的适应性，并具有更好的类别泛化特性，可以使攻击者更难找到导致学生模型出错的输入。

（2）对抗性训练（Adversarial Training）

这涉及在对抗性示例上训练模型，也就是故意设计导致模型出错的输入。通过对这些示例进行训练，即使面对恶意输入，模型也能学会做出正确的预测。然而，对抗性训练的计算成本可能很高，并且无法确保针对看不见的攻击的完全鲁棒性。

（3）特征压缩（Feature Compression）

特征压缩降低了模型用于做出决策的数据的复杂性，可以防止干扰信息在高维空间中被放大。例如，特征压缩可能是降低图像的颜色深度或将小数四舍五入到更少的位数。通过简化数据，可以保留原始图像的足够多的主要信息，提高抵抗恶意样本的能力。特征压缩可以使攻击者很难通过操纵模型的输入来实现其不法目的。

（4）输入重构（Input Reconstruction）

为了抵御恶意样本的攻击，研究人员发现可以通过重构人工智能的输入内容，降低被攻击的风险。例如：通过使用图像裁剪和重新缩放、图像深度降低、JPEG压缩、总方差最小化和图像绗缝五种图像变化来消除图像扰动，并最大限度地保留有效图像信息；或者采用像素偏转重新分配像素值的方法来局部破坏图像，并利用小波去噪技术减少像素偏移带来的破坏和对抗性扰动。这样，干净样本的分类结果不受影响，而恶意样本在经过像素偏转后能够被正确分类，从而达到消除扰动的目的。

（5）联合防御（Integrated Defense）

联合防御原本是一个军事术语，指将多个防御技术和防御单元进行整合，以发挥出更大防御效果的策略。在人工智能的对抗防御中，联合防御指安全人员将多种防御技术进行整合，以达到更好的对抗效果。例如，在原有公开模型的基础上，引入多个同类型的微型神经网络模型作为辅助模型。这些辅助模型可以有效提高模型的鲁棒性。即使针对白盒攻击，辅助模型也表现出强大的防御能力。

以上是在数据安全背景下提高人工智能模型安全性的部分方法。通过采用这些技术，可以开发出能够抵抗攻击的模型，并且即使在输入噪声或构造的恶意样本时也能保持其准确性。然而，没有任何模型能够保证100%安全或准确，因此将这些技术视为更大的安全性和准确性策略的一部分非常重要。

3.6 人工智能安全任重道远

针对人工智能模型的攻击很难防御，因为攻击者有很多方法可以使模型产生错误的输出。复杂的问题有时只能通过应用复杂的机器学习模型来解决。然而，此类模型很难抵御攻击。针对常见攻击的缓解措施正在不断地研究中，同时，攻击者也在研究着如何攻击这些模型。

重要的是要记住，保护基于人工智能的系统免受攻击和减轻人工智能的恶意使用的方法可能会导致严重的道德问题。例如，严格的安全监控可能会对用户的隐私产生负面影响，某些安全响应活动可能会削弱用户的一些权益。

为了保持竞争力，公司或组织可能会放弃道德原则，忽视安全问题，或放弃稳健性准则，以突破其工作界限，或领先于竞争对手推出产品。这种低质量、快速上市的趋势在物联网行业已经很普遍，并且被大多数网络安全从业者认为是一个很大的问题。当我们意识到，我们对如何防范针对人工智能模型的恶意攻击还缺乏足够知识的时候，人工智能领域类似的草率行为也可能产生同样的负面影响。传统的软件开发过程花了很多年甚至几十年的时间才包含威胁建模和模糊测试等实践，希望类似的做法能被更快地引入人工智能开发过程。

3.7 人工智能安全方面的法律规范

为促进生成式人工智能的健康发展，国家监管部门在不断推动出台相关法律法规。比如，《生成式人工智能服务管理暂行办法》已于2023年8月15日施行。该暂行办法指出，国家坚持发展和安全并重、促进创新和依法治理相结合的原则，采取有效措施鼓励生成式人工智能创新发展，对生成式人工智能服务实行包容审慎和分类分级监管。鼓励生成式人工智能算法、框架、芯片及配套软件平台等基础技术的自主创新，平等互利开展国际交流与合作，参与生成式人工智能相关国际规则制定。同时规定，提供和使用生成式人工智能服务，应当遵守法律、行政法规，尊重社会公德和伦理道德。

在国际上，2023年10月30日，美国总统签署了《关于安全、可靠、可信地开发和使用人工智能的行政命令》（*Executive Order on the Safe, Secure, and Trustworthy Development and Use of Artificial Intelligence*），要求对人工智能展开新的安全评估与指导，并研究人工智能对劳动力市场的影响。该行政命令要求，对美国国家安全、经济、公共卫生或安全构成风险的人工智能系统开发商在向公众发布成果之前，根据《国防生产法》与美国政府分享安全测试结果。其他方面包括：指示美国商务部为人工智能生成的内容制定"内容认证和水印指南"，并制定网络安全计划，使人工智能工具有助于识别关键软件中的漏洞；编写一份关于人工智能对劳动力市场潜在影响的报告，并研究联邦政府如何支持受影响的工人；指示知识产权监管机构和联邦执法机构评估人工智能系统是否违反知识产权法，解决人工智能培训中版权作品的使用问题。

欧洲在这方面的进展同样迅速。2023年12月8日，欧洲议会、欧盟成员国和欧盟委员会三方就《人工智能法案》达成协议。该法案自2021年提出，经历了多轮修订和讨论，旨在确保基本权利、民主、法治和环境可持续性免受高风险人工智能的影响，同时促进创新并使欧洲成为该领域的领导者。它根据人工智能的潜在风险和影响程度确定了人工智能的义务。具体而言，立法者同意禁止那些威胁到公民权利和民主的应用，例如使用个人敏感特征进行分类、评分，或者操作人类行为违反其自由意志的人工智能系统。对于归类为高风险的人工智能（对健康、安全、基本权利、环境、民主和法治具有重大潜在危害），该法案也明确了义务，要求强制性基本权利影响评估。

该法案认为通用人工智能（GPAI）系统必须遵守透明度要求，这包括起草技术文件、遵守欧盟版权法以及提供有关训练内容的详细摘要。对于具有系统性风险的高影响力GPAI模型，议会谈判代表确保了更严格的义务。如果这些模型满足一定标准，将必须进行模型评估，评定和减轻系统性风险，进行对抗性测试，向委员会报告严重事件，确保网络安全。欧洲议会议员还坚称，在统一的欧盟标准发布之前，具有系统性风险的GPAI可能会依赖实践守则来遵守法规。

第二篇 Part 2

数据安全能力体系

Chapter 4 第4章

数据安全能力框架

数据安全涵盖了信息安全的各个方面，从硬件和存储设备的物理安全到数据管理和访问控制、软件应用程序的逻辑安全，再到组织架构和流程制度。此外，数据交易、数据出境和数据共享等新业务增加了风险场景。计算环境也比过去更加复杂，云计算、远程办公和物联网（IoT）早已突破了传统网络边界。这些复杂性扩展了攻击面，对监控和安全来说更具挑战性。

与此同时，消费者对数据隐私重要性的认识正在上升。由于公众对数据保护举措的需求不断增加，最近颁布了多项新的数据安全法规，对数据安全提出了更高的要求。

如果没有安全计划，也没有维护该计划的安全管理方法，组织就注定会将安全视为一个个项目，在项目结束后，项目组成员就会分散到其他项目中。许多组织有良好的意图，但没有采用适当的框架，因而不能确保安全建设的持续性。其结果是，多年来安全建设走走停停，投入超过了应有的成本，却没有获得期望的效果。

数据安全能力框架提供了通用术语和系统方法，使IT部门、人力部门、运营部门和合作伙伴等不同利益相关者能够沟通数据安全需求，确保管理数据的人员、流程和技术与组织的业务目标一致，进而协同行动。

数据安全能力框架以结构化的形式指导组织的数据安全能力建设，使数据安全能力建设可跟踪、可衡量、可持续改进。根据框架内容，组织能够清晰地了解自身的数据安全风险，根据评估的差距确定改进活动的优先级，并做出合理的投入决策。

每个组织可以根据自身的需要调整框架。框架并没有告诉一个组织可以承受多少数据安全风险，也没有提供一个万能的公式。本书中的各种模型和框架并不会相互代替，而会相互补充。不同的框架在不同的场景下各有优势，我们在实际工作中可以多借鉴参考。

4.1 DSG框架

2017年，Gartner提出了DSG（Data Security Governance，数据安全治理）框架。该框架特别强调，应该自上而下从需求调研开始实施数据安全治理，如图4-1所示。该框架认为，跨过数据安全梳理、治理优先级分析、整体治理策略制定，直接从技术工具开始对数据安全进行治理是不合理的，正确的方式是从组织的高层业务风险分析出发，对组织业务中的各个数据集进行识别、分类和管理，并针对数据在多个场景中的机密性、完整性、可用性创建安全策略。然后，数据管理与信息安全团队可以针对完整的业务数据生命周期过程，在安全策略的指导下构建数据安全能力，并对各数据安全能力进行编排，降低数据隐私风险和数据保护风险，以降低整体的业务风险。

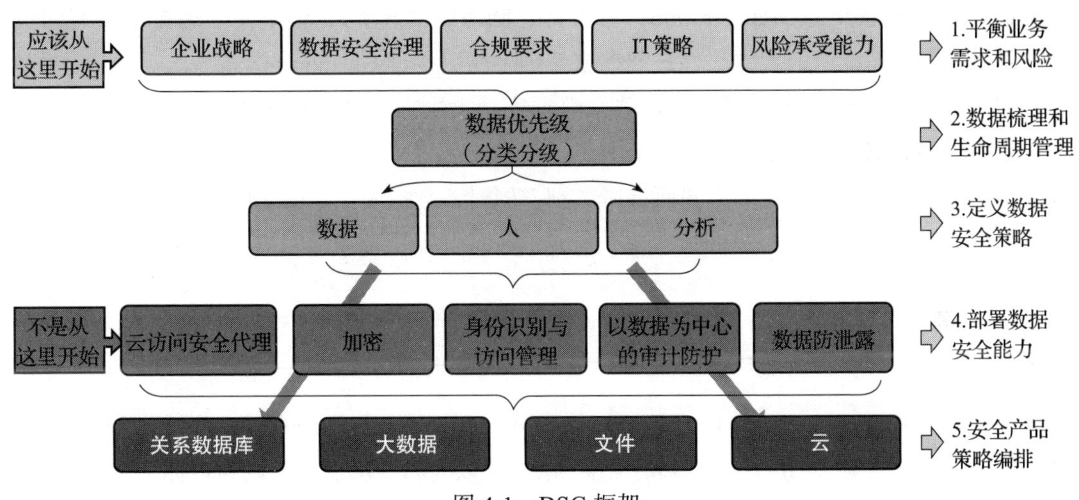

图4-1 DSG框架

DSG框架中，数据安全治理的实现过程分成5个阶段。

（1）平衡业务需求和风险

在这一阶段，需要从组织的企业战略、数据安全治理、合规要求、IT策略及风险承受能力5个关键方面分析安全需求。这有助于在安全防护体系建设目标上达成一致，避免出现业务和安全冲突、安全建设过度或者安全能力不合规的情况。

（2）数据梳理和生命周期管理

在这一阶段，需要梳理出数据安全防护体系所保护的对象。组织内部的数据并不一定都具有保护的价值，特别是在数据规模增长迅速的数字经济时代。组织的安全资源有限，不可能针对所有数据实施同样的安全措施，因此，需要盘点组织内部的数据资产并根据行业规范进行分类分级。

（3）定义数据安全策略

在这一阶段，需要以前两个阶段的输出成果作为基础。定义安全策略需要依据数据的敏感级别和面临的风险，并考虑是否与组织发展战略冲突，是否满足合规要求，是否与IT策略一致。安全策略不可能完全消除风险，只要剩余的风险在容忍范围之内，安全策略就是合理的。

（4）部署数据安全能力

根据数据安全策略部署数据安全能力。在这一阶段，组织需要根据自身数据资源的类型、存储位置、应用场景选择安全能力，来实现定义的安全策略。DSG框架中提到了加密、DCAP（以数据为中心的审计防护）、DLP（数据防泄露）、CASB（云访问安全代理）和IAM（身份识别与访问管理）5种安全能力。

（5）安全产品策略编排

这一阶段的原文是Orchestration，有人将它翻译成"同步"，但事实上编排不仅有同步的意思，还有协同配合的意味，将它理解成编排可能更接近Gartner的本意。

组织内部数据的存在方式可能是关系数据库、大数据、文件和云4种中的一种或者多种，针对这些数据需要部署不同的安全能力。安全产品策略协同要求所有安全产品的策略一致，不因设备或者数据形态的不同而有所区别。同时，数据安全产品之间能够相互协作，形成一体化的安全体系。

4.2 DGPC框架

DGPC（Data Governance for Privacy, Confidentiality and Compliance，隐私、保密和合规的数据治理）框架于2010年由微软提出，该框架以隐私、保密和合规为目标，围绕人员、流程和技术3个核心能力领域进行构建，如图4-2所示。DGPC强调组织应该以统一的跨领域方式来实现目标，而非由组织内的不同部门独立实现。

（1）人员

建立一个DGPC团队，明确成员的角色和职责，并为他们提供履行职责所需的足够资源以及对总体数据治理目标的明确指导。团队成员共同负责制定数据分类、保护、使用和管理等关键方面的原则、政策和程序。

（2）流程

建立符合DGPC的流程。首先，检查各种必须满足的法规、标准以及组织政策和战略文件；然后，定义指导原则和政策；最后，识别特定数据流背景下的数据安全、隐私和合规性威胁，分析相关风险，并确定适当的控制目标和控制活动。

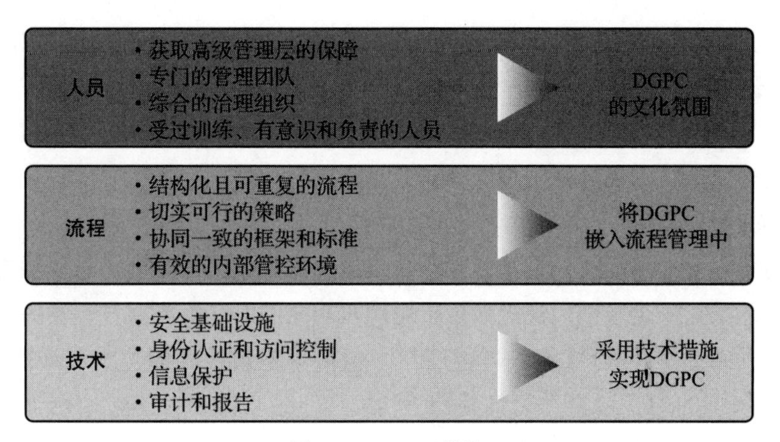

图 4-2　DGPC 框架

（3）技术

微软设计了一种方法来分析特定数据流的残留风险。这种方法要求填写一份名为“风险 / 差距分析矩阵”的表格，该表格围绕 3 个要素构建：信息生命周期、4 个技术领域以及组织的数据隐私和保密原则。

组织在选择可保护其敏感数据资产的技术和活动时，可以参考如下 4 个原则。

原则 1：在整个敏感数据生命周期内遵守政策。这包括承诺根据适用的法律法规处理所有数据、保护隐私、尊重客户的选择，并允许个人在必要时查看和更正其信息。

原则 2：最大限度地降低未经授权访问或滥用敏感数据的风险。信息管理系统应提供合理的管理、技术和物理保障措施，以确保数据的机密性、完整性和可用性。

原则 3：尽量减少敏感数据丢失的影响。信息保护系统应提供合理的保护措施，如加密，以确保丢失或被盗数据的机密性。应制订适当的数据泄露响应计划，规划升级路径，所有可能参与泄露响应的员工都应接受培训。

原则 4：记录适用的控制措施并证明其有效性。为了落实责任，应采取适当的监控、审计和控制措施来验证组织对数据隐私和保密原则的遵守情况。此外，组织应该有报告违规行为的流程和明确的升级路径。

DGPC 框架提供了一种以隐私、保密和合规为目标的数据安全治理框架，以数据生命周期和核心技术领域为重要关注点，但主要是从方法论层面明确数据安全治理的目标，缺少对在数据生命周期的各环节落实数据安全治理措施的详细说明。

4.3 DSMM

DSMM（Data Security capability Maturity Model，数据安全能力成熟度模型）是我国

于2020年3月1日实施的一项国家标准——《信息安全技术—数据安全能力成熟度模型》（GB/T 37988—2019）。该标准指出，数据安全的管理需要基于以数据为中心的管理思路，从组织机构业务范围内的数据生命周期的角度出发，结合组织机构的各类数据业务发展后所体现出来的安全需求，开展数据安全保障。

DSMM关注组织机构开展数据安全工作时应具备的数据安全能力，提出对组织机构的数据安全能力成熟度的分级评估方法，来衡量组织机构的数据安全能力，以促进组织机构了解并提升自身的数据安全水平，促进数据在组织机构之间的交换与共享，发挥数据的价值。

模型对一个组织机构的成熟度进行度量，包括一系列代表能力和进展的特征、属性、指示或模式。模型的内容通常是最佳实践的举例说明。成熟度模型提供一个组织机构衡量其当前的实践、流程、方法的能力水平的基准，并设置提升的目标和优先级。在一个模型被广泛应用于某个特定的行业后，这个行业可以基于模型评估本行业的组织机构的成熟度等级。

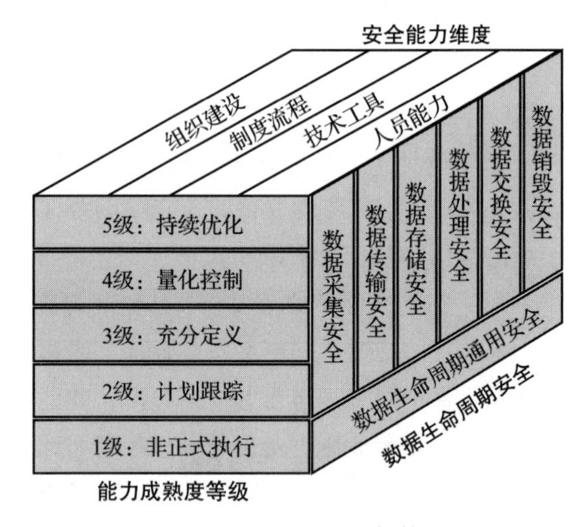

图4-3 DSMM的架构

DSMM借鉴能力成熟度模型（CMM）的思想，以CMM的通用实践来衡量能力成熟度等级，以《信息安全技术 大数据服务安全能力要求》中的安全要求为基础，指导组织机构如何持续达到所对应的安全要求。DSMM的架构由以下三方面构成（见图4-3）。

- 数据生命周期安全：围绕数据生命周期，提炼出大数据环境下，以数据为中心，针对数据生命周期各阶段建立的相关数据安全过程域体系。
- 安全能力维度：明确组织机构在各数据安全领域所需具备的能力维度，明确为组织建设、制度流程、技术工具和人员能力4个关键能力。
- 能力成熟度等级：基于统一的分级标准，细化组织机构在各数据安全过程域的5个级别的能力成熟度分级要求。

4.3.1 数据生命周期安全

基于大数据环境下数据在组织机构业务中的流转情况，定义了数据生命周期的6个阶段，各阶段的定义如下。

1）数据采集：新的数据产生或者现有数据内容发生显著改变或更新的阶段。对于组织机构而言，数据采集既包含采集组织机构内部系统中生成的数据，也包含采集外部数据。

2）数据传输：数据在组织机构内部通过网络从一个实体流动到另一个实体的过程。

3）数据存储：非动态数据以任何数字格式进行物理存储的阶段。

4）数据处理：组织机构在内部针对动态数据进行的一系列活动的组合。

5）数据交换：组织机构内部在与外部组织机构及个人交互的过程中提供数据的阶段。

6）数据销毁：通过对数据及数据的存储介质采取相应的操作手段，使数据彻底丢失且无法通过任何手段恢复的过程。

特定的数据所经历的生命周期由实际的业务场景决定，并非所有的数据都会完整地经历这 6 个阶段。

数据生命周期通用安全过程域与各阶段安全过程域如图 4-4 所示。

4.3.2　安全能力维度

通过量化各项安全过程所需具备的安全能力，组织机构可以评估每项安全过程的实现能力。安全能力的级别区分从以下 4 个维度展开：

- 组织建设：数据安全组织机构的架构建立、职责分配和沟通协作。
- 制度流程：组织机构关于关键数据安全领域的制度规范和流程落地建设。
- 技术工具：通过技术手段和产品工具固化安全要求或自动化实现安全工作。
- 人员能力：执行数据安全工作的人员的意识及专业能力。

组织建设维度，从承担数据安全工作的组织机构建设应具备的能力出发，从以下方面进行能力的级别区分：

- 数据安全组织机构对组织业务的适用性；
- 数据安全组织机构承担的工作职责的明确性；
- 数据安全组织机构运作、沟通协调的有效性。

制度流程维度，从组织机构在数据安全层面的制度流程建设以及制度流程的执行情况出发，从以下方面进行能力的级别区分：

- 数据生命周期关键控制节点授权审批流程的明确性；
- 相关流程制度的制定、发布、修订的规范性；
- 安全要求及流程落地执行的一致性和有效性。

技术工具维度，从组织机构用于开展数据安全工作的安全技术、应用系统和自动化工具出发，从以下方面进行能力的级别区分：

- 数据安全技术在数据全生命周期过程中的利用情况，针对数据全生命周期安全风险的检测及响应能力；
- 利用技术工具对数据安全工作的自动化支持能力，对数据安全制度流程的固化执行能力。

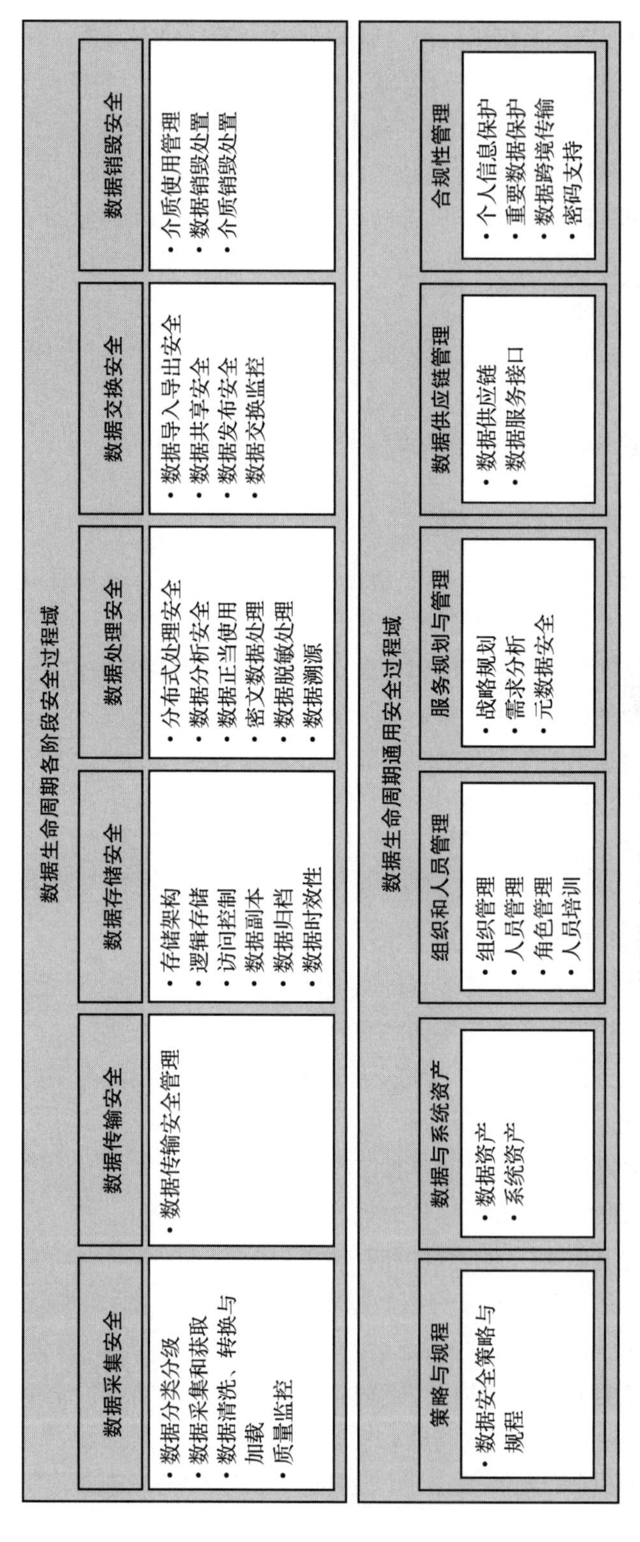

图 4-4 数据生命周期通用安全过程域与各阶段安全过程域

人员能力维度，从组织机构内部承担数据安全工作的人员应具备的能力出发，从以下方面进行能力的级别区分：

- 数据安全人员所具备的数据安全能力是否能够满足复合型能力要求（对数据相关业务的理解力以及专业安全能力）；
- 数据安全人员的数据安全意识以及关键数据安全岗位员工的数据安全能力的培养。

4.3.3　能力成熟度等级

组织机构的 DSMM 具有 5 个成熟度等级，各成熟度等级的定义如下：

- 1 级（非正式执行）：具备随机、无序、被动的安全过程。
- 2 级（计划跟踪）：具备主动、非体系化的安全过程。
- 3 级（充分定义）：具备正式的、规范的安全过程。
- 4 级（量化控制）：安全过程可量化。
- 5 级（持续优化）：安全过程可持续优化。

4.4　DCDS 框架

4.4.1　DCDS 框架概述

1. 定义和目标

DCDS（Dynamic and Cubic Data Security，动态立体化数据安全）框架是指保障组织的数据资产安全所需的一系列理念、行动和技术。其目标是建立一个适应当下复杂场景的可行数据安全治理框架，使组织能够在应对数据要素开放流动的同时贯彻信息安全动态防护的理念，从而有效识别、管理和减轻其数据安全风险。

2. 核心概念和原则

在传统的网络环境中，数据存放在组织的数据中心中，所有员工都必须通过办公场所里的终端计算机对数据进行访问。这是一种相对安全的模式，数据生命周期模型也能非常完美地映射出这种模式的数据流。

随着云计算和移动技术的兴起，数据的流动轨迹和状态变得更加复杂。云计算通过各种云部署模型（公共、私有、混合、社区）和三种服务模型（IaaS、PaaS、SaaS）来对外提供服务。这些部署方式使得数据在各种存储位置、应用程序和运行环境之间切换。即使是在受限的应用程序中创建的数据，也可能会自动备份到其他地方，复制到备用环境，或导出以供其他应用程序处理。所有这些都可能发生在生命周期的某一个阶段。为了让数据全生命周期模型能更好地适用于现在的实际场景，有必要给这个模型增加些新的元素。

DCDS 框架的理念，是在数据全生命周期的基础上，将数据安全需求在空间、时间和动态三大维度进行分解和重构，关注数据在不同空间场景和数据生命周期不同阶段的不同安全需求，再有针对性地进行解决，形成一体化防护体系，如图 4-5 所示。

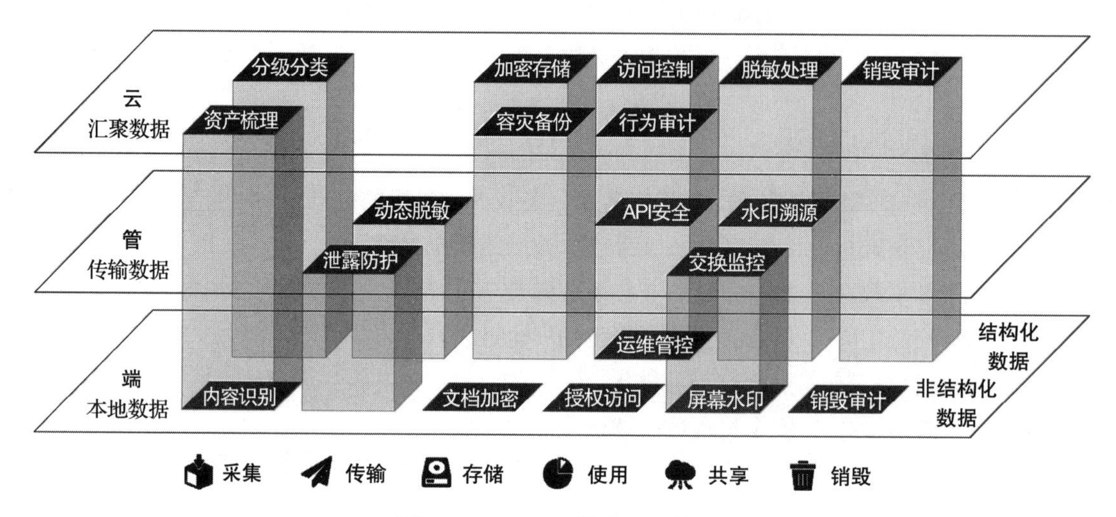

图 4-5 DCDS 一体化防护体系

（1）空间维度

数据在云端会有全生命周期，在终端也会有全生命周期，DCDS 提供了这样一种立体的视角。基于这样的视角，可以针对终端设备和不同的物理、虚拟的位置映射出可能的数据流，包括数据在生命周期的不同阶段、在不同位置之间移动的轨迹。这些信息可以帮助安全人员更清晰地梳理出某个位置的生命周期内处理数据的人员和系统、要限制的内容，以及实施这些限制的技术措施。

DCDS 的一个核心思路是避免传统的单点防护或单边防护模式。组织的 IT 架构已经进化得非常复杂，数据在 IT 系统里有可能出现在任何地方，以任何格式（结构化或非结构化）存在。因此，云、管、端理念提出要打通各数据安全能力，覆盖云、管、端多处位置，兼容多种数据状态，建立全流程、广纵深的动态立体化数据安全防护体系。

（2）时间维度

数据的安全在时间维度上同样会呈现出不同的内容，这就是数据生命周期安全所关注的问题。以数据为中心的安全强调数据处于中心位置，需要站在数据的视角，把数据的完整生命周期梳理出来，然后从数据生命周期的每个关键环节重新审视安全问题和应对方法。

从本质上讲，数据生命周期安全，仅在数据有价值时考虑安全，然后在保留期结束时安全地销毁它。数据生命周期安全是指由流程、策略和程序组成的系统，以确保所有数据在从获取到销毁的整个生命周期中得到有效保护。换句话说，它帮助组织建立起安全保障，并使这一安全保障贯穿数据从创建到删除的整个过程。

组织现在处理的数据比以往任何时候都多。管理这些数据已成为任何组织的一项关键工作。数据在整个组织中以多种不同的方式移动，可以从一个部门移动到另一个部门，还可以与客户之间来回移动。为了跟踪所有这些不同的数据路径，大多数公司需要数据生命周期方法。这种方法有助于确保所使用的数据是最新且准确的，同时保持其安全性。

（3）动态维度

DCDS框架中的动态源于业务的动态变化和风险的动态变化。这就要求安全策略除了定义明确和有效之外，也要能够动态变化。网络威胁形势不断变化，许多组织的网络随着云、物联网和移动设备等新技术的引入而不断发展。动态安全策略使公司能够适应变化并保持安全，而灵活性较低的策略会使组织面临潜在的安全风险。

DCDS框架的动态还体现在数据访问主体的动态认证上。这听起来有些像零信任的做法。是的，网络架构和业务都变得前所未有地复杂，对于一次访问请求，仅根据访问者提交的账号和口令就判定其访问行为合法，并且持续保持这种合法性，意味着巨大的不确定性。动态安全策略使组织能够适应其基础设施所面临的网络威胁的变化。维护和执行强大的动态安全策略的一个关键部分是部署支持灵活安全策略的安全防护体系。

在DCDS框架的构建过程中，有些原则是需要遵从的。以下原则能够指导安全人员在需要决策时做出更合理的判断。

- 原则1：对安全防护要体系化地思考、规划、建设和运营。
- 原则2：实行分类分级保护。
- 原则3：最小权限原则（内容、时间、空间）。
- 原则4：定期评估数据安全防护效果，并不断改进。

3. DCDS框架的特点

DCDS框架出现的时代，正经历着前所未有的数字化浪潮。各种前沿的信息技术不断地重塑我们的工作和生活方式，我们对数据安全的理解和实践方式也需要不断迭代。得益于前几节中多个数据安全框架的沉淀和积累，DCDS框架面向当前复杂IT场景和数据要素化的趋势，表现出了其固有特点。

（1）适应云计算、边缘计算等复杂场景

DCDS框架通盘考虑了数据在云、管、端不同场景下的生命周期安全。计算在时间和空间上都广泛分布，不再有固定的边界，或者说边界随着数据的流动而延展。将多种场景纳入统一防护，可以提供统一的安全模型和隐私保护。

（2）能够很好地应对业务的快速变化

被动地响应变化始终会将自身置于不利的境地。定期审视业务的现状和未来规划，与业务部门保持沟通，及时对安全方面的管理和技术措施做出调整和计划，可以使安全体系与业务变化默契协同。

（3）消除了各数据安全能力的信息壁垒

受益于安全防护体系化的思路，环境中各安全能力节点的信息能够被集中分析，并且情报共享。安全团队能够站在全局的视角对风险进行管理，对资源进行调度。

4.4.2 DCDS 框架组成部分

DCDS 框架是借鉴多种数据安全治理框架的成熟经验，依照国家相关法律法规，针对目前数据安全现状和面临的问题逐步演化而成的。该框架以数据为核心，聚焦数据安全生命周期，形成“顶层设计、健全管理、创新技术、协同运营、夯实基础”的数据安全整体架构，其中包含数据安全治理战略、组织建设、制度建设、数据梳理和分类分级、数据安全评估、数据安全策略和架构、数据安全技术能力、运维运营等部分，如图 4-6 所示。

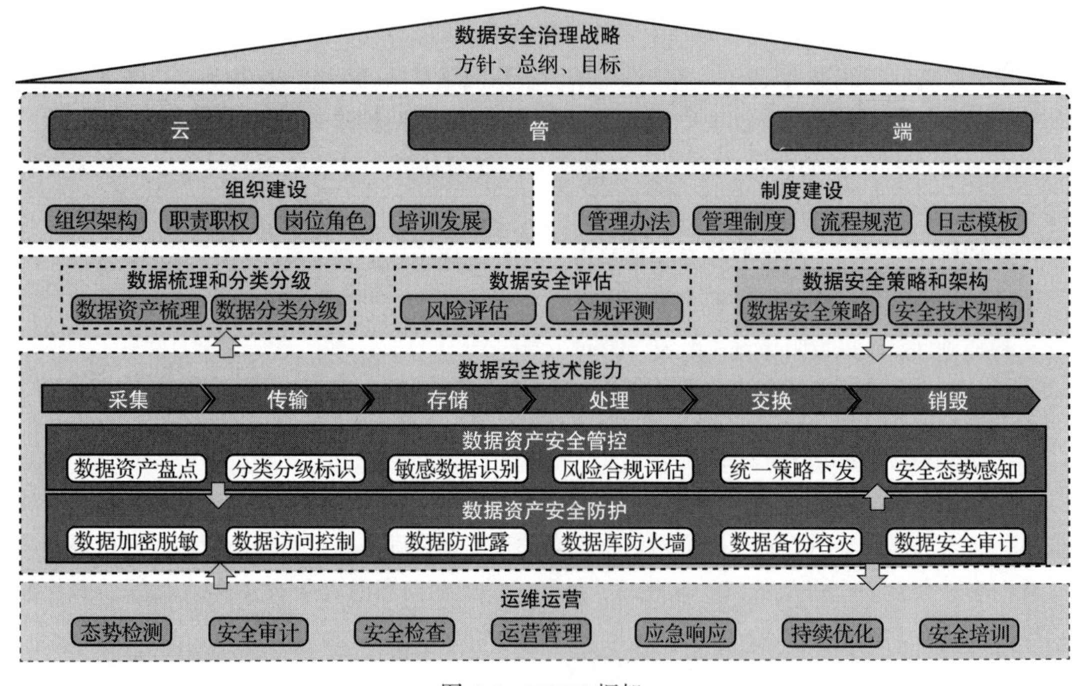

图 4-6 DCDS 框架

在体系框架中，各部分的关键任务如下：

- 数据安全治理战略确定了治理方针和指导文件，明确了数据安全治理的目标。
- 组织建设包括明确管理层职能，成立数据安全小组，明确各业务部门职能，以及建立沟通机制。
- 制度建设需要制定数据安全治理管理体系操作指南，以及操作流程、指导规范和各种表单文件。

- 数据梳理和分类分级需要制定数据分类分级方案，并梳理出数据资产的分布地图和分类分级结果。
- 数据安全评估需要在数据梳理和分类分级的基础上，评估数据安全风险，制订风险处置计划。
- 数据安全策略和架构需要根据安全评估的结果，确定降低数据安全风险所要采取的措施，以及安全技术建设要遵从的框架结构。
- 数据安全技术能力是指能够降低数据安全风险的产品或工具，这些产品或工具能够自动化地实现所需的安全能力。
- 运维运营是借助安全技术能力，实现整个数据安全体系中的安全审计、安全检查、应急响应和持续优化的效果。

本书中所分享的方案和案例都是以 DCDS 框架为指导的。虽然项目的规模和行业不同，但在 DCDS 框架的指导下，都很好地契合了用户的实际需要。

4.4.3　DCDS 框架建设步骤

在 DCDS 框架中，各组件发挥不同的作用。通过相互协同，达到整体效果。实际建设过程可以分为 5 步，如图 4-7 所示。

第一步，要建立管理体系保障，也就是成立负责数据安全的团队，并制定开展数据安全建设的指导方针。

第二步，进行数据安全评估，包括数据资产梳理、数据风险评估和数据安全能力成熟度评估。这一环节的目的是掌握数据资产的安全现状和差距。

第三步，进行安全策略规划。根据数据资产的安全现状和差距规划对应的安全策略，以降低数据安全风险，满足企业的合规要求。

第四步，进行数据安全防护。根据规划的安全策略选择合适的安全技术进行落地。

第五步，进行数据安全运营，对包括人员、制度、流程和技术措施在内的整个安全体系进行持续的管理和完善。

4.4.4　DCDS 框架应用场景

无论是已经具备一定数据安全能力的组织，还是刚开始筹划数据安全建设的后来者，都可以考虑参考 DCDS 框架来进行数据安全建设。

有一些业务场景和用例更能体现 DCDS 框架的特点。例如，数据处理规模显著，且数据分布复杂、流动性较高的组织。或者说，任何拥有庞大数据量且高度信息化的组织都可以从 DCDS 框架中受益。

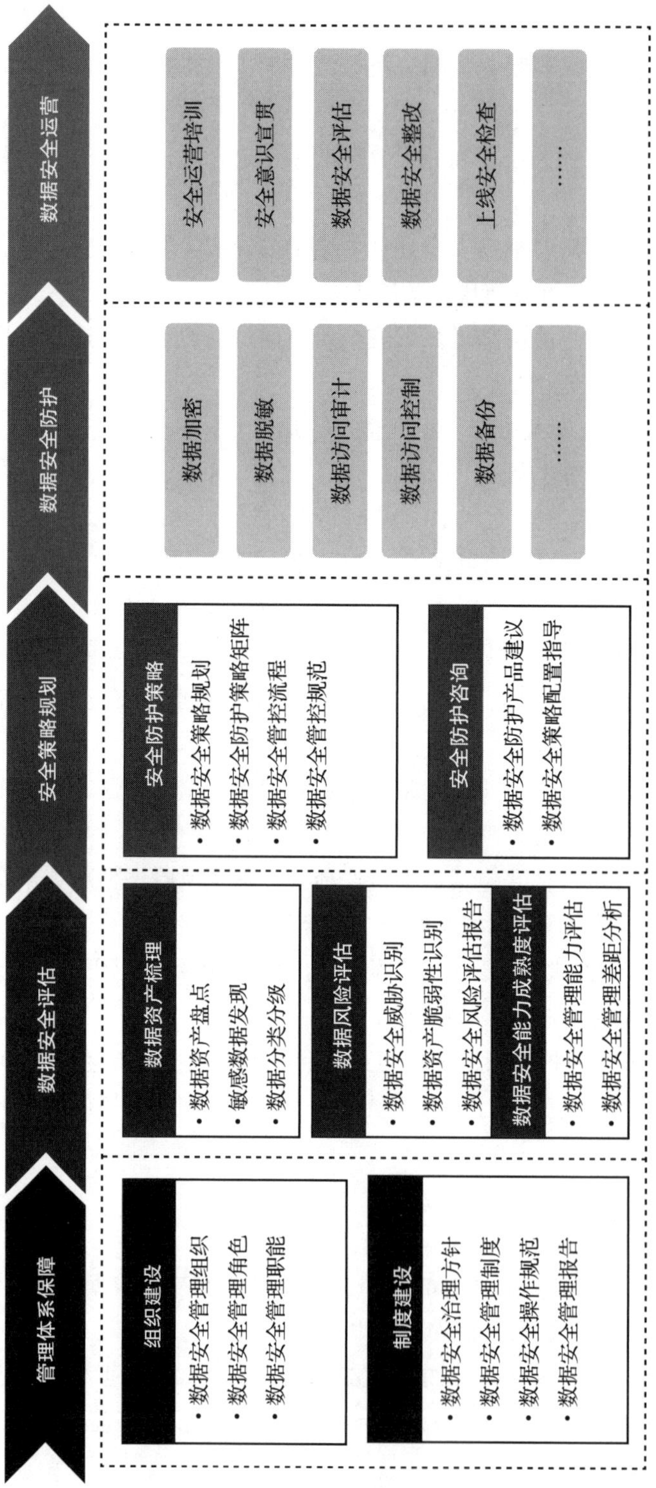

管理体系保障

组织建设
- 数据安全管理组织
- 数据安全管理角色
- 数据安全管理职能

制度建设
- 数据安全治理方针
- 数据安全管理制度
- 数据安全操作规范
- 数据安全管理报告

数据安全评估

数据资产梳理
- 数据资产盘点
- 敏感数据发现
- 数据分类分级

数据风险评估
- 数据安全威胁识别
- 数据资产脆弱性识别
- 数据安全风险评估报告

数据安全能力成熟度评估
- 数据安全管理能力评估
- 数据安全管理差距分析

安全策略规划

安全防护策略
- 数据安全策略规划
- 数据安全防护策略矩阵
- 数据安全管控流程
- 数据安全管控规范

安全防护咨询
- 数据安全防护产品建议
- 数据安全策略配置指导

数据安全防护

数据加密
数据脱敏
数据访问审计
数据访问控制
数据备份
……

数据安全运营

安全运营培训
安全意识宣贯
数据安全评估
数据安全整改
上线安全检查
……

图 4-7 DCDS 框架建设步骤

下面的场景只对数据的分布和流动做了描述，并没有对框架的使用做明确说明。

（1）拥有多家分支机构

最常见的场景是一家组织机构拥有一个总部和若干个地理位置分散的分支机构。总部和各分支机构都有自己的数据中心，且组织内的数据会在总部和分支机构之间流动（见图 4-8）。这种数据流动模式在政府行业中也存在。在政府行业中，原本来自各地、各部门且归集于省公共数据平台的数据，又会分批次回流共享至市、县两级，为基层政府所应用。

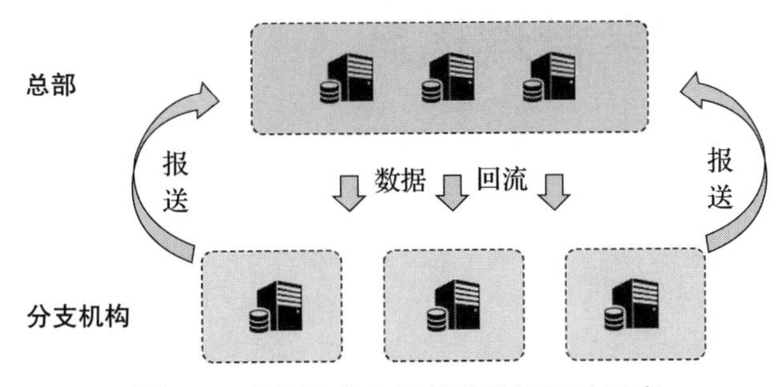

图 4-8　总部与分支机构的数据流动示意

（2）在公有云上部署服务

租用公有云上的资源，将应用和数据部署在云端（见图 4-9），这是很多企业的做法，与企业的规模无关。数据在云上通过服务流向用户，也会有新的数据被采集到系统中。云端的数据会流转到企业办公环境中进行分析，也会有办公环境中的数据上传到云端用于服务。

（3）跨企业边界的业务合作

企业之间存在多种数据共享业务，有单向的数据流动，也有双向的数据互换，如图 4-10 所示。这种跨企业边界的数据流动会越来越常见，数据交易、数据跨境都属于这一场景。

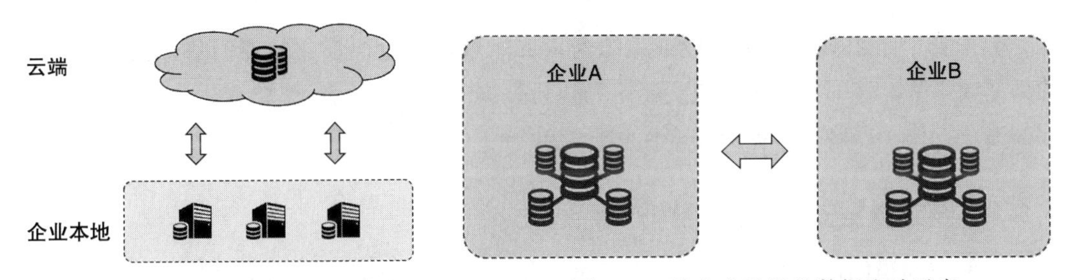

图 4-9　企业与云端的数据流动示意　　图 4-10　跨企业边界的数据流动示意

数据跨企业边界流动的场景不只发生在行业内部，也会发生在不同行业之间。流动方式比较多，可以是数据文件的传输，可以是 API 方式的访问，也可以是数据库之间的同步。

Chapter 5 第5章

数据安全管理措施

信息安全领域有句老话："七分靠管理，三分靠技术。"数据安全管理是数据安全建设的重头戏，但往往被人忽视。管理容易给人留下"虚"的印象，似乎只有技术措施才能实实在在地产生效果并体现工作量。然而事实上，技术措施的落地离不开管理层面的方针指导，技术措施的内容和方向需要与公司的安全管理制度保持一致，技术只是管理措施落地的一种形式。因此，需要给予数据安全管理措施更多的重视。

5.1 数据安全组织机构

数据安全组织机构是指企业或组织为了保障数据安全而设立的专门负责数据安全管理的部门或团队。该部门或团队负责制定和执行数据安全策略、规范和标准，以及监督和管理数据安全工作，以确保数据的安全性和合规性。

5.1.1 设立数据安全组织机构的意义

我们都知道团队作战的效果要优于单兵作战，这不仅因为人数上的优势，更因为成员之间的协同。在公司内部，数据安全不是一个小组的问题，也不是一个部门的问题，而是整个公司的问题。但是，不是所有人都有这个共识。怎样才能让全公司的人参与其中？又如何让全公司的人分工明确，积极发挥各自的作用？更重要的是，企业的资源分配如何在业务与安全之间取得平衡？

数据安全组织机构是落实数据安全保障工作的首要环节。数据安全组织机构能够确保数据安全管理方针、策略、制度规范在全局的高度进行统一制定和有效实施。设立数据安全组织机构的意义（见图 5-1）可以体现在如下几方面：

1）**提高管理效率：** 众多的人参与到数据安全工作中来是件好事，但最大的挑战就是变成“乌合之众”，大家都很努力，却乱糟糟的，毫无章法可言。组织机构可以为不同的人设定明确的职责分工和流程规范，使大家各司其职，避免资源内耗，使数据安全管理工作更加高效有序，从而提高数据安全管理效率。

2）**消除安全盲区：** 合理的数据安全组织机构能够从全局审视各个岗位的职责和权限，确保数据安全管理工作能够覆盖业务的方方面面，从而更全面地防范安全威胁。

3）**降低安全风险：** 数据安全组织机构通过明确的规则，能够充分激发团队的力量。这有助于组织提升数据安全能力，特别是对数据安全风险的识别和评估能力，从而降低发生安全风险的概率。

4）**保障业务连续性：** 数据安全组织机构的成员覆盖企业的所有部门，能够保证业务部门积极参与制订数据安全的方针策略，确保数据安全工作的开展能够实现合规性和安全性目标，从而保障业务的连续性和稳定性。

5）**优化资源配置：** 数据安全组织机构具有全局视野，可以做出更合理的决策，这包括更合理地分配资源，优化人员配置，提高资源利用效率。

6）**提升员工意识：** 数据安全组织机构通过全员参与的机制，普及数据安全意识，调动员工的积极性。员工对数据安全培训和教育有了更高的接受度，这能起到提高员工数据安全意识的作用。

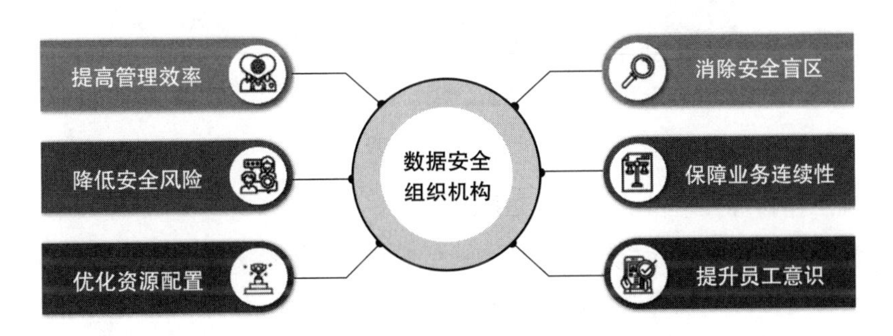

图 5-1 设立数据安全组织机构的意义

通过建立和完善各级部门的数据安全管理组织，建立管、用、审分离的数据安全岗位职责，明确分工，加强沟通协作，落实安全责任，把握每一个数据流通环节的管理要求，以完整而规范的组织体系架构保障数据流通每个环节的安全管理工作。通过扩大数据安全管理人才队伍规模，培养具备一定安全技能的数据安全人才梯队队伍，切实建立保障安全运行、协同安全响应、监督指导安全工作的数据安全管理队伍。

在数字时代，随着数据的不断增长和技术的不断进步，建立和完善数据安全组织机构显得尤为重要。

5.1.2 数据安全组织机构的设计

我们生活在各种各样的组织中。由于社会分工的不断精细化，我们成为各种组织的一部分。我们可以是公司里某个部门的成员，同时可以是某个协会的成员，还可能是球队中司职某个位置的队员。

组织与我们的生活息息相关，但我们对组织并不十分了解。我们常常抱怨组织混乱，有时候说“多头管理”，有时候说“流程冗长”。该如何避免这些问题，让组织发挥积极作用，而不是成为发展的阻力？

简单来说，数据安全的组织机构设计是指定义数据安全工作的团队结构和职责，并在后续工作过程中不断优化、重构的过程。它阐明了不同的方面，如权限、责任及任务边界等。理想情况下，组织设计可以帮助成员识别和消除工作中的信息偏差、低效投入、推诿指责等问题。

数据安全组织机构的设计过程可以用 5 个关键点来说明，如图 5-2 所示。

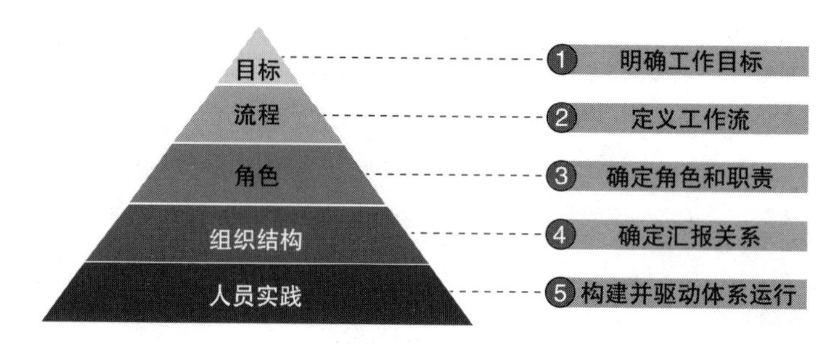

图 5-2 数据安全组织机构的设计过程示意

（1）明确工作目标

数据安全组织机构的工作目标当然是保障组织在数据安全方面的合规性和安全性。为了能够落地，会将目标拆分成阶段性目标，或者具体的小目标。例如，建设数据安全风险监测能力这个目标还能拆分成数据库风险监测能力、文档风险监测能力、API 风险监测能力等。

（2）定义工作流

为了实现目标，需要有一条实现目标的路径，也就是工作流。工作流就像工厂里的流水线，它将目标的实现过程抽象成一个个关键节点。当然，工作流并不是一条路径那么简单，为了让工作流合理，还会有反馈、监督等其他环节。

（3）确定角色和职责

如上所述，要让工作流发挥作用，需要在各关键节点安排人员并赋予其职能。组织机构是根据不同角色、职责等描述组织层次结构的系统。它表现出不同的关注点，包括员工的不同角色、工作描述、工作职能、决策权限、管理层次、部门、个人、项目组、分支机构等。

（4）确定汇报关系

组织机构还定义了组织不同级别之间的信息流、每个员工的工作清晰度，以及组织机构与整个系统的契合方式。这使员工对工作的要求和目标有清晰的认识，能够明确自己的工作任务和职责，从而支持不同层级的人员建立有效的沟通方式，有助于增强团队的凝聚力和向心力，促进成员之间的协作和配合，以确保团队整体效率的最大化。

（5）构建并驱动体系运行

这一环节其实是实践的过程。组织机构就像一部组装好的机器，通过持续运转不断向目标靠近。设计出的架构还停留在纸面上，需要通过实践来优化，适应企业或组织的实际情况。这需要在运行的过程中发现与组织系统、组织机构、流程和工作文化相关的任何缺陷或功能失调的要素，然后对其进行纠正，以便更好地实现企业或组织的目标。

5.1.3　数据安全组织机构的典型构成

通常，数据安全组织机构的构成比较模式化，一种典型的构成包括决策层、管理层、执行层、参与层和监督层，如图 5-3 所示。

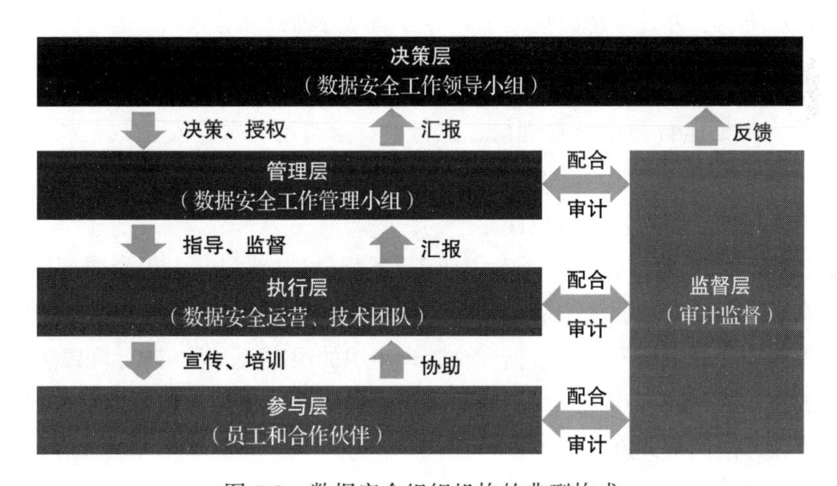

图 5-3　数据安全组织机构的典型构成

1. 决策层

决策层是数据安全管理工作的决策者。数据安全管理方面的决策必须要企业的高层管理人员参与。这是一种自上而下开展数据安全工作的方法，意味着启动、支持和指导来自高层管理人员。相比之下，自下而上的方法通常不太有效，不够广泛，员工（通常是 IT 人员）

不能得到适当的管理支持和指导，无法防范所有安全风险。自上而下的方法可以确保实际负责保护企业资产的人员（高层管理人员）正在推动该计划。高层管理人员不仅对企业的保护负有最终责任，而且还掌握着必要的资金来源，有权分配所需的资源。

高层管理人员可以确保所述安全规则和策略的真正执行，他的支持是安全计划中至关重要的部分。

2. 管理层

管理层是数据安全组织机构的第二层，基于决策层给出的策略，为数据安全实际工作制订详细方案。其职责包括起草及修订数据安全管理制度，对数据安全的投入进行规划，做好业务发展与数据安全之间的平衡。建议由企业的安全管理部门相关人员组成该层。

3. 执行层

执行层与管理层是紧密配合的关系，其主要职责是聚焦每个数据安全场景，对设定的流程进行逐个实现，落实数据安全控制策略的执行工作，提出数据安全需求并报告数据安全相关工作。建议由企业的安全人员组成该层。

4. 参与层

该层的职责是参与数据安全控制策略的执行工作和数据安全防护能力建设工作。范围包括企业内部人员和合作伙伴，须遵守并执行企业内对数据安全的要求，特别是共享敏感数据的第三方，从协议、办公环境、技术工具等方面做好约束和管理。

5. 监督层

监督层负责定期监督与审核管理层、执行层、参与层对数据安全政策和管理要求的执行情况，并向决策层汇报。监督层的人员必须具备独立性，不能由管理层、执行层等的人员兼任，建议由企业的监管审计部门担任。

在数据安全组织机构中，还需要考虑业务部门、研发部门、人力资源部门等各个部门的参与，以实现跨部门的数据安全协作和配合。不同部门在数据安全组织机构中扮演不同的角色，共同保障企业的数据安全。数据安全管理组织的层次、人员构成和职责将形成数据安全管理办法或相关管理制度初稿，交给数据安全管理领导小组评审，最终由数据安全管理领导小组以制度或办法的形式发布。

5.1.4 建设数据安全组织机构的误区

建设数据安全组织机构的过程并不简单，往往会绕一些弯路。为了帮助读者减少麻烦，这里罗列了一些在实践中的常见误区，读者可以在建设组织机构的初期加以考虑，尽量避免。

1. 高层管理人员不重视

这是建设数据安全组织机构的首要问题。这一点和数据安全组织机构建设的初衷是相违背的，前文也强调了这一点。高层管理人员不重视，意味着企业对数据安全的投入没有保障，那么数据安全组织机构存在的意义将大打折扣，会导致工作难以开展或者效果不佳。因此，高层管理人员需要明确自身的责任和义务，积极参与和支持数据安全管理工作。

2. 缺乏跨部门协作

数据安全管理工作需要各个部门协作和配合，因此组织机构的设计要充分考虑各个部门的参与和协同，需要各个部门在数据安全工作中尽到各自的职责。如果缺乏跨部门的协作机制，将会导致信息不畅、工作重复或者配合脱节等问题，影响数据安全管理的效果。

3. 仅关注技术防范

技术防范是数据安全工作的一小部分，需要遵从企业的整体安全策略。仅关注技术防范，而忽略流程制度等管理方面，是一种本末倒置的做法，必然会导致数据安全的漏洞和风险。数据安全需要从多个方面进行综合防范，包括技术防范、人员管理、制度建设等。

4. 安全培训不足

组织机构的设计应考虑到安全培训。要知道，在安全领域，很多问题其实是人的问题。安全培训能让企业的成员获取数据安全工作需要的专业知识和技能，如法律法规的解读、安全标准的宣讲等。不断更新的知识有利于组织机构保持整体能力。缺乏相关的培训和教育可能会导致员工在实际工作中出现操作不当、意识不强等问题，增加数据安全隐患。

5. 忽视风险评估

组织机构也要充分考虑风险评估工作。风险评估结果能够反映企业当前存在的隐患和差距，应该成为组织机构开展工作的依据和检验方式。忽视风险评估，可能会导致企业对数据安全的威胁和风险认识不足，不能保证安全工作的针对性。

6. 缺乏应急响应计划

应急响应计划是针对可能出现的事件做出的应对方案。由于面对的是未来可能发生的事情，应急响应计划往往不被当作重点，甚至不会被提及。虽然没人乐见恶意事件发生，但提前做好应对措施总是有助于减少损失的。缺乏应急响应计划，可能会错过最佳处理时机，导致更大的损失。

7. 缺乏灵活性

设计的组织机构往往需要通过实践进行完善，也会由于业务的变化来做相应的调整。因此，组织机构中应该有支持这种变化的机制，例如定期回顾组织机构的工作成果，分析组织的缺陷和不匹配的因素并做出反应。

5.2 数据安全管理制度

数据安全管理制度是数据安全工作的制度保障。在实际业务的各个环节中，明确具体的安全管理方式和方法，以规范化的流程指导数据安全管理工作的具体落实，避免实际业务流程中无规可依的场景，是数据安全管理工作中的办事规程和行动准则。

数据安全管理制度并不是像“机房管理制度”这样的规范，而是由安全要求和控制组成的文档化管理体系，更具体地说，是一套系统管理组织敏感数据的政策和程序。数据安全管理制度定义了可以管理、控制、确保与优化数据安全的规则、程序、措施和工具，以及员工和合作伙伴在处理信息资源方面的准则和行为规则。数据安全管理制度通过结构化方式将数据安全集成到业务流程中，以确保企业敏感数据的机密性、完整性和可用性。

5.2.1 数据安全管理制度体系

管理制度需要从组织层面整体考虑和设计，形成体系框架。框架的具体分层结构可能因组织、行业和法规而异。层与层之间、同一层不同模块之间需要有关联逻辑，在内容上不能重复或矛盾。一般而言，数据安全管理制度体系通常可以包括以下 4 级（见图 5-4）。

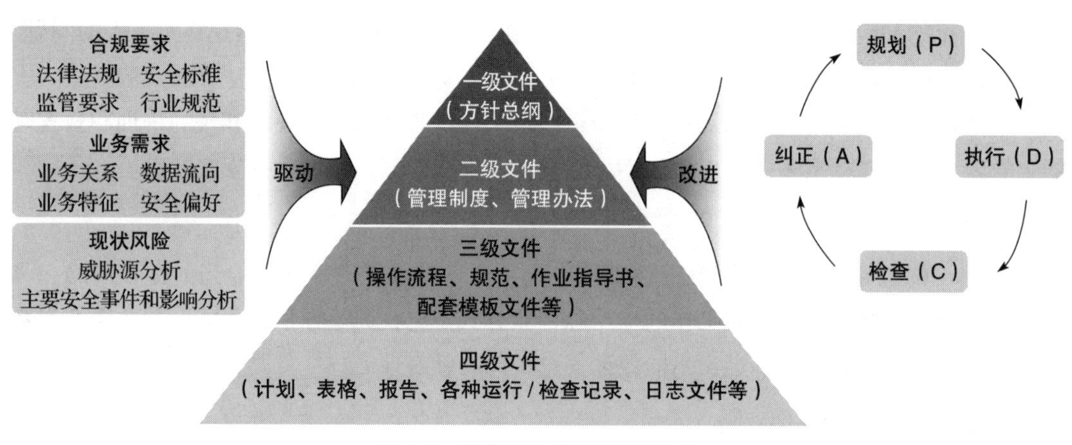

图 5-4 数据安全管理制度体系

1. 一级文件

一级文件主要是面向组织层面数据安全管理的顶层方针、策略、基本原则和总的管理要求。需要明确企业开展数据安全工作的目的和依据，界定工作范围，并确定安全管理方针与原则，对职责划分和追责制度进行说明。

2. 二级文件

二级文件主要是数据安全管理制度和管理办法，是指数据安全生命周期通用和各阶段的一个或多个安全域的规章制度要求，例如《数据安全分类分级管理办法》《数据安全全生命周期管理制度》《数据安全运维管理制度》《数据销毁管理制度》《数据灾备恢复制度》《数据安全应急管理制度》等。

3. 三级文件

三级文件主要是数据安全各生命周期及具体某个安全域的操作流程和规范、相应的作业指导书或指南、配套模板文件等，例如《数据安全分类分级操作指南》《数据安全审计日志规范》《数据安全加密规范》《数据安全脱敏规范》《数据开发访问敏感数据安全规范》《数据治理涉及敏感数据安全规范》《应用系统访问数据安全管理规范》等。

4. 四级文件

四级文件主要是执行数据安全管理制度产生的相应计划、表格、报告、各种运行 / 检查记录、日志文件等。如果实现自动化，其中大部分文件可通过技术工具收集，形成相应的量化分析结果，这也是数据的一部分。

5.2.2　建设数据安全管理制度的意义

建设数据安全管理制度意义重大。完善的数据安全管理制度是数据安全的保障，是发展数字经济的基石。以电子政务大数据领域为例。政府机构抓住机遇，结合国情，推动数据安全规范与标准的建设工作，保障电子政务云数据安全防护体系建设与应用，这对于数字经济建设的意义主要体现在以下 3 个方面：

1）数据安全规范与标准是实现电子政务数据共享和业务协作的基本前提。

政府每年投入大量资金进行基础设施建设，其中网络平台和业务系统建设比较成功。但是，政府部门之间缺少一致的数据共享手段和有效的业务协作机制，导致信息资源利用率差，办公效率低。通过制定电子政务数据安全相关规范统一数据共享手段和业务协作机制，可以推动上述问题的解决。

2）数据安全规范与标准是电子政务云数据安全防护体系建设顺利实施的重要保障。

“统一标准，保障安全”是我国电子政务建设的重要工作原则之一。标准化是电子政务云数据安全防护体系建设的基础性工作，它将各个业务环节连接起来，并为彼此间的协同工作提供技术准则。通过统一技术要求、业务要求和管理要求等标准化手段，可以使整个行业在全国范围内有章可循、有法可依，从而规范和促进电子政务有序、高效、健康发展。

3）数据安全规范与标准是信息化发展的推动力。

在电子政务数据安全防护体系建设过程中，很多政府部门并不会去开发各自的安全系统，而是将每一个同类系统的要素标准化、规范化。这将给软件、硬件和系统集成厂商创造巨大的市场空间。通过标准化的手段进一步规范电子政务大数据相关产品的开发，对提高国内信息产业的国际竞争力有着重要意义。

5.2.3　数据安全管理制度的设计

数据安全管理制度的设计，应依据国家数据安全保障的相关政策法规以及各行业数据安全管理的规章制度和标准规范，在各行业部门已有的信息安全管理体系基础上进行。数据安全管理制度流程应该从通用数据安全、数据全生命周期安全、数据各应用场景安全出发，覆盖业务管理和技术管理两大维度，重点加强数据资产管理、用户访问权限管理、数据共享管理、外包服务管理、监测预警与应急响应管理、日志与审计管理、数据备份与恢复管理等相关要求的制定和落实。

数据安全管理制度的设计流程主要包含前期咨询调研、制度规范设计和规范评审发布3个阶段，如图5-5所示。

图5-5　数据安全管理制度的设计流程

在前期咨询调研阶段，为保证设计的数据安全管理制度规范满足组织需求，需通过资料收集、现场访谈等方式，摸清现有的组织架构、IT架构、信息安全角色和职责、数据使用场景和流程等信息并进行汇总，为数据安全管理制度设计提供依据。

在制度规范设计阶段，根据前期收集的资料及现场访谈情况，咨询专家将综合考虑合规要求、业务需求以及现有的风险情况，根据组织的数据安全管理需求，结合现有的组织架构和数据安全管理制度，参照国家及地方的相关法律法规，设计适合用户的数据安全管理制度。

在规范评审发布阶段，由于数据安全管理制度涉及的部门和人员较多，咨询团队提供数据安全管理制度初稿后，需用户项目经理组织相关人员对制度初稿进行评审，咨询团队参会并记录评审意见，并根据评审意见修改数据安全管理制度初稿，形成数据安全管理制度终稿，并交用户在组织内部发布。

5.2.4　管理制度和组织架构的关系

首先，组织架构是数据安全管理制度得以落地和执行的重要基础。数据安全管理工作需要依靠各个岗位的人员来具体执行，而组织架构的合理性和有效性将直接影响到数据安全管理制度的执行效果。

其次，数据安全管理制度是组织架构得以高效运转的重要保障。数据安全管理制度规定了各个岗位的职责和权限，明确了工作流程和协作机制，使组织架构能够更加高效地运转。同时，数据安全管理制度还可以对组织架构进行调整和优化，使其更加符合组织发展的需要。

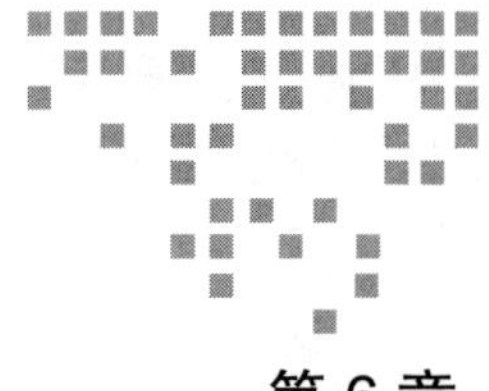

第 6 章 Chapter 6

数据安全技术措施

数据安全技术措施种类繁多，应用场景各不相同。按照不同的角度，数据有多种分类方法。根据数据所处状态，数据可以分为存储中的数据、传输中的数据和使用中的数据。根据数据生命周期，数据就会有采集、传输、存储、处理、交换和销毁 6 个场景。考虑到在实际工作中，数据生命周期的使用更广泛，本章就按照数据生命周期的划分来了解不同的数据安全技术措施。

数据生命周期是数据安全从业者非常熟悉的概念，同时是一个非常有用的模型。它是对现实世界的抽象总结，有助于我们更好地理解和处理问题。从创建到销毁，数据生命周期显示应在哪个阶段应用什么样的控制措施（见图 4-4 上半部分）。这提供了更实用的指导，并有助于通盘考虑数据安全技术投资的优先顺序。借助这个模型，从业人员可以互相交流、设计方案，甚至具体指导数据安全工作。这个模型虽然诞生的时间比较早，但是这并不妨碍它继续发挥着重要的作用。

6.1 数据采集阶段安全技术措施

有的国外材料会把这一阶段称作创建，这其实并不矛盾，因为最终的效果就是环境中出现了新的数据。值得注意的是，数据更新也会使环境中出现新的数据。在此阶段，需要对信息进行分类分级并确定适当的权限。这个任务比较困难，但在许多情况下，可以通过技术工具和默认分类来对信息进行分类分级，而权限则可以参考数据来源的应用权限进行设置。

数据采集的场景比较多，在数据安全方面要做的主要是确保数据真实可靠，具体措施如图 6-1 所示。首先，要保证数据源的身份可信，对接入网络的数据利用采集探针进行身份认证。可以采用证书认证方法，通过将数字证书绑定到终端，实现对终端身份的有效验证和认证。前置库的做法则是默认相信数据提供者的身份，因为前置库部署的位置通常是安全可信的。

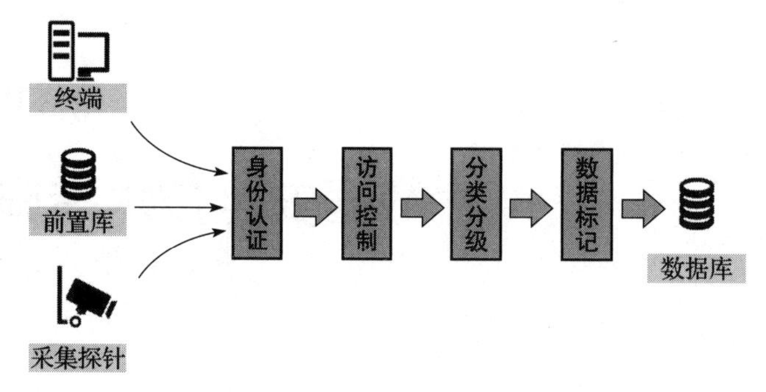

图 6-1 数据采集阶段安全技术措施示意

其次，在数据源的身份确定之后，要保证对数据库的操作行为安全可控，这要求对所有的数据库操作行为进行访问控制。限制库表的操作范围，限制操作指令，杜绝对数据库造成危害的风险。

最后，要进行正常的数据入库，还要对数据进行分类分级，标记数据的安全标签和权属信息。这样，数据才能在后续的生命周期中得到妥善处理和防护。

6.2 数据传输阶段安全技术措施

在数据传输阶段，主要要防止数据被监听或篡改。得益于目前网络传输方面的各种安全机制，有多种安全措施可以做到这一点。利用加密、签名、鉴别和认证等机制对传输中的敏感数据进行安全管理，监控数据传输时的安全策略实施情况，防止传输过程中可能引发的敏感数据泄露和数据传输双方对身份的抵赖。

对于数据传输的安全问题，VPN 技术可以很好地解决，如图 6-2 所示。VPN 融合了身

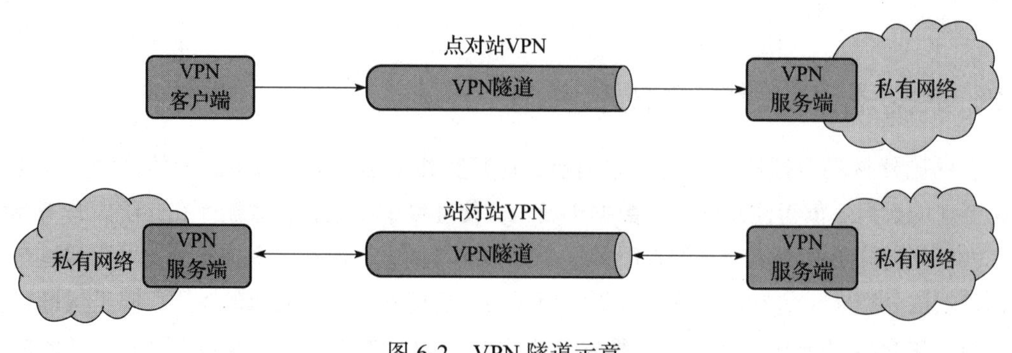

图 6-2 VPN 隧道示意

份认证、数据加密和认证技术，可以有效保证数据的安全传输，防止数据在不安全网络中传输时被监听、被篡改。如果还想提升安全，可以先将数据加密再通过 VPN 通道传输。

6.3　数据存储阶段安全技术措施

存储是将数据提交到结构化或非结构化存储（数据库与文件）的行为。数据在存储阶段的安全主要考虑被泄露、被破坏和被篡改的风险。很显然，这些风险都需要接触到数据库才能产生。因此，对于数据存储阶段的安全，更多的是解决如何对数据库的访问进行监控的问题。

在这个阶段，无论外部风险还是内部风险（见图 6-3），都需要通过访问控制进行防范。核心的思路是拒绝所有陌生的、高危的、越权的访问行为。将分类分级结果和权限映射到安全控制，包括访问控制、加密和权限管理。数据的存储架构、访问控制以及归档和时效性等方面的工作，都依赖于前面的分类分级结果。这里对权限的管理不仅是文档权限管理，也包括对数据库的管控，如图 6-4 所示。

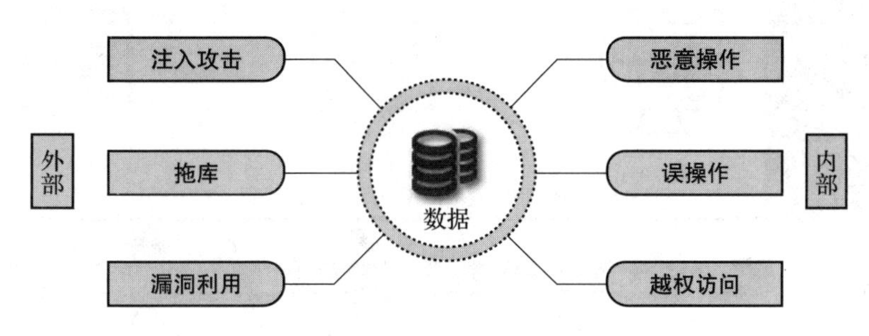

图 6-3　数据存储阶段的内外部风险示例

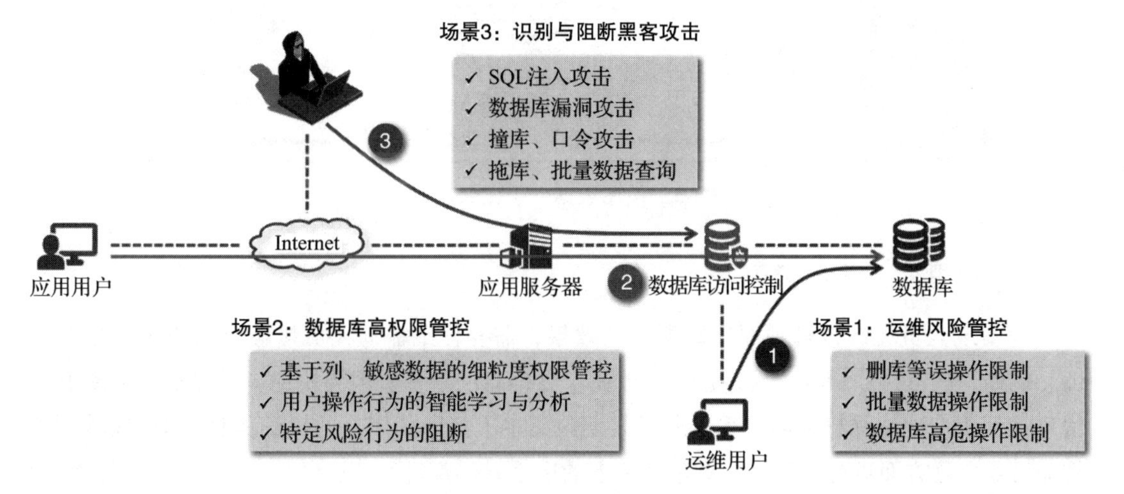

图 6-4　数据库访问控制示意

除了访问行为的监控，还有一种能够应对数据被破坏或者数据丢失的技术措施，那就是数据备份。与其他技术措施一样，数据备份也需要根据数据的分类分级结果制订不同的策略。

此阶段的措施还包括管理存储库中的内容，例如使用内容发现来确保数据位于经批准/适当的存储库中。

6.4 数据处理阶段安全技术措施

数据处理通常是在用户的PC、应用程序或者分布式分析系统中进行。这意味着数据离开了存储的环境，不再受到加密技术的保护（见图6-5）。数据在CPU和内存里流转，并通过终端与用户交互。针对数据生命周期的这一阶段，我们经常提到的防护思路就是“数据可用不可见”。这里的“不可见”既指人员无法接触到原始数据，也指不相关的应用程序无法接触到原始数据。

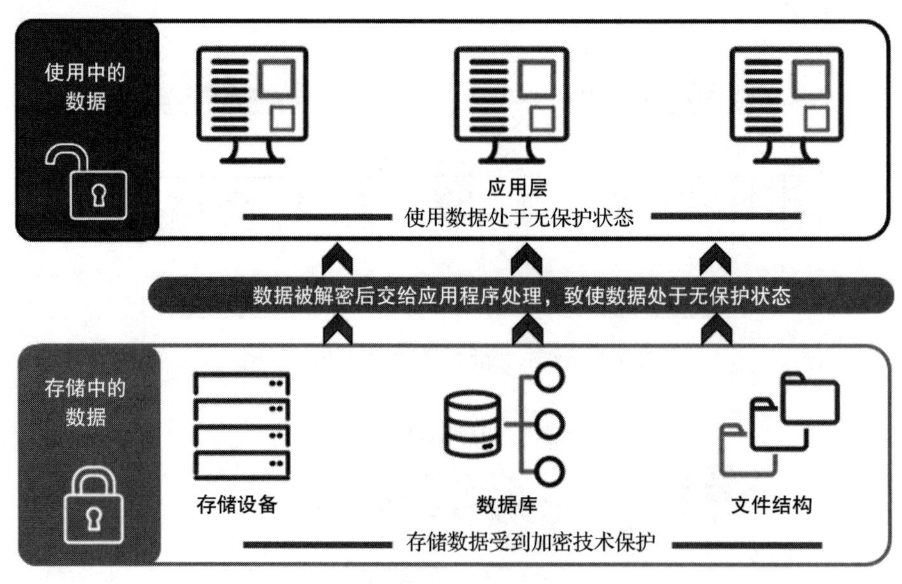

图6-5 使用数据处于无保护状态

6.4.1 数据对人员不可见

为实现人员无法接触到原始数据这一效果，需要仔细梳理人员接触数据的业务和必要性。例如，物流行业最早出现过包裹单泄露个人信息的事件。因为快递员需要根据包裹单的信息找到用户地址并打电话联系，所以早期包裹单上打印了用户的详细信息。但是近年来，物流行业在这方面进行了改进，对包裹单上的电话号码都进行了脱敏处理，快递员不再需要根据包裹单上的信息联系用户。另一个更明显的例子就是网约车行业，司机师傅是无法知道乘客电话号码的，只需要通过电话号码的后四位来验证乘客的身份。

根据业务需要开放人员能够接触的信息或者设计新的业务流程，减少人员接触信息的深度，是实现“数据可用不可见”的思路。具体的技术措施包括脱敏技术、数据沙箱和隐私计算等。

6.4.2　数据对应用程序不可见

使无关应用程序无法接触到原始数据，主要是为了防止数据在 CPU 或内存中使用时被恶意代码窃取。

随着移动设备、物联网设备数量的不断增加，以及边缘计算、云计算的广泛使用，数据使用的场景日益丰富。远端设备不易管理和防护，难以确保其安全性，在 CPU 和内存中进行计算时对形态的机密性和完整性的保护，也就是运行态数据的安全，成为备受关注的问题。云计算环境中，应用的每种攻击模式（包括虚拟机逃逸、容器逃逸、固件损坏和内部威胁）都使用了不同的攻击技术，但它们的共性是被攻击对象都是使用中的代码或数据。

传统的数据安全防护措施无法应对上述场景中敏感数据的安全问题，行业里出现了一些新技术，包括同态加密、可信执行环境、联邦学习安全、安全多方计算、密文检索等。当然，这些技术还在发展过程中，其可靠性和性能距离产品化尚有一段距离。

6.5　数据交换阶段安全技术措施

与用户、客户和合作伙伴交换数据，也称为共享数据，此处交换和共享这两种说法是可以互换的。数据交换场景的安全往往看起来很复杂，这是因为我们在分析这种场景时并没有深入具体问题。数据交换的过程其实很简单，就是数据从数据提供方流转到数据接收方。这个过程本质上还包括数据的存储、传输和使用。那么，将这几个阶段的安全防护措施进行组合来解决问题是否可行？

选择什么样的安全防护措施，主要看共享的数据。因此，对于数据共享这一过程，起始阶段就应该建立完善的数据目录和分类分级清单。根据共享目的，以最小权限为原则确定要共享的数据。如果要线上共享，需要考虑相应的权限控制和加密传输。如果要离线交换，还需要考虑加密和密钥传输的问题。

在数据来到数据接收方后，根据数据的权责问题又会有多种场景。如果数据提供方仍要对共享的数据负责，那么需要在数据接收方建立监督机制（见图 6-6）。这可能会用到水印、审计和流转监测等技术。这种场景一般是数据提供方委托数据接收方分析数据，或者数据的内容明显有数据提供方的痕迹。如果数据提供方不需要对共享的数据负责，那么数据接收方只需要根据自身的需求采用安全措施，确保数据在自身环境生命周期的安全。

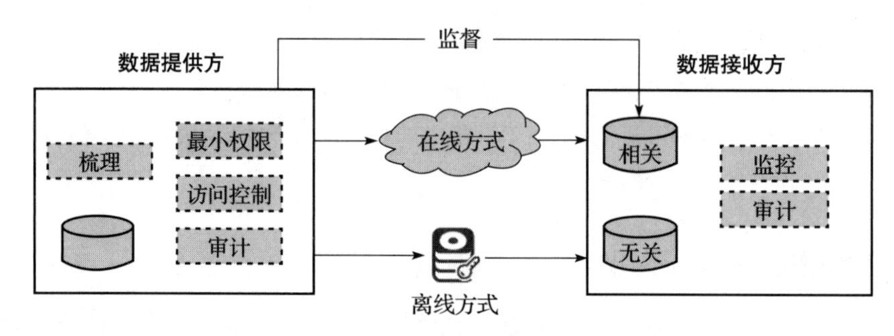

图 6-6 数据共享场景示意

数据交换过程中的安全措施与其他阶段的安全措施有类似之处，也有其独特的地方。关于交换环节的安全防护，可以参考图 6-7，更详细的信息参见《信息安全技术 政务信息共享 数据安全技术要求》(GB/T 39477—2020)。该标准将数据共享分成共享数据准备、共享数据交换和共享数据使用 3 个阶段，并对每个阶段都提出了安全技术要求。这些安全技术要求并不都要采用，可以根据具体情况进行选择。

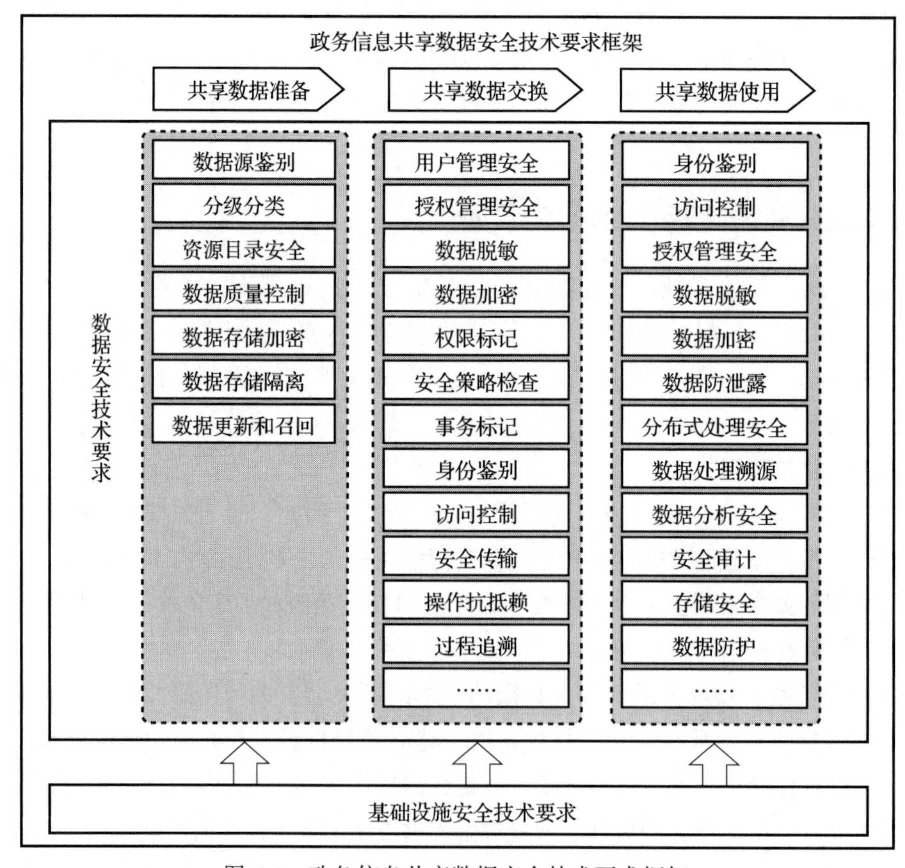

图 6-7 政务信息共享数据安全技术要求框架

随着数据共享的需求越来越多，出现了数据共享平台这种综合性方案。可以将其想象为一个虚拟的“文件柜”，用户可以在其中存储数据并与合适的人共享数据。这些平台通常带有内置访问控制，因此可以确保只有授权访问数据的人才能看到数据。此外，数据共享平台通常会采取强有力的安全措施，以确保用户数据的安全。

数据共享的方式会随着技术进步而发生变化，例如“数据不动模型动”。这种思路的背后是通过端侧部署、联邦学习或可信环境等技术，让模型来服务数据的处理。这一方向得到政策和法规的认可。“数据二十条”鼓励在保护个人隐私和确保公共安全的前提下，按照“原始数据不出域、数据可用不可见”的要求，以模型、核验等产品和服务的形式向社会提供公共数据。

6.6　数据销毁阶段安全技术措施

当数据对组织而言不再有存在的必要时，这意味着数据进入了生命周期的最后阶段。继续保留数据会投入额外的管理成本，但是也不能随意丢弃或只是简单地删除数据。这些数据必须得到妥善处置，因为其中可能有组织不想公开的信息。

所谓妥善处置，就是在成本尽量小的情况下，确保重要的信息不会被泄露。这里再次体现了数据分类分级的重要性。重要信息的比例毕竟不高，对于一般的数据，可以采用低成本的处置方式，如删除、格式化或者随机内容覆盖。经这些方式处置后，存储介质还可以重新使用。对于重要的数据，则需要采用高成本的方式，如消磁、介质粉碎或焚烧等。

	介质复用	介质回收		
	擦除	消磁	压碎	粉碎
磁盘	✓	✓	✓	✓
固态硬盘	✓	⊗	✓	✓
磁带	⊗	✓	⊗	✓
类型	清除	销除	破坏	

图 6-8　数据销毁技术说明

数据销毁的类型包括清除（clear）、销除（purge）和破坏（destroy），相关技术说明如图 6-8 所示。各个类型的定义如下：

- 清除是指应用逻辑技术去除所有用户可寻址存储位置的数据（区别于磁带存储），以防范简单的数据恢复技术。通常通过标准的读写命令作用于存储设备，例如用新值覆写或者使用菜单选项将设备重置为出厂状态。
- 销除是应用物理或逻辑技术去除数据残留，目标是确保最先进的实验室技术也无法恢复目标数据。
- 破坏不仅确保最先进的实验室技术无法恢复目标数据，还导致随后无法使用该存储介质存储数据。

对于数据在生命周期各阶段的安全要求，在《信息安全技术　数据安全能力成熟度模型》中有详细描述，不但包括技术措施，还包括组织建设、制度流程和人员能力的要求，感兴趣的读者可以自行翻阅。

6.7 数据合规措施

除了保障数据的安全性之外，对数据的使用还要考虑处理方式是否符合法律法规，也就是隐私问题，否则会有合规风险。例如在《个人信息保护法》中，为保障个人信息主体的权益，对个人信息的处理者规定了多项义务，例如：

- 对个人信息实行分类管理。
- 采取相应的加密、去标识化等安全技术措施。
- 明确个人信息处理者的合规管理和保障个人信息安全等义务，要求其按照规定制定内部管理制度和操作规程，采取相应的安全技术措施，并指定负责人对其个人信息处理活动进行监督；定期对其个人信息活动进行合规审计。

个人信息管理技术属于近几年萌生的新事物，正是为应对个人隐私保护方面的要求而出现的。借助个人信息发现、识别和管理等能力，能够帮助个人信息处理者很快地响应个人提出的诉求，例如对个人信息的提供、变更、复制和删除。

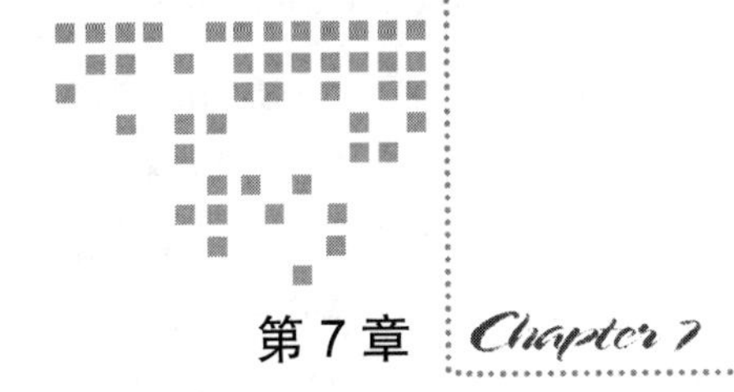

第 7 章 Chapter 7

数据安全运营

组织在建立组织架构、制定制度流程、部署安全措施之后，还需要通过安全运营来使整个安全体系运转起来。安全运营是组织开展安全活动的核心驱动力，可以由组织内部的安全专业团队负责，或者使用第三方安全运营中心（SOC）。基于人员、流程和技术等方面的安全规范，安全运营负责各部门的集中协调，管理数据安全威胁和事件，持续监控和改进组织的安全态势。

7.1 数据安全运营的内容

数据安全运营的工作内容可以分为三个部分，包括准备、规划和预防，监测、检测和响应，以及恢复、改进和合规，分别对应事前、事中和事后三个阶段，如图 7-1 所示。

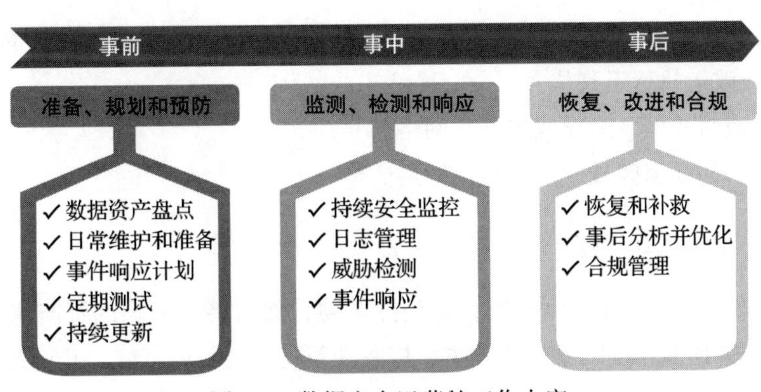

图 7-1　数据安全运营的工作内容

7.1.1 准备、规划和预防

数据资产盘点。列出组织机构需要保护的数据（例如数据库、文件服务器、云服务、端点等），以及为了保护这些数据所部署工具的清单。这一任务可以使用资产发现解决方案完成。

日常维护和准备。为了最大限度地提高现有安全工具和措施的有效性，需要进行预防性维护，例如安全产品补丁和升级，更新白名单、黑名单及安全策略。创建数据备份，或者协助创建备份策略，以确保在发生数据泄露、勒索软件攻击或其他安全事件时的业务连续性。

事件响应计划。制订组织的数据安全事件响应计划，该计划应定义威胁或事件发生时的活动、角色和责任，以及衡量任何事件响应成功与否的指标。

定期测试。进行脆弱性评估，确定每个资源对潜在威胁的脆弱性以及相关成本。还要进行渗透测试，模拟对一个或多个系统的特定攻击。团队根据这些测试的结果修正或微调应用程序、安全策略、最佳实践和事件响应计划。

持续更新。随时了解最新的安全解决方案和技术，以及最新的威胁情报——从社交媒体、行业来源和暗网收集的有关网络攻击和黑客的新闻与信息。

7.1.2 监测、检测和响应

持续安全监控。监控组织机构的整个网络环境，包括应用程序、服务器、数据库、终端等，监测已知漏洞和任何可疑活动的迹象。

日志管理。对每个数据安全事件生成的日志数据进行收集和分析。虽然大多数 IT 部门会收集日志数据，但是只有分析并建立基线行为模型，才能揭示可疑活动的异常情况。

威胁检测。从噪声中对信号进行分类，从误报中识别实际安全威胁和黑客攻击的迹象，然后根据严重程度对威胁进行分类。现在由于 AI 的引入，可以自动从数据中“学习”这些过程，从而更好地发现可疑活动。

事件响应。作为对威胁或实际事件的响应，采取行动限制损失蔓延。可采取的行动包括以下几条：

1）进行根因调查，以确定导致数据泄露的技术漏洞，以及导致该事件的其他因素（如不安全的密码或政策执行不到位）；

2）关闭受威胁的网络节点或将其与网络断开；

3）隔离网络的受损区域或重新路由网络流量。

7.1.3 恢复、改进和合规

恢复和补救。一旦事件得到控制，需消除威胁，然后将受影响的资产恢复到事件发生前的状态。对于数据泄露或勒索软件攻击，恢复涉及切换到备份系统，并重置密码和身份验证凭据。

事后分析并优化。为防止事件再次发生，分析事件，从中获取新情报，以更好地解决漏洞、更新流程和政策、选择新的安全工具或修改事件响应计划。在更高层面上，需要确定团队是否落后于新的安全趋势。

合规管理。安全运营的职责是确保所有应用程序、系统、安全工具和流程符合《数据安全法》和《个人信息保护法》等数据安全法规以及 PCI DSS（支付卡行业数据安全标准）等标准。事件发生后，确保按照规定通知用户、监管机构、执法机构和其他相关方，并保留所需的事故数据以供取证和审计。

7.2　数据安全运营指标

数据安全运营指标是指一系列度量和监控数据安全状况的信息，有助于组织更好地了解自身的数据安全能力水平，可以作为数据安全运营过程中各种措施的效果反馈，指引团队选择更有效的防护措施。

运营指标在安全工作中并不少见。在一些安全态势感知的大屏上，我们经常可以看到很多实时变化的数据，例如各种数据的走势、占比和分布等。工作人员则根据这些信息开展工作。随之而来的问题就是，为什么选择这些数据是可以支撑运营工作的？运营指标的选择通常需要符合 SMART 原则，也就是简单（Simple）、可衡量（Measurable）、可操作（Actionable）、相关（Relevant）和基于时间的（Time-based），如图 7-2 所示。

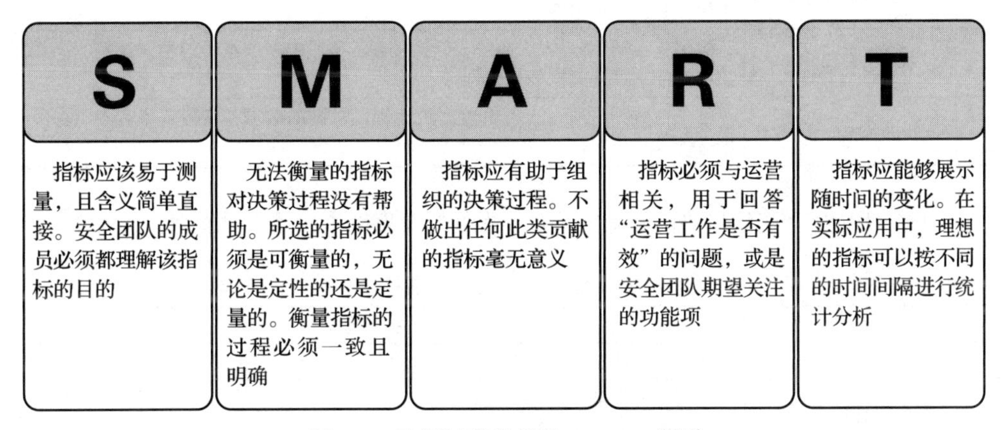

图 7-2　选择运营指标的 SMART 原则

数据安全运营指标根据其代表的含义，通常分为三大类，分别是安全检测类、安全防护类、安全响应类。

安全检测类指标主要用于衡量当前安全体系识别各种异常行为和变化的能力，如表 7-1 所示。

表 7-1 安全检测类指标

序号	指标项	指标含义
1	检出率	检测到的威胁数量与总检测尝试的比率。高检出率表示检测系统较为敏感和有效。在实践中，检出率可以通过白盒测试进行分析
2	检出量	检测出的异常数量。异常是指越权访问、数据泄露和缺乏访问控制等方面。检出量结合检出率、误报率等信息，可以反映当前环境中数据安全风险的高低。大多数安全运营类产品侧重于分析各种异常类型、各种来源、各种时间周期的检出量，例如检出异常最多的 IP 地址、主机或账号
3	误报率	正常活动被误标识为威胁的数量与总威胁数量的比率。低误报率表示检测系统的准确性高
4	漏报率	未检测到的威胁数量与总威胁数量的比率。低漏报率表示检测系统的敏感性高

安全防护类指标用于衡量当前安全体系对数据进行安全保护的能力，这包括对数据进行分类分级、访问控制，对恶意或违规行为进行拦截阻断的能力，如表 7-2 所示。其中，访问控制不仅包括拦截阻断，也包括加密、脱敏和水印等措施。

表 7-2 安全防护类指标

序号	指标项	指标含义
1	分类分级的覆盖率	代表了用户在数据资产分类分级方面的深入程度，高覆盖率表明在数据分类分级保护方面有更多实践经验
2	数据访问控制有效性	确保只有授权用户能够访问敏感数据和系统。它用于评估访问控制政策的执行情况
3	加密覆盖率	数据在传输和存储过程中的加密使用率。高加密覆盖率有助于保护数据的机密性
4	脱敏覆盖率	敏感数据访问过程中，根据安全策略进行脱敏的覆盖比例。高脱敏覆盖率有助于保护数据的机密性
5	水印覆盖率	敏感数据访问过程中，根据安全策略在数据中添加水印的覆盖比例。高水印覆盖率有助于保护数据的机密性
6	数据备份覆盖率	已备份数据占所有应备份数据的比例，较高的数据备份覆盖率有利于保障业务连续性

安全响应类指标用于衡量当前安全体系对异常处置及事件事故的应对能力，如表 7-3 所示。

表 7-3 安全响应类指标

序号	指标项	指标含义
1	安全事件检测时间	从安全事件发生到被检测到的平均时间。较短的检测时间表示更快的响应速度
2	安全事件确认时间	从安全事件被检测到到确认为真实事件的时间。缩短确认时间有助于减少误报和更快地采取应对措施
3	安全事件响应时间	从安全事件被确认到开始采取相应措施的时间。快速响应有助于最小化潜在损害
4	安全事件处置时间	从开始响应到成功隔离和遏制安全事件的时间。短时间内完成处置有助于阻止事件扩散
5	恢复时间	从安全事件得以控制到系统或服务完全恢复正常的时间。较短的恢复时间减小了服务中断的影响
6	漏洞修复时间	从发现漏洞到修复漏洞的平均时间。较短的修复时间有助于降低潜在风险

以上运营指标并不能覆盖所有业务需要，但是可以作为参考的依据。这些指标的一部分看起来和网络安全运营指标很相似，这是在情理之中的，毕竟，网络安全的核心是数据安全。

7.3　数据资产分类分级

对数据进行安全分类、安全分级，针对不同级别的数据进行对应的安全防护是开展数据安全工作的常见思路。《数据安全法》从国家、地区和部门多个层面要求了建立数据分类分级保护制度，对数据实行分类分级保护。因此，数据资产分类分级既是进行数据安全生命周期防护工作的前提条件，也能使数据安全防护更有针对性。毕竟，数据安全防护工作需要投入，对所有的数据进行同样级别的防护，既不合理，也无必要。

数据分类分级流程包含分类分级方案预研、分类分级方案确定、分类分级实施 3 个环节。分类分级方案预研主要包含预研准备、数据资产梳理（敏感数据 / 重要数据产生在该环节）、方案设计等工作，分类分级方案确定主要包含方案预审、方案汇报评审和方案发布工作，分类分级实施主要包含分类分级标识和安全策略规划。具体流程如图 7-3 所示。

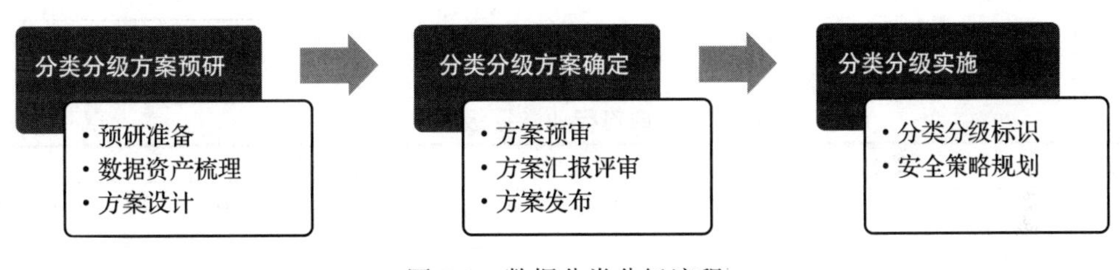

图 7-3　数据分类分级流程

7.3.1　数据分类分级方案预研

数据分类分级方案预研首先要对目标数据资产进行调研了解。调研表格涉及数据来源、数据权属、重要数据 / 敏感数据标识、数据类型标注，前期可围绕系统采集数据范围定义或围绕主题域、大数据组件类型、IP 地址、端口、用户账号、用户密码等进行调研。

完成咨询调研工作后进入数据资产清查盘点环节，包括敏感数据和重要数据标注。数据资产的梳理可以通过工具 + 人工的方式完成，具体如下：

1）由组织协调部署环境，实施方完成数据资产梳理工具部署和配置。

2）实施方在数据资产数据工具中配置数据源信息和扫描参数信息。

3）数据源和采集任务配置后，梳理工具会在设定的时间自动对数据进行扫描识别。任务完成后会以数据资产清单（见图 7-4）的形式产出，并阶段性更新。

数据资产

序号	字段ID	资产名称	表名称	所属数据源	数据分类	数据分级	数据源类型	数据量级	更新时间
52	2294	ALL_RULE	ALL_RULE	CRM数据库	电子邮箱	3级	MySQL	10行	2023-11-07 09:51:40
53	2293	t2	t2	CRM数据库	个人电话号码	3级	MySQL	292行	2023-11-07 09:51:16
54	2292	t1	t1	CRM数据库	个人电话号码	3级	MySQL	292行	2023-11-07 09:51:16
55	2291	perbase	perbase	CRM数据库	电子邮箱	3级	MySQL	14行	2023-11-07 09:51:15
56	2290	memberinfo3	memberinfo3	CRM数据库	个人电话号码	3级	MySQL	292行	2023-11-07 09:51:15
57	2289	memberinfo2	memberinfo2	CRM数据库	个人电话号码	3级	MySQL	292行	2023-11-07 09:51:15
58	2288	memberinfo	memberinfo	CRM数据库	个人电话号码	3级	MySQL	292行	2023-11-07 09:51:14
59	2287	ALL_RULE	ALL_RULE	CRM数据库	个人电话号码,电子邮箱	3级	MySQL	10行	2023-11-07 09:51:14
60	2286	xscj_2	xscj_2	CRM数据库		2级	MySQL	45行	2023-11-07 09:50:52
61	2285	xscj_1	xscj_1	CRM数据库		2级	MySQL	45行	2023-11-07 09:50:52
62	2284	testaa_copy1	testaa_copy1	CRM数据库	个人电话号码,电子邮箱	3级	MySQL	2655行	2023-11-07 09:50:20
63	2283	testaa	testaa	CRM数据库	个人电话号码,电子邮箱	3级	MySQL	2664行	2023-11-07 09:50:20

图 7-4 数据资产清单示例

4）根据前期数据资产梳理的结果，参照组织所在行业的数据分类分级标准或其他行业标准，确定分类分级方案的设计思路、流程和分类分级的结果。

以政府行业为例，在对政府行业数据进行分类分级方案设计时，所参考的标准包括《政府数据 数据分类分级指南》和《信息安全技术 个人信息安全规范》等文档。分类分级方案的设计思路还包括确定数据分类指引、分类规则、分级原则和分级方法。目前，政府行业的数据可以分为个人信息（A类）、政务数据（B类）、政务数据衍生数据（C类）和企事业单位数据（D类）四大类。数据分为4个级别，如表7-4所示。

表 7-4 政府行业数据级别示例

级别	定义	级别说明
4级	一般指涉及国家秘密、企业秘密或个人隐私数据等	仅在数据归属部门内使用的信息，不允许开放共享的数据，法律法规等要求不允许泄露的信息 数据未经授权披露、丢失、滥用、篡改或销毁会对国家安全、企业利益或公民权益造成严重危害
3级	需要重点保护的政务数据、业务数据等	仅在数据归属部门内使用的信息，不允许开放共享的数据 数据未经授权披露、丢失、滥用、篡改或销毁会对国家安全、企业利益或公民权益造成不利影响
2级	普通政务数据、业务数据等	要求采取特殊防范措施，避免未授权的修改或删除，从而保证数据的完整性与机密性 要求高于正常的准确性和完整性保证
1级	一般指对社会开放的公开数据等	不会对国家安全、企业利益或公民权益造成不利影响的数据

7.3.2 数据分类分级方案确定

分类分级方案设计完成后，会提交给组织进行预审，可在公示期内提出疑义。

方案预审通过后，进入数据分类分级方案汇报评审环节，该环节需用户组织召开方案汇报评审会，会议会对数据分类分级方案进行公布和汇报。

评审的材料目录如下：

- 分类方案；
- 分级方案；
- 分类分级管控措施；
- 方案变更流程。

7.3.3　数据分类分级实施

数据分类分级方案确定后，实施方根据分类分级方案对数据进行分类分级标识。同样采用服务 + 技术手段的方式，具体操作如下：

1）数据梳理工具内置数据识别规则和 AI 模型，会对接入的数据源进行分类分级标识，识别完成后进行人工审核；

2）实施方也会根据分类分级方案补充新的数据分类分级规则，由工具自动识别数据并进行数据分类分级标识，数据标识后人工对标识结果进行审核；

3）对于工具不能识别的数据，可通过在线人工打标完成分类分级标识；

4）数据梳理工具会按照优先级将三种打标结果进行汇总，最终完成数据分类分级标识工作，如图 7-5 所示。

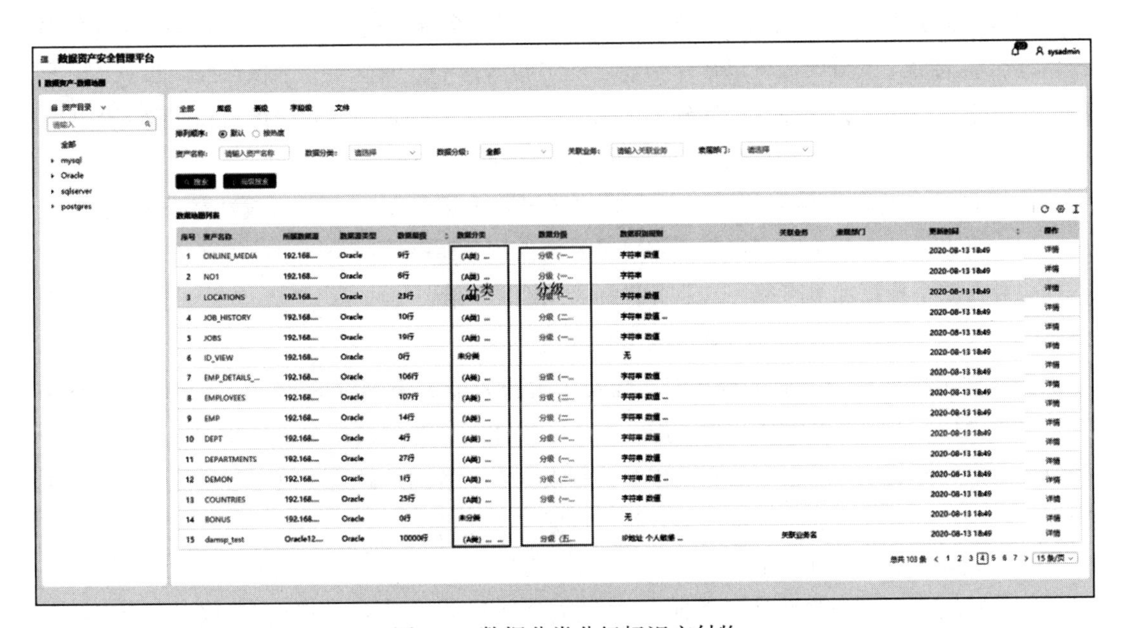

图 7-5　数据分类分级标识交付物

分类分级标识的工作完成后，还需要进行安全策略规划。数据安全分级的目的是在数据生命周期的各环节中保证数据的安全性。因此，应结合用户数据的具体应用场景，针对数据在信息泄露、信息共享与发布、信息访问控制和信息计算存储等方面对数据安全控制点进行防护。信息访问控制的安全策略规划示例如表 7-5 所示。

表 7-5 信息访问控制的安全策略规划示例

数据安全级别	信息访问控制方面的安全建议
4 级	由于数据泄露后会造成严重损害，因此该安全级别可考虑增加对访问控制策略的修改权限要求，以确保访问控制策略配置合理
3 级	由于数据泄露后会对小部分群体造成损害，因此该安全级别需要进行细粒度的访问控制，如增加访问控制机制、权限划分机制，以确保对数据的合理访问
2 级	由于数据泄露后无危害，因此该安全级别访问控制可粗粒度管控
1 级	由于数据泄露后无危害，因此该安全级别访问控制可不多加限制

7.4 数据安全风险评估

风险评估是系统化风险管理的基础，是对活动或业务中可能涉及的潜在风险进行识别、分析和决策的过程。风险评估并不只针对信息安全领域，在项目投资、工程建设和产品研发等众多场景也都有应用。具体到数据安全的风险评估，其重要意义体现在以下 5 个方面。

（1）风险评估有助于保护企业免受数据泄露之苦

黑客、恶意软件、病毒和网络罪犯总是试图利用系统中的任何漏洞，这使得企业的数据始终面临威胁。风险评估可以帮助企业识别防御体系中的漏洞，并确保在漏洞被利用之前将控制措施落实到位。这种定期的分析可以确保数据始终受到最新安全指南和建议的保护。

（2）风险评估为企业提供信息，以确定安全改进的优先级

由于技术、运营和预算原因，对企业的网络安全进行全面的升级改造是非常困难的。风险评估可以帮助企业确定哪些领域需要更好的保护，明确哪些关键事项需要首先关注，并帮助企业在安全预算和风险偏好、业务目标之间取得平衡。

（3）风险评估有助于指导企业的安全投入

企业制定数据安全方面的预算时，需要了解投入能带来的价值。一份详细的风险评估报告将明确指出哪些漏洞需要优先考虑，报告会概述每个漏洞被忽视的情况下，可能对企业的业务产生的影响。一旦企业的利益相关者和投资者了解到不做这些改变会给他们带来多大的损失，他们可能会更加愿意将预算分配给数据安全建设。

（4）风险评估是合规要求

鉴于数据安全风险评估的重要性，《数据安全法》中“评估”这个词出现了 7 次。一方面，国家层面会推动评估的服务发展，建立集中统一、高效权威的数据安全风险评估机制；另一方面，企业作为数据处理者，有义务按照规定对其数据处理活动定期开展风险评估，并向有关主管部门报送风险评估报告。

（5）风险评估可以确保数据安全建设保持正确的方向

风险评估可以看作执行数据安全计划过程中获得反馈的方式。它为安全团队提供了安全计划执行效果的真实信息。这一点在业内经常提及的计划 – 执行 – 检查 – 行动（PDCA）循环中也能体现。PDCA 是一个迭代过程，通常用于业务流程质量控制。计划部分涉及建立目标和制订计划，执行部分涉及计划的实施，检查部分涉及衡量结果以了解目标是否实现，行动部分提供了如何纠正和改进计划以更好地实现成功的指导。因此，开展风险评估是保证数据安全工作质量的关键动作。

数据安全风险评估包含的细分评估较多，如数据生命周期风险评估、数据安全合规评估、个人信息影响评估、App 信息安全评估等，目前也还在不断发展中。重点评估对象包括但不限于企业组织的数据中台、业务中台、办公系统等。

7.4.1　数据生命周期风险评估

数据生命周期风险评估服务主要是依据国家、行业等的相关数据安全技术与管理标准，从风险管理的角度对数据资产的重要程度进行分析，确定重点评估对象，识别评估对象所涉及的各类应用场景，评估数据资产在各应用场景面临的威胁以及威胁利用脆弱性导致安全事件的可能性，分析计算数据资产的风险值，并结合组织实际情况给出合理化数据资产风险处置建议。其流程如图 7-6 所示。

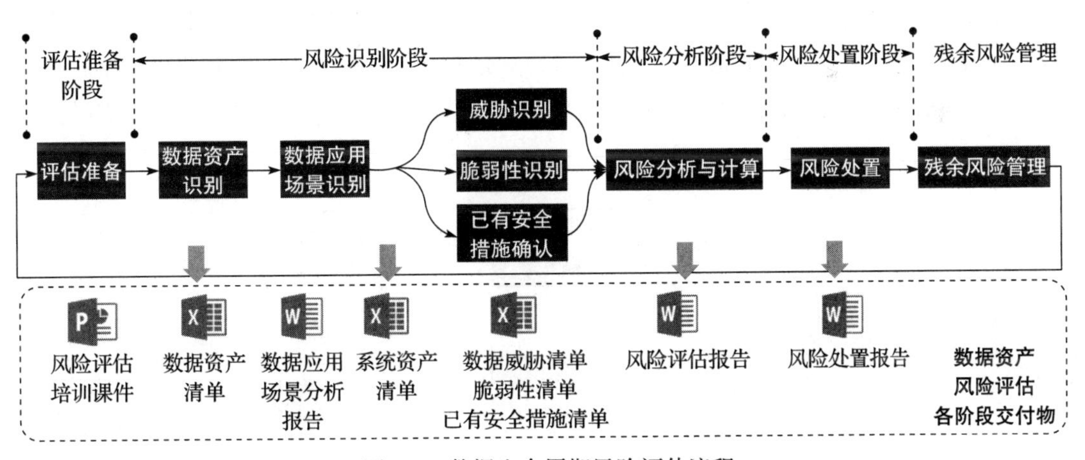

图 7-6　数据生命周期风险评估流程

通过开展数据生命周期风险评估，可摸清数据资产在各应用场景中的风险，进而有效开展数据安全防护，规避数据安全风险。

7.4.2　数据安全合规评估

数据安全合规评估服务主要是依据《网络安全法》《网络数据安全管理条例》等法律法

规的内容，结合客户具体情况，评估各项指标是否满足法律法规要求的过程。通过对评估的问题进行分析，提出合理化整改建议，并可根据客户实际情况，跟踪整改落实情况。其流程如图 7-7 所示。

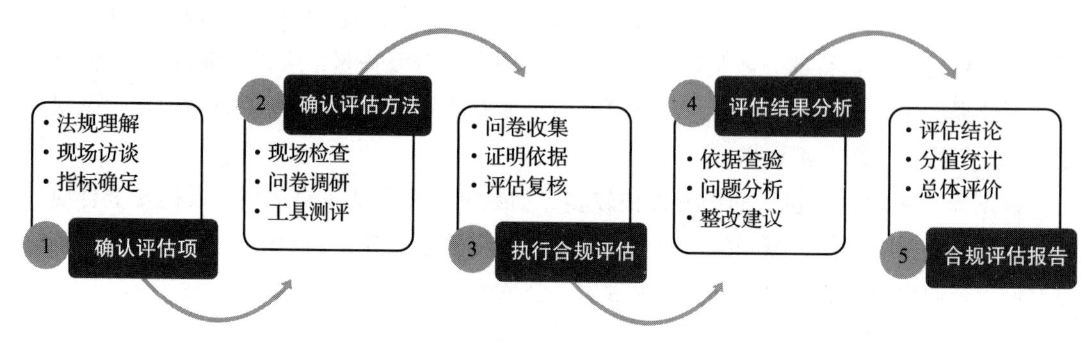

图 7-7 数据安全合规评估流程

通过开展数据安全合规评估，可厘清数据安全合规差距，针对不满足项及时整改，以满足监管要求。

7.4.3 个人信息影响评估

个人信息影响评估主要是依据《个人信息保护法》《信息安全技术 个人信息安全规范》（GB/T 35273—2020）和《信息安全技术 个人信息安全影响评估指南》(GB/T 39335—2020）等法规和标准，对涉及个人信息的处理活动进行评估，分别从个人权益影响和安全保护措施两方面进行分析，并进行风险建模计算，得出个人信息风险级别，并给出风险处置建议。其流程如图 7-8 所示。

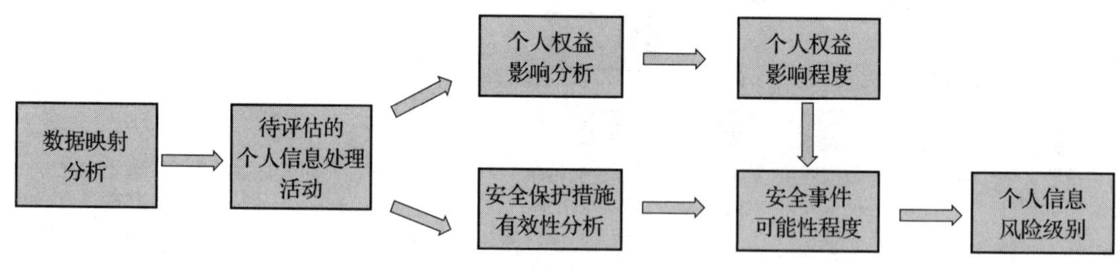

图 7-8 个人信息影响评估流程

通过开展个人信息影响评估，可以摸清个人信息风险情况，有针对性地开展整改活动，从而保障个人信息安全，满足监管要求。

7.4.4 App 信息安全评估

App 信息安全评估主要是依据《App 侵害用户权益专项整治工作》（工信部信管函

〔2019〕337 号)、《纵深推进 App 侵害用户权益专项整治行动》(工信部信管函〔2020〕164 号）和《App 违法违规收集使用个人信息行为认定方法》(国信办秘字〔2019〕191 号）的要求，通过调研访谈、实践测试、App 渗透测试等方法，对 App 合法合规行为进行评估，并根据评估结果提出合理化整改建议，如图 7-9 所示。

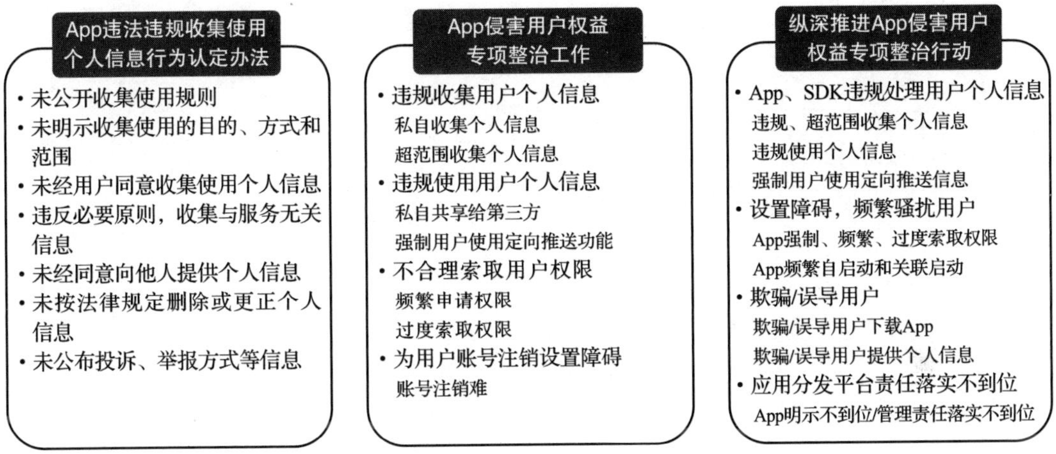

App违法违规收集使用个人信息行为认定办法

- 未公开收集使用规则
- 未明示收集使用的目的、方式和范围
- 未经用户同意收集使用个人信息
- 违反必要原则，收集与服务无关信息
- 未经同意向他人提供个人信息
- 未按法律规定删除或更正个人信息
- 未公布投诉、举报方式等信息

App侵害用户权益专项整治工作

- 违规收集用户个人信息
  - 私自收集个人信息
  - 超范围收集个人信息
- 违规使用用户个人信息
  - 私自共享给第三方
  - 强制用户使用定向推送功能
- 不合理索取用户权限
  - 频繁申请权限
  - 过度索取权限
- 为用户账号注销设置障碍
  - 账号注销难

纵深推进App侵害用户权益专项整治行动

- App、SDK违规处理用户个人信息
  - 违规、超范围收集个人信息
  - 违规使用个人信息
  - 强制用户使用定向推送信息
- 设置障碍，频繁骚扰用户
  - App强制、频繁、过度索取权限
  - App频繁自启动和关联启动
- 欺骗/误导用户
  - 欺骗/误导用户下载App
  - 欺骗/误导用户提供个人信息
- 应用分发平台责任落实不到位
  - App明示不到位/管理责任落实不到位

图 7-9　App 信息安全评估

通过开展 App 信息影响评估，可发现 App 违法违规行为，做到及时整改，避免 App 被监管单位通报或下架，影响业务正常开展。

第三篇 Part 3

数据安全产品系列

Chapter 8 第8章

基础数据安全产品

本章的标题是基础数据安全产品，其中的“基础”可以有多种理解。一种是产品在数据安全实践中比较常见，属于数据安全的基本配置；另一种是在数据安全技术的发展过程中，这些产品出现的时间比较早；还有一种是这些产品多围绕数据库的安全进行防护，与云计算、API等场景的防护相比显得比较基础。这些说法都有些道理。因为没有严格的定义，本章沿用工作中的通常做法，选用了这样的标题。

8.1 数据库审计系统

8.1.1 产品简介

数据库审计系统是一种基于深度包检测技术，解析各种数据库通信协议，获取网络中数据库访问行为的信息，实现对数据库访问行为全程监控、高危操作实时告警和安全事件审计追溯的数据安全产品。它可以帮助用户提升数据库运行监控的透明度，降低人工审计成本，实现数据库全业务运行可视化、日常操作可监测、所有行为可审计、安全事件可追溯。通常会采用一些自动学习和智能分析模式来增强风险识别的能力，或者降低告警的误报率。这类产品广泛应用于政府、金融、运营商、公安、能源、税务、工商、社保、交通、卫生、教育、电子商务等使用数据库的行业，是目前应用最为广泛的数据安全产品之一，在数据安全治理的稽核中发挥着重要作用。

8.1.2　应用场景

1. 满足合规要求

数据库审计是非常重要的合规措施，在网络安全等级保护建设中有明确要求。数据库审计使管理人员能够跟踪数据库资源和权限的使用情况。采用数据库审计后，系统将生成数据库操作的审计记录。每个经审计的数据库操作都会生成一个信息审计记录，包括受影响的数据库对象、执行该操作的人员及时间。审计记录有助于发现数据违规操作或入侵行为，能够对意图篡改数据的用户形成威慑。

2. 构建风险监测能力

数据库审计系统记录了所有数据访问者对数据库的操作行为，包含外部的攻击或内部的违规访问。基于精细的访问记录，数据库审计系统通过内置的风险识别规则或模板，能够识别出 SQL 注入攻击、暴力破解等高危行为。除了来自外部的安全威胁之外，相当比例的数据安全事件由内部人员造成。最典型的安全威胁来自对数据库具有访问权限的员工或前员工。审计可以用来发现员工的未授权访问，为用户提供持续的数据库安全风险监测能力。

3. 综合方案的日志来源

在综合性的数据安全解决方案中，来自数据库的访问日志是进行风险分析的重要数据。这类方案通常会汇集众多安全设备的日志数据，然后借助大数据分析技术，从整个网络环境的高度来审视所有访问行为。数据库审计系统可以作为日志探针，根据分析平台的需要，采集不同颗粒度的数据库访问日志。

4. 助力溯源分析

在许多情况下，审计记录是必要的。很多组织机构的业务实践和安全策略可能要求具备溯源的能力，也就是能够将每个数据的操作追溯到发起用户。例如，某些行业法规要求组织机构能够分析数据访问并生成定期报告，或者就某一次数据完整性事件分析出根本原因，这些都可以依靠审计记录来实现。

8.1.3　基本功能

1. 数据资产自动发现

基于深度包检测技术，对网络中的数据库访问流量进行解析，实现网络中数据库资产的自动识别，并自动将识别的数据库资产归类、分组、添加到审计系统，不需要人工操作。

2. 精细审计

通过对 SQL 语句进行深度协议解析，除了能够审计数据访问行为的账号、时间、命令、位置外，还能审计语句的执行结果（成功或失败）、执行时长、返回行数、绑定变量值、返回结果等内容，帮助客户提升审计内容的精确性。

3. 审计策略

系统通常会内置审计策略和漏洞特征库，还会提供黑白名单和自定义告警规则，方便用户自定义审计策略，帮助用户及时发现威胁并进行告警。

4. 实时监控

系统能对数据库在线连接的会话进行实时监控，帮助客户更好地了解数据库运行状态，会有常见的统计结果实时呈现，包括并发会话、SQL 请求数、告警数、操作命令、表访问量等多种统计数据的信息。

5. 多种告警方式

数据库的审计日志是分析安全风险的重要信息。为了方便与态势感知类平台对接，审计系统通常会提供邮件、短信、FTP、SYSLOG、SNMP 等告警方式。用户可以自主选择告警方式。

6. 数据备份

多项安全规范都对审计日志的留存时间做了要求。因此，对审计日志数据和系统配置进行备份是有必要的。可以通过自动全量备份或增量备份，防止系统故障造成数据和配置丢失。

7. 敏感数据扫描

对数据库进行敏感数据扫描，可以基于表名、列名、表内容自定义扫描策略，查看数据库中存在哪些敏感信息。

8.1.4 部署方式

1. 旁路部署

数据库审计系统常用的部署方式是旁路部署，旁路部署采用旁路侦听的方式，如图 8-1a 所示。设备部署在数据库流量流经的交换机上，通过交换机端口镜像方式获取数据流量。旁路部署的方式对网络环境影响极小，不改变网络拓扑，不影响业务数据，也不改变用户使用习惯，但这种方式通常不允许监测加密的数据库连接。

2. 插件（代理）部署

插件部署通常在现场环境不支持旁路部署时被采用。例如，在云环境中，链路上流量镜像不再像传统网络那样容易，只能考虑其他的部署方式。

如图 8-1b 所示，插件部署有两种方式可供选择：一种是在数据库服务运行的主机中安装数据库审计插件，该插件获取数据库操作日志，然后将日志数据传输给数据库审计系统；另一种是在访问数据库的应用系统服务器上部署数据库审计插件，插件同样将访问数据库的日志信息传输给数据库审计系统。插件部署方式能够很好地解决数据库流量引流的问题，但是对现场环境有一定影响。

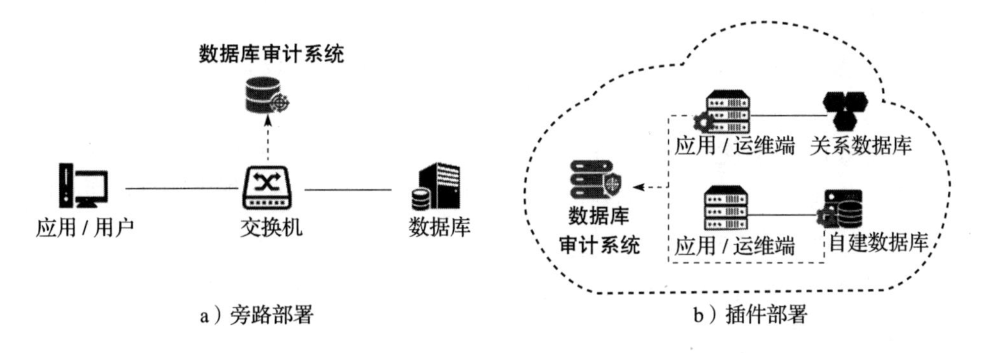

图 8-1　数据库审计部署模式

在采用插件部署方式之前需要考虑，是否能接受插件的运行对主机资源的占用，插件的故障是否会引起主机其他应用的异常等。插件装在数据库服务器上，可以抓取所有与服务器通信的报文，装在客户端上，只能抓取这个客户端访问数据库的报文。

8.1.5　工作原理

数据库审计系统一般采用分层的架构设计，如图 8-2 所示。

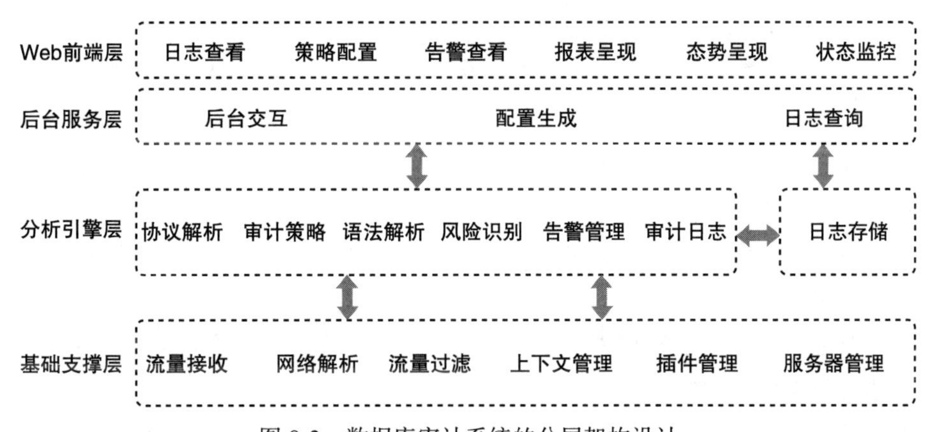

图 8-2　数据库审计系统的分层架构设计

Web 前端层和后台服务层主要处理交互方面的内容，整个数据库审计系统的核心组件是基础支撑层和分析引擎层。

1. 基础支撑层

基础支撑层各模块的功能如下：

- 流量接收：主要接收流量镜像设备发送的网络流量或者插件发送过来的报文。

- 网络解析：对采集到的报文基于四元组进行过滤、分流，然后进行IP分片重组、报文乱序重排等处理，报文头剥离，并提取TCP创建、关闭等事件以及传输的二进制数据流。通过共享内存的方式传递数据能够加快流量处理速度。
- 流量过滤：根据启用的资产IP、端口信息以及数据过滤设置，基于报文四元组信息对网络报文进行过滤。
- 上下文管理：将TCP会话的上下文信息进行关联，如登录信息、请求、应答之间的关联。会话上下文在会话创建的同时，根据会话服务器信息将会话和资产对应的协议解析、语法解析和策略信息进行关联。
- 插件管理：主要是对插件进行启动或停止，并监测插件所在宿主机的资源情况，支持插件更新与升级。
- 服务器管理：资产服务器管理，可基于服务端IP地址、端口信息查找关联的资产信息，基于默认端口进行资产的自动发现。

2. 分析引擎层

分析引擎层各模块的功能如下：

- 协议解析。根据数据库协议，从二进制数据流中还原出客户端和服务器之间传递的登录信息、请求命令和应答内容等。
- 审计策略。对审计对象和审计内容进行设置，可用于审计的定制化。例如，审计来自某个IP地址段、影响行数超过100的访问行为。
- 语法解析。根据数据库的SQL语法，从客户端发送的SQL请求中解析出请求的操作命令、操作对象等信息。
- 风险识别。基于风险规则模型识别有风险的数据库访问行为，如SQL注入、登录失败、批量修改等行为。
- 告警管理。查看告警日志、回放告警日志、审阅告警日志，或者根据告警日志配置审计策略。
- 审计日志。将请求事件转为审计日志，根据规则条件对请求事件进行匹配，给命中的事件打上风险等级标记。
- 日志存储。将日志信息进行存储。为实现高压缩比、高性能检索、统计分析功能，一般选择用时序数据库来存储审计日志。

8.1.6 常见问题解答

问题1：数据库系统都有审计功能，还需要独立的商业数据库审计系统吗？

解答：这个问题可以从如下三个方面考虑：

- 客观性。审计的主要目的就是内控核查，需要有独立客观性。数据库系统自有的审计功能是可以被数据库管理员控制的，因此审计的客观性无法保证。

- 性能。数据库系统开启审计功能会占用服务器资源，这会对业务产生一定影响。独立的数据库审计系统旁路接入，不占用数据库服务器资源，不会对原来业务产生任何影响。
- 功能。数据库系统的自有审计功能比较基础，而商业数据库审计系统经过了多年实际项目的洗礼，而且扩展了很多实用功能，如审计内容脱敏、风险识别、统计报表和 API 等。

问题 2：数据库访问流量被加密了，是否可以审计？

解答：数据库审计需要从数据库访问流量中解析出数据库账号、语句命令和操作对象等内容。如果流量被加密，在没有密钥的情况下，数据库审计系统是无法对加密流量进行解析并审计的。毕竟，加密措施就是为了防止链路中的流量被监听。当然，可以采用一些辅助手段，例如 SSL 加密的情况下，可以在链路中串行一个网关设备，在网关设备中导入证书，将流量解密后再转发给审计设备。

8.2　数据库防火墙

8.2.1　产品简介

数据库防火墙是一种用于保护数据库中重要数据的设备或软件。根据数据库安全的理论和实践经验，以及各类法律法规（如 SOX、PCI、企业内控管理、等级保护等）对数据防护的要求，对任何访问数据库的过程都应该进行访问控制。数据库防火墙正是满足这一要求的技术手段。数据库防火墙主要基于 SQL 语句的解析能力对访问过程进行管控，也会结合漏洞库以及其他威胁情报防范针对数据库的攻击行为。数据库防火墙能够在逻辑上发挥隔离的效果，有效降低高危风险向数据库蔓延。

数据库防火墙一般会提供各种告警机制、不同粒度的审计日志和多种合规性报表，帮助用户应对核心数据库面临的越权使用、漏洞攻击、SQL 注入等安全威胁，满足各类法律法规对数据库安全防护的要求。数据库防火墙同样广泛应用于各行业中部署数据库的组织。

8.2.2　应用场景

1. 构建数据访问控制能力

数据访问控制能力是数据安全体系中最基本的防护能力，可以消除数据被随意访问的现象。访问控制要求对所有的数据访问行为进行监控，通过审核访问者的身份和权限、访问对象的级别、访问时间、操作命令、所涉及的数据量等因素，决定是否放行该访问行为。通过配置合理的数据访问控制策略，数据库防火墙能够极大限度地减少危险操作，保障数据的安全。

2. 满足合规要求

《信息安全技术 网络安全等级保护基本要求》（GB/T 22239—2019）指出，访问控制的粒度应达到主体为用户级或进程级，客体为文件、数据库表级。要识别出库表级访问客体，必须对网络流量中的查询语句进行解析，例如解析出SQL语句所操作的表名称。数据库防火墙的特点就在于能够解析数据库查询语句，访问控制的粒度不但能够达到库表级，甚至可以精细到字段级，从而很好地满足合规要求。

3. 防止攻击或威胁蔓延

数据是企业的核心资产，针对数据的威胁应该是具有纵深的多层次防御。数据库防火墙本质上是位于应用程序和数据库之间的数据库代理服务器，它只负责转发满足访问控制策略的查询，其他所有网络流量和请求都会被丢弃。即使恶意代码或攻击进入了内网，数据库防火墙依然可以阻隔这些威胁，使数据库保持安全状态。

4. 防范针对数据库的攻击

数据库防火墙能够防御多种针对数据库的攻击，特别是利用数据库漏洞的攻击和SQL注入攻击。每条发送到数据库服务器的指令都会被监测，如果匹配了漏洞库里的指纹特征，流量将会被过滤。对于SQL注入攻击，数据库防火墙比WAF更加有效，Web应用程序向数据库发送的查询很多是固定的模式和结构，可以利用这些信息来配置一组查询语句的白名单，这几乎可以阻断所有的异常访问。

8.2.3 基本功能

1. 独立访问控制

数据库防火墙通过接管数据库访问，针对SQL协议进行解析，具备独立于数据库权限体系的访问控制功能。数据库防火墙通常基于内置和自定义的访问控制规则，以及常用的黑白名单。此外，还有采用机器学习形成动态基线进行访问控制的做法。

2. SQL注入攻击防御

SQL注入攻击的识别主要依赖SQL注入特征库。数据库防火墙通过分析SQL语法来识别数据库查询语句的不同特征，与SQL注入特征库进行特征匹配，然后对命中特征的查询行为进行拦截阻断。对于SQL注入攻击的检测出现了新的技术趋势，如基于SQL序列的检测。

3. 漏洞攻击防护

数据库的补丁升级要在业务中断的情况下进行，这在一些关键的行业是不可接受的。数据库防火墙一般会提供有针对性的虚拟补丁功能。通过内置缓冲区溢出、拒绝服务等多种数据库虚拟补丁规则，能够在数据库外层构建漏洞攻击的专项防护，有效规避数据库被攻击的风险。

4. 风险检测与处置

数据库防火墙对风险的识别主要依赖风险规则库，也会依赖机器学习等 AI 技术。识别出的风险访问行为会根据风险等级采取不同的处置措施，包括放行、审计、告警、阻断等。告警信息根据匹配的策略进行分类后统计汇总。产品通常会支持告警日志外发，例如以 SYSLOG 或 SNMP 等方式外发到平台类系统。

5. 全面日志审计

数据库防火墙能够对访问数据库的行为进行详细的审计，包括但不限于数据库用户名、源应用程序名、IP 地址、请求的数据库、表、执行的语句及风险等级，并提供灵活的检索分析功能。

8.2.4　部署方式

数据库防火墙的应用场景比较丰富，在本地和云端都有多种部署方式，企业可以根据实际情况选择合适的部署方式。

1. 桥接模式

本地部署：将数据库防火墙直接串接在应用服务器与数据库之间，如图 8-3 所示。所有数据库访问都经过设备，通过透明网关技术无须更改连接设置，但是需要更改网络拓扑。

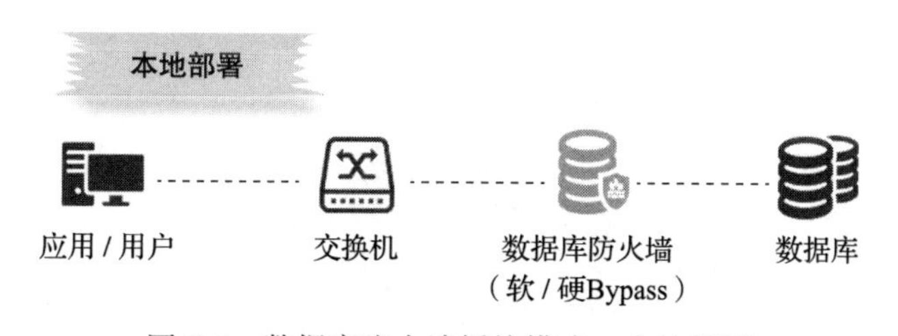

图 8-3　数据库防火墙桥接模式：本地部署

云（虚拟化）部署：云应用与云数据库划分不同虚拟子网。云应用和云数据库依赖于虚拟交换机（VSwitch）搭建透明网桥，云应用或用户直接访问云数据库的虚拟 IP 地址和端口，处理逻辑类似于本地环境下的桥接部署，如图 8-4 所示。

2. 代理模式

本地部署：通过“物理旁路、逻辑串行”的方式部署。网络上并联接入防火墙设备，客户端连接防火墙的设备地址，并将通信包发送至防火墙设备，再经过内部策略分析后完成客户端与数据库的交互过程，如图 8-5 所示。

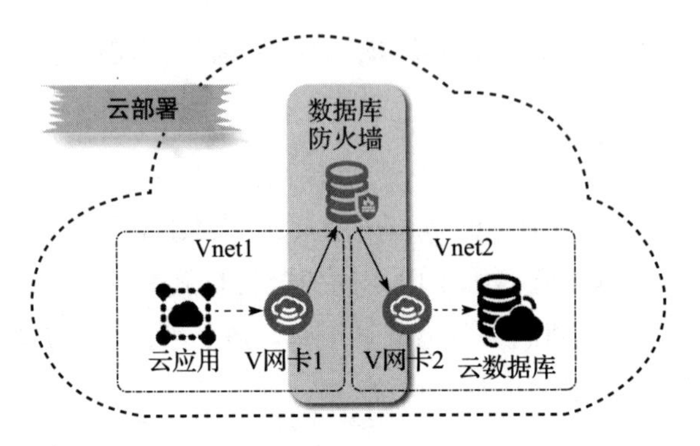

图 8-4 数据库防火墙桥接模式：云（虚拟化）部署

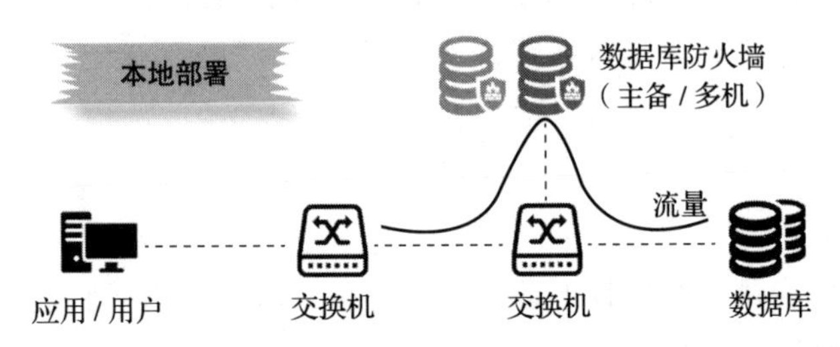

图 8-5 数据库防火墙代理模式：本地部署

云（虚拟化）部署：云应用或用户直接访问数据库防火墙的虚拟 IP 地址和端口。防火墙作为数据库代理，转发请求给数据库，并返回结果给用户，处理逻辑类似于本地环境下的代理部署，如图 8-6 所示。

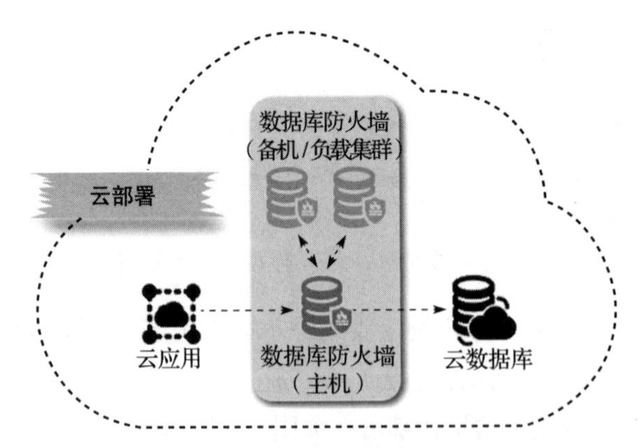

图 8-6 数据库防火墙代理模式：云（虚拟化）部署

3. 路由模式

本地部署：需要用户在指定的路由器上配置策略路由，将需要数据库防火墙处理的流量全部先转发到数据库防火墙处理，再转发至下一跳。此种部署模式下数据库防火墙网络可达即可，同时保持应用或用户访问数据库的地址和端口不变，如图 8-7 所示。

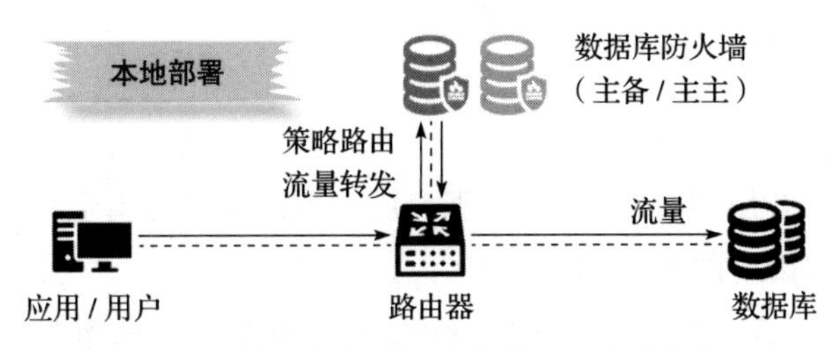

图 8-7 数据库防火墙路由模式：本地部署

云（虚拟化）部署：云应用或用户直接访问数据库的虚拟 IP 地址和端口。用户配置策略路由，将指定流量优先转发给数据库防火墙，处理逻辑类似于本地环境下的路由模式部署，如图 8-8 所示。

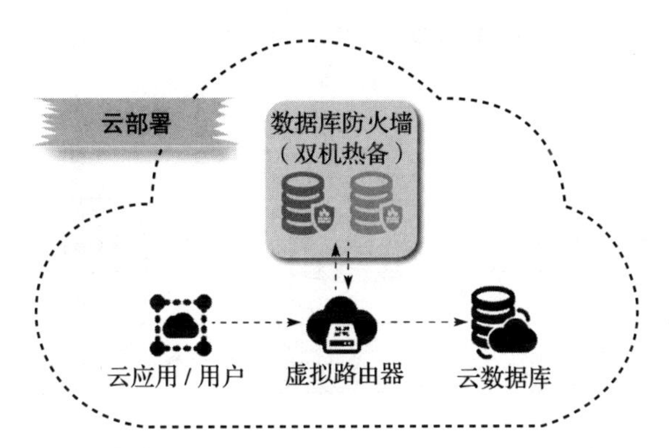

图 8-8 数据库防火墙路由模式：云（虚拟化）部署

4. 桥接代理

本地部署：数据库防火墙桥接代理部署模式，该模式下客户端感受不到数据库防火墙的存在。当客户端直接使用数据库 IP 地址和端口访问数据库时，数据库防火墙将客户端请求包转发到代理端口，数据库防火墙接收到数据包并在处理后转发给数据库，如图 8-9 所示。

图 8-9 数据库防火墙桥接代理部署模式

5. 旁路阻断

本地部署：数据库防火墙旁路阻断部署模式，需在所连接交换机配置镜像接口，将数据库防火墙与镜像口接通，如图 8-10 所示。此种方式部署，用户访问数据库 IP 地址和端口均

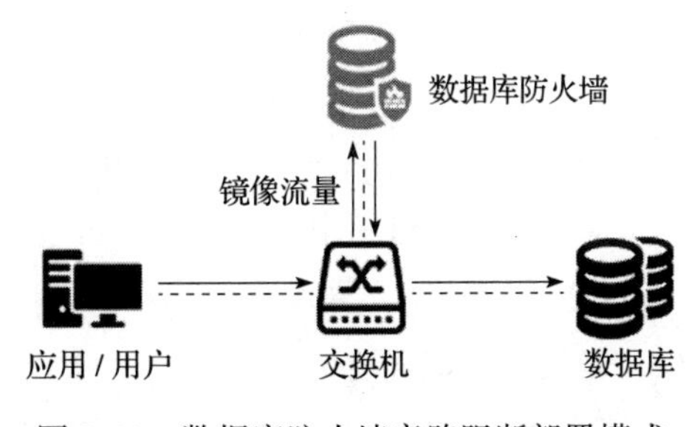

图 8-10 数据库防火墙旁路阻断部署模式

不会发生改变。当数据库防火墙检测到数据泄露时，会自动发送 TCP Reset 包来阻断危险连接。

8.2.5 工作原理

数据库防火墙部署在应用服务器与数据库服务器之间，逻辑上串联接入，主要用于对应用服务和数据库之间的网络流量进行管控。

数据库防火墙的工作原理与其他网络管控类的产品类似，如图 8-11 所示。首先，对网络流量进行解析；其次，依赖漏洞特征库中的指纹特征，将命中特征的流量阻断；接着，根据 SQL 注入攻击的特征来筛除流量中的 SQL 注入行为；最后，根据访问数据库的账号、访问库表、操作指令等多种因素，审核访问行为是否符合允许的条件。在经过层层筛选和过滤之后，对安全的访问行为进行重新组包封装，并转发给数据库服务。当然，实际产品也会对数据库返回的数据进行管控，例如根据配置的策略只返回指定数量的记录，或者对返回的数据进行脱敏等处理。

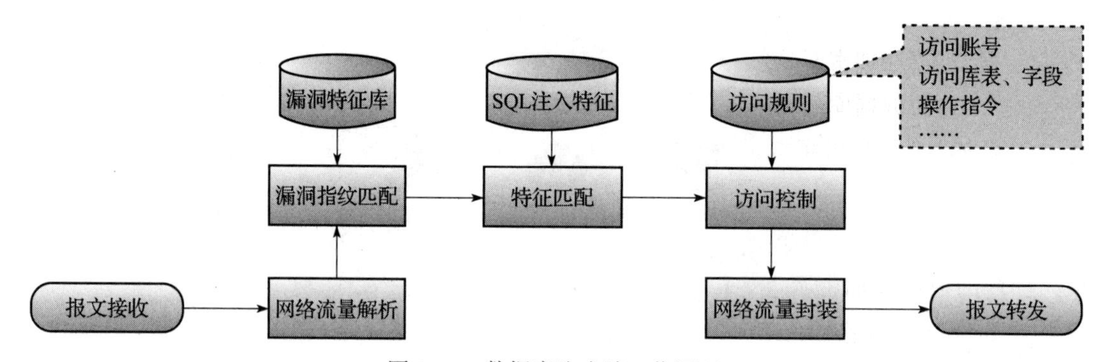

图 8-11 数据库防火墙工作原理

8.2.6 常见问题解答

问题：数据库防火墙有哪些机制来保障业务的连续性和高可用？

解答：数据库防火墙串行部署在业务链路中，其自身的高可用对业务的连续性非常重要。通常有如下几种技术手段来规避数据库防火墙发生故障时造成业务中断，如图 8-12 所示。

1）软 / 硬件 Bypass。当设备的软件或硬件发生故障甚至断电时，设备依然能够转发流量，保障业务流量不中断，只是不再进行安全防护。

2）动态路由。当设备故障导致链路不通时，动态路由机制能够重新规划业务流量的路径，确保业务正常进行。

3）双机热备。当一台设备故障时，能有其他设备暂时接替或者分担业务。

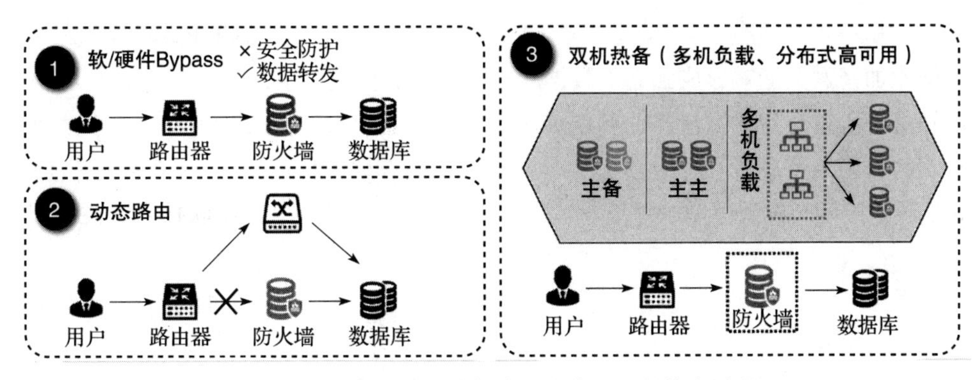

图 8-12　数据库防火墙保障业务高可用的技术手段

8.3　数据库加密网关

8.3.1　产品简介

数据库加密网关是一种基于网关代理技术，实现入库敏感数据加密存储的数据库安全产品。当数据流经加密网关时，对入库的敏感数据逐个执行加密，然后将密文写入目标数据库中。同时，对数据库返回的密文进行解密，将明文返回给数据访问者。加密网关通常提供多种加密算法，用户可根据自己选用数据库加密技术的最终目的从中进行选择。任何人或应用必须事先经过授权，拥有合法访问权限才能访问加密数据，非授权用户无法访问加密数据，这有效防止了管理员越权访问及黑客拖库。

国内的数据库加密网关在支持国际主流加密算法的同时，也必须支持国产加密算法，例如采用 SM4 对敏感数据加密，使用 SM3-HMAC 对敏感数据进行校验。用户使用的数据库加密网关需要满足商用密码系统应用与安全性评估对存储数据完整性和机密性保障的评测要求。

8.3.2　应用场景

1. 满足合规要求

国家层面对加密技术非常重视，这在多部法律法规中都有明确体现。《网络安全法》第二十一条，网络运营者的安全保护义务第四项：要求采取数据分类、重要数据备份和加密等措施。《信息安全技术　网络安全等级保护基本要求》（GB/T 22239—2019）也规定，第三级及以上的安全计算环境，应采用密码技术保证重要数据在存储过程中的数据完整性和数据保密性。为规范信息系统密码应用的规划、建设、运行及测评，国家标准化管理委员会在 2021 年发布了《信息安全技术　信息系统密码应用基本要求》（GB/T 39786—2021）标准，规定了信息系统第一级到第四级的密码应用的基本要求。

2. 防止敏感信息泄露

数据库加密网关能够形成独立于数据库权限体系的授权体系，可以有效解决 DBA 等高权限账号密码泄露导致数据泄露的问题。对于外部 APT 攻击或内部管理失当导致的数据库文件被下载、复制，或者存储介质丢失等情况，加密存储可以防止上述事件导致的数据泄露，满足数据库的敏感数据防护需求。

8.3.3 基本功能

1. 数据源管理

数据库加密网关可能会对多个数据库进行加解密，因此需要具备数据源管理功能。数据源管理主要用于对各种数据库类型的数据源进行配置，包括添加数据库信息、对数据库主机监控的阈值配置等。

2. 敏感数据发现

数据库的加解密通常只针对有加密需要的敏感数据。因此，系统会内置敏感数据类型特征库，特征库里包含常见的敏感数据类型，例如中文姓名、身份证号、固定电话、手机号码、银行卡号、电子邮箱、中文地址、邮政编码、企业单位名称、组织机构代码、营业执照代码、税务登记代码、企业三证合一代码等。可以通过正则表达式的方式扩展自定义敏感数据特征，添加至自定义敏感类型特征库。

3. 数据加密

数据加密的目的是保证数据的机密性，防止未经授权的人员查看敏感数据，保证不会因为存储介质的丢失、被盗等因素造成泄密。

数据库加密网关对数据列进行加密，其过程如图 8-13 所示。对不同的列，可以采用不同的工作密钥。系统支持 AES 等国际标准算法的同时还支持 SM4 等国密算法。

4. 访问授权

数据库加密网关的访问控制是独立于数据库的访问授权机制，限制部分用户的增、删、改、查操作，同时对访问数据库的客户端 IP 地址、时间区间进行限制，从而防止内部特权用户或突破边界防护的外部未授权人员查看敏感数据。

5. 密钥管理

数据库加密网关一般采用标准的三级密钥机制，如图 8-14 所示。主密钥存储于加密卡中，通过查找索引号将其调用。库密钥被主密钥加密保护，由系统自动产生，并执行自动更新机制。列密钥由高度随机算法生成，通过国密算法对数据进行加密处理且与密文进行数据封装，被库密钥保护。多级密钥对数据进行多重防护是符合行业标准对密钥管理要求的做法。

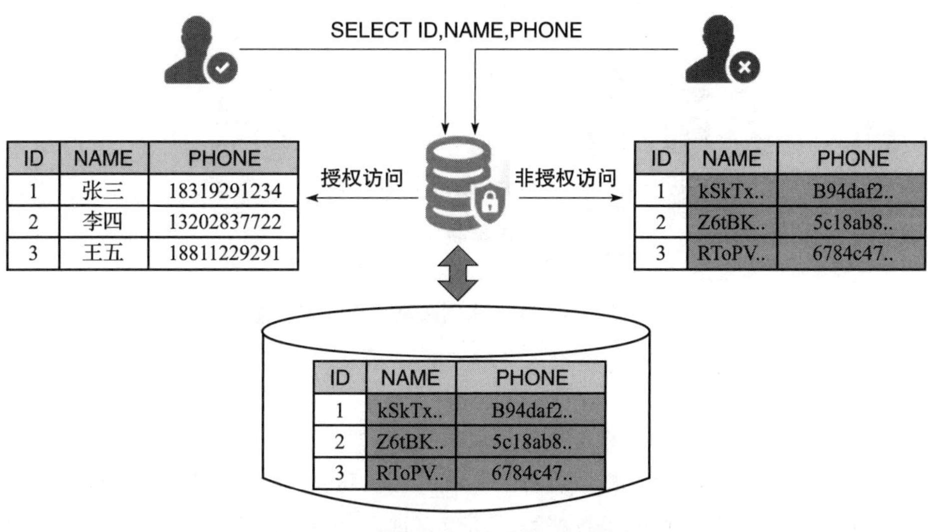

图 8-13　数据库加密网关列加密过程

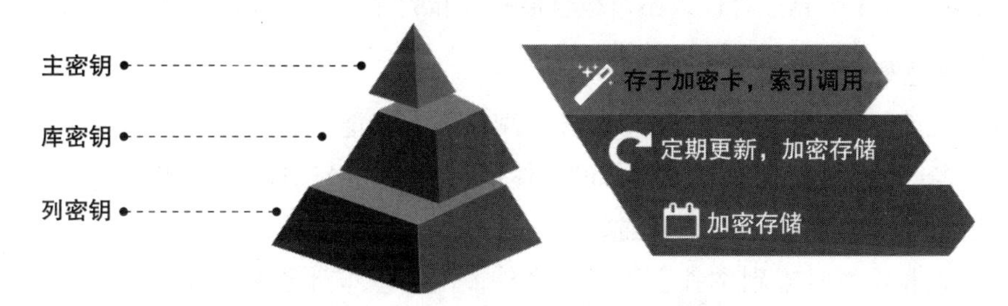

图 8-14　数据库加密网关三级密钥机制

6. 备份与恢复

数据库加解密过程中的配置信息，特别是密钥的信息，对于加密数据非常重要。为避免关键信息不可用，系统的备份功能将关键数据和配置信息打包导出并上传到指定服务器作为备份。导出信息栏中会增加备份文件的描述、导出时间、导出类型和文件。备份包也可下载到本地。当需要恢复配置时，选择备份包恢复即可回退配置。

7. 高可用配置

将两台数据库加密网关配置为主从关系，并配置虚拟 IP 地址。主设备定时发送心跳信号，发生故障后主设备停止发送心跳信号，备用设备由于监测不到心跳信号，便会自动接管服务，实现主备切换，如图 8-15 所示。高可用配置能够有效应对数据库加密网关单点故障问题。

8. 系统管理

该功能主要是指系统基础信息查看、升级维护、系统运行状态监测、IP 地址的配置、系统备份与恢复等。

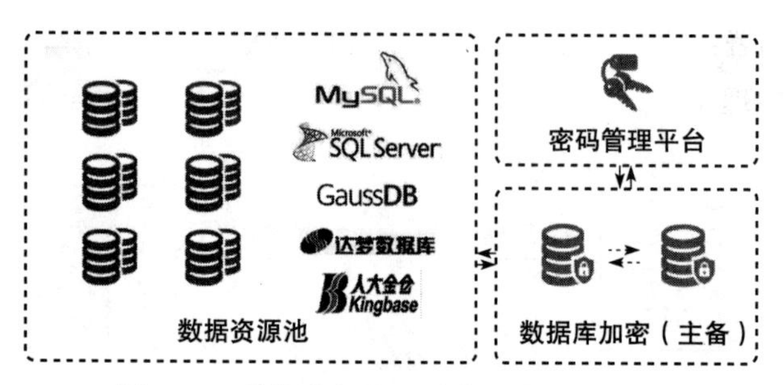

图 8-15 数据库加密网关高可用配置示意

9. 三权分立

本系统基于三权分立原则，对特权用户进行有效的权限分离。设定系统管理员、安全管理员、审计管理员，相互约束，相互监督。系统管理员负责配置加解密及访问策略，但不能直接访问数据；安全管理员只能进行账号、角色管理和加密系统安全配置等；审计管理员的审计日志信息独立于数据库存储，不可被直接修改和删除，从而有效限制系统管理员的权限。

10. 审计管理

记录系统的敏感操作，并可用于事件追溯。审计功能记录各用户进行登入、登出、加密、解密、客户端授权、用户授权操作的具体信息，生成操作日志。可以使用用户名称、操作类型、起止时间对操作日志进行筛选。

操作日志和操作日志副本独立于应用之外，由安全审计子系统管理，无法从应用自身发起删除操作。

8.3.4 部署方式

1. 代理模式

本地部署：通过“物理旁路、逻辑串行”的方式部署。只需更改业务指向 IP 地址和端口即可，其他设备均无须改动，如图 8-16 所示。应用系统的 SQL 数据连接请求被转发到加密代理系统，加密代理系统对其进行解析后，将 SQL 语句转发到数据库服务器，数据库服务器返回的数据同样经过加密代理系统并由其返回给应用服务器。

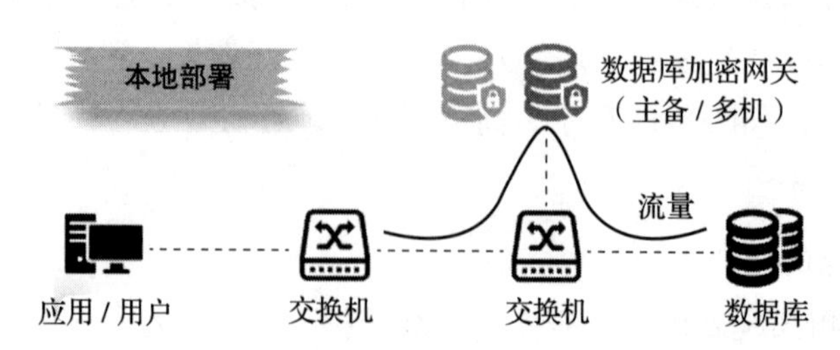

图 8-16 数据库加密网关代理模式：本地部署

云（虚拟化）部署：云应用或用户直接访问数据库加密网关的虚拟 IP 地址和端口。加密网关作为数据库代理，将请求转发给数据库，并将结果返回给用户，处理逻辑类似于本地环境下的代理部署，如图 8-17 所示。

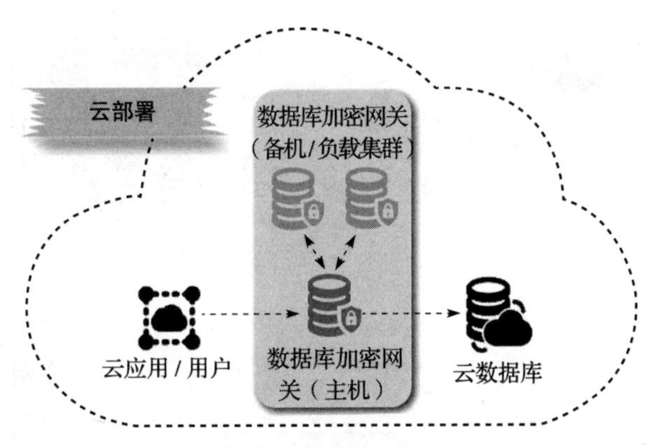

图 8-17　数据库加密网关代理模式：云（虚拟化）部署

8.3.5　工作原理

1. 密钥管理

数据库加密网关通常采用多级密钥机制来保护数据的加密密钥。常见的是三级，分别是主密钥、库密钥和列密钥。列密钥用于数据的加密和解密，列密钥被库密钥加密，以密文的状态存放在系统中。库密钥又由主密钥加密，同样存放在系统中，而主密钥一般保存在设备的加密卡中。

2. 数据加解密

加密网关以代理的方式工作，如图 8-18 所示。从应用系统到加密网关的流量中的数据仍然是明文，加密网关解析出应用系统发送的 SQL 语句，会对语句中要写入或更新到数据库的数据进行加密，然后代替应用系统，将改造后的 SQL 语句发送到数据库，完成一次密文存储。

当应用系统从数据库中读取数据时，返回的数据集会在加密网关处进行解密，然后以明文方式返回给应用系统。在加密网关和数据库系统之间，流量中的敏感数据始终处于密文状态。

8.3.6　常见问题解答

问题 1：对存储的数据进行加密有几种方案？各自优势如何？

解答：根据加解密执行的位置，可以将存储数据加密的方案分成三种。第一种是在应用端，应用程序在向数据库写入数据之前，先将数据加密再进行写入。同样，从数据库中读取的密文，需要在应用系统内解密。加解密的过程都在应用服务所在设备上执行，需要占用应用服务所在设备的计算资源。这种方案需要对应用程序进行改造，因此适合新建设的系统。

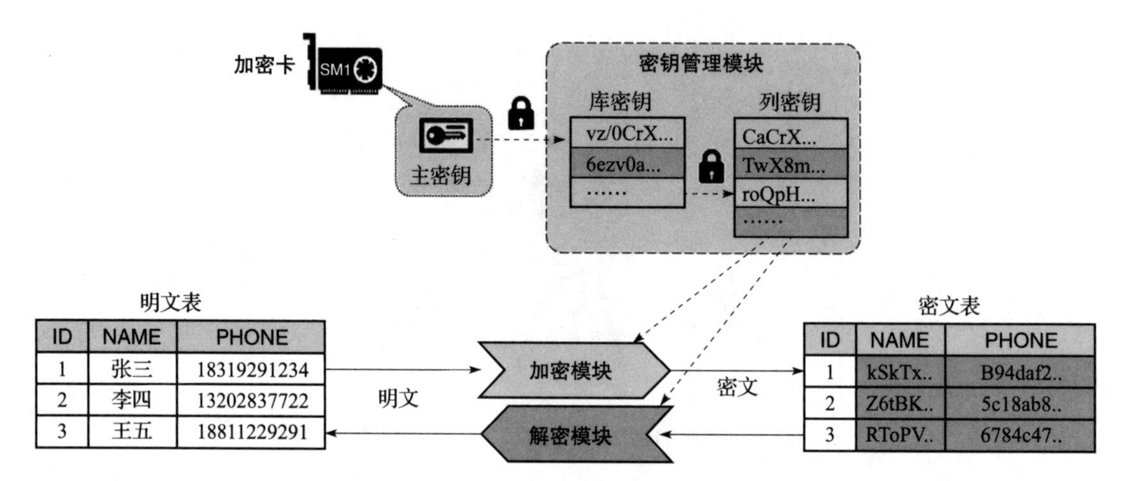

图 8-18 数据加解密过程示意

第二种是在网络上，也就是本节所介绍的网关加密方式。这种方式需要额外添加一台设备来进行加解密，不占用客户现有系统的计算资源。网关加密方式直接解析网络流量，对查询语句中的内容进行加解密，不需要对现有应用系统进行改造，适合已建成应用系统的加密防护。

第三种是在数据库端，也就是加解密的过程发生在数据库所在服务器上。这种方式需要占用数据库服务器计算资源，对应用系统无影响，不需要改造即可实现。

存储加密的技术方案比较多，例如，数据库端加密还有表空间加密、列加密和磁盘加密等方式。每种方案都有自己的适用场景，并没有哪种技术能够解决所有问题，而且加密技术本身还处于不断发展的过程中。

问题 2：在应用网关加密产品时，对数据库中已经存在的敏感数据如何加密？

解答：这个问题不仅仅是网关加密产品会遇到的问题，大部分数据库加密产品在部署过程中会碰到。目前业内的常见方案是，在正式上线加密产品之前，先对现有需要加密的数据进行加密。实现方式较多，例如可以先将数据导出，对其加密后再入库。

8.4 数据库脱敏系统

8.4.1 产品简介

数据库脱敏系统是一种保护数据库中敏感信息的软件或硬件系统。其实现方式主要是对数据库返回的数据进行匿名化、去标识化，或者其他变形处理，以达到保护敏感信息的效果。数据的变形是通过系统中的不同算法实现的，最简单的方式就是将数据中的部分内容用特殊符号进行替换。例如，将信用卡信息、电话号码、家庭地址等信息中的一部分用“*”代替，就可以使访问数据的人无法将这些信息关联到个人。复杂的方式会要求脱敏后的数据具有高保真性，或者数据之间的关联性仍然存在，这是因为某些场景既要保护敏感信息，还要保留数据用于分析计算的价值。因此，数据库脱敏系统会提供多种脱敏算法，以满足不同场景的要求。

数据库脱敏系统一般会有两种类型，分别是动态脱敏系统和静态脱敏系统。动态脱敏系统通常用于在线实时脱敏，而静态脱敏则用于离线数据脱敏。

8.4.2　应用场景

1. 满足合规要求

根据《数据安全法》的要求，数据处理者有义务采取相应的技术措施和其他必要措施来保障数据安全。数据脱敏技术是一种非常有效的安全技术措施，通过对敏感数据进行变形处理，能够降低数据敏感程度，减少敏感数据在采集、传输、使用等环节中的暴露，从而降低敏感数据泄露的风险。数据脱敏技术的应用场景如图 8-19 所示。此外，按照《个人信息保护法》的定义，将个人信息进行匿名化处理得到的数据就不再是个人信息了，对这样的数据进行处理，违反《个人信息保护法》的风险非常低。

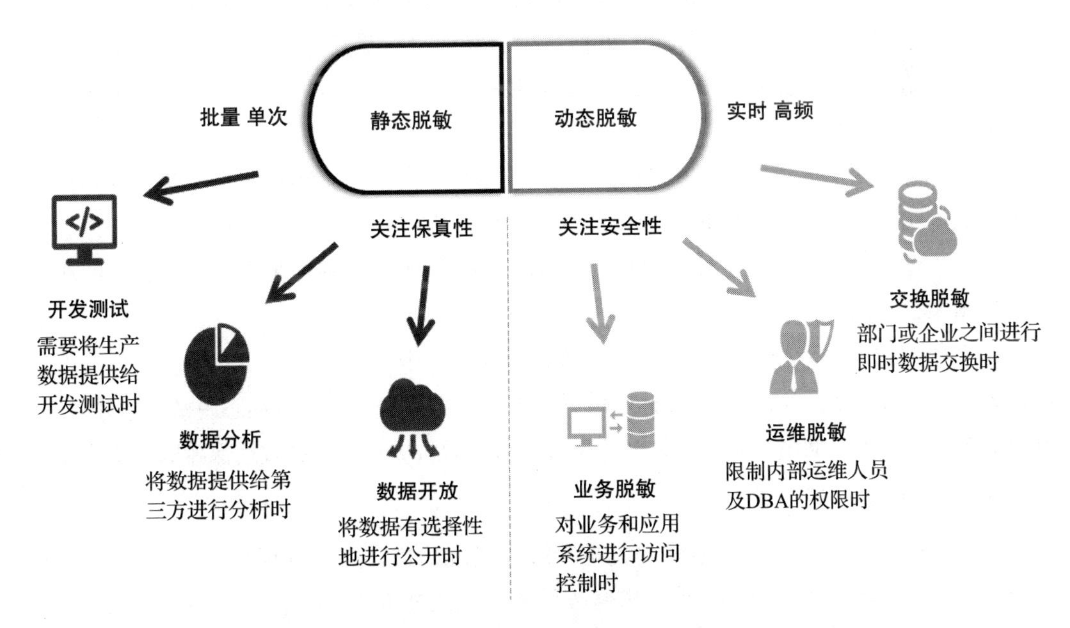

图 8-19　数据脱敏技术的应用场景

2. 对数据访问进行更精细的控制

数据安全和业务同等重要，这就要求安全措施必须在满足业务的基础上尽可能地提供安全保障，也就是最小权限原则。数据脱敏能够根据业务中数据所发挥的作用，选用适宜的算法对数据进行变形，严格控制数据暴露的信息，以实现最小权限。例如，物流行业中普遍使用的运单信息、出租车行业中的订单信息中，用户的手机号码都只能看到后四位。这些信息只用于核对身份，并不用于通信。数据脱敏正是以这种方式，在服务业以及更多行业中，在避免用户的个人信息泄露方面发挥着作用。

3. 安全地进行数据共享和交换

数据安全监管日趋严格，数据泄露的风险不断增长，这些都给数据的共享和交换带来了挑战。数据脱敏系统通过简单高效的敏感数据匿名化、去标识化功能，针对用户不同的应用场景提供灵活的策略和脱敏方案配置。在帮助企业实施脱敏处理的同时，提供脱敏后数据的高保真性、数据之间的关联性，提供支持脱敏的可逆性和不可逆性、可重复性与不可重复性的多种策略选择，充分满足用户在不同应用场景下的不同脱敏需求，使脱敏后的数据可以安全地应用于测试、开发、分析和第三方大数据分析等环境。

8.4.3 基本功能

1. 数据资产管理

资产管理通常包含数据源管理、资产状态和敏感数据访问统计三个功能模块。

数据源管理模块主要用于添加、维护、查看需要进行敏感数据防护的数据源，并支持对添加的数据资产进行连接测试，以便于确认数据资产与动态数据脱敏服务的映射关系，保证脱敏服务的正常使用。

资产状态模块用于展示数据源的状态信息，包括数据源内数据统计信息、不同模板下的敏感数据定义、敏感数据发现可视化结果、脱敏规则不同维度统计信息等，且资产状态支持定期 / 手动更新（减小服务器压力）及数据源一键切换，可快捷查看其他数据源的相关信息，如图 8-20 所示。

敏感数据访问统计模块帮助用户统计分析数据资产中敏感数据的访问信息，包括数据库用户名、访问 IP 地址、访问数据目标及敏感数据访问次数。一般只有动态脱敏场景才会涉及。直观的统计信息可协助用户对重点数据开展有针对性的防护，从而高效地保障数据资产安全。

2. 敏感数据发现

在添加数据资产后，通常会针对其进行数据发现扫描。这个过程目前已实现了自动化，用户无须手动新建任务，可以根据需求修改任务配置，包括抽样数量、需要扫描的模式 / 表 / 视图、需要发现的数据类型、是否需要根据行业模板进行扫描等。自动化的过程可以简化任务配置操作，减少用户工作量。系统通过扫描引擎发现数据资产中的敏感数据后，用户可基于扫描结果单条或者批量创建脱敏规则。

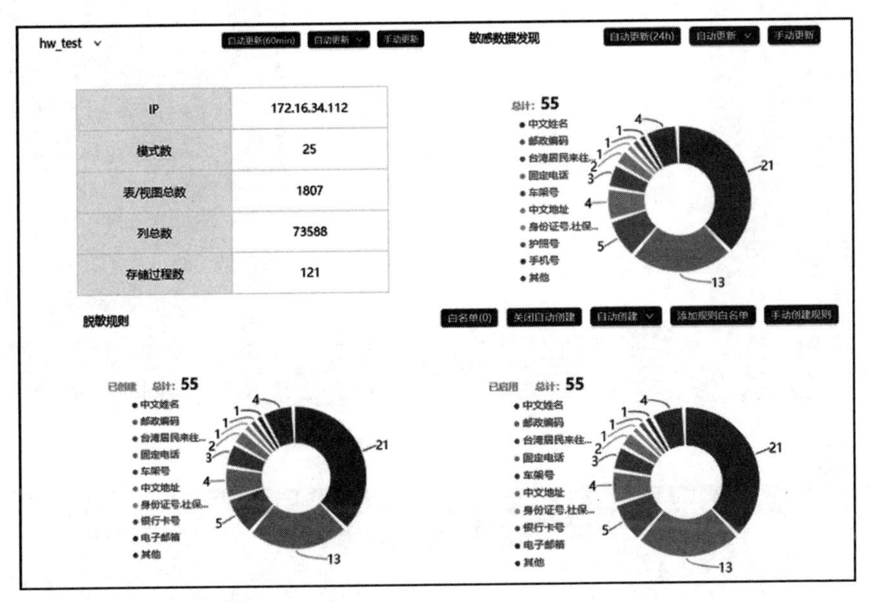

图 8-20　数据资产状态

3. 脱敏策略

脱敏系统都会内置基本的敏感数据类型特征库。特征库包含常见的敏感数据类型，如中文姓名、身份证号、固定电话、手机号码、银行卡号、电子邮箱、中文地址、邮政编码、企业单位名称、组织机构代码、营业执照代码、税务登记代码、企业三证合一代码等，可满足常见场景的脱敏需求。

脱敏系统一般会支持通过正则表达式或以列名的方式自定义添加敏感数据类型。有些产品的页面还可直接验证数据类型特征，满足用户特殊业务场景下的脱敏需求。

4. 数据分类分级

用户可以对所有数据（内置或自定义添加）进行分类分级操作，自定义添加数据类别（如身份信息类、金额类等）和敏感等级（高、中、低），如图 8-21 所示。可以根据自身业务特征，随意组合不同类型、不同类别和不同敏感等级的数据，自定义脱敏算法，生成可复用的方案模板进行高效脱敏。

5. 存储过程脱敏

动态数据脱敏系统支持对存储过程中的语句进行扫描，确定敏感字段，如图 8-22 所示。对包含脱敏规则敏感字段的语句进行分析，实现动态数据脱敏，防止脱敏绕过。

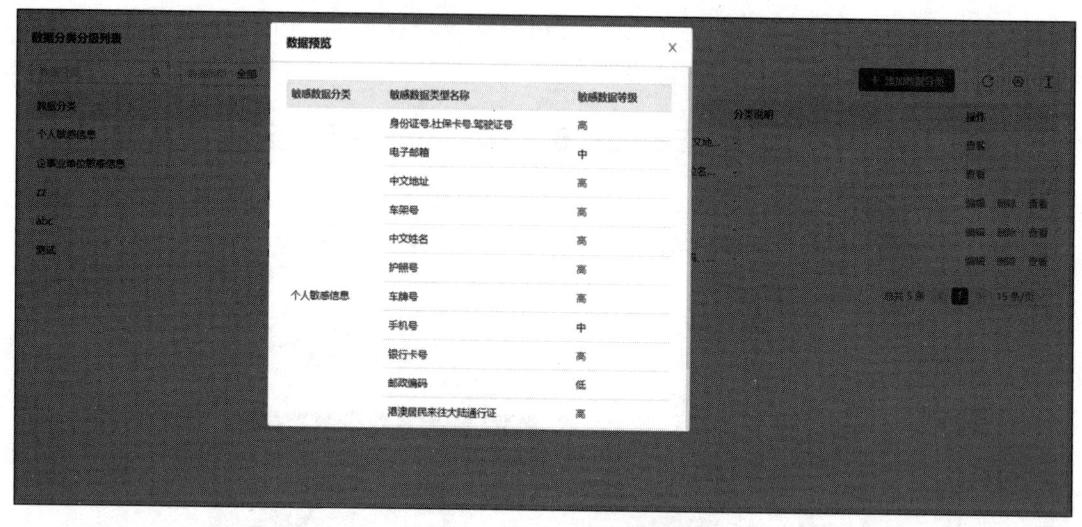

图 8-21 数据分类分级预览

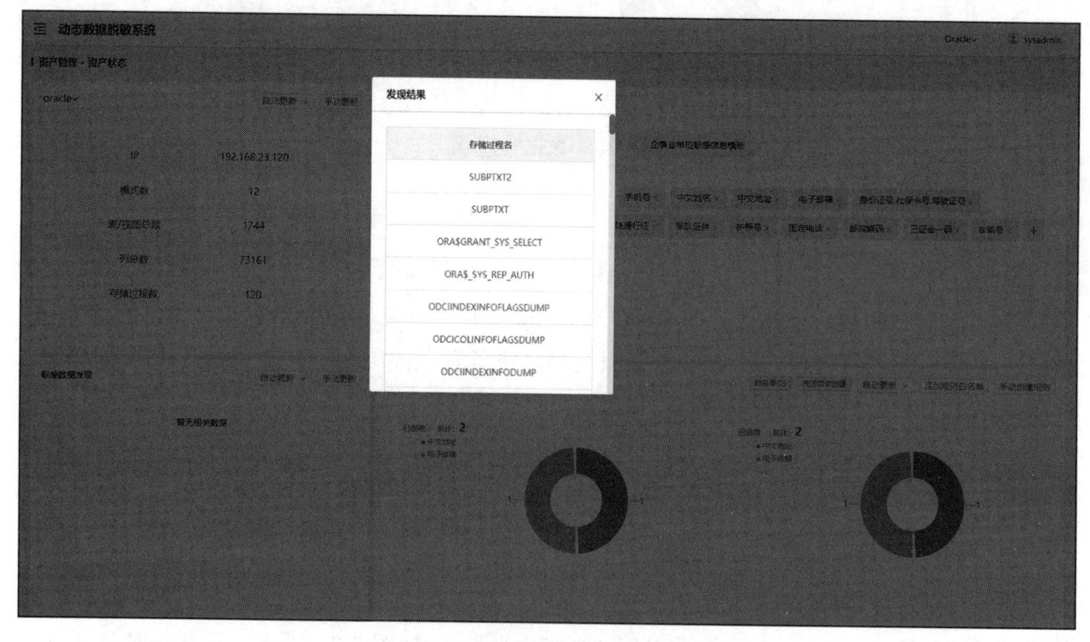

图 8-22 存储过程脱敏

6. 内置脱敏算法

动态数据脱敏系统内置丰富、高效的脱敏算法，这些脱敏算法主要可分为遮蔽、随机、仿真、置空四大类。

- **遮蔽脱敏：**通过 * 等特殊常量符号，将全部 / 部分信息内容遮盖。例如："张三"→部分遮蔽→"* 三"，"张三"→全遮蔽→"**"。

- **随机脱敏：** 将数据进行随机映射，每次随机值会变化。例如："张三"→随机脱敏 1→"李四"，"张三"→随机脱敏 2→"王五"。
- **仿真脱敏：** 将数据映射成唯一值，每次映射不改变，支持数据的聚合和连接操作。例如："张三"→仿真脱敏 1→"李四"，"张三"→仿真脱敏 2→"李四"。
- **置空脱敏：** 将敏感数据直接修改为 NULL 值，适用于对数据敏感要求较高的场景。

上述四大类脱敏算法又根据 20 多种内置的敏感数据类型，组合成了 90 余种常用的脱敏算法，如图 8-23 所示。丰富的算法可满足大多数用户在各类场景下的脱敏需求，减少用户编写自定义算法的需求，保证产品易用性，减少用户脱敏算法配置工作，提高业务效率。

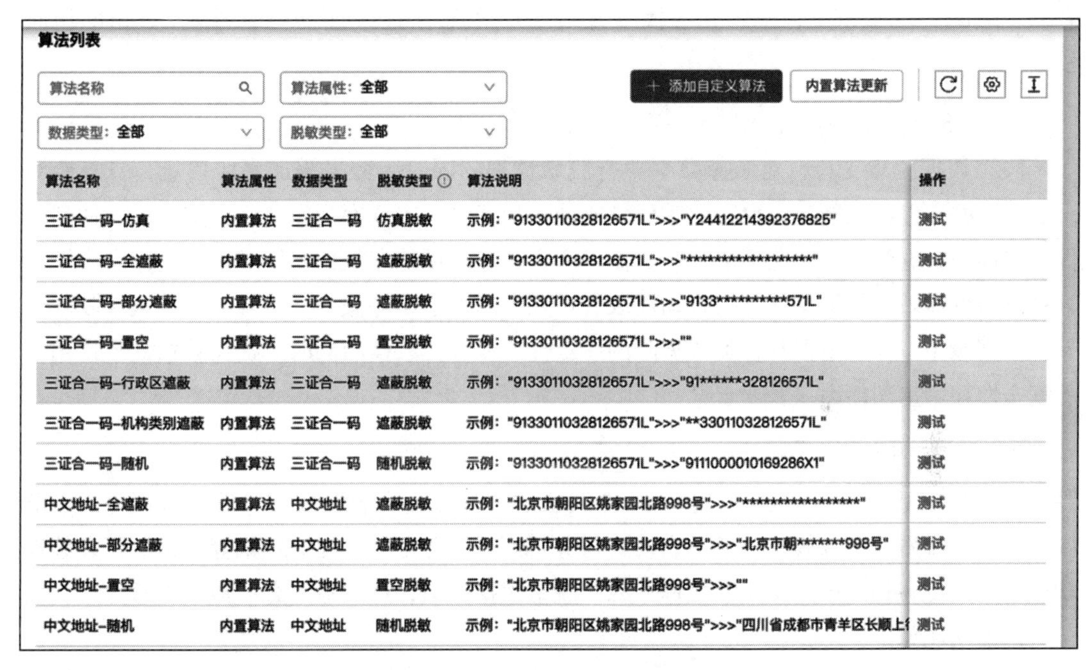
算法列表

算法名称　算法属性：全部　＋ 添加自定义算法　内置算法更新

数据类型：全部　脱敏类型：全部

算法名称	算法属性	数据类型	脱敏类型	算法说明	操作
三证合一码-仿真	内置算法	三证合一码	仿真脱敏	示例："91330110328126571L">>>"Y24412214392376825"	测试
三证合一码-全遮蔽	内置算法	三证合一码	遮蔽脱敏	示例："91330110328126571L">>>"******************"	测试
三证合一码-部分遮蔽	内置算法	三证合一码	遮蔽脱敏	示例："91330110328126571L">>>"9133**********571L"	测试
三证合一码-置空	内置算法	三证合一码	置空脱敏	示例："91330110328126571L">>>""	测试
三证合一码-行政区遮蔽	内置算法	三证合一码	遮蔽脱敏	示例："91330110328126571L">>>"91******328126571L"	测试
三证合一码-机构类别遮蔽	内置算法	三证合一码	遮蔽脱敏	示例："91330110328126571L">>>"**330110328126571L"	测试
三证合一码-随机	内置算法	三证合一码	随机脱敏	示例："91330110328126571L">>>"9111000010169286X1"	测试
中文地址-全遮蔽	内置算法	中文地址	遮蔽脱敏	示例："北京市朝阳区姚家园北路998号">>>"****************"	测试
中文地址-部分遮蔽	内置算法	中文地址	遮蔽脱敏	示例："北京市朝阳区姚家园北路998号">>>"北京市朝*******998号"	测试
中文地址-置空	内置算法	中文地址	置空脱敏	示例："北京市朝阳区姚家园北路998号">>>""	测试
中文地址-随机	内置算法	中文地址	随机脱敏	示例："北京市朝阳区姚家园北路998号">>>"四川省成都市青羊区长顺上	测试

图 8-23　部分内置脱敏算法

7. 行业模板

动态数据脱敏一般会内置行业模板，供用户直接使用。用户也可根据自身的业务需求制定模板进行复用。行业模块可以帮助客户快速实现敏感数据的定义和脱敏规则的创建，大幅降低脱敏系统的配置 / 维护成本。

8. 脱敏规则

脱敏规则决定了敏感数据的脱敏结果。创建脱敏规则的方法有以下三种：

- 通过敏感数据发现结果进行创建；

- 通过关联行业模板功能实现自动创建；
- 输入参数手动单条/批量创建。

9. 差异化脱敏

白名单：基于数据库用户角色的差异化脱敏

用户可以设定数据库用户、IP 地址、时间，在此访问范围内可跳过一条/多条指定规则或者全部规则的脱敏动作，满足需要适当降低脱敏效果或者需要得到未脱敏数据的使用场景。

拓展规则：基于应用用户角色的差异化脱敏

用户可根据需求设定数据库用户名、IP 地址、时间、匹配条件下的响应动作（如替换表名、阻断、替换 SQL、搜索并替换字符串等），限制上述条件下对敏感表/数据的访问权限。

10. 水印脱敏/溯源

静态数据脱敏支持在对敏感数据执行脱敏操作的同时为数据添加水印信息，且支持对添加水印的文件进行溯源。水印脱敏任务支持多种场景，支持库到库、库到文件、文件到文件、文件到数据库四种完全不落地的数据水印方式。使用静态数据脱敏系统，无须导入第三方系统即可对敏感数据文件进行自动读取、识别、增加水印等操作，并且能够在最大限度地保证数据原始特征、逻辑及各类数据间的一致性、业务关联性的同时，提高数据共享使用中的安全性和可追溯能力。

11. 任务管理

对于静态数据脱敏场景，可将每一个脱敏过程视作一个脱敏任务。任务管理包括任务新增、任务查看、任务修改、任务启动、任务暂停、任务定时、任务审批等丰富的任务管理功能。用户可在任务中定义脱敏数据来源、脱敏数据去向，选取最适合的数据脱敏方案。任务管理的功能如下：

- 支持基于引导式的一键任务配置，简化用户上手难度；
- 支持定时执行脱敏任务，可执行单次或周期性调度；
- 支持脱敏任务运行中状态监控，可实时查看任务进程；
- 支持历史任务记录，可恢复配置重新执行；
- 支持多种抽取方式，包括增量、行数、百分比等；
- 支持多样化的任务参数配置，提高资源利用率；
- 支持脱敏后数据的对比查看；
- 支持对系统默认参数进行配置化管理；
- 支持日志下载。

8.4.4　部署方式

由于动态脱敏和静态脱敏的工作场景不同，设备对环境的要求和影响是不一样的。

对于动态脱敏而言，因为脱敏的过程是对业务流量进行实时处理，所以逻辑上必须串行在业务流量的链路上。目前有两种部署方式，分别是反向代理（见图 8-24）和策略路由（见图 8-25）。

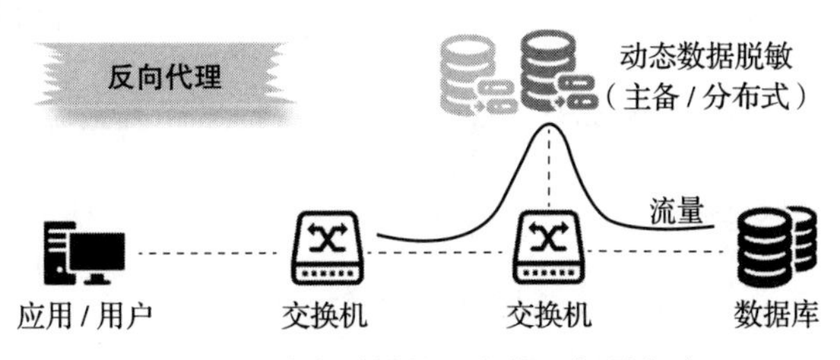

图 8-24　动态脱敏的反向代理部署方式

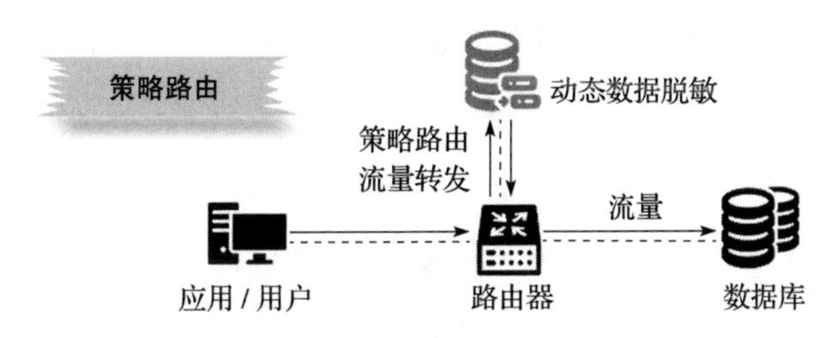

图 8-25　动态脱敏的策略路由部署方式

对于静态脱敏而言，主要是对存储状态的数据进行脱敏。与动态脱敏在线实时的特点不同，静态脱敏是一种对离线数据的处理。静态脱敏与用户的在线业务不相关，不会对业务造成任何不良影响。其部署方式简单，只需要接入用户的网络环境，并且能够访问源数据库和目标数据库即可，如图 8-26 所示。源数据库是指准备脱敏的数据所在的数据库，一般是指用户的生产环境中的数据库。目标数据库是指脱敏后的数据存放的数据库，一般是指测试库，或者其他安全级别较低的环境中的数据库。

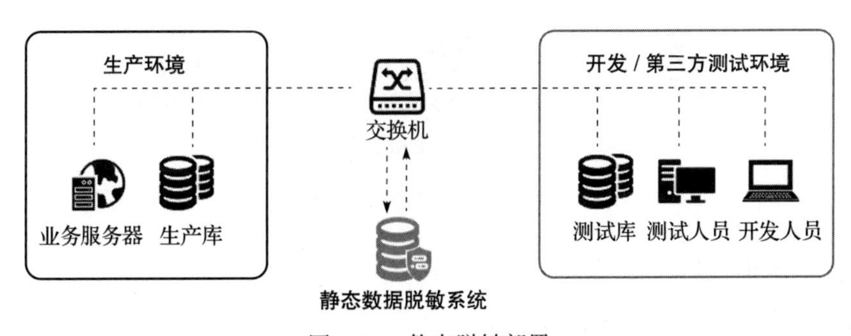

图 8-26　静态脱敏部署

8.4.5 工作原理

动态脱敏有两种实现方式，一种是 SQL 重写，也就是改写原有的 SQL 语句，如图 8-27 所示。这种实现方式把脱敏工作交给数据库系统完成，由数据库系统执行用户自定义的脱敏函数来实现，其脱敏效率高，但是需要数据库系统支持 UDF（用户自定义函数）。一般关系数据库都可以直接进行 SQL 重写。

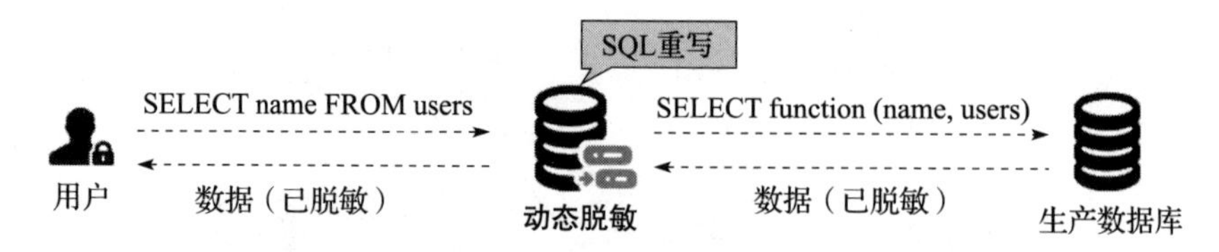

图 8-27 动态脱敏原理之 SQL 重写

动态脱敏的另一种实现方式是改写返回结果集，如图 8-28 所示。这种实现方式将脱敏工作放在了脱敏设备上。动态脱敏设备获得数据库返回的结果集后，按照脱敏规则对结果集中的数据进行脱敏变换，并将脱敏后的数据返回给用户。这种技术方案兼容性强，适用场景更广，可支持大数据平台、API 等环境。

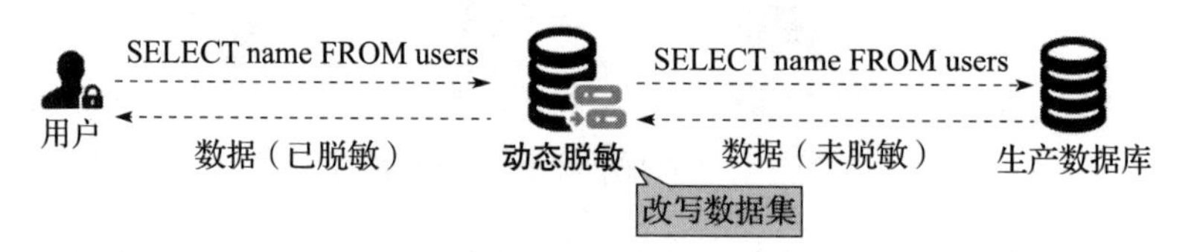

图 8-28 动态脱敏原理之改写返回结果集

静态数据脱敏系统的工作方式有些类似使用数据库的应用软件，它通过数据库访问接口（如 JDBC、ODBC 等）从源数据库中读取数据，然后按照脱敏规则对数据进行脱敏处理，完成后再将脱敏数据通过数据库访问接口写入目标数据库，如图 8-29 所示。静态脱敏直接在设备的内存中进行，敏感数据不落地。

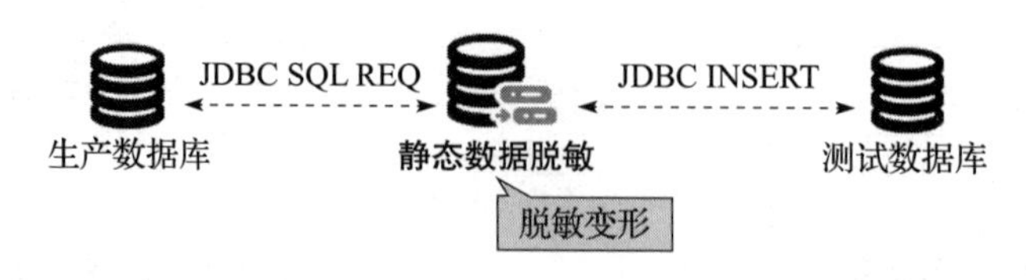

图 8-29 静态脱敏原理

8.4.6 常见问题解答

问题 1：去标识化和匿名化有何区别？

解答：《个人信息保护法》第七十三条解释了两者的含义，匿名化是指个人信息经过处理，使得无法识别特定自然人且不能复原的过程，去标识化是指个人信息经过处理，使得在不借助额外信息的情况下无法识别特定自然人的过程。从企业合规的角度来说，匿名化更为安全，因为《信息安全技术 个人信息安全规范》明确了匿名化后的信息将不再属于个人信息范畴，所面临的合规风险要小得多。

问题 2：动态脱敏是否会造成网络流量的延迟？

解答：动态脱敏这个环节发生在网络传输过程中，额外的数据处理肯定会造成一定的延迟，但是各厂家都会在这些方面做优化，尽量将延迟降至用户无感知的水平。采用专业设备测量的结果表明，动态脱敏造成的延迟可以控制在毫秒级，业内目前最低的延迟小于 5ms。

问题 3：静态脱敏和动态脱敏的应用场景分别是怎样的？

解答：静态脱敏通常用于离线方式的数据共享分发，一般数据量较大，例如从生产环境导出数据用于开发测试，或者将近期业务数据共享给其他部门、合作单位。动态脱敏则用于在线的业务，每次数据很少，但频率高。例如，快递运单上的用户信息、手机号码是做了遮蔽处理的，这就意味着每生成一张快递单，就会针对用户信息进行一次动态脱敏。

8.5 数据库运维管理系统

8.5.1 产品简介

数据库运维管理系统是一种针对数据库运维操作行为进行安全管控的产品。众所周知，数据库运维一直是数据安全事件高发的场景。由于账号管理不到位，缺乏监管，数据库运维人员能够毫无约束地对数据库进行操作，这对敏感数据形成了巨大威胁。数据库运维管理系统正是通过统一登录和多因素认证规范了账号的使用，通过权限管控和操作审批将每一个运维操作纳入监管，通过动态脱敏实现最小权限。同时，结合危险操作阻断及行为审计等功能，为用户创建了安全的数据库运维环境。

8.5.2 应用场景

1. 满足合规要求

在《信息安全技术 网络安全等级保护基本要求》（GB/T 22239—2019）中的网络和系统安全管理部分，自第二级开始就明确，应详细记录运维操作日志，包括日常巡检工作、运行维护记录、参数的设置和修改等内容。自第三级开始，更增加了“应严格控制运维工具的使用，经过审批后才可接入进行操作，操作过程中应保留不可更改的审计日志，操作结束后应删除工具中的敏感数据”。数据库运维管理系统能够完整地提供管控和审计功能，帮助用户满足合规要求。

2. 防范运维人员威胁数据安全

数据库运维人员往往拥有数据库的最高权限，其针对数据库的所有操作行为均难以管控。一旦高权限账号丢失或遭运维人员恶意操作（或误操作），将对用户数据及核心业务造成难以弥补的破坏和损失。

面对上述安全威胁，传统的做法是使用堡垒机等企业内部运维的网络访问控制设备。但以堡垒机为代表的此类传统技术手段主要以人员和资产为颗粒度构建运维访问控制和管理体系，无法对运维人员针对数据库的具体操作行为进行有效管控。

数据库运维管理系统消除了账号共用的可能，实现了“一人一账号”，且详细记录了所有对数据库的操作行为，出现问题后可以追责定位到个人，能够对运维人员形成震慑。

此外，所有对数据库的操作指令需要预先经过主管的审批，未经过审批的操作指令都会被拦截，这可以有效防止运维人员造成破坏行为。当运维人员有可能接触到数据库中的敏感数据时，数据库运维管理系统运用动态脱敏技术隐藏有效信息，保障敏感数据不外泄。

8.5.3 基本功能

1. 访问控制

数据库运维管理系统基于 SQL 协议解析技术，支持 SQL 语句级的访问控制。访问控制的条件包括主体、客体、行为三大类，能够自由组合形成丰富的规则。同时支持基于返回结果的策略，包括返回行数限制、动态脱敏等，以最大限度地保障生产数据安全。

2. 防御攻击

数据库运维管理系统内置丰富的漏洞特征库和风险识别规则，可对删库撞库、漏洞利用、恶意攻击进行智能阻断。

3. 身份认证

数据库运维管理系统提供多因子认证及堡垒机联动认证两种认证机制。其中，多因子认证包含数据库认证 +DOM 双重认证，DOM 认证支持通过口令、FreeOTP 等多重认证，配合 IP 地址、客户端、时间等其他维度实现辅助认证。堡垒机联动认证是由堡垒机直接提供身份认证信息，以满足不同场景下对于用户身份认证的需求。

4. 免密登录

数据库运维人员掌握数据库账号密码，是导致数据库账号共用、密码泄露的根本原因。数据库运维管理系统通过内置网页版的安全客户端实现数据库权限自动分配及数据库免密登录功能，在不影响运维操作的前提下，防止运维人员获知数据库访问口令，同时还可避免运维人员使用非授权的第三方客户端进行非法操作。

5. 操作审批

对于超出一般访问控制权限的运维操作，运维人员如确需执行的，数据库运维管理系统还提供了工单审批机制。运维人员可以预先将需要操作的语句、脚本、对象以及需要的权限填入工单进行申请，由系统指定的审批人员批准之后，方可在指定的时间窗口内进行操作，操作完成后权限自动收回，兼顾安全和业务。

6. 误删恢复

数据库运维管理系统在监测到数据库运维人员使用 Drop、Truncate 等命令误删敏感数据的时候，将触发保护机制，自动保存数据库运维人员删除的数据。当用户需要找回被删除的数据时，使用一键恢复功能即可恢复。这样可避免数据库运维人员利用职位之便或因工作失误造成数据丢失。

7. 数据脱敏

数据库运维管理系统内置敏感数据类型特征库及脱敏算法，用于解决数据库运维人员在日常工作中访问敏感数据带来的安全隐患。此外，通过敏感数据类型自定义以及脱敏规则配置，对内置敏感数据、算法进行补充，满足不同行业不同企业的脱敏需求。

8. 本地化防护

当数据库运维人员绕过相关安全防护设备直接连接数据库时，数据库运维管理系统通过本地化防护技术控制客户端，将数据库运维人员执行的 SQL 语句发送给自己，实现防绕过。

8.5.4　部署方式

1. 桥接部署

数据库运维管理系统桥接在运维人员与数据库之间，如图 8-30 所示。该部署方式的优势在于运维人员访问数据库的地址和端口不变。

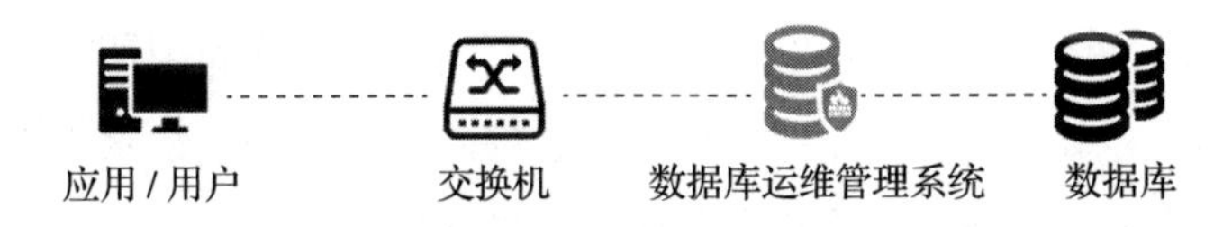

图 8-30　数据库运维管理系统桥接部署

2. 代理部署

数据库运维管理系统以代理的方式工作，接收运维工具的操作指令，在经过审核后，向数据库转发指令。运维人员需要将访问地址和端口改为数据库运维管理系统的地址和端口。该部署方式只要求数据库运维管理系统接入网络，能够联通数据库和客户端系统，如

图 8-31 所示。代理方式屏蔽了数据库的地址信息，在一定程度上也起到了防护的效果。

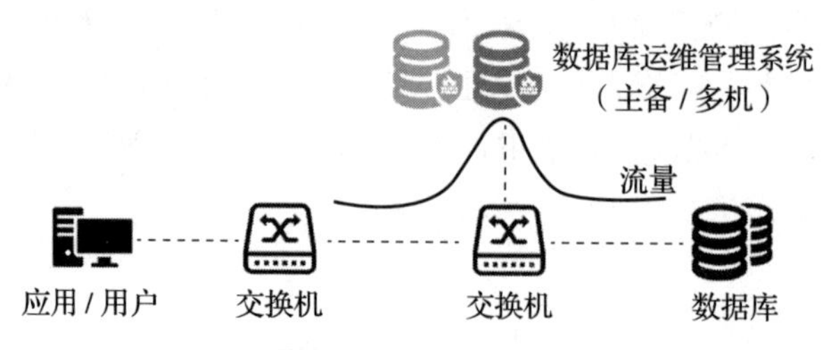

图 8-31 数据库运维管理系统代理部署

3. 路由部署

同样，路由部署也只要求数据库运维管理系统网络可达。该部署方式需要用户配置策略路由，将应用和数据库之间的流量全部先转发到数据库运维管理系统，由该系统处理并转发至下一跳，如图 8-32 所示。其优势在于，应用或用户访问数据库的地址和端口不变，此外可精细区分流量，极大提高设备性能。

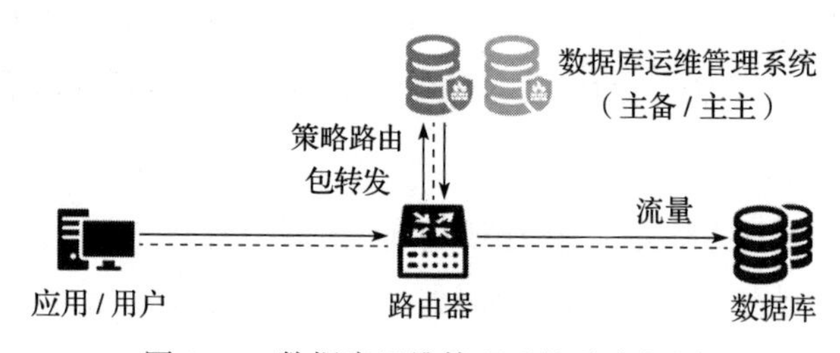

图 8-32 数据库运维管理系统路由部署

8.5.5 工作原理

数据库运维管理系统的工作原理和数据库防火墙很类似，如图 8-33 所示，这主要是因为两者的核心功能都依赖同样的底层技术。此处不对流量的抓包和解析过程进行说明，而主要介绍数据库运维管理系统不同于数据库防火墙的一些重要特性。

运维人员使用 PL/SQL Developer 等数据库管理工具对数据库进行操作，不需要使用数据库的登录账号，而是使用分配的运维账号和口令，访问的地址和端口也是数据库运维管理系统对外提供的地址和端口。数据库登录账号由数据库运维管理系统掌握和使用。这种方式缩小了数据库账号的扩散范围，能够防止数据库账号共用。

在数据库运维管理系统中，工单审批的功能加强了运维过程的监管，这涉及运维人员和运维主管两种角色。运维人员在实施运维工作之前，在数据库运维管理系统中提交运维工单，将要对数据库实施的操作语句、脚本及需要的权限一一列出。运维主管进行审批后，运维人员会在一段时间内拥有申请的权限，并且申请的操作语句也会在这段时间里保持在白名单中。

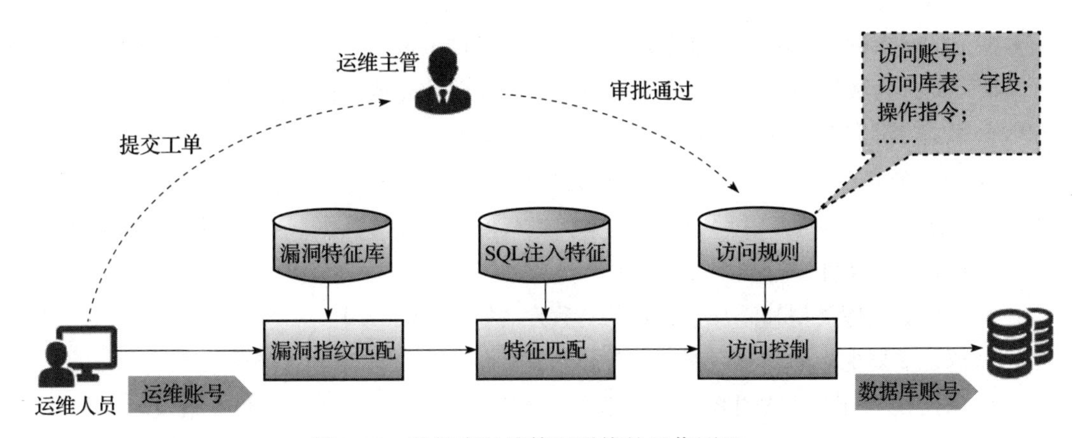

图 8-33　数据库运维管理系统的工作原理

8.5.6　常见问题解答

问题： 已经部署了堡垒机，是否还需要数据库运维管理系统？

解答： 堡垒机主要用于监控和记录运维人员对网络内的服务器、网络设备、安全设备、数据库等的操作行为。但由于不具备解析各种数据库访问协议的能力，无法细粒度监控运维人员操作数据库的指令。也就是说，堡垒机能够记录用户访问数据库这件事，但无法记录用户对数据库做了哪些操作。从数据安全的角度来看，堡垒机所缺失的这些能力需要由数据库运维管理系统来实现。当然，结合数据安全的实际需要，数据库运维管理系统还开发出内容脱敏、访问指令审批和账号托管等功能，在运维场景发挥出越来越大的作用。

8.6　数据防勒索系统

8.6.1　产品简介

数据防勒索系统是一种保护文档不被攻击或窃取的软件产品，特别是对勒索软件的攻击具有很强的针对性。它依托底层驱动技术和零信任机制，对终端上的所有进程操作进行监测，精准识别进程对文件的操作行为。同时，使用进程黑白名单限制不可信进程的活动。当非法进程对保护的文件进行读写操作时，实时进行阻断，确保只有合法进程才能执行对文件的操作，进而保护终端上的重要文件，阻止勒索病毒对文件的加密和窃取。即使终端被植入勒索病毒，勒索病毒也无法对保护的文件进行窃取和加密，真正实现对勒索病毒的主动性防御。

8.6.2　应用场景

1. 防范勒索病毒攻击

据《2021 年度数据泄露态势分析报告》统计，自 2020 年开始，以勒索攻击伴随数据泄露为特征的双重勒索攻击变得常态化。在很多勒索攻击事件中，受害者更担心敏感数据的公开，而不是加密数据的恢复。考虑到企业的业务连续性和敏感信息的保密，企业的终端文件和数据库文件都需要进行防勒索保护，避免勒索病毒造成损失。

针对终端核心文档，自动扫描识别文档类型和合法进程，只允许指定的办公软件对文档进行操作，勒索病毒入侵后也无法对文件进行修改、加密操作，从根源上解决勒索问题。

针对数据库文件进行如下操作：

- 指定数据库类型和添加信任可执行程序（如 oracle.exe）。
- 添加需要保护的现有数据库文件，新建的数据库文件会自动受到保护。
- 未授权执行程序试图修改数据库文件，将被认定为可疑勒索事件并被及时拦截。
- 只允许信任可执行程序对受保护的数据库文件执行相关操作。

8.6.3 基本功能

1. 运行分析

运行分析是对文件安全监测系统中运行的数据进行分析，通过图表的方式进行展示，便于管理人员进行分析，为后期工作计划提供依据。它主要基于非法访问的文件类型、非法应用等维度进行数据分析。

2. 设备管理

设备管理是对接入文件安全监测系统中的终端资产进行管理，包含设备信息管理和设备远程指令下发。其中，设备信息管理包含设备的基本信息、设备的硬件信息、应用信息、告警信息、白名单信息等相关信息的统计和展示。设备管理便于管理员从管理端及时、全面地了解每台终端的运行情况。

3. 基础库管理

基础库管理是对系统中需要使用的基础数据进行维护管理，包含应用库管理、白名单库管理、黑名单库管理、文件保护类型管理、文件保护组管理五个模块。

4. 应用库管理

对所有安装有文件安全监测驱动的终端进行应用进程信息采集，将系统中采集到的应用上报服务器端，进行去重展示，供应用白名单管理、应用黑名单管理、文件保护组管理调用。支持手动添加未采集的应用。

5. 应用白名单管理

应用白名单中的应用对接入系统的所有终端生效，它们可以访问所有的文件，包含对文件进行读操作或写操作。此处的数据来源为管理员向应用库或告警审计中添加的白名单。

6. 应用黑名单管理

应用黑名单管理是对已知的勒索病毒、非法软件进行统一管理，禁止在所有终端上运行。应用黑名单的数据来源有两种。产品对已经发现的勒索软件进行预置，避免被已经发现的勒索病毒再次攻击。管理员通过采集上来的应用信息和告警审计消息，将发现的应用添加进应用黑名单中，禁止其在终端再次运行，从而使勒索软件和非法软件无法运行。目前业内也会使用勒索病毒诱捕工具，将发现的疑似病毒添加进应用黑名单中。

7. 文件类型管理

文件类型管理是对系统中需要保护的文件类型的特征值进行维护。数据防勒索系统以文件类型的特征值而非文件的后缀名来确定文件类型，解决了文件名被修改或者文件没有后缀名的场景下无法对文件进行有效保护的问题。系统会预置常见的文件类型，以降低管理人员添加文件类型的工作量，提升工作效率。对于不常见的文件类型，数据防勒索系统提供文件特征值提取方法和工具，将提取的文件类型的特征值手动添加到系统中，供文件保护组调用。目前支持预置绝大部分常见的文件类型，对于不常见的文件类型需要手动添加。

8. 文件保护组管理

文件保护组管理是配置打开某类型文件的常用应用。例如，.doc 文件只能用 word.exe 或 wps.exe 打开，其他的应用进程无法对 .doc 的文件进行读写操作。系统预置常见文件类型的文件保护组，供策略配置调用。

数据防勒索系统的文件保护组支持对保护文件进行多种配置，如文件路径、文件类型、文件名称以及这三种方式的组合配置。可以根据实际应用场景进行灵活配置，方便灵活。

9. 策略管理

策略管理是指数据防勒索系统管控平台配置策略内容并下发到指定的防勒索终端，然后终端根据策略内容对文件进行保护，防止勒索病毒攻击。

10. 文件保护

基于文件保护组进行调用，对保护终端上的文件进行保护，目前常用的文件类型都能快速引用，不常用的文件类型也能快速配置，对其进行保护。这一功能的扩展快捷方便，操作简单。

11. 数据库保护

数据库是数据防勒索系统保护的重要内容，针对数据库保护，数据防勒索系统内置数据库文件保护引擎，使数据库文件免受勒索病毒的加密和删除。目前常见的数据库有 Oracle、SQL Server、MySQL、PostgreSQL、DB2 等。

12. 审计

审计功能分为系统用户操作审计和告警审计两部分。系统用户操作审计是对系统用户的操作进行记录，记录各用户登入、登出以及对系统进行过的操作，为后期问题提供信息。可以使用用户名称、操作类型、起止时间对审计日志进行筛选，而且支持日志导出。

告警审计是对终端拦截的事件进行详细记录，并上传到管控端供管理员审核。它支持将合法应用添加到应用白名单中，将非法应用或者勒索病毒加入黑名单中，禁止其运行。支持通过多种条件进行查询和导出查询结果。

13. 备份与恢复

备份与恢复功能是对防勒索系统管控平台的数据进行备份和通过备份文件还原数据，支持定时和手动备份，以避免在硬件出现故障时丢失数据。

14. 告警设置

进行系统运行情况监控设置、告警触发条件设置、告警通知对象配置，如对内存、CPU、系统用户登录失败、日志数量等情况进行监控，在出现告警时及时通知相关人员定位并解决问题，提前将隐患去除，以避免系统宕机，进而造成业务中断。

8.6.4 部署方式

数据防勒索系统采用B/S和C/S架构，在被保护的终端上部署防勒索终端，如图8-34所示。防勒索终端具有防卸载的自我保护能力，可以防止程序在运行过程中被误删或恶意破坏。所有安装的防勒索终端由数据防勒索系统管控平台进行统一管理，统一下发策略。数据防勒索系统管控平台支持集群和主备方式进行部署。

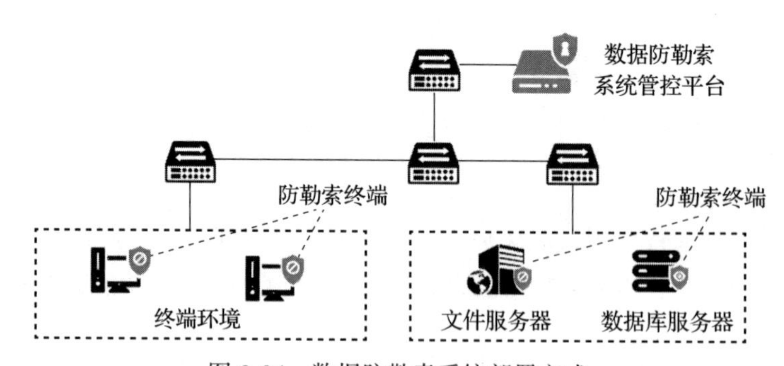

图8-34 数据防勒索系统部署方式

8.6.5 工作原理

在了解数据防勒索系统的工作原理之前，有必要先了解当下勒索病毒的“业务”过程。病毒在入侵主机后，并不会破坏操作系统，而是遍历主机上的核心数据文档（如Word、

Excel、PPT、PDF 文件以及设计图纸等)，继而进行加密操作，并删除原有文档。同时，具有双重勒索属性的病毒还会将文档窃取，作为后续勒索的筹码。由于文档加密的密钥掌握在攻击者手中，加密的数据文档难以自行恢复。因此，攻击者就会以恢复数据为筹码或者以公开数据为要挟来勒索钱财。

数据防勒索系统分为管控平台和客户端两个部分。管控平台是整个系统的“大脑”，管理和维护进程的黑白名单及其他防护策略，并对各客户端监测的信息进行统计分析。客户端部署在终端计算机或服务器上，接收管控平台下发的防护策略。客户端内的文件安全监测驱动作为文件安全监测系统的策略执行者，根据下发的策略对终端上的文件进行保护，阻止不可信进程对文件的读写操作，是文件安全监测系统拦截勒索病毒攻击的关键所在，如图 8-35 所示。同时，客户端监测终端上的文件操作行为，对非法访问的信息进行记录并上传管控平台进行记录分析，便于管理人员进行告警审计和后期定位排查。

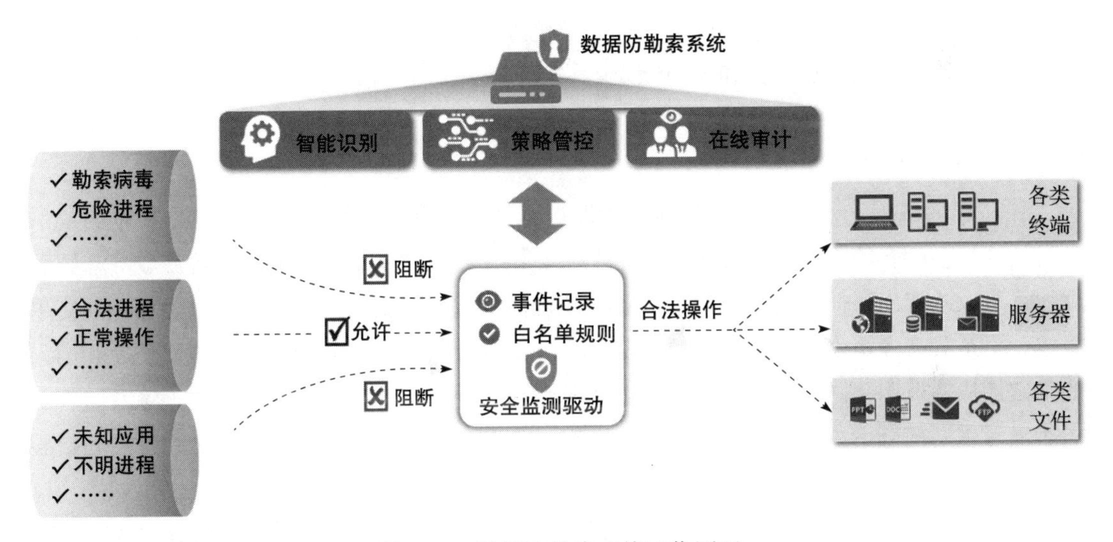

图 8-35 数据防勒索系统工作原理

8.6.6 常见问题解答

问题 1：应用白名单是根据哪些因素确定的?

解答：业内通常根据 5 项主要信息确定应用是否属于白名单，分别是应用的数字签名、文件 Hash 值、文件名称、文件路径和文件大小。应用白名单的维护需要一定的工作量，但是白名单机制可以有效防止勒索软件、0day 和其他类型恶意软件的攻击，所以这样的投入是值得的。

问题 2：已安装了杀毒软件，是否还有必要部署这类防勒索产品?

解答：杀毒软件更多是依靠特征库来检测病毒，而勒索病毒由于其超强的变现能力，通常都利用了系统软件的0day漏洞。这些利用0day漏洞的恶意代码一般要过半年左右才会被安全厂商捕捉并提取特征。因此，杀毒软件的防护能力面对勒索病毒是严重滞后的。数据防勒索系统通过进程行为和进程白名单两种机制，只允许可信进程访问文件，能够更有效地发现和防范勒索病毒的攻击。

8.7 数据备份与恢复系统

8.7.1 产品简介

数据备份与恢复系统是一种数据备份管理产品，主要为客户的企业级IT架构提供稳定、高效的备份容灾解决方案。它可为客户的数据提供全面、稳定的灾备解决方案，从坚实、稳定的定时备份，到成本适中的实时备份/持续数据保护，再到基于数据库复制的应用级容灾，全面保障各层次业务的数据安全，避免因人为误操作、硬件损毁、勒索病毒侵袭或其他意外原因造成的数据丢失和业务瘫痪。

8.7.2 应用场景

伴随着大数据、云计算、物联网的大发展，社会数字化、智能化的程度越来越高，信息科技与社会融合的模式与形态正在发生重大变化，数据驱动正在成为新型智慧政务、智慧商业等建设的突出特征。而数据的重要意义和价值也被重新认识，数据不再只是信息的简单载体，更是具有经济价值的重要资源和资产，并已成为当下社会转型、变革的驱动力和国家的基础性战略资源。国家法律及各行业规范对数据保存和备份有明确的要求。国家及监管部门对加强重要信息系统安全保障工作非常重视，先后出台了多项有关信息安全的意见和指导建议。

信息系统不可避免地会出现软硬件故障、黑客入侵、人为误操作带来的数据逻辑错误等，进而导致系统处理能力下降甚至不可用，关键业务发生数据丢失或损坏。如何保护好数据资产，保障数据的完整性、可用性、安全性，将是数据安全所面临的新挑战。

针对这些挑战，数据备份与恢复系统满足客户的本地集中备份、异地灾备、多分支机构共享灾备、云备份、数据库容灾、预防勒索病毒、等保测评等应用场景。

8.7.3 基本功能

1. 定时备份

数据备份与恢复系统按照用户设置的备份策略定期自动实现数据备份，如图8-36所示。支持文件、数据库、虚拟化、卷、操作系统、Docker容器等备份。

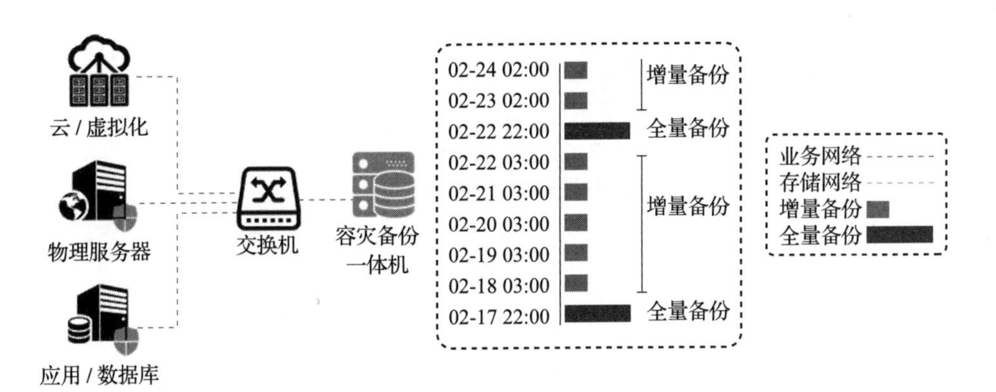

图 8-36　定时备份示意

2. 介质管理

介质管理分为物理介质管理和逻辑介质管理两类。

（1）物理介质管理

常用的物理介质有磁盘、磁带库、磁带机、云存储（对象存储），物理介质管理如图 8-37 所示。

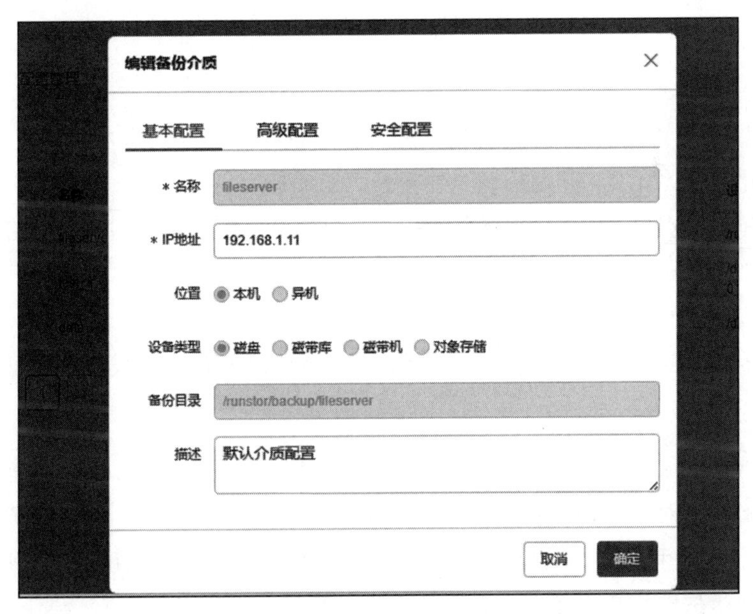

图 8-37　物理介质管理示意

（2）逻辑介质管理

逻辑介质管理是将物理介质划分为供不同任务使用的介质池，然后对介质池进行管理。可以管理每一个介质池的回收周期，如图 8-38 所示。

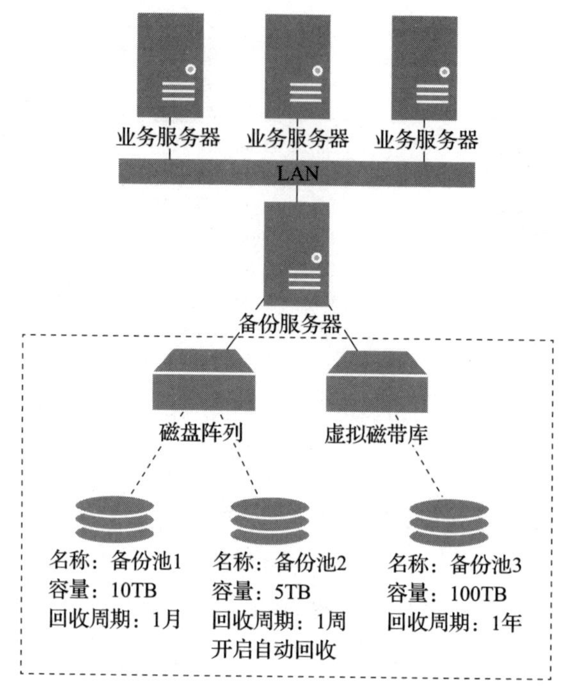

图 8-38 介质池管理示意

3. 调度管理

调度管理是为了实现任务的自动化调度。客户可根据实际需求灵活地设置备份启动与执行周期，如图 8-39 所示。调度管理主要包括以下功能：

- 在单一任务配置中可同时设定全备份、差异备份、增量备份的时间策略；
- 启动 / 终止任务的执行；
- 定义任务执行的时间周期；
- 可以按年、月、周、天、小时来灵活定义任务的时间策略，最小粒度可到分钟级。

4. 任务管理

任务管理除了对任务进行增加、修改、删除等常规配置操作之外，还提供以下特色功能。

1）**模拟备份**。对于文件备份任务，在不需要真正执行备份任务的情况下，即可统计出需要备份的文件数量和大小，有助于合理地评估和制定备份策略，如图 8-40 所示。

2）**任务执行失败后重启策略**。在系统日常运行中，有很多种因素会导致备份任务执行失败，如网络中断、系统变更、临时停机等。

任务管理功能支持设置任务重启策略来解决系统临时性故障的问题，如图 8-41 所示。备份任务执行失败后，可设置任务重启次数与重启间隔时间，在下一次任务执行成功后即不再执行，以应对复杂的备份系统环境。

图 8-39　备份任务调度管理

图 8-40　模拟备份信息提示

图 8-41　任务重启策略设置

3）**任务限速**。在默认情况下，数据备份与恢复系统会最大化地利用备份网络的传输性能，有可能在业务高峰期给生产网络带来性能影响。为解决这一问题，数据备份与恢复系统支持设定每个任务的备份速度限制。

5. 安全管理

安全管理不但提供加密传输机制来保证备份组件的信令交互安全，也提供多种技术手段来保障数据在读取、传输、保存环节的安全。

1）传输加密。支持在传输过程中启用 TLS 安全传输协议，提供保密性和数据完整性，保证备份数据在传输过程中不会被窃取，如图 8-42 所示。相应证书及密钥均可自行管理。

图 8-42 传输安全配置

2）数据加密。支持 AES-128、AES-256 等多种加密算法，在客户端即可将备份数据加密并保存在介质服务器上。

3）数据完整性。采用 MD5、SHA1 等签名算法将备份的文件与生产系统文件进行比对校验，以确保备份数据的完整性。同时，对于应用数据，则通过集成应用厂商的原生 API 来保障备份数据的完整性、一致性及可用性。

4）三员管理。“三员”即系统管理员、安全管理员、审计管理员，如图 8-43 所示。三员管理组件将超级管理员权限拆分，分派给系统管理员、安全管理员、审计管理员。三员相互独立，相互制约，配合制度建设，可以有效加强涉密信息系统保密管理，降低泄密风险。

6. 监控告警

提供短信和邮件两种监控告警方式，一旦备份任务发生问题，可及时告知相关管理人员。

图 8-43　三员管理

7. 统计报表

提供丰富的报表展示，包括图形化仪表盘的展示以及针对客户端、任务、分组的分类统计，并且支持将报表导出，便于整理和上报。

1）仪表盘展示。图形化的仪表盘备份系统状态展示，可统计备份服务器运行时间、客户端状态、备份任务状态等，仪表盘的展示可选择具体的时间范围，如 7 天内、30 天内、365 天内等，如图 8-44 所示。

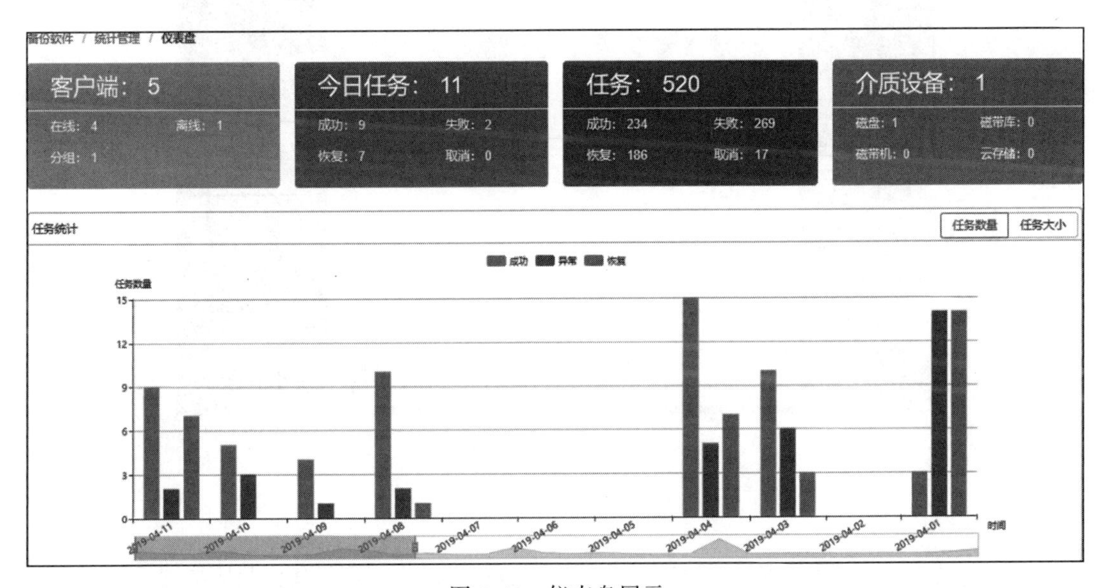

图 8-44　仪表盘展示

2）分类统计。提供了查询排序、综合统计功能，可清晰对比查看各分类中所备份的文件数量和大小，并提供报表导出功能，如图 8-45 所示。

备份软件 / 统计管理 / 查询排序

日期选择：选择日期范围 级别：全备 增量 差异 恢复 导出文件

任务ID	任务名称	级别	开始时间	任务时长	文件数量	文件大小	任务速度
854	Restore	恢复	2019-04-11 13:00:04	00:03:02	1	13304.81MB	73.10MB/s
852	Restore	恢复	2019-04-11 12:45:20	00:03:01	1	13304.81MB	73.51MB/s
851	Restore	恢复	2019-04-11 12:41:55	00:03:01	1	13304.81MB	73.51MB/s
850	Restore	恢复	2019-04-11 12:38:18	00:03:02	1	13304.81MB	73.10MB/s
849	Restore	恢复	2019-04-11 12:19:34	00:02:59	1	13304.81MB	74.33MB/s
844	vmware_test	全备	2019-04-11 11:02:33	00:05:21	2	13304.81MB	41.45MB/s
843	vmware_test	增量	2019-04-11 10:19:35	00:00:32	2	2.63MB	0.08MB/s
842	vmware_test	差异	2019-04-11 10:18:51	00:00:32	2	2.63MB	0.08MB/s
841	vmware_test	全备	2019-04-11 10:10:38	00:05:37	2	13304.81MB	39.48MB/s
840	file	全备	2019-04-10 22:00:12	00:00:00	143	9.26MB	0MB/s

共 234 条 < 1 2 3 ··· 24 > 跳至 1 页

图 8-45 分类统计

8. 自动演练

提供备份任务自动演练功能，可对指定备份任务进行自动定时演练，确保备份数据的可靠性，如图 8-46 所示。

图 8-46 自动演练策略

8.7.4 部署方式

数据备份与恢复系统的服务端安装在独立的 Linux 系统上。通常建议将服务端安装到独立的物理服务器上，通过将备份系统与业务系统分隔开，避免备份系统和业务系统同时遭到破坏而导致数据丢失。数据备份与恢复系统的客户端安装在需要进行数据备份的业务服务器上。

图 8-47 ～图 8-51 所示为几种常见的部署方式。

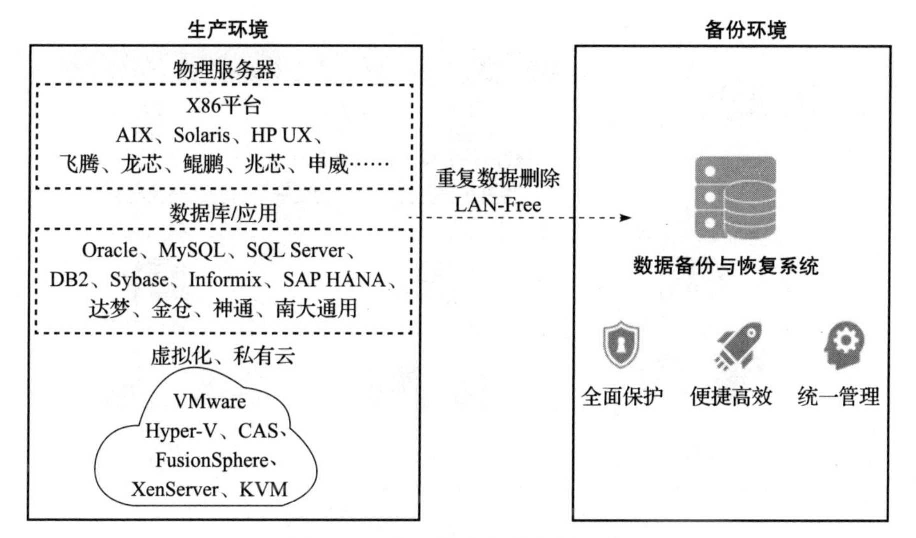

图 8-47　本地集中备份部署示意

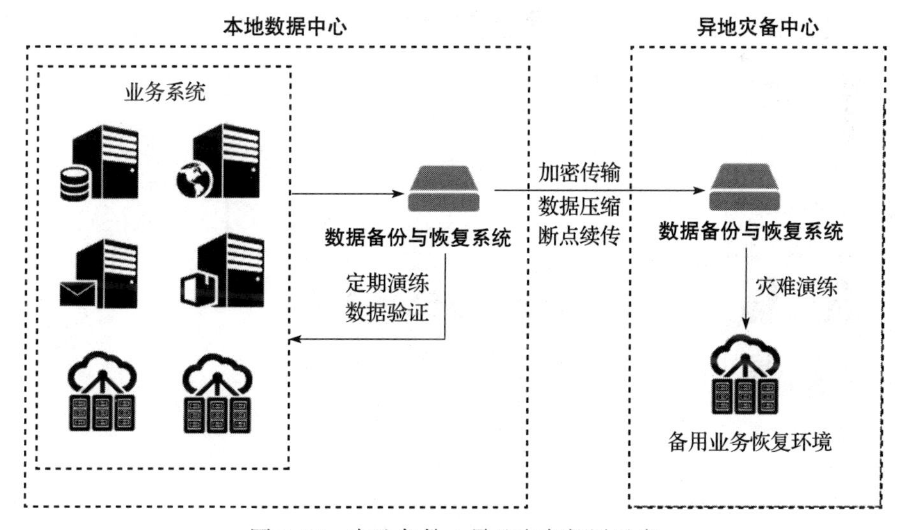

图 8-48　本地备份 + 异地灾备部署示意

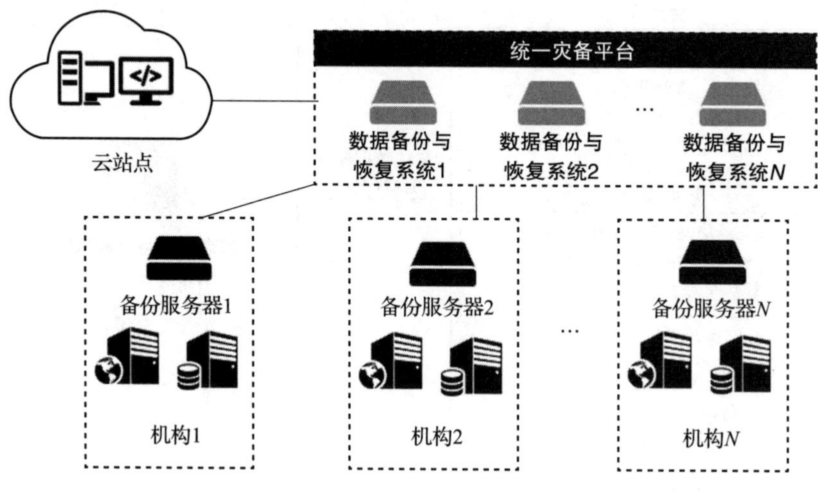

图 8-49 多分支统一灾备部署示意

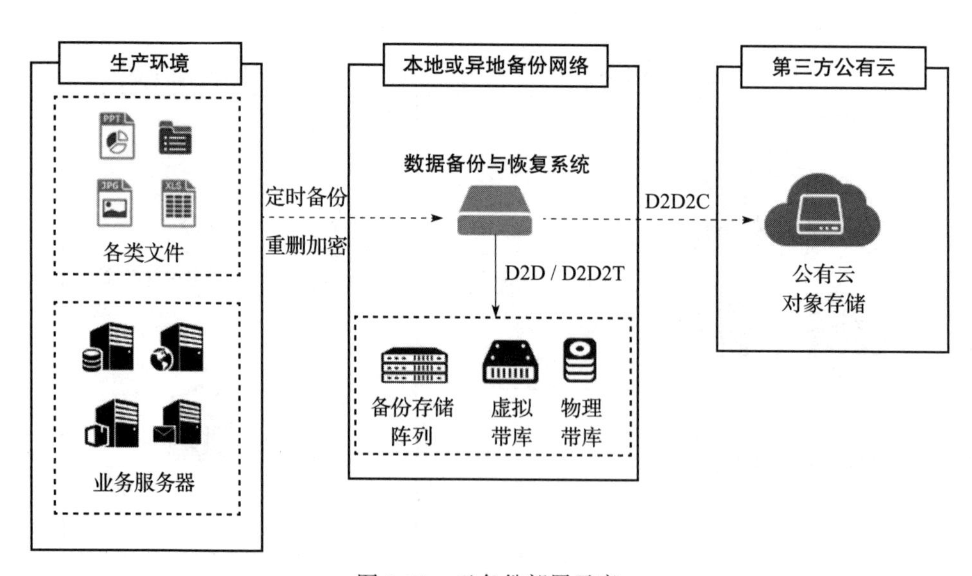

图 8-50 云备份部署示意

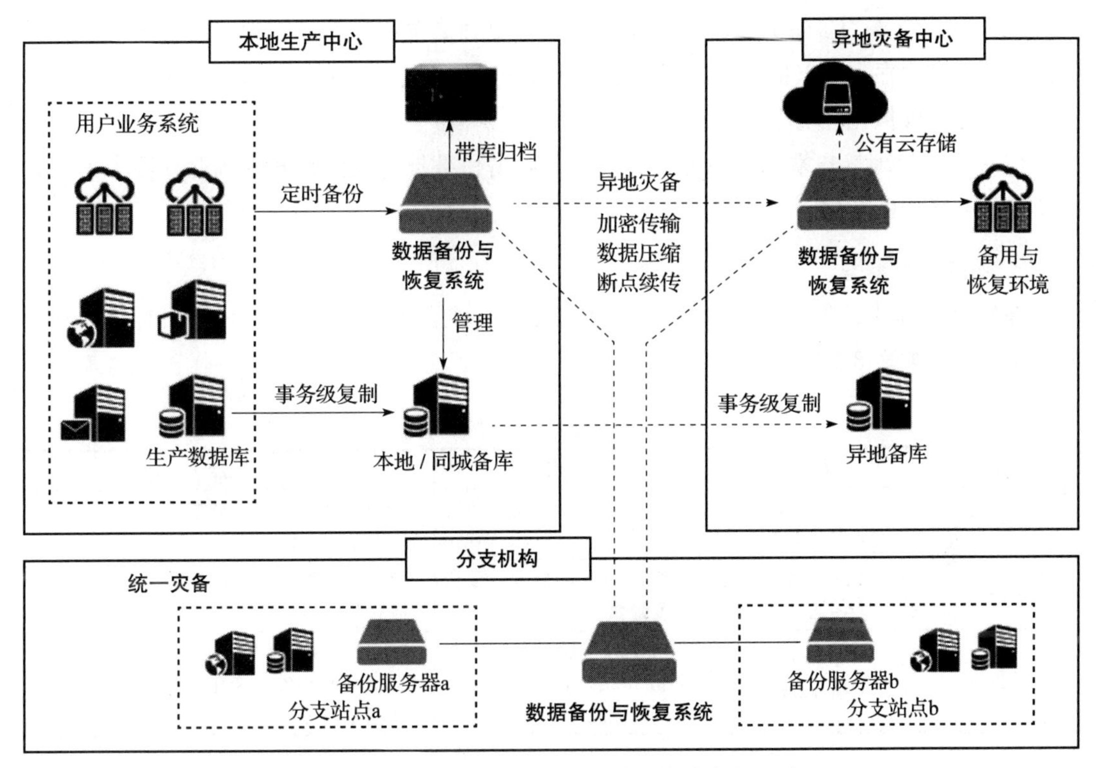

图 8-51 多分支及两地三中心统一灾备部署示意

8.7.5 工作原理

数据备份与恢复系统的基本工作原理并不复杂，但是为了支持各种复杂的场景，该系统衍生出了多种工作方式。

1. 有代理客户端的数据备份

这种方式在需要备份数据的业务服务器上安装数据备份与恢复系统客户端，通过代理程序来监控需要备份的数据，按照既定的备份策略将相应的待备份数据复制到指定的存储设备中。

有代理客户端的优点是备份数据更加准确和完整，代理程序可以实时监控需要备份的数据，并且可以只备份数据的变化部分。

但是这种方式需要在业务服务器上安装代理程序，这会增加一定的管理和兼容性负担，特别是在虚拟机环境中。

2. 无代理客户端的数据备份

这种方式不在需要备份数据的业务服务器上安装代理程序，而直接将整个服务器或虚拟机镜像备份到指定的存储设备中。

无代理客户端的备份方案的优点是备份数据更加简单和高效，因为不需要在每个服务器上安装代理程序，可以批量备份多个服务器或虚拟机。此外，它还可以降低成本和管理负担，特别是在虚拟化环境中。

但是，无代理客户端的备份方案可能会影响备份数据的完整性和准确性，因为无法实时监控需要备份的数据。

3. 多种备份类型

在实际工作中，通常会用到3种备份类型，分别是全量备份、增量备份和差异备份，其优缺点对比如表8-1所示。

表8-1 备份类型优缺点对比

备份类型	原理	优点	缺点
全量备份	对备份源中所有数据进行备份	完全恢复系统需要的时间最短	费时，如果文件不频繁进行更改，备份内容几乎完全相同
增量备份	对上次备份后改变的数据进行备份	存储的数据最少，备份速度最快	完全恢复系统需要时间比全量备份和差异备份长
差异备份	对自上次全量备份后改变的所有数据进行备份	恢复时仅需要最新全量备份和相应的差异备份，备份速度比全量备份快	完全恢复系统需要的时间比全量备份长，如果大量数据发生变化，备份所需的时间长于增量备份

4. 数据恢复

当数据发生意外丢失、损坏或需要恢复至特定时间点时，数据备份与恢复系统将使用存储的备份数据来还原丢失或损坏的文件。恢复方式有多种，可将备份数据复制回原始位置，或者创建新的副本以供用户使用。同时数据备份与恢复系统还需要进行验证和测试，定期验证备份数据的完整性和可恢复性，防止数据恢复后业务系统不可用。

8.7.6 常见问题解答

问题1：为了备份或恢复虚拟化和云计算的VM，数据备份与恢复系统是否需要安装客户端程序？

解答：可以不安装，采用无代理客户端的数据备份。

无代理客户端的数据备份一般应用于虚拟化、云计算架构下VM的备份与恢复。比如通过调用虚拟化厂商提供的接口，如VMware VADP、Hyper-V VSS、KVM libvirt及Xen API等，实现虚拟机GuestOS免安装备份代理的备份。

在云环境下备份，租户众多，环境复杂（设备异构、系统繁多、应用复杂），传统备份客户端部署、维护和升级等无疑会增加备份管理的成本，所以无代理客户端的数据备份能很好地解决这些问题，不存在代理与主机兼容性问题，极大提高备份与恢复效率。

问题 2：数据备份与恢复系统是否支持增量备份或差异备份？

解答：支持。差异备份每次都复制上一次完全备份后的所有更改的数据，而增量备份只复制自上一次备份（不区分备份类型）以来的增量更改数据。因此，差异备份的备份过程相对较慢，但恢复过程相对较快，而增量备份的备份过程相对较快，但恢复过程需要使用多个备份点进行逐个恢复，相对较慢。

问题 3：数据备份与恢复系统是否支持备份指定的文件或文件夹？

解答：支持。通过指定关键文件或文件夹来减小备份数据的规模，可以加快备份速度，缩短备份时间，同时降低对系统计算资源、存储资源和网络资源的占用。

Chapter 9 第 9 章

大数据安全产品

大数据安全产品与基础数据安全产品之间并没有严格的区分，大数据安全产品依然会用到审计、加密、脱敏和访问控制等技术，只是需要与大数据环境进行匹配。这包括与大数据组件进行对接，满足分布式运行的需要，以及与大数据分析业务相结合，以确保数据在分析过程中的安全。其中第三点是将隐私计算平台划入大数据安全产品的原因。在实际项目中，有些产品能够同时支持大数据环境和传统数据库，这样的产品就不合适参照本书进行产品划分，但这并不妨碍读者通过本书对产品各自的侧重点进行了解。

9.1 大数据安全网关

9.1.1 产品简介

大数据安全网关是一种提供综合数据安全服务能力的平台级数据安全产品。大数据安全网关面向大数据技术和分布式架构，融合数据资产管理系统，通过对大数据平台的数据进行资产梳理、分类分级、数据打标，提取通用的数据安全防护策略，对大数据平台实施数据访问控制、数据加密、数据脱敏、日志审计等技术手段，帮助大数据运营者摸清数据家底、统一用户认证、简化授权流程、精细化数据访问粒度、建立完整数据隐私保护机制、实现数据访问行为审计，提供全面的数据安全事件分析报告，构建大数据平台数据全生命周期安全防护体系。

9.1.2 应用场景

大数据技术应用广泛，在政府、金融、电信运营商、公安、能源、税务、工商、社保、交通、卫生、教育、电子商务等行业，都有大数据业务的落地。大数据业务场景复杂，涉及处理大量敏感数据。组织建设大数据平台，会覆盖数据采集、传输、存储、使用、交换、销毁等数据生命周期各个环节，数据往往会在大数据平台内部组件间、数据交换共享平台、数据服务 / 应用等多个节点上流转，对数据的追踪溯源、访问控制变得非常复杂和困难。大规模的分布式存储和计算架构也增加了安全防护工作的难度，对安全运维人员的技术要求较高。

大数据安全网关将分散的大数据安全组件进行统一管理。用户只需配置一次数据资产，即可将其同步到各个大数据安全组件上，从而大大减少资产管理的工作量，也避免在各个安全组件分别配置可能产生的数据冲突。同时，大数据安全网关在各安全组件之间共享数据资产的分类分级结果，方便用户在各个安全组件的策略管理上配置敏感数据内容，设置统一的安全策略。

大数据安全网关通过弹性扩展的架构来满足大流量场景，支撑大数据平台处理大流量业务，最大限度地保障业务的连续性和系统的稳定性。因此，大数据安全网关非常适合大数据平台的整体数据安全防护方。

9.1.3　基本功能

1. 资产管理

大数据安全网关管理系统将每个安全服务组件都需要配置的数据资产统一管理起来，针对数据资产，用户可方便地开启访问控制、脱敏、加密、审计等数据安全服务能力。用户只要一次配置，系统将自动同步到各个安全服务组件，避免重复工作及配置冲突。

2. 数据发现

针对数据审计、访问控制、脱敏（动态脱敏、静态脱敏）及数据资产梳理都有敏感数据发现的需求，大数据安全网关管理系统将敏感数据发现规则、标签库管理及敏感数据识别任务进行统一配置管理，便于用户整体洞察敏感数据的分布及使用状况。

3. 数据分类分级

数据分类分级是数据确权和访问控制的基础与依据，大数据安全网关管理系统支持自定义数据分类分级标签功能，用户可根据行业标准或者自身业务场景、数据价值、数据影响、数据用途、数据来源等确定数据分类分级标准，进而形成专属标签库。

大数据安全网关管理系统也可结合大数据资产管理平台，引入 AI 技术，提升数据分类分级的准确性。

4. 策略管理

大数据安全网关管理系统可对数据访问控制、脱敏、加密、审计等安全组件进行规则和策略设置，其中策略相关的资产配置由系统的资产管理模块提供，策略所保护的数据对象来自数据分类分级的结果，用户只需对数据访问的异常行为和高危操作进行规则设置。大数据安全网关管理系统对策略的集中管理并没有增加操作的复杂性，反而做到策略的通用性和兼容性，以及操作上的便捷性。

安全策略一旦制定，系统会自动同步到网关的各个安全节点，保障策略配置和应答的一致性。

5. 访问控制

大数据访问控制是部署在大数据安全网关节点上的安全组件。

大数据访问控制基于数据、用户、行为权限矩阵，采用主动防御机制，实现大数据的访问行为控制、危险操作阻断、可疑行为审计。通过大数据通信协议分析，根据预定义的禁止和许可策略让合法的操作行为通行，而对非法违规操作进行拦截阻断，形成大数据平台的外围防御圈，实现大数据危险操作的主动预防、实时审计。

6. 数据脱敏

大数据动态数据脱敏是部署在大数据安全网关节点上的安全组件，而大数据静态数据脱敏是部署在大数据安全网关管理系统上的安全组件。

大数据动态数据脱敏用于实时、高效地对敏感数据去标识化。动态数据脱敏利用灵活的数据脱敏规则和成熟的脱敏技术，基于用户敏感数据的访问权限，对未授权或低权限用户的实时访问请求执行拦截、数据加密，或者对敏感数据进行屏蔽、遮蔽、变形等去标识化处理，从而有效防止敏感数据的泄露。

大数据静态数据脱敏主要用于将数据抽离生产环境并进行分发和共享的数据使用场景，如开发、测试、第三方分析等场景，向用户提供保真性、关联性、可逆性、可重复性、时效性、安全性等多个不同维度的敏感数据脱敏能力，帮助用户满足合规性要求，解决敏感数据泄露等问题。

7. 数据加密

大数据加密组件基于透明加密技术，在大数据与应用、客户端之间部署安全代理服务，可实现数据加解密及数据访问权限管控等安全策略。大数据加密组件无须在大数据服务端或客户端上安装插件，是一种非侵入式的数据加密安全模式。大数据加密支持国密算法，通过大数据安全网关保证安全服务的高可用性和扩展性，保障业务的连续性和安全性。大数据加密组件可以满足用户数据防护的合规性要求，也可以从根源上规避数据泄露的风险。

8. 数据审计

大数据审计记录所有的数据访问行为以及大数据安全组件所产生的安全事件日志，基于规则和AI智能分析，准确识别出数据访问的异常行为、高危操作、黑客攻击等并实时告警，帮助用户做安全事件研判及事后的追责溯源。大数据审计的日志是数据风险态势感知的重要来源。

大数据审计已经集成到大数据安全网关中，用户可根据实际场景将审计部署在网关 VIP 或安全节点上。审计无须从交换机上旁路镜像引流，也不需要在大数据服务器或者应用端上安装插件，减少了安装部署的流程。

大数据审计从安全节点上获取已经解析过的数据流量，直接执行安全策略匹配及风险分析，避免各数据安全组件各自为战，重复执行耗时长的环节，从而提升安全服务响应效率。

9. 风险分析

风险分析能对流量中的在线会话进行实时监控，帮助客户更好地了解 Web 应用并发会话、流量请求数、告警数等多种应用访问的状态及风险态势。

大数据安全网关管理系统具备一定的日志展示和风险分析能力。该系统对收集到的大数据操作日志和安全事件日志进行汇聚、清理、归一，针对大数据中敏感数据异常访问、数据合规、数据泄露等高危行为或违规场景进行专题分析，极大地提高数据安全动态风险的分析预警能力。

10. 节点监控

节点监控用于提升大数据安全网关管理系统的运维能力。大数据安全网关管理系统可对网关、网关下各安全节点、每个节点下各个数据安全服务组件的运行环境、运行状态进行监测和管理，对异常情况进行告警等。节点监控对核心系统的正常运行起到支撑的作用。

9.1.4　部署方式

大数据安全网关的部署比较复杂。由于安全组件较多，部署的方式也因场景而异。大数据安全网关通常串联部署在大数据平台与访问大数据平台的系统或工具之间，管控所有访问大数据平台的行为，如图 9-1 所示。审计组件支持旁路部署，也支持在大数据组件上部署探针采集日志，审计插件与大数据安全网关的审计节点通信，将采集到的数据交换日志归集到审计节点上。访问控制和加密也有多种部署方式，可以在数据访问链路上进行管控，也会以插件的方式在大数据组件上实现。

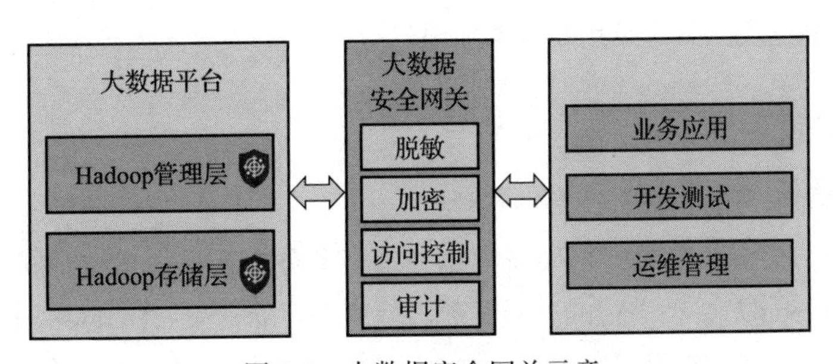

图 9-1　大数据安全网关示意

9.1.5 工作原理

大数据安全网关是集数据审计、访问控制、数据脱敏及数据加密于一体的数据安全防护系统，同时，可以根据配置组合不同功能的系统，以满足不同业务场景的需求。

图 9-2 所示为典型的大数据安全网关架构。数据交换、数据分析等数据访问客户端接入统一的网关 VIP，VIP 将流量转发到各数据安全节点。节点是大数据安全网关的核心功能组件，包含访问控制、数据脱敏、数据加密等功能，依据用户、数据权限对每次数据访问请求启用不同的数据安全服务。数据审计则对数据的访问行为、数据安全组件产生的安全事件进行全程记录和审计。

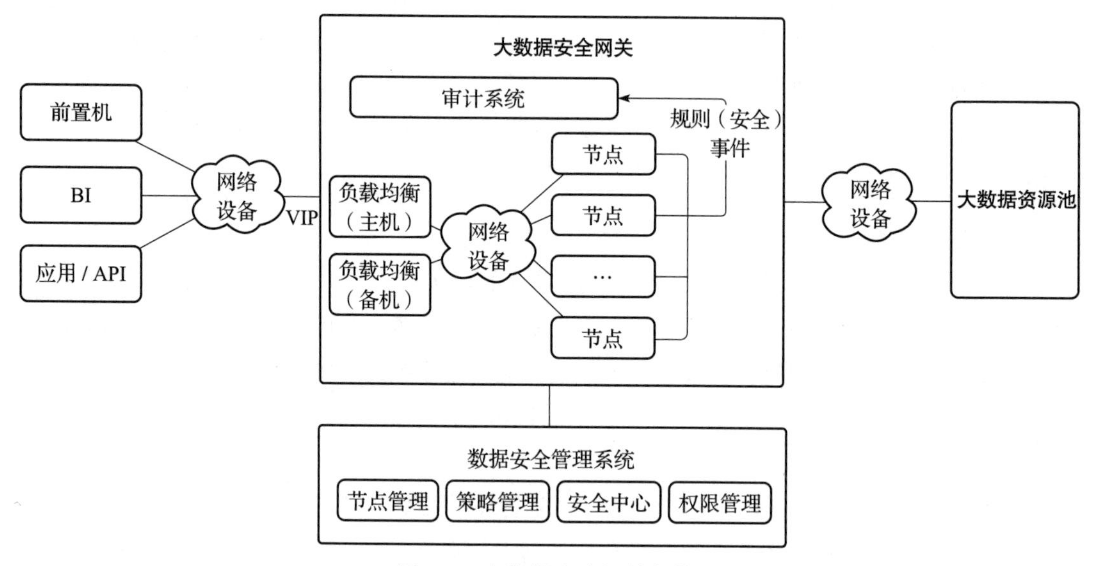

图 9-2 大数据安全网关架构

网关 VIP 采用负载均衡部署，支持流量分流、转发及 TLS 传输解析。网关节点支持弹性扩展，满足大流量及复杂网络场景的要求。

大数据安全网关管理系统是网关的管理端，可对网关节点、数据安全服务组件运行状态进行监控，对数据安全策略及用户数据权限进行统一管理。

9.1.6 常见问题解答

问题：大数据平台的安全有哪些特殊性？

解答：第一，大多数大数据框架将数据处理任务分布在许多系统中，以便更快地进行分析。例如，Hadoop 是一种流行的分布式数据处理和存储框架。Hadoop 最初设计时没有考虑任何安全性，攻击者甚至可以篡改 MapReduce Mapper 使其显示不正确的键值对列表，从而使 MapReduce 进程变得毫无价值。分布式处理可能会减少系统的工作负载，但更多的系统意味着更多的安全问题。

第二，大数据技术采用了多种类型的 NoSQL 数据库，这种数据库更看重性能和灵活性，而非安全性。因此，采用 NoSQL 数据库的组织必须部署额外的安全措施来保护环境中的数据。

第三，成熟的安全工具能够有效保护数据的进入和存储。但是，当数据从多个分析工具输出到多个位置时，成熟的安全工具可能无法起到理想的效果。

9.2　密钥管理系统

9.2.1　产品简介

密钥管理系统（KMS）用于管理加密密钥的整个生命周期并防止其丢失或滥用。KMS 解决方案和其他密钥管理技术最终控制加密密钥的生成、使用、存储、归档和删除，保护密钥的机密性、完整性和可用性，为用户提供安全合规的密钥服务。

9.2.2　应用场景

KMS 的出现，主要是为了解决密钥管理效率低下、密钥安全性低的问题。因此，凡是用到加密技术的场景，都需要密钥管理。在《数据安全能力成熟度模型》中的数据生命周期通用安全基本实践中，密码支持部分就要求，建立组织机构统一的密钥管理平台，通过该平台执行对密钥的全生命周期的安全管理。

大数据平台安全防护是 KMS 应用的典型场景之一。KMS 能够轻松管理海量分布式数据集和数据存储的加密密钥，比人工管理密钥更有效率。KMS 自动执行密钥生成、轮换和撤销等任务，减少了运营开销。

在云计算环境中，数据的安全性和隐私性是用户关心的重点。KMS 可以为云平台提供集中的密钥管理服务，提高了安全性和监督能力，确保云中的数据得到充分保护。

9.2.3　基本功能

了解 KMS 的不同组件至关重要，这可以帮助用户在评估可实施的 KMS 技术时明确要面对的关键问题。

1. 密钥生命周期管理

密钥生命周期管理为组织提供密钥的全生命周期管理，包括密钥的生成、存储、使用、导入 / 导出、更新、备份 / 恢复、归档和销毁等。

2. 算法管理

算法管理支持对服务的算法进行管理和控制。为了兼顾安全使用和历史业务兼容的场景，可以控制对外服务的算法能力，为不同业务系统分配不同的算法策略，对严格的应用可只提供国密算法，对国际业务提供国际算法等，达到统一管理、按需使用的目的。

3. 策略管理

虽然加密密钥的主要作用是保护数据，但它们还可以提供强大的功能来控制加密信息。策略管理允许个人添加和调整这些功能。例如，通过设置加密密钥策略，公司可以撤销、阻止加密密钥的共享或使其过期，从而阻止加密数据的共享。

4. 应用管理

应用管理支持对应用系统的管理，KMS 可以为应用系统提供密钥申请能力，只有授权应用才能获取密钥。

5. 身份验证

管理端支持鉴别登录人员的身份，业务端利用用户名 / 口令、数字证书的方式对客户端和密钥属主认证业务系统身份。

6. 授权

授权是验证经过身份验证的用户是否有对加密数据执行所请求操作的权限的过程。这是执行加密密钥策略并确保加密内容创建者可以控制共享数据的过程。

9.2.4 部署方式

应用系统或服务器密码机与 KMS 相连，如图 9-3 所示。KMS 将密钥分发给应用系统或服务器密码机，保障密钥的生成、分发、存储等环节的安全。

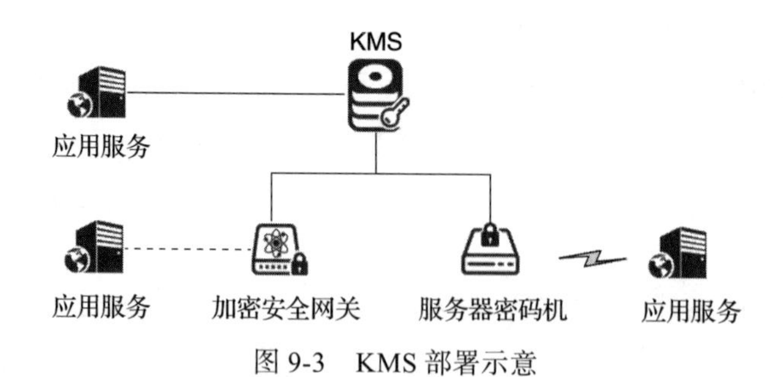

图 9-3 KMS 部署示意

当多个网络间的应用系统需要进行加密通信，且密钥要求统一管控时，将每个加密安全网关与密钥管理系统相连，通过 KMS 统一对加密安全网关进行密钥分发，并在网络通信时使用分发密钥进行传输加密，以保证网络通信安全。

9.2.5 工作原理

KMS 的架构可以分为 3 个层次，分别是数据层、管理层和服务层，如图 9-4 所示。数据层将所有信息存储在持久数据库中。KMS 的所有状态信息都由数据库维护，因此 KMS 不会因为系统崩溃而丢失任何数据。有关密钥和证书的元数据以及加密材料本身存储在数据库中。一些公司的安全策略要求某些密钥的明文内容只能存储在硬件安全模块（HSM）中。这种架构将主密钥存储在硬件安全模块中，并使用主密钥来加密数据库中的所有加密材料。

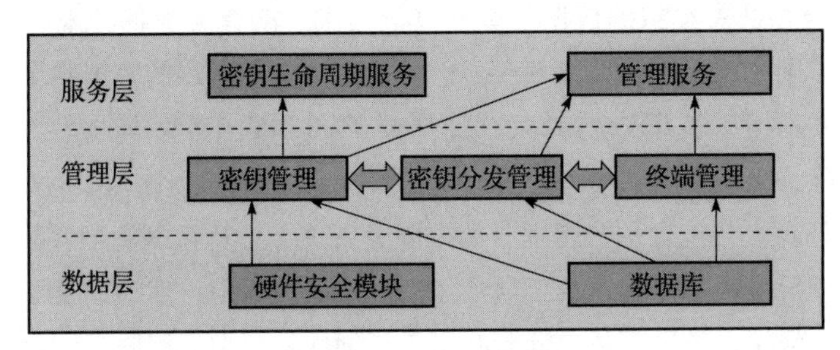

图 9-4 KMS 分层架构

在管理层，密钥管理提供了一个简单的接口来操作 KMS 支持的加密对象。首先，密钥管理可以在数据库中添加新对象，读取、修改、搜索和删除它们，并维护内存中的对象缓存，用于加速读取操作。其次，密钥分发管理负责提供对象以供终端在加密操作中使用。密钥分发管理实现的分发策略规定了分发对象的时间以及在什么条件下最终可以通过接口供终端使用。最后，终端管理负责管理与服务对接的端点，将它们注册到 KMS 中。

服务层提供两个模块，即密钥生命周期服务（KLS）和管理服务，前者由终端和管理员使用，后者仅由管理员访问。

密钥生命周期服务代表服务器的核心，它实现与终端、用户可用的密钥和证书相关的所有操作，与密钥分发管理共同驱动自动化分发和生命周期操作，并强制执行访问控制。

密钥生命周期服务可以区分不同的用户、访问它的主体。操作的每次调用都发生在会话上下文中，该会话代表已通过 KMS 安全身份验证的用户。

管理服务分别通过终端管理和密钥分发管理控制终端的分发。对其操作的访问也发生在会话上下文中，但仅限于具有相应权限的用户。管理服务还允许对单个密钥和整个数据库进行归档与恢复操作。密钥生命周期服务和管理服务这两个模块都会生成审核事件。

9.2.6 常见问题解答

问题：KMS 是如何保护数据的？

解答：KMS 的目标是通过有效保护加密密钥来实现强大的数据加密，这包括使用密码学和安全硬件的组合来安全地生成密钥、管理对密钥的访问及（最终）销毁密钥。例如，使用信封加密来高效、安全地管理许多密钥。信封加密结合了对称加密算法、数据加密密钥（DEK）和密钥加密密钥（KEK）。

9.3 隐私计算平台

9.3.1 产品简介

隐私计算平台是针对组织的数据安全共享的需求，融合大数据技术、隐私计算技术所实现的数据安全应用产品。隐私计算平台为组织构建了安全可靠的数据共享环境，实现多方数据价值共同开发利用，多方安全计算、可信执行环境和联邦学习等技术方案，实现了数据可用不可见，消除了组织之间数据流通过程中的安全隐患，助力组织的业务发展和创新。

一般的隐私计算平台包含平台管理、数据服务管理、计算模型管理等模块，如图 9-5 所示。隐私计算的一般流程是：首先，获取合作方数据使用权限；然后，基于隐私计算算法进行联合分析或联合建模；最后，基于分析的结果或创建的模型支撑联合营销、联合风控、联合定价等上层应用。平台管理对平台进行基础性的配置，包括节点管理、集群管理、项目管理、数据管理、账号管理、存证管理、任务管理和授权管理等。

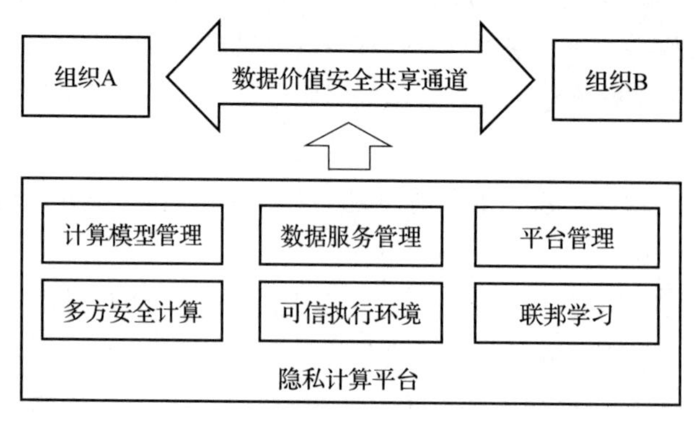

图 9-5 隐私计算平台

9.3.2 应用场景

隐私计算平台针对企业数据价值安全共享的需求，将自身定位为企业数据资产和隐私计算的业务管理工具、价值获取工具和数据运营工具，旨在通过简单、高效、便捷的数据、计算、业务管理功能和服务，降低企业使用隐私计算的技术门槛和成本，快速实现数据资产的价值运营和变现。目前隐私计算在金融领域应用较为广泛。

1. 个人信贷风控模型

金融数据在体量、维度、价值等方面具有一定优势，但是这部分数据更多是客户的与金融相关的数据，缺少客户的行为数据、场景数据等。具体到某一个金融机构时，其数据的丰富程度更是大打折扣。而客户的行为数据和场景数据往往掌握在互联网公司等数据源公司手中。在信贷风险评估等方面，金融机构需要和这些数据源公司联合建模，以提升模型的精确度。

金融数据的安全及风险防范一直是金融机构关注的重点，国家也相继出台了多项金融安全相关政策，体现了对金融数据安全的高度重视。在传统的数据合作中，通常采用数据脱敏的方式将一方数据传送给另一方，并由其进行本地建模。虽然数据脱敏方案实现了一定程度的隐私保护，但仍然能通过收集到的相关数据，损害数据方的利益，甚至侵害客户的个人隐私。此外，经过脱敏处理的数据可用性会受到严重影响。在数据合作之前，传统方案需要通过比较 Hash 值的方式进行撞库，这样一方就会留存大量的 Hash 值，造成对方客户名单的泄露。

联邦学习在保证数据各方数据隐私的前提下，可以通过纵向联合建模，训练出能够准确评估个人信用的模型，实现信贷风控，如图 9-6 所示。

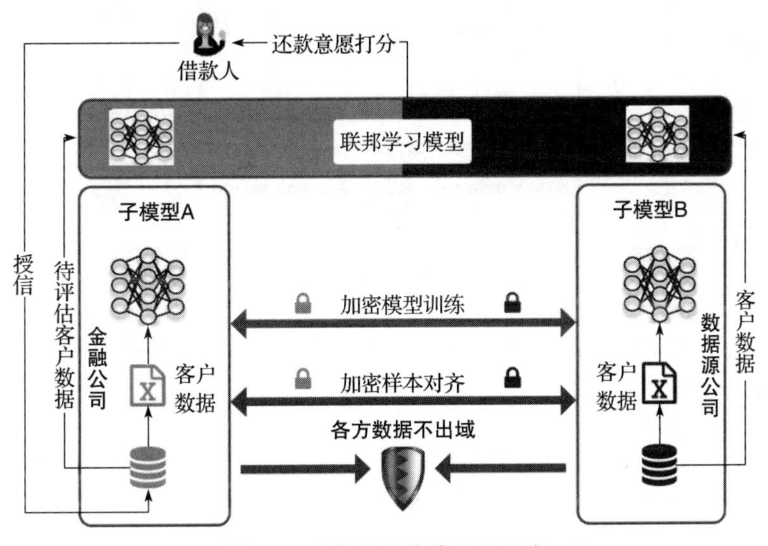

图 9-6　联邦学习信贷风控示意

通过安全求交，打通双方共有客户信息，并进行纵向联合建模，然后根据高精度的联邦模型预测借款人的还款意愿，并对高还款意愿的客户进行授信放贷。

2. 精准营销获客

传统的保险获客方式是以代理人线下地推、电销等为主，随着互联网的发展，保险获客方式发生了翻天覆地的变化。互联网时代，企业想方设法地获取流量，实现流量变现。对于保险公司而言，要在流量端获取精准的客户，需要依靠流量端大量的用户特征。但是，越来越多的企业涌入以及各种数据安全法规、政策的出台加大了流量变现的难度。在流量端只有用户特征、保险公司仅有用户转化标签、数据彼此独立的情况下，隐私计算作为一种安全高效的方式，可在保证数据隐私的前提下，通过联合建模，训练出能够准确识别对保险感兴趣的客户的模型。

通过联邦学习打通双方共有客户信息，并进行联合建模，然后根据联邦模型预测优质潜客（潜在客户）名单进行投放，实现精准营销，如图 9-7 所示。

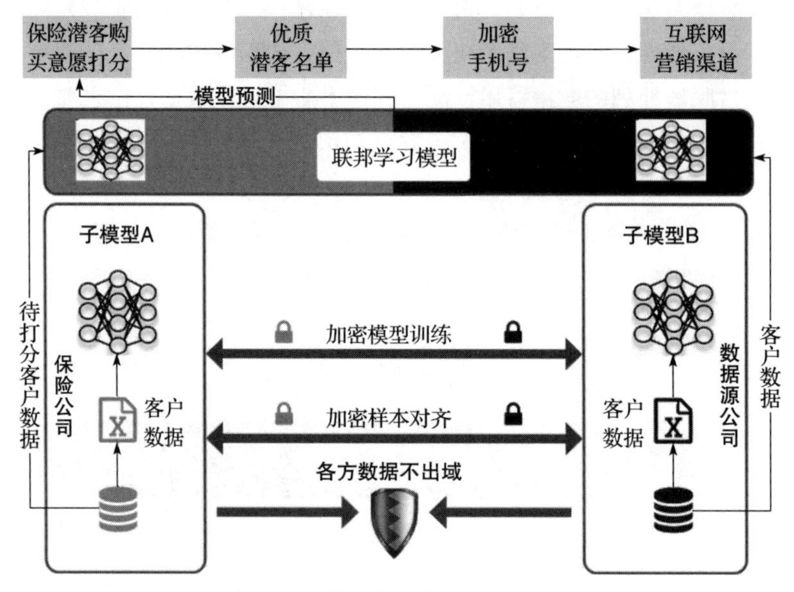

图 9-7 联邦学习精准营销示意

引入联邦学习可以大大提升投放精度，实现高质量投放来降低获客成本。

3. 反洗钱名单数据共享

近年来，我国反洗钱相关法律制度不断修订完善，国家对反洗钱犯罪的打击力度不断加大。《中华人民共和国反洗钱法》要求金融机构依法采取预防、监控措施，建立健全客户身份识别制度、客户身份资料和交易记录保存制度、大额交易和可疑交易报告制度，履行反洗钱义务。金融监管机构提倡建立集团层面统一风险视图，统筹推进境内外反洗钱合规工作。

反洗钱风险名单数据因客户信息需在不同法人实体间隔离等监管要求，无法在集团范围内直接共享。同时，相较银行，集团金融子公司所掌握的客户身份、行为、交易信息较少，故在识别客户风险、异常交易及可疑案件等方面面临极大挑战。

对原始数据进行加密后进行安全计算，保障各法人实体只获取所辖客户范围内的风险信息，实现了数据的可用不可见，解决了数据共享过程中数据的“隐私性”问题，实现了集团内反洗钱客户名单信息的合规共享。

基于隐私计算的隐私集合求交（Private Set Intersection，PSI）算法可实现集团内反洗钱名单数据共享，如图9-8所示。该算法能找到两个集合的交集，但是参与双方都无法获知交集以外的对方集合数据。算法执行前，双方将名单数据上传至隐私计算平台；执行过程中，运算涉及的数据均经过了加密处理且不可反推；算法执行后，发起方获取求交结果。

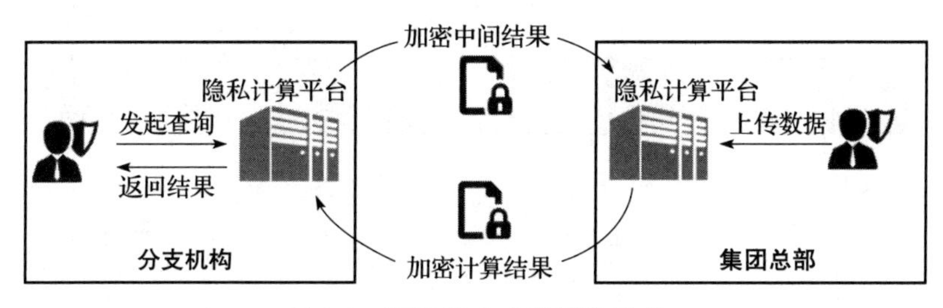

图9-8 隐私集合求交算法示意

基于隐私计算技术实现集团内反洗钱名单数据共享，在符合监管合规要求的前提下解决了数据孤岛问题，加大了集团内数据安全应用的效率，提升了金融机构间金融风控的协作能力，对促进金融安全健康发展提供了技术保障。

4. 政务数据共享

《“十四五”规划和2035年远景目标纲要》明确提出，建立健全国家公共数据资源体系，扩大基础公共信息数据安全有序开放，鼓励第三方深化对公共数据的挖掘利用。这将成为各级政府在“十四五”期间的重要工作内容之一。然而由于数据归属、管理和运营的权责利影响，政府各部门之间难以将高敏、高价值数据进行共享和开放，阻碍了政务数据的价值释放。

基于隐私计算平台可以构建政务域内数据价值共享体系，可帮助各级政府建立安全、可信、可监管的政务数据共享，实现各部门之间高敏、高价值数据的价值流通和释放，如图9-9所示。此外，可在政务领域内数据共享的基础上，通过政务数据开放服务平台，实现高价值政务数据对社会的全面开放，提升政府的数字服务能力。

5. 企业数据共享

除了政务数据的共享开放之外，企业间的数据共享是信息时代推动企业生产经营、促进社会经济发展的必要条件，也是数据要素市场化的重要目标。目前，大量企业和机构已通过各种方式形成数据共享业务，而基于隐私计算平台构建的企业数据安全共享联盟，可实现更加安全、高效的企业数据共享体系，为数据要素流通提供助力。多个行业（或区域）企业所组建的数据安全共享联盟，可经由各自部署的联盟数据开放服务平台组建跨行业（或区域）的企业数据协同网络，形成企业自治的数据安全共享基础设施，如图9-10所示。

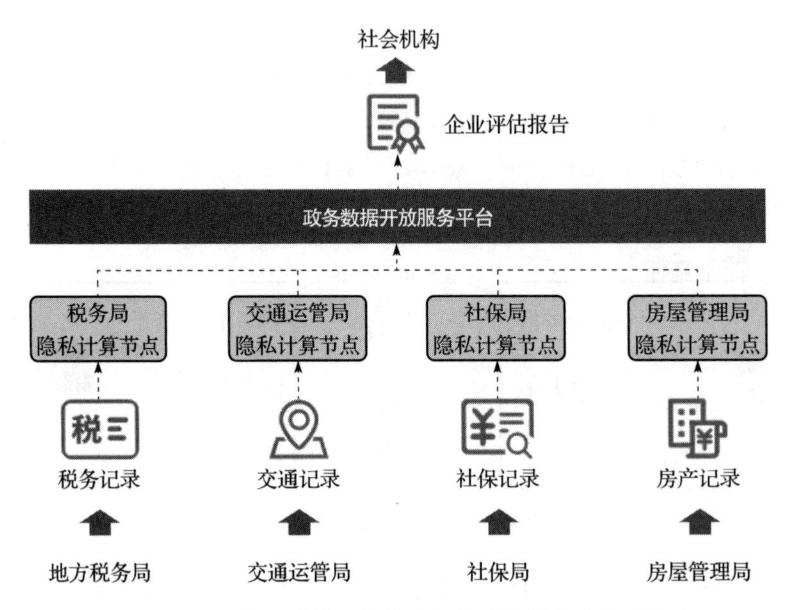

图 9-9 基于隐私计算平台的政务域内数据价值共享体系

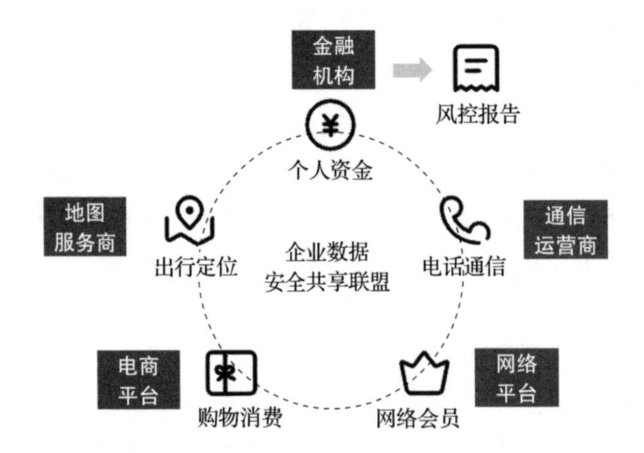

图 9-10 基于隐私计算平台构建的企业数据安全共享联盟

9.3.3 基本功能

隐私计算产品功能围绕着数据共享的业务流程展开。

1. 数据资产管理

通过本地上传和数据接口连接 MySQL、HBase、Hive、ODPS 等数据（仓）库等方式将待进行价值交换的数据同步到平台上。对于配置到平台上的数据，平台可以发布以供合作方查看数据的元信息并发起数据合作申请。同时，平台也可以查看合作方的数据元信息并对有合作场景的数据方发起合作请求。数据的使用情况可以被记录和统计，不仅做到了可追溯，也可以通过数据使用记录统计从侧面反映出数据的市场价值。通过此功能，可以加速数据资产市场化配置，为企业发挥数据资产价值提效。

2. 安全求交

安全求交即前文提到的隐私集合求交，是指持有数据的两方能够计算得到双方数据集合的交集部分，而不暴露交集以外的任何数据集合信息。

安全求交有多种实现方式，包括：安全性受限的，比如朴素 Hash；基于公钥体系的，如椭圆曲线的 Diffie-Hellman 密钥交换；基于混淆电路的，如姚氏电路；基于不经意传输（OT）的协议。

安全求交能够实现在数据双方不暴露所有数据的情况下，求得数据集合交集，并且除了数据集合交集以外的数据不能泄露给任意一方。

3. 隐匿查询

隐匿查询（Private Information Retrieval，PIR）是一种安全的信息查询协议。假设服务端拥有大量数据，协议使得客户端在不向服务端暴露查询内容的前提下，从服务端查询得到指定的数据。例如服务端拥有键值的数据库，客户端在不暴露自己希望查询的键列表的前提下，查询到键列表里每个键对应的值，如图 9-11 所示。

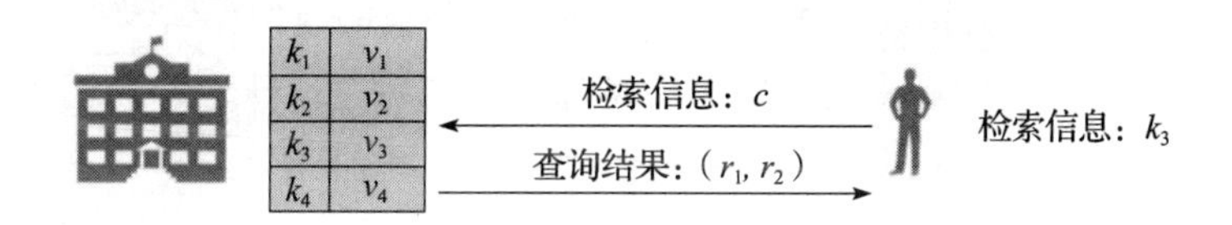

图 9-11　隐匿查询示意

隐匿查询有多种实现方式，各种方式之间存在安全性 / 性能上的差异，而且有多种基于密码学的方案，包括基于不经意传输实现的隐匿查询、基于同态加密实现的隐匿查询等。

隐匿查询能够实现查询方在不暴露自己的查询目标的情况下得到查询结果。

4. 联合建模

联合建模常用的技术体系是联邦学习，即在保证数据方各自原始数据不出其定义的安全控制范围的前提下，联合多方数据源进行模型构建及模型推理与预测。

模型训练步骤如图 9-12 所示。

1）各合作方将训练数据样本上传至各自的数据存储服务；

2）建模人员在隐私计算平台搭建工作流，包括数据融合、特征工程、模型训练、模型评估等；

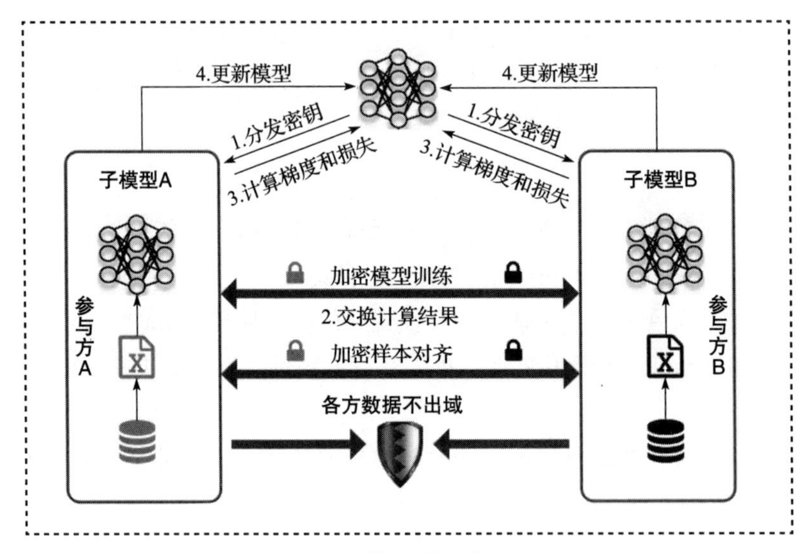

图 9-12 模型训练步骤示意

3）任务调度机制将任务调度到对应节点的训练引擎；

4）训练引擎根据任务内容，读取本地样本数据；

5）训练引擎加密完成训练任务；

6）建模人员根据训练结果进行调优；

7）训练任务完成后，训练引擎将模型文件保存至各自的模型存储服务。

模型训练效果达到预期后，就可以将模型保存，然后进行模型的推理和预测。在模型训练过程中，原始数据不出库，仅交换计算的中间结果，这保证了数据资产的所有权和安全性，实现了数据价值的发挥。

5. 模型预测

将训练好的模型应用于生产，进行离线或实时的模型推理和预测。

对于实时性要求不强的业务，通过离线的方式进行批量预测，将预测结果应用于业务决策。通过定时或手动任务等方式，利用模型进行批量预测。对于实时性要求强的业务，通过在线预测的方式进行实时预测。需求方和数据提供方通过实时接口等方式将业务数据作为模型的输入，实时得到预测结果并根据结果进行业务决策。

6. 运维监控

运维监控模块保证系统和任务安全可靠的运行，可以实时查看系统和任务的状态。系统层可以查看系统网络、内存和 CPU 等的使用情况和状态，并对异常状态进行分析处理。业务层可以查看任务的运行状态和日志，对异常任务的状态及时处理，对关键日志进行留存和溯源。

7. 其他功能

除了上述基本功能之外，还有其他针对平台的基础性设置的功能，包含用户管理、部门管理和角色管理这些系统基础功能。多个隐私保护计算平台会以去中心化模式或中心化模式进行协同工作。在中心化模式下，还需要有平台管理功能，该功能作为隐私计算网络中的一个中心节点，能够统一管理各组织的合作关系、新增和发布算法以及审批流程的路由等。在去中心化模式下，由组织之间自主管理节点合作关系。

9.3.4 部署方式

隐私计算平台的部署会涉及多个分支机构或者多个企业，这是因为平台要解决的问题正是多个组织机构合作才会产生的。根据场景的复杂程度，其部署方式分为两种：一种称为跨域模式，另一种称为域内模式。这里所谓的域是一个抽象的概念，可以理解为数据持有方能够建立一定信任的范围。

跨域模式适用于不同企业之间。各企业通过部署隐私计算节点，完成节点身份和权限的配置管理，共同构建去中心化的数据安全共享体系，如图 9-13 所示。企业可通过隐私计算节点的数据管理能力，将自有数据资源对外发布，以供其他企业订购和使用，同时也可订购和使用其他企业发布的数据资源。企业通过隐私计算节点的计算管理能力，创建多方协同的隐私计算模型并发起计算任务，以获取最终的数据价值。

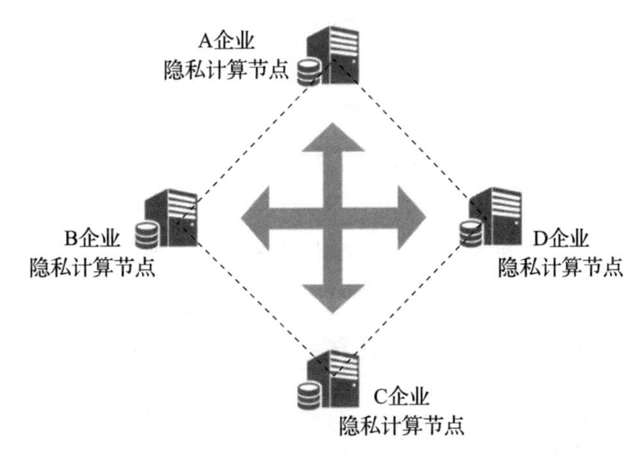

图 9-13 隐私计算平台部署之跨域模式

域内模式如图 9-14 所示，所有数据持有机构在同一个隐私计算网络域内，均由同一个中心管理平台进行认证、授权和业务消息路由；各数据持有机构通过部署隐私计算节点，与其他机构完成数据价值共享过程；所有数据价值共享均在网络域内完成，域外机构无法以低成本与所有域内机构建立隐私计算业务合作。这种部署方式适用于大型组织内部，只需部署一台数据开放服务平台，并在各数据持有部门或分支机构部署隐私计算节点，即可在安全的环境中打通各分支机构和部门的数据。

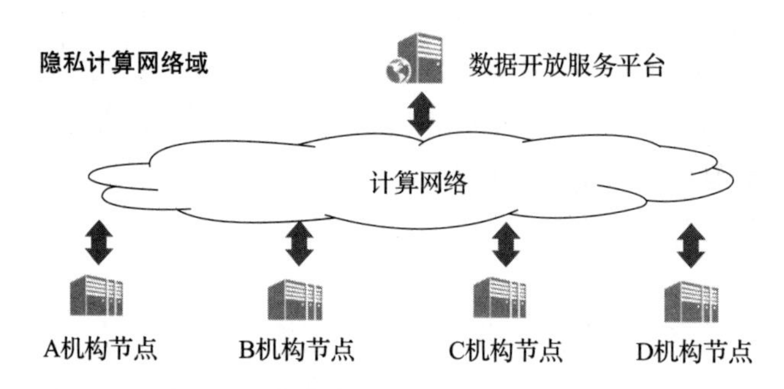

图 9-14 隐私计算平台部署之域内模式

域内所有计算节点的加入和合作关系的建立，均通过数据开放服务平台提供的节点注册、消息转发和认证服务完成，减少节点在合作关系管理方面的维护成本。

9.3.5 工作原理

隐私计算平台集成隐私计算的全量引擎（MPC、FL 和 TEE）和各引擎相对应的隐私计算协议（同态加密、不经意传输、秘密共享等），针对不同计算任务的特性和目标，提供高效的系统支撑。其中，MPC 和 FL 为纯软件引擎，不依赖硬件环境；TEE 为硬件级引擎，依赖服务器芯片（PPC 平台的 TEE 模块基于国产 TEE 芯片实现）。

关于隐私保护计算所涉及的基础理论知识，可以参考 1.5 节。

与大数据技术类似，分布式的集群必然有一个管理节点来进行各节点的注册、信息同步、调度以及其他协调工作。数据开放服务平台就发挥着这样的作用。数据开放服务平台是一个隐私计算网络里的管理者，其架构如图 9-15 所示。新部署的隐私计算节点必须在平台中进行注册，注册后的节点才能够与其他节点互相发现，并通过申请形成合作关系。

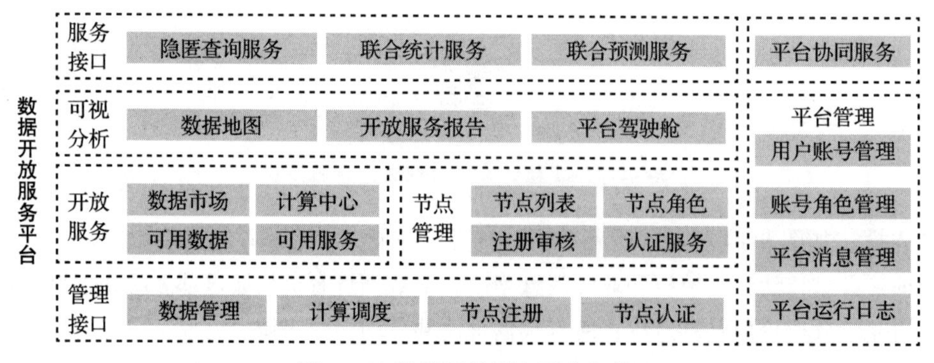

图 9-15 数据开放服务平台架构

数据开放服务平台并不会存放参与计算的数据资源。但是作为协调者，平台会有整个隐私计算网络中所有数据资源的目录信息，这使得跨域共享数据场景中，两个域可以通过各自的数据开放服务平台获得对方网络域中的数据资源信息。数据开放服务平台也不会参与具体的计算任务，但是会对隐私计算任务进行计算调度。

隐私计算节点在完成注册后，可以通过操作页面与其他节点建立合作关系。在具体的计算过程中，各隐私节点之间直接通信，传输与计算相关的加密信息。因此，在部署隐私节点时，必须与其他节点网络可达。

隐私计算节点的架构如图 9-16 所示。在部署完成后，需要添加数据源，也就是数据所在的数据库服务。然后从数据源中选择参与隐私计算的表，形成数据集并对外发布。

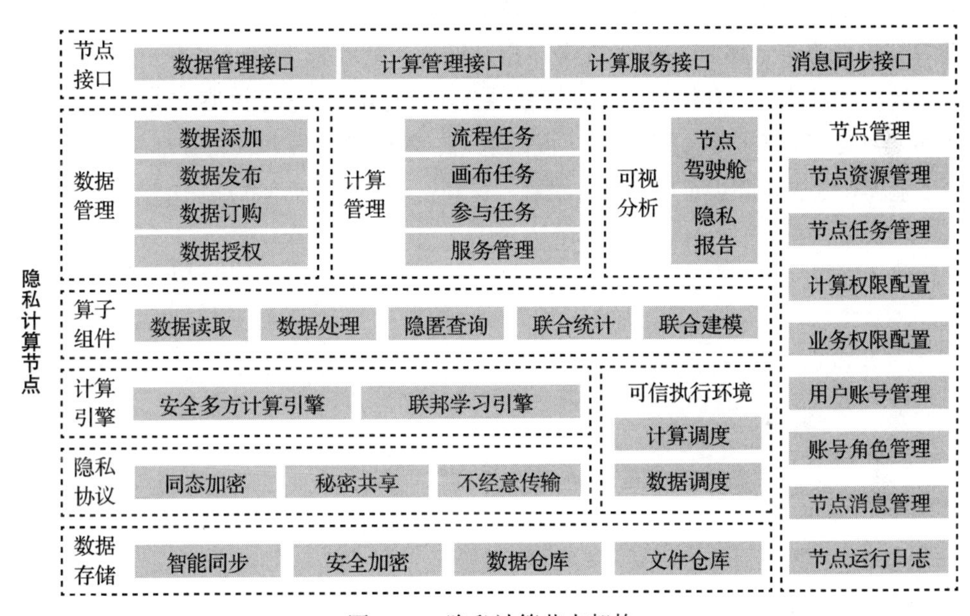

图 9-16　隐私计算节点架构

不同的数据类型适用于不同的模型计算。当数据集拥有标签变量时，分以下三种情况：

- 标签变量的数值类型为 binary，可用于二分类和聚类的联合建模项目，也可用于二分类和聚类的离线模型计算；
- 标签变量的数值类型为 multi，可用于多分类、聚类、离散回归的联合建模项目，也可用于多分类、聚类、离散回归的离线模型计算；
- 标签变量的数值类型为 numerical，可用于连续回归的联合建模项目，也可用于连续回归的离线模型计算。

当数据集没有标签变量时，可用于所有类型的联合建模项目和离线模型计算，但仅限于作为合作方数据集。

当数据集应用于隐匿计算时，无须设定标签变量，无变量类型和排序列表设定，列类型仅提供 ID 和数据两种选择。

9.3.6 常见问题解答

问题：隐私计算和多方安全计算、可信执行环境、联邦学习是什么关系？

解答：隐私计算是一种由两个或多个参与方联合计算的技术和系统。隐私计算近年来的主流计算方案有多方安全计算、可信执行环境及联邦学习，每种计算方案都可以提供一定场景下的隐私计算解决方案。多方安全计算的通用性好，但计算和通信开销大；可信执行环境的性能好，但需要硬件和可信方支持，部署难度大；联邦学习通过安全机制规避了通用多方安全计算的性能问题，主要面向 AI 模型训练和预测。

随着技术的发展，不同的技术方案在相互融合，如联邦学习和多方安全计算的融合、多方安全计算和可信执行环境的融合，这些融合在特定场景下往往能够产生“1+1>2”的效果。联邦学习与多方安全计算都使用了混淆电路、不经意传输和秘密分享等加密技术。另外，除了上述技术，零知识证明、差分隐私、区块链等技术也常被应用于隐私计算。

第 10 章 Chapter 10

应用 API 数据安全产品

在移动互联网时代，我们的生活与 API 技术密不可分，如社交软件 API、地图 API 和支付 API 等都是常见的 API。在人工智能火热的当下，API 技术仍然发挥着关键作用，甚至有观点认为人工智能的成功缘于 API 的采用。API 可以用于不同系统、平台、服务之间的交互，实现多平台之间的资源共享。这是“万物互联”的趋势。对于 API 技术而言，其应用将更加广泛。

10.1 应用 API 数据安全网关

10.1.1 产品简介

应用 API 数据安全网关是一种新型的应用安全防护系统，网关系统改变了传统安全厂商只重视 Web 安全攻击的检测防御，而忽视了应用系统中存在巨大数据泄露威胁的状况，在兼顾常见 Web 安全隐患防护的同时，更注重敏感数据在应用访问中的生命周期防护。

应用 API 数据安全网关是一种位于企业应用系统和 API 服务侧，为企业提供综合的应用数据安全服务能力的平台级产品。该系统具有对 Web 应用系统、API 服务进行请求接口自动梳理的能力，可实现对敏感数据的自动发现，敏感数据资产的可视化展现，基于用户、接口、数据的数据授权，应用 /API 的细粒度数据访问控制，应用请求结果的动态数据脱敏，针对网页结果的数字水印，数据泄露的安全防护与全程溯源，以及应用访问安全日志审计与风险识别、态势分析等数据安全功能，为应用系统的业务数据合规和正常使用与流转提供数据安全保障。

10.1.2 应用场景

1. 敏感数据及 API 分布梳理

在应用 /API 访问的大流量场景中，需要了解用户的 API 使用范围，通过记录完整访问日志的情况，快速识别出包含敏感数据 API 及数据暴露面，梳理敏感等级，制定应用 /API 监控和安全策略。

2. 应用访问的用户授权

通过向用户授予适当的应用访问权限，避免应用 /API 及数据的意外暴露。粗放的应用准入管控不能适应对应用数据的细粒度管控，需要建立用户、API、数据多维权限矩阵，达到应用合规调研的目的。

3. 应用漏洞利用防护

系统需内置安全基线，用于识别、发现在应用访问过程中潜在的安全漏洞，通过告警、访问拦截等响应措施保护应用免遭业务逻辑滥用以及其他漏洞利用。

4. 敏感数据泄露防护和溯源

敏感数据泄露防护的重点是：减少 API 的暴露面和攻击面，通过对应用 /API 的有效梳理，洞察数据在应用中的流向，发现用户访问应用的异常行为；对包含敏感数据的 API 进行全程监控，做到 API 漏洞风险预警、API 数据外泄告警和阻断，以及数据安全事件的审计与溯源。

10.1.3 基本功能

1. 资产发现

应用 API 数据安全网关基于深度协议分析技术，对网络中的流量进行分析，实现对网络中的应用、接口、账号等资产进行自动识别，并归类、分组、添加到各自的资产列表中，只需简单的配置，即可实现应用、接口、账号等资产的审计。

2. 数据识别

应用 API 数据安全网关为含有敏感数据的应用请求日志打上对应的数据标签，在标签中建立分类分级属性；将数据标签赋能到应用请求的安全风险识别，准确实时地输出安全风险告警，保障数据生命周期内的流动安全。同时，敏感数据分类分级可为 API 敏感级别划分提供支撑，依据分类分级属性实现数据价值划分，为 API 及数据差异化管控提供依据。

3. 策略管理

应用 API 数据安全网关提取出各个安全服务产品中的通用规则来构建统一的安全策

略中心，内置丰富、高效的安全策略算法，提供黑白名单、IP 地址过滤、应用过滤、自定义规则，以及大量的风险策略，包括用户未授权访问检测、接口越权调用、敏感数据外泄风险监测等安全规则，并依据用户、接口、数据权限及风险等级，实施不同的事件响应措施。

针对各个安全服务组件对自身安全策略的要求，系统提供了个性化的策略配置，比如数据脱敏的算法、行业模板、网页水印的页面配置及在线预览等功能，并在系统管理平台集中管理。

4. 用户鉴权

应用 API 数据安全网关可以对应用请求进行鉴权处理，跟进访问者的数据访问的相关信息（如浏览器信息、IP 地址、访问的页面、跳转的信息、访问的关键内容），进行多因素条件鉴权，并依据安全策略对应用请求实施告警、阻断、脱敏、水印等安全响应措施。

5. 访问控制

应用 API 数据安全网关的访问控制服务基于数据、用户权限矩阵，采用主动防御机制，实现应用数据的访问行为控制、危险操作阻断。根据预定义的禁止和许可策略让合法的操作行为通行，而对非法违规操作进行拦截阻断，实现对应用 /API 请求的危险操作行为的主动预防、实时管控。

6. 应用审计

通过对 HTTP/HTTPS 进行深度协议解析，可审计到应用请求的请求状态（成功或失败）、执行时长、请求头、请求体、请求 cookie、响应头、响应体、响应 set-cookie、请求 URL、请求方式、请求参数、会话（token）、用户账号、接口 URL、数据标签、风险规则、风险等级等内容，帮助用户有效提升审计内容的精确性。

7. 应用脱敏

应用 API 数据安全网关支持与数据治理平台、数据网关对接，能够对以 Web 应用、API 形式调用数据的行为进行解析和监控，并自动分析其中包含的敏感数据，自动对其中的敏感数据进行脱敏处理。

系统内置行业模板。通过动态脱敏的实施案例和技术积累，结合行业特点，汇聚并总结成了行业模板。这可以帮助用户快速实现敏感数据的定义和脱敏规则的创建，大幅减少脱敏系统的配置 / 维护成本。

8. API 数字水印

API 数字水印会通过一定的算法将一些标志性信息嵌入响应结果中，但不破坏响应结果的页面显示效果和内容，不影响结果页面的正常使用。

API 数字水印支持文字水印和数据水印两种类型。文字水印以文字为水印，直接显示在页面上，用户访问页面时，可以直观地看到水印内容。数据水印有两种实现方式：一种是将水印信息转换成不可见的字符组合，并将该字符组合随机插入 API 响应结果的敏感数据中；另一种是以通过随机生成伪列并将其插入新增列中。水印信息包括（或部分包括）网页访问者的信息，如部门、用户账号、IP 地址、调用时间以及其他自定义内容等，用来识别网页访问者的唯一身份。

API 数字水印主要用于判断网页访问行为是否合规，是否存在非法调用、截屏、拍照、复制等行为，为安全事件发生后的追溯提供依据。

9. 水印溯源

系统支持对数据进行水印溯源，对于用户直接复制敏感数据，或者通过拍照、截屏的方式将敏感数据泄露出去的情况，可以通过水印溯源模块看到溯源的结果和日志详情，定位到相关责任人。

10. 三权分立

应用 API 数据安全网关提供 3 个管理员（系统管理员、安全管理员、审计管理员），由他们分管系统的不同功能模块，满足三权分立要求。

11. 风险防护

对于爬虫和机器人攻击，应用 API 数据安全网关可对异常频率访问进行监测，当出现异常访问时，可进行告警。对于严重异常访问，将对其 IP 地址进行阻断，以防止数据被爬取。

10.1.4 部署方式

通过“物理旁路、逻辑串行”的方式部署。网络上旁路接入应用 API 数据安全网关设备，将客户端访问应用服务器的 IP 地址改成访问网关设备的 IP 地址，由网关代理转发客户端的请求，并处理应用服务端返回的响应内容，然后转发给客户端，如图 10-1 所示。

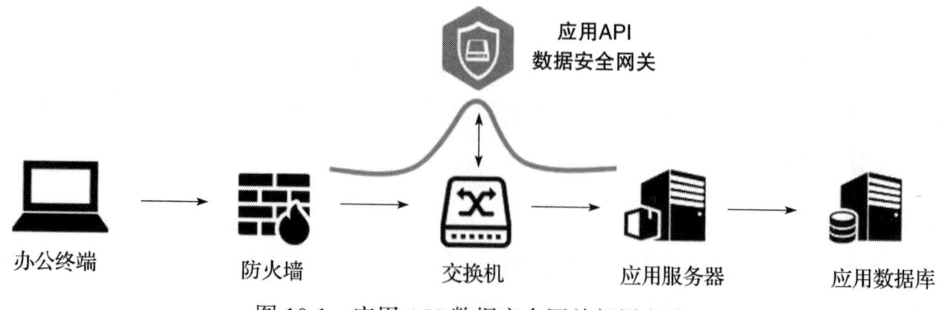

图 10-1 应用 API 数据安全网关部署方式

10.1.5　工作原理

应用 API 数据安全网关主要根据 API 服务上下行的数据内容对访问 API 的行为进行访问控制，如图 10-2 所示。

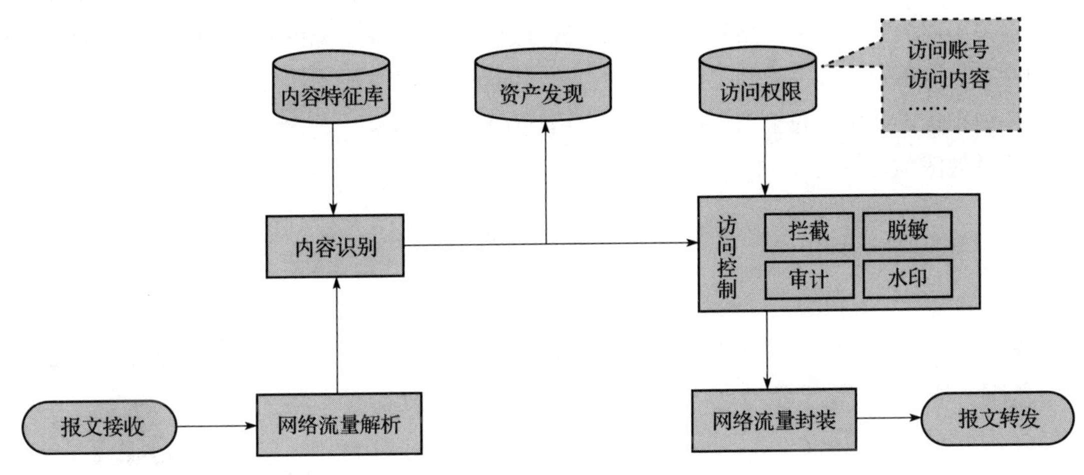

图 10-2　应用 API 数据安全网关工作原理

从网络流量解析模块获得应用层数据后，系统会根据预定义的内容特征识别出 API 服务上下行的数据内容，并标记出 API 的敏感程度。根据访问 API 服务的 IP 地址、账号和应用等信息，由预先定义的访问权限确定数据内容需要哪些访问控制处理，包括拦截、脱敏、审计和添加水印等控制措施。对于没有权限的访问行为，例如来自 IP 地址黑名单的访问进行拦截。对于需要了解部分信息的用户，将返回的数据进行脱敏。为了应对数据在用户处发生泄露的风险，可以在数据中注入水印信息，方便事后溯源定位。

10.1.6　常见问题解答

问题：应用 API 数据安全产品和应用安全产品有什么区别？

解答：比较典型的应用安全产品就是 Web 防火墙（WAF）。此类产品针对 API 具有一定的防护能力，但是从数据安全的角度来看，其产品理念并不能完全匹配，或者说二者的侧重点是不同的。对企业而言，数据是资产，API 同样是资产。除了把 API 当作一个网络组件来保护外，还需要将 API 作为一项资产来进行防护，例如 API 的梳理盘点、分类分级，API 的访问监测和风险监测，以及权限控制、脱敏、水印等。目前，国内各行业对 API 的数据安全有不同程度的要求，应用 API 数据安全产品在政府、金融、电力和医疗等行业应用较多。

10.2 应用 API 数据安全审计

10.2.1 产品简介

应用 API 数据安全审计产品是一种位于 Web 应用侧的数据安全产品。与应用 API 数据安全网关不同的是，这类产品并不会对业务流量进行管控，而是分析镜像的流量，帮助用户梳理庞杂的应用及接口，绘制接口画像和接口访问轨迹，监测应用和接口中敏感数据的流动风险，识别接口调用的异常用户行为，为应用系统的数据合规、正常使用和流转提供数据安全保障，如图 10-3 所示。

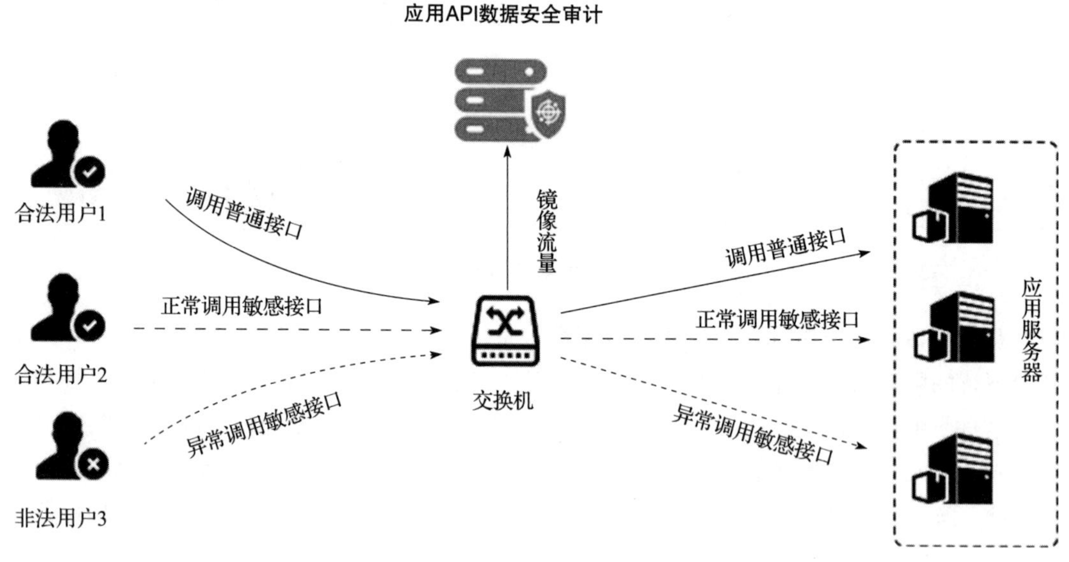

图 10-3 应用 API 数据安全审计示意

10.2.2 应用场景

大数据时代，大量基于各类开发平台和第三方服务的新业务系统规模化上线。为了降低使用应用和业务模块的复杂性及耦合度，大部分企业采用 Web 应用或 API 的业务形式向用户及其他系统提供便捷的服务。API 的工作方式在某些方面与数据库是相同的，即根据外部的请求返回对应的数据，而且 API 一般也要求进行身份验证。因此，API 作为企业的一种资产，要求得到数据安全保护是完全可以理解的。

数据中台是由互联网大厂倡导并推行的可持续提供数据服务的公共平台，其核心是数据共享与交换。数据中台衔接前台业务和后台数据库，主要通过 Data API 的方式向前台业务提供各类场景数据服务。API 具有开放性和高效性的特点，也带来了不容忽视的数据安全隐患。

1. 合规要求

满足合规需求是企业进行安全治理的重要因素之一。为了保障网络和信息安全，国内发布了多部法律法规及行业标准来指导、规范应用的合规使用。

从个人信息保护的角度看，相关的法律法规对约束个人信息的采集、使用、传输提出了明确要求。《个人信息保护法》明确指出，自然人的个人信息受法律保护，任何组织、个人不得侵害自然人的个人信息权益。《网络安全法》要求：网络运营者应当对其收集的用户信息严格保密，并建立健全用户信息保护制度；不得泄露、篡改、毁损其收集的个人信息；未经被收集者同意，不得向他人提供个人信息。

对于组织采集、使用、传输个人信息和企业重要数据的行为，国内、国际的很多标准、法案法规都要求相关组织单位建立安全的审计系统，并确保审计信息是安全、完整、可查及唯一的。

《信息安全技术　网络安全等级保护基本要求》规定，要对网络边界、安全计算环境的所有对象进行安全审计，涉及数据完整性、数据保密性、数据备份与恢复、剩余信息保护和个人信息保护，并提出“应对分散在各个设备上的审计数据进行收集汇总和集中分析，并保证审计记录的留存时间符合法律法规要求”。《网络安全法》也规定，采取监测、记录网络运行状态、网络安全事件的技术措施，并按照规定留存相关的网络日志不少于六个月。

2. 接口梳理

随着云计算、移动互联网、物联网的蓬勃发展，越来越多的应用开发深度依赖于 API 之间的相互调用。API 的绝对数量持续增长，通过 API 传递的数据量也在飞速增长。除了根据法律法规对 API 进行必要的审计之外，将 API 视作资产进行盘点和梳理也是很有必要的，因为所有的数据安全策略或投入都基于对数据资产的清晰了解。

数据安全能力建设涉及方方面面。企业有多少 API ？哪些 API 上有敏感信息在传输？是否有通过 API 违规访问数据的情况？通过 API 向境外传输的数据量有多少？这些问题不单是企业需要掌握的，也是需要定期向监管部门汇报的，应用 API 数据安全审计可以帮助用户梳理这些信息，节省用户的时间。

3. 风险监测

API 相关的数据安全风险较多，例如 API 漏洞被利用导致数据泄露、网络爬虫通过 API 爬取大量数据、第三方非法留存接口数据、API 被恶意攻击、API 安全认证薄弱、API 未授权访问等。应用 API 数据安全审计产品能够帮助用户识别这些风险，为消除隐患提供情报。这类产品能监测的常见风险如下：

1）身份认证薄弱。身份认证薄弱使得应用面临被恶意破解、撞库、钓鱼等威胁，从而引发应用接口及核心数据暴露在企业内网甚至公网上，导致严重事件发生。

2）访问权限滥用。粗放的访问授权机制或授权策略设置不当，使得未授权或低权限的用户利用授权漏洞“合法”地调用核心接口，获取企业的重要数据。

3）敏感数据的异常访问。应用系统即使建立了严格身份认证、访问授权机制，有时仍无法避免拥有权限的用户进行数据非法查询、修改、下载等操作，比如非工作时间访问、高频次访问、大量敏感信息数据下载等异常访问行为。此类访问行为往往在用户账号权限范围内，易被管理者忽视。

4）第三方数据留存。共享业务数据的应用场景日益增多，第三方调用应用API的情况也日益普遍。由于缺乏有效的审核、监管机制，一旦第三方存在安全隐患或不法企图，可能发生数据被截留、篡改、泄露、流入黑灰产等安全事件，给企业带来严重的声誉、经济损失及法规风险。

5）外部攻击威胁。应用/API处于各种复杂环境，特别在互联网的开放场景下，应用/API背后带来的数据成为不法分子攻击的目标，需时刻警惕外部安全威胁。

6）数据被非法窃取。不法分子利用应用/API漏洞（如缺少身份认证、水平越权漏洞、垂直越权漏洞等）窃取用户信息、企业核心数据而导致数据泄露。

7）应用被恶意破坏。应用成为外部网络攻击的重要目标。针对Web应用/API的重放攻击、DDoS攻击、注入攻击、参数篡改等网络攻击使得系统被破坏、服务被监听、数据被窃取。

8）网络爬虫爬取大量数据。Web应用/API如果存在越权漏洞和管理缺失，容易被不法分子利用网络爬虫爬取数据。常表现为某时间段内高频率、大批量进行数据访问，给企业带来巨大的安全风险。

9）敏感接口缺乏重点防护。对于应用/API访问的大流量场景，需要在记录完整访问日志的情况下，快速识别出包含敏感数据的接口及数据暴露面，梳理敏感等级，制定监控和安全策略，而这存在较大的技术难点。

10.2.3 基本功能

1. 资产发现

基于深度协议分析技术，对网络中的流量进行分析，实现对网络中的应用、接口、账号、敏感数据、文件、客户端IP地址等资产的自动识别，并归类、分组、添加到各自的资产列表中。只需进行简单的配置，即可实现应用、接口、账号、敏感数据、文件、客户端IP地址等资产的审计。

2. 资产画像

对关注的关键应用、敏感接口等各类资产，系统提供全方位、多维度的资产画像展现，以图表的形式展示应用、接口资产的访问请求日志总数、用户账号及客户端 IP 的个数趋势，以列表的形式展示访问请求次数、敏感接口数、敏感数据数量、账号数、IP 数的统计，此外还展示了资产的关联风险、风险趋势。资产画像帮助用户洞悉资产访问状态，及时发现敏感数据泄露风险，修复接口安全漏洞。

3. 精确审计

通过对 HTTP/HTTPS 进行深度协议解析，可审计到应用请求的请求状态（成功或失败）、执行时长、请求头、请求体、请求 cookie、响应头、响应体、响应 set-cookie、请求 URL、请求方式、请求参数、会话（token）、用户账号、接口 URL、数据标签、风险规则、风险等级等内容，帮助客户有效提升审计内容的精确性。

4. 会话回放

支持在检索、告警、会话中选择任意请求进行日志回放，完整还原用户访问行为，也可以选择从当前位置开始播放，在播放过程中可以随时暂停、继续，可以选择任意请求，如播放前后 ×× 条，以减少用户筛选过程。会话回放功能可以将安全事件相关的所有访问记录都提取出来，然后做集中度分析，进而一步步聚焦异常访问行为和数据泄露路径。

5. 弱点检测

通过对各种类型的接口请求和响应数据进行分析及脆弱性检测，可发现接口设计的安全弱点，找出容易造成敏感数据泄露和存在账号风险的接口。

6. 接口安全

系统内置接口攻击检测策略，用户只需一键开启便可使用，还提供了黑白名单、IP 地址及日志请求过滤、自定义告警规则，方便用户构建 Web 安全风险策略，帮助用户及时发现恶意攻击、撞库、接口未授权访问、敏感数据泄露威胁，并进行告警。

7. 业务风险

内置多种业务风险监控场景，能对流量中的在线会话进行实时监控，帮助用户及时掌握应用系统的各种业务风险行为，了解 Web 应用访问的状态及风险态势。

8. 脱敏合规

针对数据在应用过程中可能会出现的问题和风险进行分析，基于深度内容识别技术实现数据脱敏合规检测，发现用户业务各个环节中数据脱敏方面的安全隐患，及时减少或杜绝敏感信息泄露的风险，提高安全管理效率。

9. 风险告警

针对各类安全风险检测策略，可依据风险策略匹配情况支持风险告警，同时还提供邮件、企业微信、FTP 等告警外发方式，用户可以自主选择告警方式。

10. 多维分析

支持对审计日志进行分析，可以按照接口、标签、用户账号、客户端 IP 地址、用户账号、请求 URL、请求方式、风险规则、风险等级、风险类型等 20 多个维度进行分析，且支持对审计日志进行下钻分析，帮助用户进行数据挖掘。分析完成后，还可以生成报表和报表模板，进行多次使用。

11. 系统管理

系统提供系统升级维护、系统运行状态监测、网络接口配置、数据存储空间大小设置、数据备份恢复、日志清理等管理功能。

12. 三权分立

应用系统安全审计产品提供 3 个管理员（系统管理员、安全管理员、审计管理员），由其分管系统的不同功能模块，满足三权分立要求。

10.2.4 部署方式

1. 旁路部署

应用 API 数据安全审计产品采用“旁路侦听”的部署模式，部署在核心交换机上，通过端口镜像方式捕获数据流量，如图 10-4 所示。系统利用审计引擎进行数据分析与告警，不改动网络拓扑，不影响业务数据，不改变使用习惯。

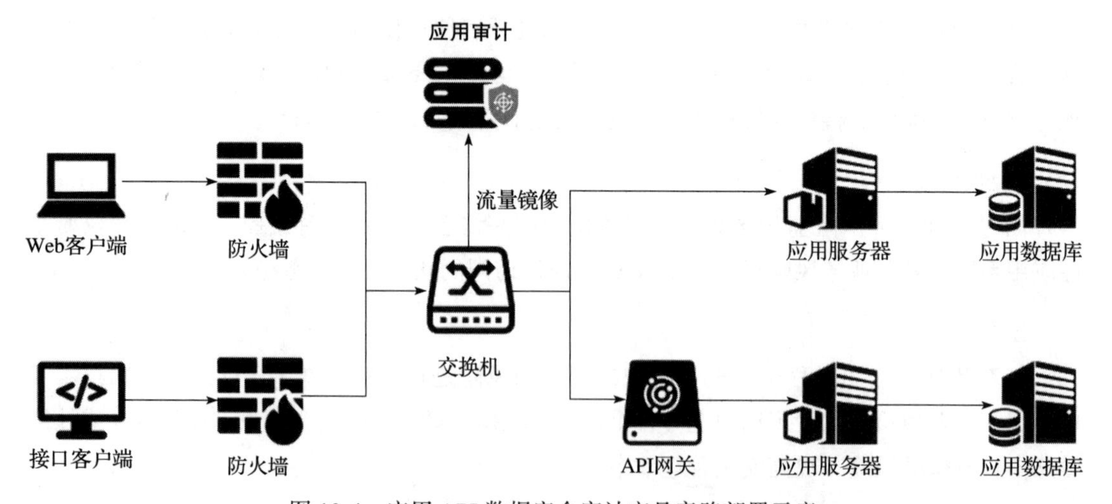

图 10-4 应用 API 数据安全审计产品旁路部署示意

2. 插件部署

对于部署在公有云 / 私有云上的应用系统，可采用插件（Agent）的方式从应用云主机上或者 Nginx 等代理服务器上获取网络流量，实现对应用 /API 的解析，如图 10-5 所示。

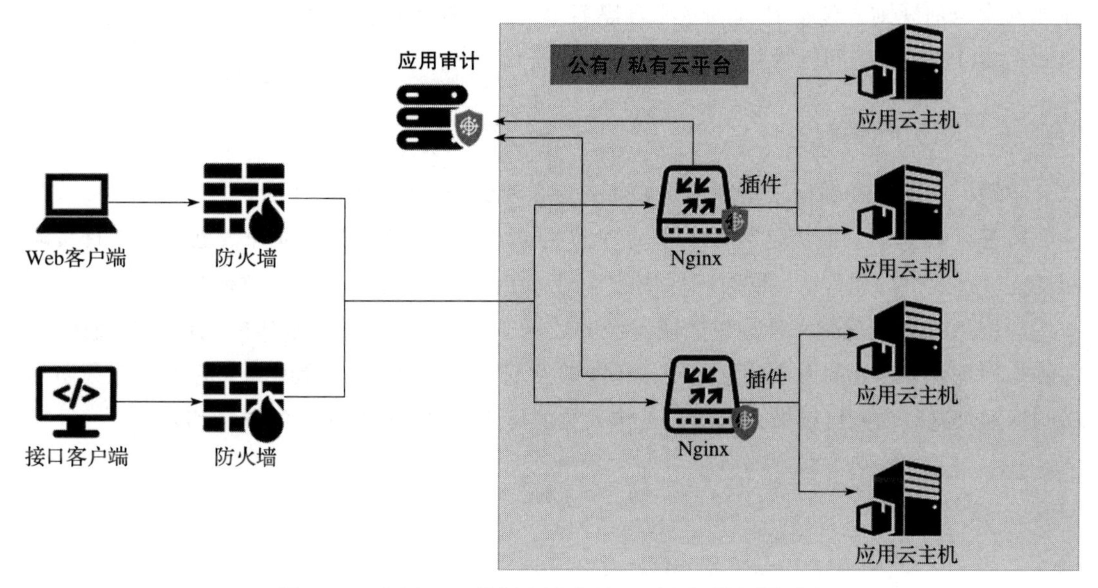

图 10-5 应用 API 数据审计产品云平台插件部署示意

10.2.5 工作原理

应用 API 数据安全审计产品主要对 API 服务上下行的数据内容进行监测，及时发现数据安全风险行为，也为数据流转提供可视化的技术支撑。这类产品的功能同样依赖网络流量解析技术，如图 10-6 所示。

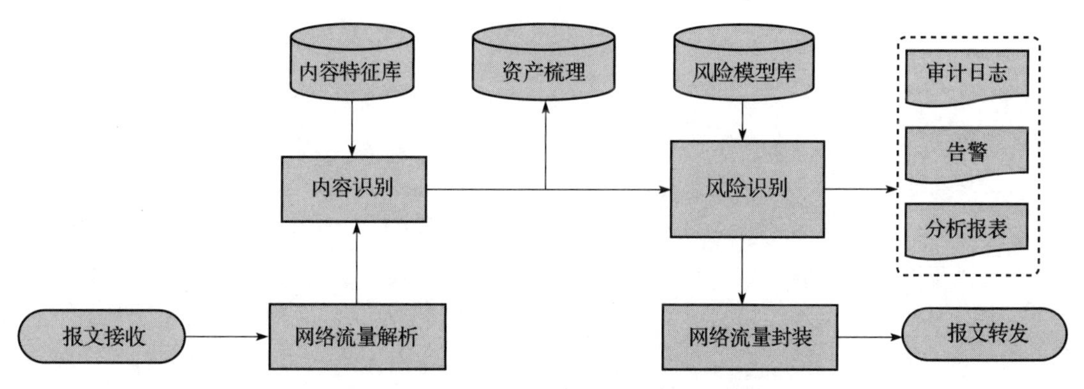

图 10-6 应用 API 数据安全审计工作原理

这类产品监测API的上下行数据，依赖特征库中的正则表达式、关键字和指纹等特征来判断API流量是否包含敏感数据，将接口自动分类为普通接口和敏感接口。对普通接口默认只记录不做安全监测，对敏感接口开启全文记录且开启智能监测。风险模型库中定义了各种风险识别规则，包括IP地址/账号黑名单、访问频率阈值、账号权限等内容，能够识别敏感接口的异常访问行为并生成告警。

10.2.6 常见问题解答

问题：应用API数据安全审计是如何支持企业数据安全稽核工作的？

解答：数据安全稽核是数据安全治理的关键步骤，主要是为了保障数据安全治理策略和规范被有效执行和落地，同时确保快速发现潜在的数据安全风险和恶意行为。

应用API数据安全审计通过监控流经的数据，能够识别数据脱敏的措施是否正确执行，能够监测是否有违规的个人信息上传，还能够发现用户权限是否设置合理，以及存在风险的访问行为。这些功能可以极大地减轻工作人员的压力，保证稽核工作的质量和效率。

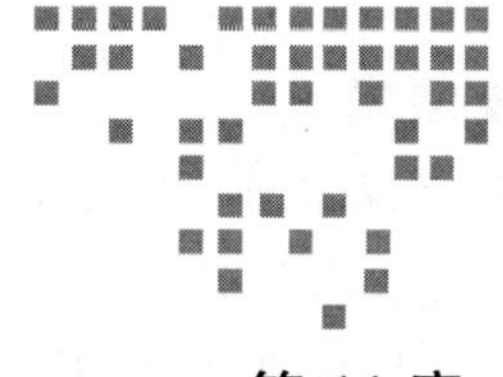

第 11 章 Chapter 11

数据防泄露产品

数据防泄露产品的缩写为 DLP（Data Leakage Prevention），其中 Leakage 有时候也被 Loss 代替。数据防泄露产品通过智能内容识别技术判断数据敏感度，并围绕数据操作人员的权限进行防护。在日常工作的 IT 环境中，终端计算机、文件服务器、应用系统、数据库、互联网、电子邮件、外接设备、电脑屏幕可以划分为终端、网络和存储三个场景。数据泄露的防护也是针对这三个场景提供整体解决方案和防护措施。采用流程化的管理机制，为数据资产在落地、使用、共享三大环节中提供防护手段，让数据存得更安全，用得更放心，给得更安心。

根据组织泄露风险发生位置的不同，防护可以细分为网络防泄露、终端防泄露、云端防泄露三个防护单元。这些单元可以根据实际需要单独部署，也可以组合部署。

11.1 网络防泄露产品

11.1.1 产品简介

网络防泄露产品是一种保护企业敏感数据、防止敏感信息通过网络链路泄露的安全设备。通常，针对电子邮件、Web 应用和 FTP 等数据传输通道，网络防泄露产品解析网络流量，识别网络中传输的数据，检测数据泄露行为（有意的或无意的），并根据企业的安全策略对数据泄露行为进行审计或拦截，以监控其网络上的数据流，满足合规要求。

11.1.2 应用场景

1. 满足合规要求

网络防泄露产品常用于满足合规要求。例如2019年正式发布的《信息安全技术 网络安全等级保护基本要求》中的第三级安全要求，指出安全区域边界的访问控制应对进出网络的数据流实现基于应用协议和应用内容的访问控制。另外，支付卡行业数据安全标准（PCI-DSS）要求，机构要限制不相关人员对支付卡持卡人信息的访问，并监测对持卡人信息的所有访问行为。许多其他法律法规也对数据防泄露技术有明确的要求，包括监测和控制受监管数据，管控数据的访问或传输的能力。由于易于部署和广泛的合规要求，网络防泄露产品是最常用于合规性建设的产品之一。

2. 降低内部泄露风险

为了履行业务职责，许多员工、合作伙伴和承包商需要访问敏感的公司数据。这些用户正在以前所未有的速度创建、操纵和共享数据，这意味着数据在企业网络、企业和个人设备以及云上移动。如果你的公司雇用了独立的承包商和自由职业者，这些人在公司网络之外工作，会使你的数据面临更大的损失或意外暴露风险。网络防泄露是网络数据丢失预防解决方案的主要用例。这些解决方案提供的数据可见性和控制使基于策略的保护能够确保敏感数据仅被传输给授权接收方或由授权接收方访问。

3. 数据出境监测

企业在开展数据出境业务之前，需要向监管部门进行申报，就出境数据的规模、范围、种类、敏感程度进行说明。实际出境的数据如果与申报内容不符，不但会对国家造成损失，企业也将面临处罚。因此，无论监管部门还是企业，都需要持续监测网络流量中的出境数据，识别违规行为。网络防泄露产品对网络流量进行解析，能够采用正则表达式、关键字和指纹匹配等技术识别出个人信息等敏感数据，帮助用户实时掌握出境数据的信息，识别数据出境风险。

4. 敏感数据泄露风险监测

敏感数据的可见性能够增强员工的安全意识。无意中违反策略会触发用户通知，向用户提示违规行为，并提供解释以帮助改进成正确的行为。

11.1.3 基本功能

1. 多文档格式内容识别

能够识别常见格式的文档中的内容，例如识别png、jpg、jpeg、bmp等图片中的文字，识别html、xml、pdf、rar、tar、zip、7z、txt、xls、xlsx、msg、ppt、pptx、vsd、doc、docx等文档中的内容。

2. 内容识别算法

支持正则表达式，用来检索和识别匹配某个模式（规则）的文本。支持关键字和关键字对的设定，通过对关键字的识别匹配，实现对外发敏感数据的过滤。支持权重字典识别匹配，可以通过权重值衡量词句的敏感度，并以外发数据的权重值来判断是否存在泄露风险。支持自定义文档指纹，通过检测外发文档内容与敏感数据的指纹近似程度，来识别匹配外发文档的敏感百分比。支持机器学习算法的内容识别，用户可将企业数据样本上传，系统自动识别、聚类，结合样本校验功能调整阈值从而提高匹配精准度，解决传统方案中数据分类分级难、效率低下等问题。支持自定义脚本方式内容识别功能，可根据企业规范灵活编写，方便易用。

3. 流量管控

能够对电子邮件、Web 邮件、Web 应用、HTTP/HTTPS、FTP/FTPS 和 TCP/IP 上的流量进行检查和控制。支持对网盘、文库、贴吧、微博、论坛、FTP 和 QQ 等上传文件进行自定义敏感内容识别。能够识别匹配后的外发敏感事件，支持审计、附件上传、通知、邮件审批、阻断、加密、证据留存等响应动作。

4. 流转审计

支持详细记录事件，包括触发事件 ID、策略名称、检测规则名称、应用类别、应用名称、用户名、严重性、源 IP 地址 / 目标 IP 地址、附件列表及敏感内容摘要等重要信息，能够对用户进行敏感数据外发的识别匹配，并记录详细的外泄事件信息，确保事件的可追溯性。

5. 敏感邮件管控

采用分级管控思想，可以根据数据敏感度、人员权限的不同进行分级防护，从而最大限度地降低对组织业务、人员行为的影响。能够对邮件的发件人、收件人进行检查，对于不同发件人、收件人赋予不同等级数据的外发权限，同时支持自定义黑白名单机制，对指定人员外发的邮件进行控制，具体如下：

- 邮件拦截能力：能够对包含敏感数据的邮件进行实时拦截，并将审批通过的邮件再次转发。
- 流程审批能力：能够根据人员、部门定义不同的审批流程、审批模式和审批人员，通过审批机制确保外发的敏感数据可控、可审。
- 修改邮件内容：能够对邮件收件人、附件、正文、邮件头进行修改，从而满足邮件外发要求，同时不影响邮件发送过程。
- 证据提取能力：能够对敏感邮件提取快照信息，甚至保存原始邮件，帮助安全人员快速完成风险行为审核。

- 自动告警能力：系统可以根据邮件内容的不同定义不同的告警对象，及时告知对应人员进行相关事件处理。
- 发件人检测能力：能够识别发件人邮箱，并根据邮箱账号定位到具体人员、所在部门，能够根据人员、部门、账号等信息配置白名单。
- 收件人检测能力：能够识别出敏感邮件收件人的邮箱账号信息，可以通过收件账号、目标域等信息设置收件人白名单。
- 抄送人员识别能力：能够识别邮件的抄送人员。
- 密送人员识别能力：能够识别邮件的密送人员。
- 邮件采集留存：能够对邮件服务器所有外发的邮件进行采集，详细记录邮件外发过程并备份原始邮件，通过对采集的外发记录和备份的邮件进行反查，实现泄露行为的溯源与反查。
- 组织架构同步：支持 AD、LDAP 等协议自动从组织账号管理体系中同步人员部门等信息，支持在线认证登录检测，完成用户权限认证，同时支持通过 Excel 或手动方式设置组织架构和人员信息，利用组织架构、人员信息可以实现按部门、业务需要进行定向防护。

11.1.4 部署方式

网络防泄露产品部署在组织网络的边界出口，通过流量牵引技术，对组织网络的外发流量进行深度解析、内容恢复和敏感度扫描。网络防泄露产品有审计和阻断两种工作模式，审计模式只对流量中的数据泄露风险进行监测并告警，阻断模式则是在识别出数据泄露的风险后，对数据泄露的行为进行阻断。网络防泄露产品的部署方式如图 11-1 所示。

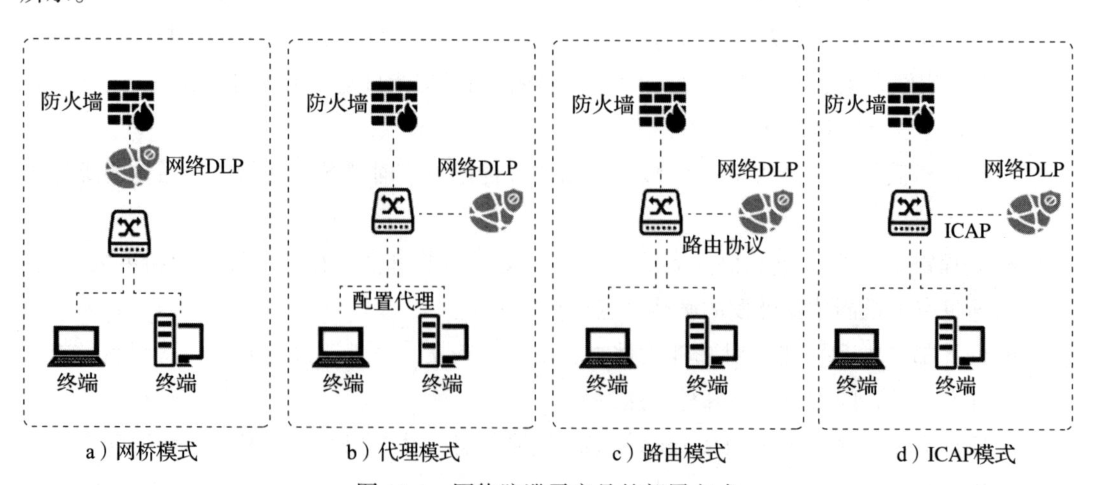

图 11-1 网络防泄露产品的部署方式

1. 网桥模式

设备串联在网络中，上游设备直接将流量发送到网络防泄露产品，再由网络防泄露产品进行转发，如图 11-1a 所示。网桥模式部署简单，用户不需要为此变更应用服务器的访问地址。

2. 代理模式

类似 Web 代理服务器的部署方式，如图 11-1b 所示。需要将被监控终端的代理服务器地址配置为网络防泄露产品的地址，未配置代理服务器的终端不受网络防泄露产品的监控。

3. 路由模式

通过配置路由策略，将网络流量转发到网络防泄露产品，经过检测之后，再根据路由策略转发，如图 11-1c 所示。该模式的特点是可以指定监控范围，且不需要更改之前访问的服务器地址。

4. ICAP 模式

ICAP 模式是网络防泄露产品的比较特殊的部署方式，用于对接网络中的上游设备。如果用户现场已经部署了 Web 代理服务器或者上网行为管理服务器，那么这些服务器可以作为上游设备，将流量通过 ICAP 传到网络防泄露产品，网络防泄露产品处理完成后，将下一步操作指令返回给上游设备，如图 11-1d 所示。该模式需要上游设备支持 ICAP。

网络防泄露产品能对邮件进行保护，不过还有邮件防泄露产品更专注于此。邮件防泄露产品与网络防泄露产品的工作原理非常相似，只是针对邮件的防护做了些功能扩展，如邮件的审批、发件人和收件人相关的策略配置等。

邮件防泄露产品的部署位置有些不同。在组织的网络中，产品与组织邮件服务器网络可达即可（条件允许的话，尽量靠近组织的邮件服务器），如图 11-2 所示。通过在邮件服务

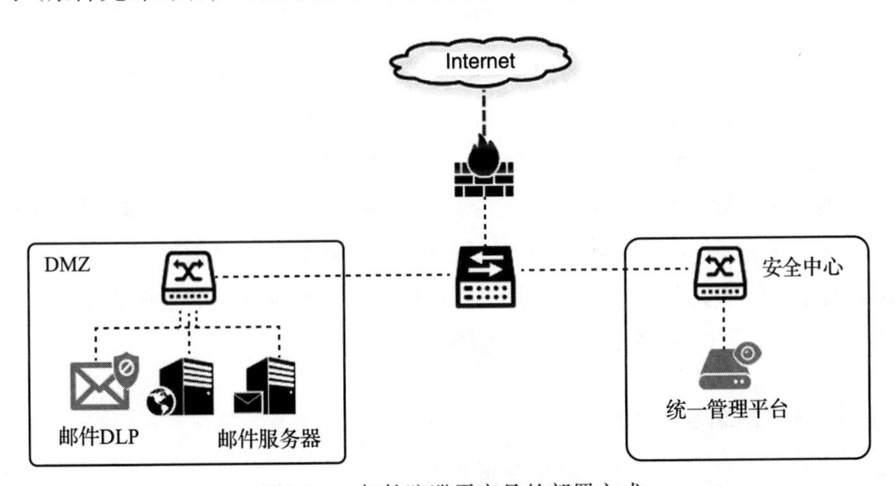

图 11-2　邮件防泄露产品的部署方式

器上设置转发邮件的下一跳地址，可以实现将所有外发邮件通过标准的 SMTP/SMTPS 发送到邮件防泄露产品。完成内容检查后，依据安全策略对满足要求的外发邮件进行放行或告警拦截处理。

11.1.5 工作原理

网络防泄露产品是一种对网络流量进行管控的设备，其工作原理与防火墙等网络产品非常类似，如图 11-3 所示。流量经过网络防泄露产品时，会被报文接收组件获取，然后被基于网络协议解析等技术拆掉层层封装的协议头，提取出应用层的数据内容，这可能是在论坛上发表的一段文字，也可能是通过 FTP 上传的文档。

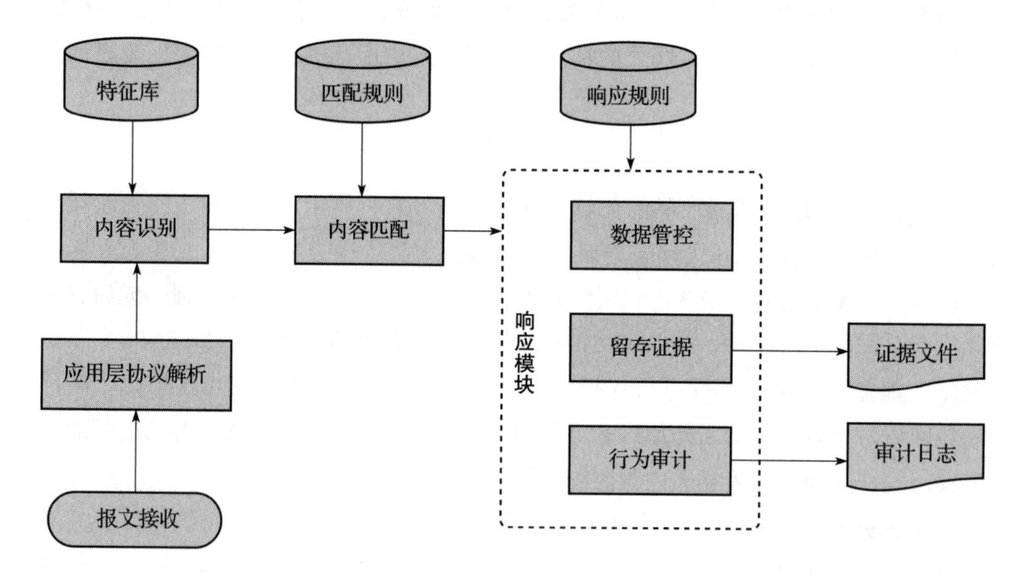

图 11-3　网络防泄露产品的工作原理

根据特征库中所定义的正则表达式、关键字和文档指纹等信息，可以从提取出的文字或文档中找出符合特征库中定义的敏感信息。同时，基于匹配规则中定义的数据分类分级规则，可以对识别出的敏感数据赋予密级标签，反映数据的安全级别。

响应规则定义了敏感数据泄露发生时应采取的一系列措施，包括网络流量阻断、审计、证据留存、发送电子邮件通知等响应动作。根据数据泄露事件的严重程度，可以设置不同的响应动作。对于一般的数据传输，可以只进行审计；对于特别严重的数据泄露，可以选择流量阻断的管控方式，同时留存证据，方便追溯定位。

11.1.6 常见问题解答

问题：网络防泄露产品是如何满足合规要求的？

解答：网络防泄露技术包含监控敏感数据、控制数据访问或传输以及识别敏感数据的能力。这些都是《数据安全法》《个人信息保护法》以及网络安全等级保护等多项法律法规要求的措施。国外的用户通常使用此类产品满足 PCI DSS（支付卡行业数据安全标准）、HIPAA（健康保险可移植性和责任法案）、HITECH（经济和临床卫生信息技术）、GLBA（金融服务法现代化法案）和 Sarbanes-Oxley（萨班斯 – 奥克斯利法案）等法律法规。网络防泄露产品易于部署且能满足多方面的合规要求，因而在政府、金融、能源、制造业等领域都有广泛应用。

11.2　终端防泄露产品

11.2.1　产品简介

终端防泄露产品是一种防范终端环境发生数据泄露的软件，这里的终端环境，既可以是终端计算机，也可以是手机等移动终端。终端环境是与人交互最多的地方，有多种方便的文件流动路径，例如复制到移动硬盘、通过电子邮件发送、通过即时通信软件发送，以及打印、共享、刻录、肩窥、拍摄等。这种丰富的交互对数据安全来说意味着巨大的风险。而终端防泄露就是通过在终端上部署软件，对终端上的所有文件操作行为进行实时监测，及时发现数据泄露风险并进行告警和拦截，减少数据泄露对企业造成的损失。

11.2.2　应用场景

1. 降低数据泄露风险

由于终端环境复杂，敏感数据更容易在终端场景发生泄露，例如以下场景：

- 敏感数据被内部人员意外公布、有意盗取、报复性外发；
- 敏感数据从高密级区域流向低密级区域；
- 敏感数据随意打印，或打印后无法溯源；
- 敏感数据需要经常内部互传，传输过程存在泄露风险；
- 敏感数据需要提供给第三方，提供出去的数据无法控制；
- 终端计算机屏幕没有控制，敏感文件可能会被拍照、截屏、录屏等。

终端防泄露产品能够根据人员权限、业务需求、文件内容敏感度的不同，在不影响用户正常行为、不引入额外风险的情况下，对数据的流转进行多级管控。这类产品能够管控终端外设的使用、电子邮件的发送、文件的打印，还能够对复制、粘贴等操作进行控制。文件的所有操作都在企业的监控之下，可以最大限度地降低数据泄露风险。

2. 终端敏感数据监测

在很多行业中，企业需要了解自身网络环境中敏感数据的分布和使用情况，一方面是为了避免在终端上违规存放敏感数据，另一方面是为了防范敏感信息从终端泄露。

终端防泄露产品依赖自身的内容识别能力对终端环境进行定期扫描，网络终端上的所有敏感数据都会被立刻监测到，从而帮助管理员及时了解敏感数据的最新态势。而且，安全人员能够对发现的敏感数据进行快速定位和处理。

3. 数据安全事件响应

面对发生的数据安全事件，企业的安全团队需要在短时间内分析不同的日志以了解上下文。这需要与IT部门合作，获取应用程序日志，并进行手动关联。这一过程常常会出现错误，甚至毫无头绪，导致事件响应工作无法开展。

终端防泄露产品能够提供调查所需要的所有用户活动。对于用户造成的安全事件，该产品可以回答其背后的“谁、什么、地点、时间和原因”问题。这些信息都会以易于理解、易于组织的格式输出，方便与其他团队（包括法律、IT、人力资源、业务等部门）共享。

11.2.3 基本功能

1. 终端泄密管控

终端泄密管控是通过在终端计算机上安装终端防泄露产品实现的。终端防泄露产品会实时监测终端上的外泄通道，如U盘、刻录、打印、应用程序、共享等，对外泄的动作进行阻止。

2. 终端外设泄密管控

通过外设类驱动注入，监控终端外接设备，如U盘、打印机、刻录机，对发往外设的内容进行检测，发现敏感内容后根据安全策略定义进行管控。

3. 终端应用管控

通过文件过滤驱动注入，根据配置的应用程序名单监控对应的应用程序是否访问或打开敏感内容，对打开敏感内容的操作进行管控。

DLP服务器通过心跳应答将应用程序名单的更新同步给终端防泄露产品，终端防泄露产品完成应用程序名单的下载和更新。

4. 终端共享管控

终端防泄露产品监控本地共享和共享访问，对敏感文件上传到共享目录和共享敏感文件的操作进行管控。

5. 终端 IM 管控

终端防泄露产品通过 IM 程序注入、内存分析、窗口分析，可以检测 QQ PC 版、微信 PC 版外发的消息，可控制 QQ PC 版、微信 PC 版的截屏功能。

6. 剪贴板管控

终端防泄露产品通过剪贴板进行管控，防止应用程序复制敏感内容并绕开文件管控将内容外泄。

11.2.4　部署方式

终端防泄露产品的部署分为两个模块：一个是部署在终端计算机上的终端 DLP，根据需要监控的终端数量在每一个终端上进行安装；另一个是统一管理平台，通常部署在安全中心或者其他管理软件部署的位置，如图 11-4 所示。终端 DLP 和统一管理平台需要互通，这可能涉及一些网络安全策略的改动。同时，对于拥有大规模终端数量的企业而言，在每一台终端上部署终端 DLP 是一个巨大的挑战，一般可以通过域控的方式自动完成，也可以通过推送链接或者邮件通知的方式来进行人工安装。

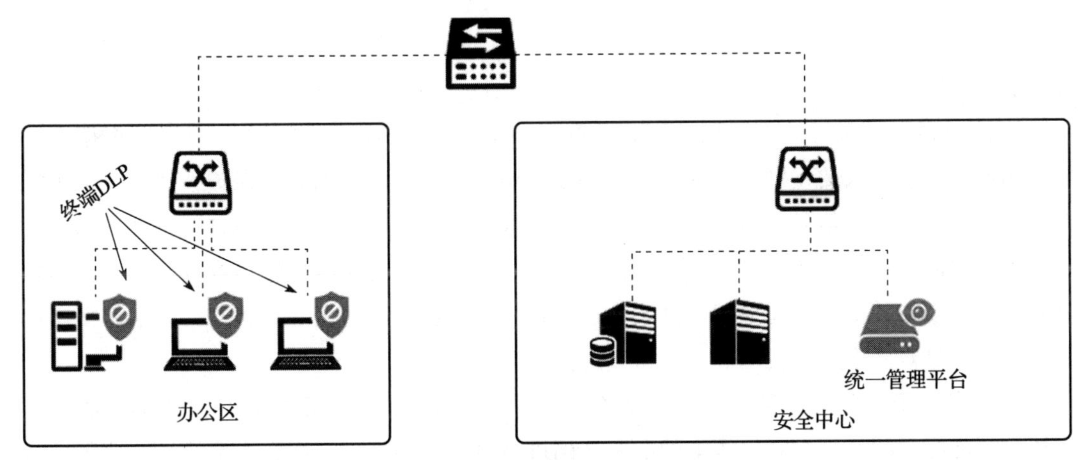

图 11-4　终端防泄露产品的部署方式

11.2.5　工作原理

终端防泄露产品运行在各种终端操作系统上，涉及多种关键技术。以 Windows 操作系统为例，主要包括文档的打开、关闭、打印、读写等 I/O 操作的监控，以及文档内容的识别，如图 11-5 所示。

对文档 I/O 操作进行监控需要用到 Windows 系统的驱动开发技术。简单来说，当应用程序需要打开一个文档时，操作系统会将该操作的请求交给一系列设备对象（设备栈）去顺序处理或转发，直到操作完成。对文档的I/O操作进行监控，就是在文档I/O操作请求的转发路径上设置一个检查点，检查用户的权限、文档的安全级别，根据设置好的安全策略对这一文档I/O操作请求进行拦截或者放行。检查点的设置位置非常关键，这也是终端防泄露产品和防病毒软件产生冲突的重要原因。

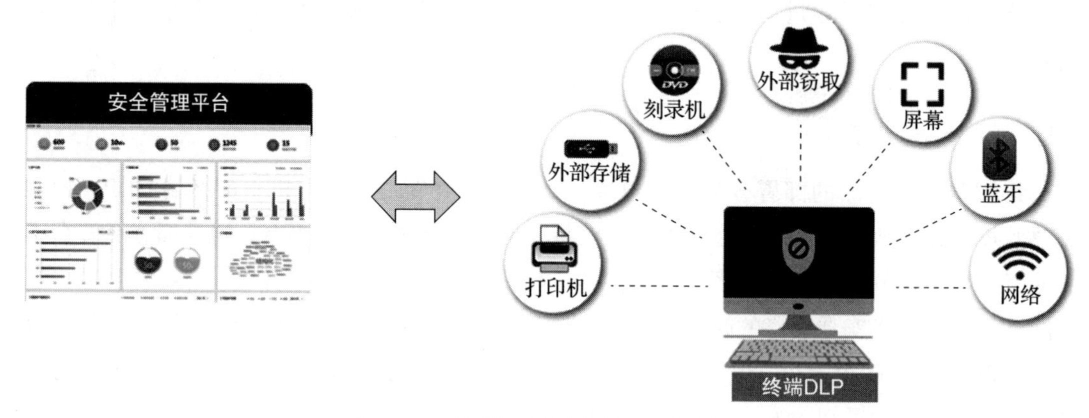

图 11-5 终端防泄露产品的工作原理

操作系统内的设备栈包含终端的多种设备，例如USB端口、打印机、光驱、软驱、红外、蓝牙及网卡等。

文档内容识别就是检查文档内容是否符合某个条件或特征。这个条件或特征根据不同用户场景，会有较大的差别。例如，在金融业，用户会关注个人信息的保护，那么这个条件或特征就是包含个人信息。可以通过电话号码、姓名、支付卡、住址等信息的正则表达式进行检查。因此，终端防泄露产品在正式发挥作用之前，需要为系统配置内容特征库，也就是把用户认为重要的信息转化成特征规则，这些特征规则可以是正则表达式、关键字、文档指纹，也可以是对样本进行机器学习后得到的模型。

特征库由用户在安全管理平台上配置，然后同步到各终端防泄露产品。终端防泄露产品依照特征库中的特征，对终端上的所有文档进行检测，根据文档内容匹配特征的情况，为文档赋予安全级别。后续对文档进行打印、传输、读取等操作时，终端防泄露产品就能够实时监控这些操作，发挥保护文档的作用。

11.2.6 常见问题解答

问题：终端防泄露产品和文档权限管理软件有什么区别？

解答：终端防泄露产品和文档权限管理软件都是为了保护终端环境中的文档安全，由于功能部分重合，常常被当作相互竞争的两款产品。事实上，终端防泄露产品基于文档内容识别技术，根据企业预先定义的安全策略，在文档操作过程中发挥文档访问权限控制的作用。文档权限管理软件则不关注文档内容，早期的版本主要基于加密技术，更多地依赖终端用户设置文档的权限。因此，如果明确知道要保护的文档，采用文档权限管理软件似乎更合理些。如果用户的文档较多，关注的信息可能分布在多种格式的文档中，那么终端防泄露产品可能更适合。随着时间的推移，业内认为，两者各有优势和不足，功能上的融合会是趋势。用户不需要纠结产品的名称，选择适合自身场景的方案才最重要。

11.3　云端防泄露产品

11.3.1　产品简介

从云、管、端的安全理念来看，终端防泄露和网络防泄露分别解决了终端和管道场景的数据泄露问题。而在云端，由于数据的访问者不再受传统安全边界的约束，企业的数据资产所对应的攻击面显著增加。云端防泄露产品正是针对云端环境，通过梳理数据的内容和敏感程度，建立起云端数据资产的分布地图，并根据企业的安全策略，采用审计、加密、脱敏、拦截等措施，建立起基于用户权限的数据访问控制和监测体系。

云端防泄露产品的形态比较多样，有的以独立的形态出现，称为存储防泄露，还有的将防泄露特性融合到 CASB（云访问安全代理）中，以实现数据安全功能。本节以独立形态，也就是存储防泄露为主展开介绍，这并不妨碍读者对这种安全产品的了解。

11.3.2　应用场景

与其他数据安全产品的应用场景类似，云端防泄露产品的应用主要是合规要求和切实的安全防护需要。对于云环境而言，云厂商对云的基础设施安全负责，而运行在云环境中的应用和数据的安全则需要用户自己负责。

1. 合规要求

无论从网络安全还是数据安全考虑，对云环境中的数据采取必要的安全措施都是必要的。《信息安全技术　网络安全等级保护基本要求》中规定了云计算安全扩展要求。从第二级开始，安全审计部分明确，应保证云服务商对云服务客户系统和数据的操作可被云服务客户审计。《数据安全法》和《个人信息保护法》也要求数据处理者采取有效措施，防止未经授权的访问及个人信息泄露。此外，云端防泄露产品能够建立数据目录，对数据进行分类分级。企业可以基于这些信息，选择合理的数据存储和处理方式，以满足合规要求。

2. 云端数据访问控制

云计算使得数据的访问非常便利，不再局限于多重安全防护的办公环境。当员工使用未经批准的 IT 系统开展工作时，会出现影子 IT（Shadow IT）。例如，员工使用未注册的设备远程访问云服务，这些行为给公司信息系统带来了安全风险。展开来说，访问云端数据的终端设备种类繁多且不可控，网络路径并不固定，这使得企业既有的针对内网的安全措施失效，无形中增加了攻击面。而不法分子会利用这些风险造成数据泄露。云端防泄露产品限制了对云端数据的未授权访问，要求员工只能访问自身有权使用的资源，通过建立数据访问控制体系保护云端数据。

3. 云端数据资产监控

云计算环境包含许多设置和资源。错误配置的资源或设置将导致云系统漏洞。近年来，云端发生了多起数据泄露事件，其原因就包括云端对象存储系统的安全配置错误。因此，网络犯罪分子可以利用漏洞窃取敏感数据。云端防泄露产品能够监控所有数据活动，并在发现任何异常时向安全团队发出警报，还可以自动阻止可疑活动，减少数据泄露的影响。

11.3.3 基本功能

1. 文件内容识别

云端防泄露采用内容分类引擎模块检测目标数据，可以识别正常文件格式，对压缩文件进行多层钻取，对邮件客户端的大文件、复合文件的多重嵌套文件进行拆解以获得内部的附件文件，并通过内容提取技术对各种类型的文件进行内容提取、识别。

（1）数据存储格式识别

系统不依赖于文件扩展名来识别格式。可通过文件格式的唯一特征码识别文件类型，能够准确识别以下各种常见的数据存储格式。

- 办公类：doc、docx、ppt、pptx、wps、xls、xlsx、mpp、odt、xlsb、rtf、txt、pdf、et、dps、wpt 等。
- 邮件类：eml、msg 等。
- 设计图纸类：dxf、dwg、dwf、vsd 等。
- 代码类：c、cpp、java、jsp、xml、php 等。
- 图片类：jpg、tiff、png、bmp、gif、riff、emf、tnef 等。
- 多媒体类：mp4、mov、flv、ac3、mkv、flash、mpeg、ogg、mp3、wmv、rm、avi 等。
- 压缩类：zip、rar、7z、tar、bz2、gz、iso、arj、apk 等。

同时，系统还支持自定义机制，对企业自定义的数据存储格式的唯一特征码进行提取和识别。

（2）数据敏感度识别

系统在传统的文本识别基础上引入了先进的人工智能识别技术，利用样本训练、特征比对、相似度计算等算法可以实现更高效的敏感数据识别，同时大大提高识别的准确度。

- 指纹比对：将待检测数据与已识别敏感数据的指纹（Hash 数据）进行二进制内容比对，确认待检测数据是否含有已识别的敏感数据。
- 机器学习：利用样本训练机制，在有监督或无监督机制下，对已知样本文件进行聚类计算、特征提取，形成识别模型，判断待检测数据的分类归属。
- 关键字检测：根据预先定义的敏感数据关键字扫描待检测数据，通过是否被命中来判断数据是否属于敏感数据。
- 词典检测：扫描待检测数据时，统计敏感关键字词典中被命中的敏感关键字数量，如果命中的敏感关键字数量达到或超过阈值，则这个待检测数据就属于敏感数据。
- 正则表达式检测：利用数据的组成规则进行内容识别，判断待检测数据中是否包含指定规则的目标数据，比如手机号、身份证号码等。同时可以对具有自我校验规则的数据进行真伪校验。
- 图片识别：利用神经网络算法，对图片中的敏感标记、文字进行定位、切割和提取来判断待检测图片是否包含图章或其他指定的敏感内容。

（3）异常数据识别

系统除了可以对正常的数据进行识别外，还可以及时识别能绕过系统检测的异常数据，例如 Office 加密文档、WPS 加密文档、PDF 加密文档、压缩加密文档、多度压缩文档、嵌套文档及自发自收的邮件等。

2. 分级管控

系统采用分级管控思想，可以根据数据敏感度、人员权限的不同进行分级防护，从而最大限度地降低对企业业务、人员行为的影响。

（1）实时防护措施

系统具有实时阻断能力，可以对数据泄露、异常行为、风险事件进行实时拦截、警告等处理。

（2）在线审核流程

系统支持自动审核和主动申请两种审核机制。在自动审核机制下，系统将检测到的泄露事件、异常行为、风险事件自动通知相关人员进行事件核实处置；在主动申请机制下，事件触发人员可以通过在线申请流程，对数据外发、文件复制、文件打印等行为发起操作申请。

（3）传输过程防护

系统支持强制要求对流转的数据进行加密防护，防止敏感数据在传输过程中泄露。

（4）离线文档管控

系统支持对发送至第三方、合作伙伴的敏感文件进行权限控制和溯源追踪，阻止敏感数据在离开安全域后被滥用。

（5）事件处理审计

系统对事件发生的时间、人员、数据、目标、途径等信息进行快照处理和详细记录，同时支持对原始数据进行备份留存。

（6）水印告警与溯源

系统支持对敏感数据的打印、访问过程添加水印信息，通过水印实现安全提醒、添加标记和流转溯源。

11.3.4 部署方式

云端防泄露产品的部署比较简单。整个方案由统一管理平台、云端防泄露设备和扫描插件组成。管理员通过统一管理平台完成扫描、审计、访问控制等策略的设定，实现对整个系统的系统管理、业务定义与事件处理。

系统以反向代理的方式部署在终端访问云服务的链路上，以软件应用的方式运行在云环境中，如图 11-6 所示。反向代理的方式屏蔽了云端资源的信息，云服务使用者不需要了解云端资源的细节，只需要访问云端防泄露产品作为代理对外发布的服务。

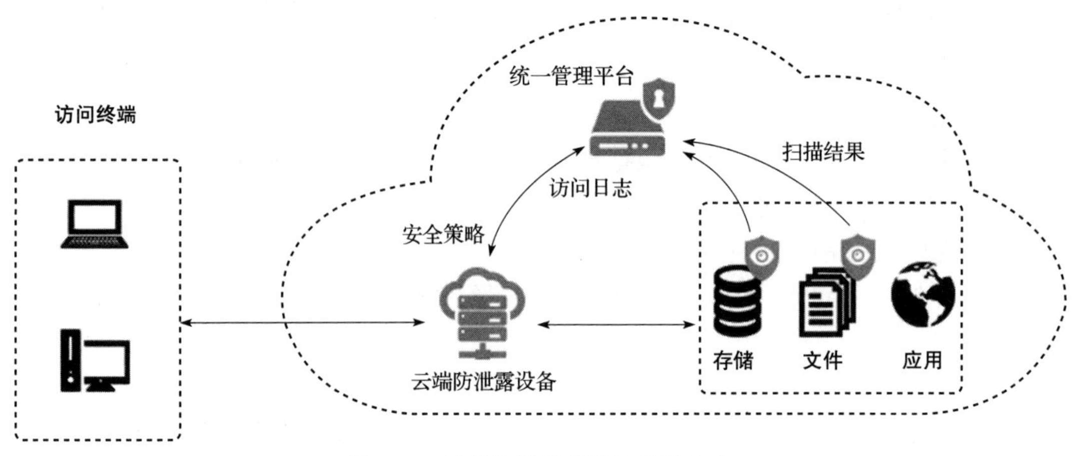

图 11-6 云端防泄露产品的部署方式

11.3.5 工作原理

云端防泄露产品的工作原理涉及两个关键功能点，即数据的访问控制与云端数据资产的分类分级。就数据的访问控制而言，其工作原理与网络防泄露产品的工作原理类似，只是在识别出敏感信息后所采取的响应动作有所区别。

如图 11-7 所示，云端防泄露产品通常对上行流量和下行流量都会有响应策略。对于上行流量而言，如果云服务用户上传的数据包含个人信息或敏感数据，则云端防泄露产品会根据安全策略将这些数据进行匿名化或脱敏处理，否则会面临合规问题。对上传的数据也会根据需要进行加密，这样在云端存储的就是密文。对于下行流量而言，会根据用户的权限，将其中的敏感内容进行脱敏，然后进行加密传输，防止内容被监听。

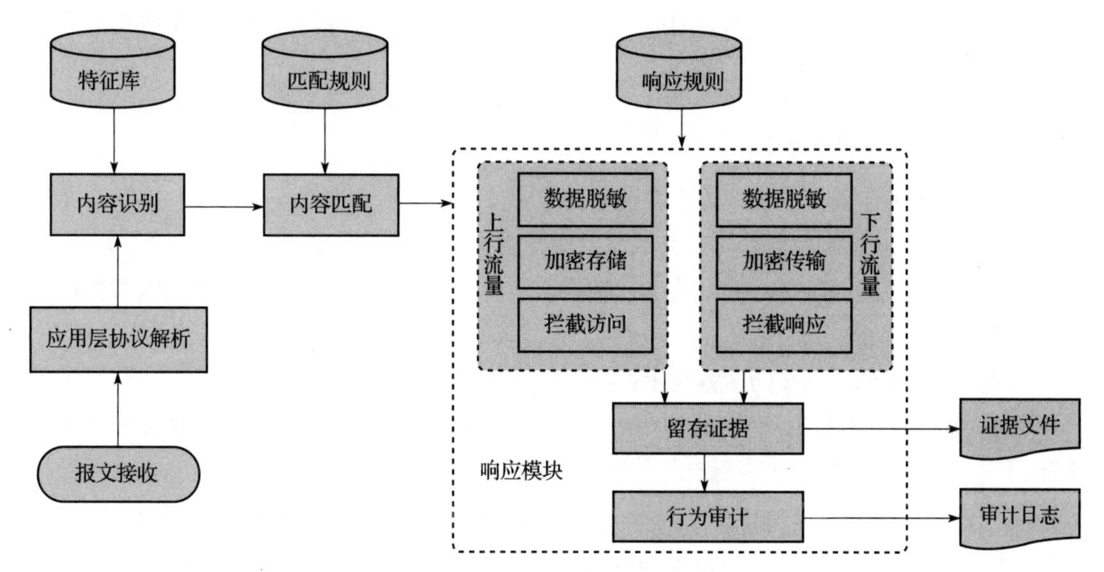

图 11-7　云端防泄露产品的工作原理

一般来说，对上行流量进行管控也是网络防泄露产品的业务范畴，但二者侧重点不同。网络防泄露产品主要用于防止企业的数据流出到不可控的环境中，而云端防泄露产品主要用于防止敏感数据违规进入云服务的系统中，避免因此带来的合规风险。当然，在某些场景下，例如企业用户向自身的云环境中上传内容时，这两种产品是可以相互替换的。

云端数据资产的分类分级也是借助云端防泄露产品的配套功能完成的，如图 11-8 所示。首先由管理员在统一管理平台配置扫描的策略，例如扫描的频率、对象和范围等参数。扫描策略会下发到云端防泄露设备和扫描插件。扫描任务启动后，云端防泄露设备和扫描插件根据扫描策略对云端数据进行采样，通过特征规则进行内容识别，例如识别出个人信息、重要数据等内容，再比照分类分级规则，给识别出的数据打上标签。

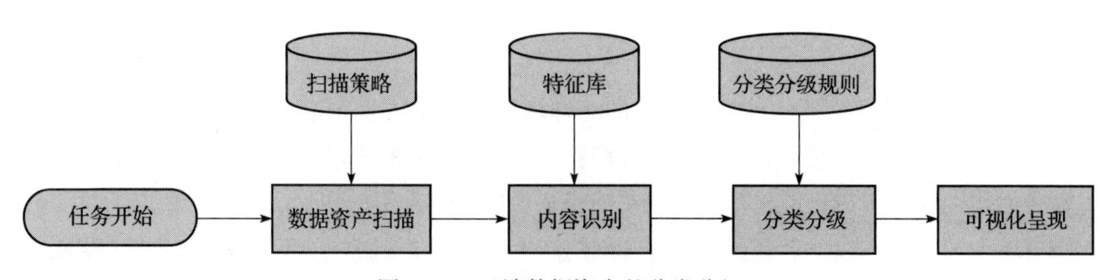

图 11-8　云端数据资产的分类分级

数据资产经过分类分级之后，所有扫描结果信息汇总到统一管理平台进行统一的记录、分析和展示。

云端防泄露设备和扫描插件都有扫描功能，但是应用的场景不同。云端防泄露设备主要以访问 API 的方式对数据进行扫描，对于无法远程访问的数据，需要在数据所在的平台上安装扫描插件进行“本地”扫描。

11.3.6 常见问题解答

问题 1：哪些企业可能需要云端防泄露技术？

解答：云端防泄露主要针对云端的数据进行防护。因此，企业的数据一旦在云上存储、使用和流转，无论是公有云还是私有云、混合云或者社区云，都需要考虑建设云端数据的防泄露能力。

问题 2：如何使用云端防泄露技术保护云端的数据资产？

解答：根据云端数据所面临的风险，保护云端数据的最佳实践可以归纳为如下几个方面：

第一，对云端的服务执行访问控制。可以根据服务所返回的数据敏感级别和类型进行相应的访问控制。访问权限应该根据部门或个人的合法业务需求进行分配，而不是笼统地向员工提供所有数据的访问权限。

第二，对数据进行持续监控。跟踪数据存储的位置，记录用户访问数据的行为。当数据安全事件发生时，能够帮助找到原因。

第三，对敏感数据进行加密。尽管云平台的基础设施供应商非常重视保护其客户的数据安全，但将敏感数据放置在这些供应商的系统内仍存在风险，特别是云存储供应商。因此，对敏感数据加密是必要的。

第四，执行有条件的访问策略。根据需要自动应用不同程度的访问控制，也就是说，根据员工的权限和访问请求的风险级别限制员工可以访问的内容。

11.4 文档安全管理系统

11.4.1 产品简介

文档安全管理系统是一种保护文档的终端软件类数据安全产品，主要用于防止文档中的敏感信息泄露。文档安全管理系统和文档权限管理系统在很多场合是可以相互替换的，毕竟两者的作用和关键功能点相差不大。文档安全管理系统采用透明加解密技术，以不改变员工现有工作习惯的方式，对企业内部核心部门产生的重要文档进行实时加密。加密文档流出到外部环境中，由于没有终端软件支持，也没有权限，无法访问文档的内容，从而实现核心文档的敏感信息防泄露。在企业内部，文档安全管理系统也能用于控制不同员工的访问权限，避免越权访问。文档安全管理系统为终端环境中的文件提供了有效的防护，在各个行业都有广泛应用。

11.4.2　应用场景

1. 满足合规要求

数据安全方面的法律法规强调，开展数据处理活动要采取相应的技术措施和其他必要措施，以保障数据安全。这些技术措施中最为基础的就是访问控制。对数据库中的数据，可以通过数据库防火墙、数据库加密等产品实现。对于终端环境中的文档类型数据，也需要有相应的产品来支持。《信息安全技术　网络安全等级保护基本要求》(GB/T 22239—2019）中安全计算环境的访问控制项，自第三级开始就包括“访问控制的粒度应达到主体为用户级或进程级，客体为文件、数据库表级”。文档安全管理系统正是根据用户的权限，对访问文件的进程进行管控，完全满足等级保护基本要求。

2. 防止重要信息泄露

不同行业有着不同的重要数据，例如程序源代码、投标文件、设计图纸、财务数据等。这些数据关系着企业的声誉、业务和财富，一旦流出企业环境，会对企业利益造成巨大损失，因而是企业的重点管控对象。如图 11-9 所示，文档安全管理系统对这些文档进行加密，并建立起文档的访问控制体系，根据角色、部门等信息进行权限分配，只允许有权限的员工访问。对于离开企业环境的加密文档，由于无法解密，其中的信息仍然不会泄露。

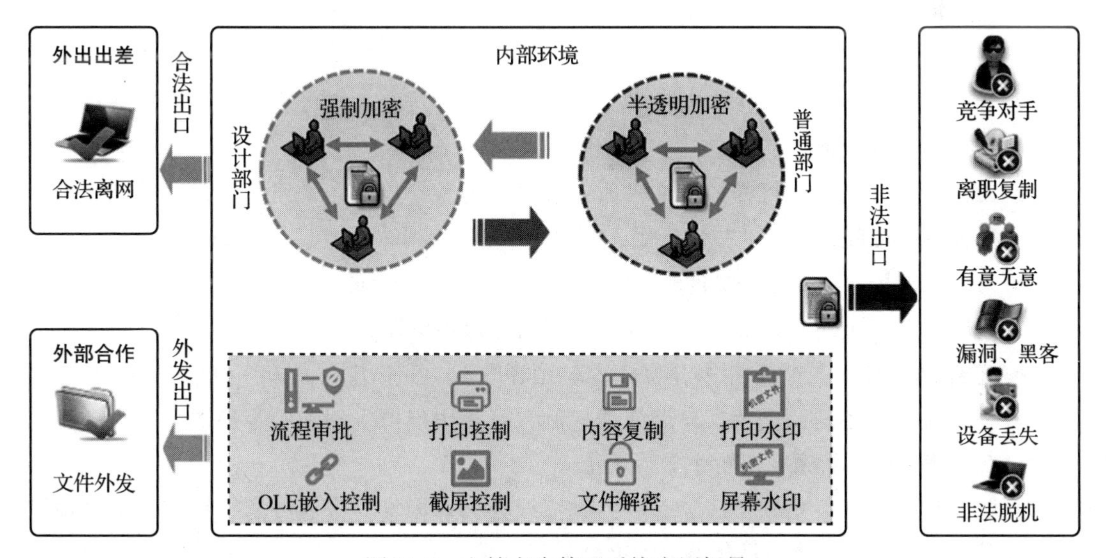

图 11-9　文档安全管理系统应用场景

11.4.3 基本功能

1. 文件加密

文件加密包括以下两类功能：

- 实时透明加密。采用应用层和驱动层相结合的加密技术，集应用层的安全性与驱动层的稳定性于一体，实现对任意文档实时透明加密，毫不改变用户的使用习惯。加密文件未经授权许可，离开指定环境无法使用，确保受控文件安全无忧。
- 半透明加密。兼顾数据安全与实际工作场景，实现非核心部门能打开核心部门的加密文件，又不会泄露核心部门的文件，并且自身创建的文件依旧保持明文状态。这种方式在保障核心数据安全的同时，不会影响企业业务的连续性。

2. 权限控制

权限控制包括以下几类功能：

- 文件等级隔离：根据文件流转范围，对文件进行多级别分级管理，确保文件在特定范围内使用，防止核心数据泄露。
- 文件解密控制：系统根据当前用户自身配置权限判断其对不同等级的加密文件是否具备解密权限。
- 内容复制控制：内容复制控制可防止终端数据通过内容复制方式被非法泄露，加密文件间、非加密文件间、明文内容复制至加密文件中不受影响。这种方式能够在保障数据安全的同时，最大限度地保证业务的正常进行。
- 内容拖曳控制：内容拖曳控制可防止终端数据通过内容拖曳方式被非法泄露，加密文件间、非加密文件间、明文内容拖曳至加密文件中不受影响。这种方式能够在保障数据安全的同时，最大限度地保证业务的正常进行。
- 终端截屏控制：可防止当前市场上所有截屏软件进行截屏操作，防止客户端通过截屏进行数据泄密。
- 阅读水印控制：在打开加密文件时，屏幕上附着一层水印，用于记录终端信息，可对截屏、拍照操作起到威慑作用，同时在数据泄露事件发生后可进行追溯审计。
- 打印水印控制：在打印文件时，纸上附着一层水印（虚拟打印时，保存文件自动附着水印），用于记录终端信息，从而实现事后可追溯审计。
- 终端卸载控制：控制终端用户能否卸载加密客户端，可有效防止终端用户非法卸载客户端。
- 客户端注销控制：支持客户端注销控制，具备用户可手动注销客户端、客户端注销状态下透明加解密将不再生效等功能。
- 脱机离网控制：充分考虑出差等各类离线办公等因素，可通过离线授权、策略预设及离线补时等功能满足各类离线办公需求。

3. 流程审批

流程审批包括以下几类功能：

- 密文解密审批：用户可通过密文解密审批将加密文件提交审批，审核通过后，用户可下载明文文件用于对外交互。
- 等级调整审批：用户可通过等级调整审批将加密文件提交审批，审核通过后，用户可下载并使用调整后的文件。
- 离网补时审批：用户可通过提交离网补时审批延长离网时长，审核通过后，用户可下载离网补时码用于延长对应终端的离网时长。

4. 文件外发

文件外发包括以下几类功能：

- 口令校验：外发文件支持口令校验，确保即使外发文件泄露也不会造成数据泄露。
- 使用次数限制：用户可设置外发文件的使用次数，在使用次数范围内可正常查看文件内容，使用次数耗尽后即无法查看文件内容。
- 有效期限制：用户可设置外发文件的使用有效期，在有效期范围内可正常查看文件内容，文件到期后即无法查看文件内容。
- 阅读水印：用户可设置外发文件的阅读水印，使用外发文件时，文件阅读窗口可自动附着水印信息，对截屏、拍照动作起到有效的威慑作用。
- 外发文件打印控制：用户可设置外发文件是否具有打印权限，无打印权限的外发文件则无法打印。
- 外发文件打印水印：用户可设置外发文件是否包含打印水印，具有打印权限的外发文件在打印时，纸质文件会自动附着水印信息。
- 外发文件截屏控制：用户可设置外发文件的截屏权限，对于无截屏权限的外发文件，在阅读时，禁止使用截屏功能，防止因截屏而造成数据泄露。
- 外发文件内容防修改：用户可设置外发文件是否允许修改，无修改权限的外发文件仅用于读。

11.4.4　部署方式

文档安全管理系统的使用涉及客户端和服务端两部分。如图 11-10 所示，客户端为终端软件，直接安装在需要进行文档保护的终端上即可。服务端可以安装在硬件服务器中，也可以选择在虚拟机中安装。文档安全管理系统客户端的安装过程中，需要对注册表等信息进行操作，因此若终端环境安装了杀毒软件，安装前需要将安装包名称添加进白名单内，否则会出现安装失败的情况。

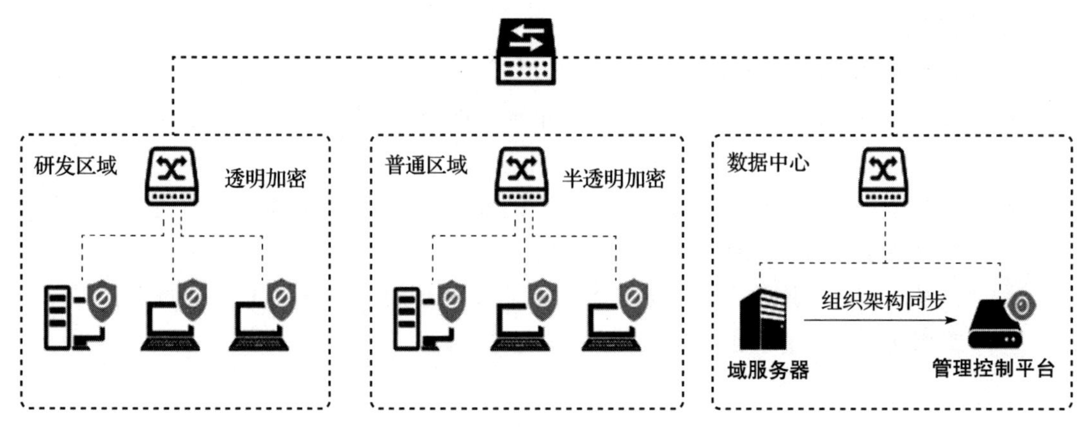

图 11-10 文档安全管理系统部署方式

服务端作为管理控制平台，可以从域服务器中同步组织架构信息，方便管理员根据部门等信息为员工配置文档权限。

11.4.5 工作原理

管理控制平台用于组织架构和用户管理、策略配置，以及报告生成、设备管理和系统管理。

管理员可在管理控制平台上配置加密策略用于赋权用户，加密策略可配置等级隔离权限、屏幕水印策略、打印水印策略、内容复制控制、截屏控制、打印控制、内容拖曳控制、解密权限控制、卸载权限控制等信息。同时，可根据组织架构、用户制定不同的审批流程。终端用户可使用自身可用的审批模板起草执行文件解密、等级调整、离网补时审批。

客户端主要安装在员工笔记本电脑或台式机上，负责透明加解密终端核心数据。用户根据自身具备的权限控制核心数据是否允许打开、打印、解密等操作，并根据屏幕水印策略、打印水印策略、内容复制控制、截屏控制、打印控制、内容拖曳控制信息赋予核心文档对应的权限。

11.4.6 常见问题解答

问题：加密保护的文档如何正常地分发给企业以外的单位或个人？

解答：在企业内部，终端上安装了文档加密软件，该软件能够根据用户权限对加密文档进行解密。当加密文档流转到外部终端上时，由于没有文档加密软件的支持，文档无法正常阅读，这也是文档加密的意义所在。对于正常的信息流通，如果要将企业内加密的文档分发给外部，一般有两种方式。第一种就是申请解密外发，对加密文档进行解密，添加水印，然后交由对方阅读。第二种方式就是对解密后的文档进行加壳，并用口令进行保护，同时设置阅读次数和窗体水印。当接收方打开加壳文档时，需要输入口令，打开文档次数达到阈值后自动删除文档。

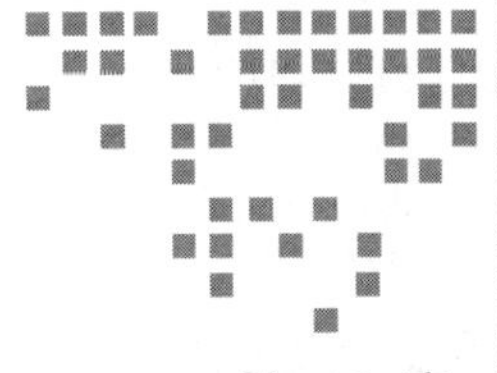

第 12 章 Chapter 12

数据安全管理产品

数据安全管理产品的划分主要基于产品的“管理”属性。数据资产安全管理平台对数据资产进行安全管理，数据安全态势感知系统对数据安全风险的管理，数据安全中心对各种数据安全能力进行管理。这三款产品的功能有重叠的部分，而且未来有融合的趋势。

12.1 数据资产安全管理平台

12.1.1 产品简介

数据资产安全管理平台是一种面向组织的数据资产梳理系统，是开展数据安全工作的必要工具。虽然它本身并不对数据资产进行安全防护，但是其输出结果对数据安全工作有重要价值。

数据资产安全管理平台一般通过全域扫描的方式，对组织内的数据资产（如数据源、数据表、字段、文档等）进行梳理，形成数据资产台账，然后绘制数据地图，帮助用户摸清数据资产家底，并直观呈现核心数据资产的分布、状态、使用、流转等详细信息。更进一步，产品会对数据资产的内容进行识别，并根据法律法规和行业标准对数据资产进行分类分级，形成分类分级清单。为了提升内容识别的准确率，产品也会引入机器学习等技术，结合数据特征、元数据等信息，发现和定位敏感数据资产。

数据分类分级工作处于数据安全的第一环，能为数据安全治理提供具体的数据依据和支撑。数据资产安全管理平台的目标客户主要是处理用户个人数据或自身重要数据的企业，拥有大量数据或者需要进行数据共享和交换的政府职能部门（公安、市场监管、财税、应急等)、企事业单位、数据管理单位（各地大数据局），以及需要建设数据安全体系、对数据进行全生命周期保护的其他单位。

12.1.2 应用场景

1. 构建数据安全治理基础

开展数据安全工作会面临两个关键问题：要保护什么？怎么保护？回答第一个问题需要从组织的所有数据资产中识别出需要保护的数据。第二个问题的答案是根据数据的不同安全级别设计不同水平的保护措施。回答这两个问题都需要依赖数据资产的梳理结果。因此，产品可以为数据安全防护方案和安全策略的制定提供针对性的参考依据。帮助用户快速、精准地规划和实施数据资产安全防护策略。

2. 满足数据合规要求

《数据安全法》第二十一条先后提到“对数据实行分类分级保护”“各地区、各部门应当按照数据分类分级保护制度，确定本地区、本部门以及相关行业、领域的重要数据具体目录，对列入目录的数据进行重点保护”，第三十条还规定“风险评估报告应当包括处理的重要数据的种类、数量，开展数据处理活动的情况，面临的数据安全风险及其应对措施等”。满足这些要求需要对数据资产进行梳理和分类分级，这正是数据资产安全管理平台的应用场景。

3. 支撑数据安全能力整合联动

在众多的数据安全技术防护过程中，需要依赖数据的分类分级标签执行管控。例如数据加密、数据访问控制、数据脱敏、安全审计等产品，在发挥作用之前必须获得数据资产的分类分级信息。因此，数据资产安全管理平台可以与安全产品进行信息同步，使数据在存储、使用、传输、共享等环节中得到分类分级防护，确保数据在生命周期中的机密性、完整性和可用性。

12.1.3 基本功能

1. 数据资产盘点

数据资产安全管理平台能够对主流数据库、数据仓库、文件服务器等多类数据源进行嗅探和发现，也能够针对数据源类型、版本、分布、数量、IP 地址等信息进行统计和呈现。

该平台支撑各种数据扫描策略，对组织内各类数据进行拉网式清查盘点，并以资产目录及资产索引方式绘制数据源、数据表、文件、类型、大小等多维度数据资产地图，直观、形象地描绘数据资产的分布、数量、归属等详细信息。可以通过树状结构图、数据关系图等可视化图表清晰、准确地揭示数据源、数据库、数据表、字段、文件之间的关系和脉络。

2. 敏感数据识别定位

数据资产安全管理平台会内置一定规模的通用敏感数据特征库，也支持用户根据实际需要在敏感数据特征库中自定义添加敏感特征项，以满足特殊的敏感特征类型或应用场景。基于机器学习、正则表达式、数据指纹、关键字等多种敏感特征识别技术，配合敏感数据特征库和对应的识别策略，平台可以从海量数据中自动发现敏感数据并确定其位置、敏感等级、数据类型、数据量、归属等详细信息，然后绘制全网敏感数据分布图谱。

3. 数据分类分级

数据分类分级是数据重要性的直观展示，也是数据确权与访问控制的基础和依据。数据资产安全管理平台支持自定义数据分级、分类标签功能。用户可根据行业标准，或者自身业务场景、数据价值、数据影响、数据用途、数据来源等确定数据分类分级标准，进而形成自己的专属标签库。在实际使用过程中，该平台将自动化打标签与人工核验相结合，可以提升数据打标效率，缩短数据安全治理周期。

4. 数据使用分析

数据资产安全管理平台能够以数据库表、数据文件为资产粒度和对象，对僵尸库表、数据完整性、正确性以及确定时间内被访问频度等进行统计分析。对数据资产在指定时间区间内被访问的次数、访问时长、访问源分布、访问方式等相关数据进行综合分析，并绘制出数据库的日常访问拓扑图、数据访问热力图、数据综合热度排名等，最终为用户提供安全防护、系统调优等方面的数值依据和决策支撑。

5. 数据资产多维分析

数据资产安全管理平台通常会内置多个报告模板来展示系统内的资产情况。资产梳理报告为用户提供系统内所有数据源的资产统计结果，从资产概览、数据分布、分类分级打标情况等多个维度反馈资产现状。敏感数据报告以敏感数据为核心，针对敏感数据的分布、变化等情况提供统计分析结果。

12.1.4 部署方式

数据资产安全管理平台主要对数据资产进行扫描和梳理，并不会对业务流量进行管控，因此部署方式比较灵活。图 12-1 所示为几种常见的部署场景，具体介绍如下。

（1）网络可达

这个命名可能让人无法理解，但这种部署方式是最简单的方式，简单到无法拥有一个合适的名称。网络可达其实就是，平台可以任意部署，只要能够访问到数据资产就可以。当然，必须通过用户允许的访问方式。

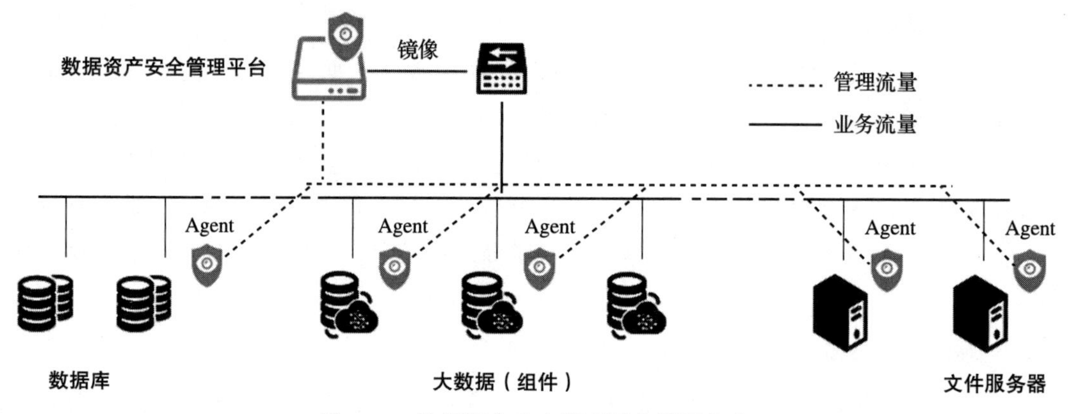

图 12-1 数据资产安全管理平台部署方式

（2）流量镜像

流量镜像是一种动态的梳理方式，这意味着平台并不会主动扫描数据资产，而是会像数据库审计设备那样，从流量中解析数据资产的信息。这种方式能够统计到敏感数据的访问热度等动态信息，但梳理的数据资产信息不够全面。所以，它通常和网络可达结合使用。

（3）数据探针（Agent）

数据探针是流量镜像的一种替代模式。当流量镜像方式无法实现需求时，可以选择数据探针方式。例如在云计算环境中，不可能像对物理网络那样很方便地镜像出网络流量，这时在数据源上安装探针，同样可以获取网络流量。

（4）容器化

在很多云计算环境中，容器化部署成为一种必须支持的方式。这种部署方式的优势自不必说，但它对平台提出了更高的要求。平台的组件被拆分，运行在不同的容器中。不过，我们可以把这些容器看作一个整体，部署方式有本质区别的是上述三种方式。

12.1.5 工作原理

数据资产安全管理平台的一个核心功能是数据资产盘点，它主要帮助客户发现企业所有的数据资产，为所有的数据建立清晰的目录，使客户能够精确地掌握字段级的数据信息，解决数据安全保护范围不清楚的问题。

数据资产盘点分为资产发现与数据梳理两个阶段，在资产发现阶段，扫描引擎会对企业范围内的指定 IP 地址范围进行扫描探测，根据 IP 地址返回的网络流量特征，判断该 IP 地址是不是数据源。扫描工作完成后，即可形成数据资产列表。在数据梳理阶段，通常需要配置资产授权，然后根据扫描策略和数据类型集，从指定的数据资产中抽取少量的数据样本，交给安全中心的识别引擎进行识别，然后结合识别策略和识别模型，识别出数据中的敏感数据，对数据进行分类分级，并做出综合的分析（热度、分布、风险等），如图 12-2 所示。

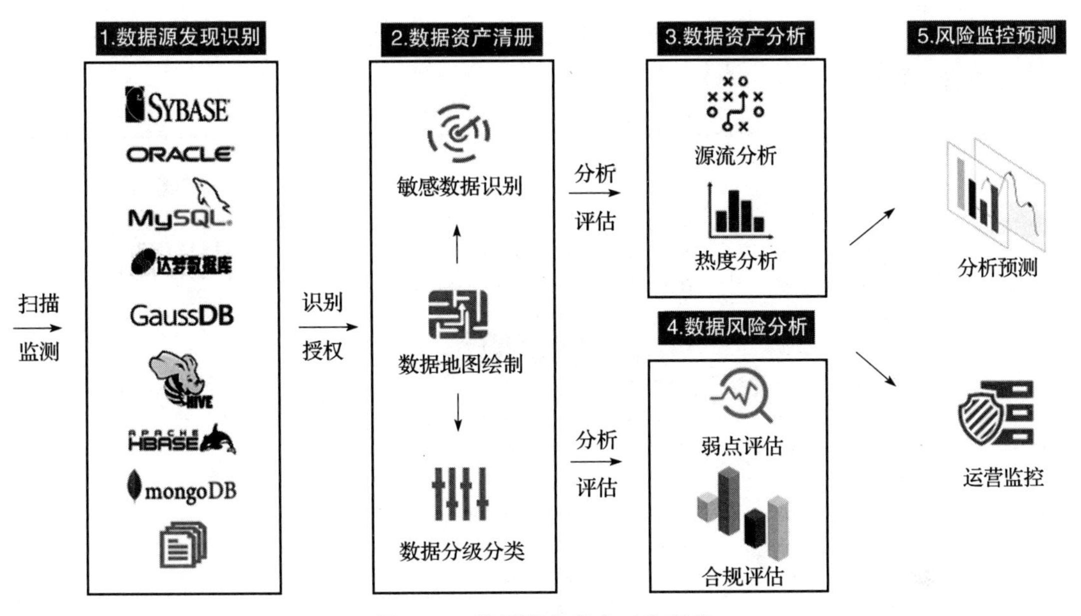

图 12-2　数据资产盘点工作原理

12.1.6　常见问题解答

问题 1：数据资产分类分级目前能否做到完全自动化？

解答：采用工具对数据资产进行分类分级的终极目标就是达到完全的自动化，但在实际项目中，在识别出字段的内容之后，还需要根据语境理解其含义。例如某个字段的采样数据是“314.15”，目前工具可以很快识别出这是一串数字，但是这个数字的含义是什么都很难判断。在金融行业，它可能是余额，也可能是利息；在电力行业，它可能是余额，也可能是用电量。这些信息需要和业务部门进行沟通才能确认，即使工具能够实现高度自动化，这个确认的步骤在目前来说还是必要的。当然，工具在经历了首次“学习”之后，各个行业都形成了特有的模板，自动化程度是越来越高的。

问题 2：数据资产分类分级结果是如何应用到其他数据安全产品上的？

解答：通过数据资产的分类分级工作，可以了解组织环境中的敏感数据规模和分布，获得所有数据资产的业务类别信息和安全级别信息，如图 12-3 所示。

基于这些信息，结合组织的安全制度和规划，设计数据安全防护策略。这些安全策略包括存储策略、访问策略和审计策略等内容，其中可以由技术实现的，就部署相应的技术措施来实现，无法由技术实现的，可以依靠组织的管理制度来落实。

技术措施以网络防泄露产品为例。在网络防泄露产品中应用分类分级结果信息。首先，配置内容特征库，将低敏感及以上安全级别的数据以关键字、正则表达式、指纹等方式配置到内容特征库中。这样，数据防泄露产品就能够在流量中识别出这些数据。然后，配置响应策略，即检测到流量中包含这些数据时采取的应对措施。目前常见的响应策略有对会话进行记录、告警或阻断。

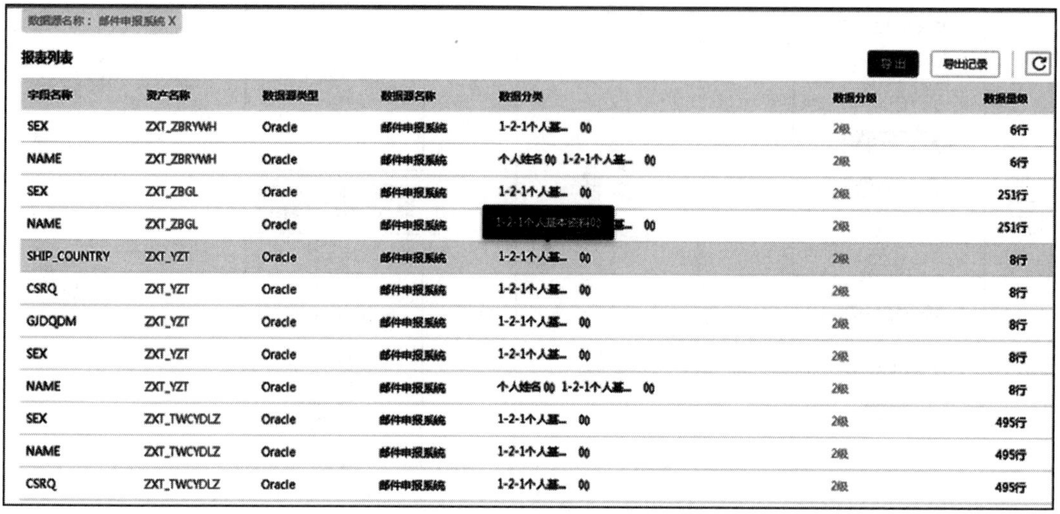

数据源名称：邮件申报系统 X

报表列表　　导出　导出记录

字段名称	资产名称	数据源类型	数据源名称	数据分类	数据分级	数据量级
SEX	ZXT_ZBRYWH	Oracle	邮件申报系统	1-2-1个人基... 00	2级	6行
NAME	ZXT_ZBRYWH	Oracle	邮件申报系统	个人姓名 00 1-2-1个人基... 00	2级	6行
SEX	ZXT_ZBGL	Oracle	邮件申报系统	1-2-1个人基... 00	2级	251行
NAME	ZXT_ZBGL	Oracle	邮件申报系统	1-2-1个人基本资料00 ...基... 00	2级	251行
SHIP_COUNTRY	ZXT_YZT	Oracle	邮件申报系统	1-2-1个人基... 00	2级	8行
CSRQ	ZXT_YZT	Oracle	邮件申报系统	1-2-1个人基... 00	2级	8行
GJDQDM	ZXT_YZT	Oracle	邮件申报系统	1-2-1个人基... 00	2级	8行
SEX	ZXT_YZT	Oracle	邮件申报系统	1-2-1个人基... 00	2级	8行
NAME	ZXT_YZT	Oracle	邮件申报系统	个人姓名 00 1-2-1个人基... 00	2级	8行
SEX	ZXT_TWCYDLZ	Oracle	邮件申报系统	1-2-1个人基... 00	2级	495行
NAME	ZXT_TWCYDLZ	Oracle	邮件申报系统	1-2-1个人基... 00	2级	495行
CSRQ	ZXT_TWCYDLZ	Oracle	邮件申报系统	1-2-1个人基... 00	2级	495行

图 12-3　数据资产分类分级结果示例

12.2 数据安全态势感知系统

12.2.1 产品简介

数据安全态势感知系统是一种帮助用户了解当前数据资产的安全状态、风险来源及安全趋势的平台化产品，借助机器学习、日志还原、可视化等技术手段，实现对安全威胁的深度检测、智能发现、预判预测。它能够呈现敏感数据分布、流转及用户行为等数据安全实时态势，为数据安全运营提供可靠的信息支撑。

数据安全态势感知系统通常包含日志采集、风险分析和可视化三个基础能力，也会在这些能力的基础之上拓展其他数据安全能力，例如风险处置。该系统所展示的信息通常是用户进行数据安全治理时最关注的指标。这些指标的变化能够反映数据安全治理工作的效果，数据安全治理团队可以围绕着这些指标开展工作。这意味着，数据安全态势感知系统就是企业内数据安全的晴雨表，是数据安全能力处于高成熟度的体现，发挥着非常重要的作用。

12.2.2 应用场景

1. 构建数据资产安全风险监测能力

无论是数据安全还是信息安全，对于安全风险的管理都非常关键。风险管理中最重要的就是风险的识别、评估。数据安全态势感知系统能够监测数据资产的访问行为和流转信息，结合风险规则模型和企业的安全策略，识别环境中的风险行为，并提供溯源等能力，帮助用户发现风险的源头。

2. 满足合规要求

《数据安全法》第二十九条要求：开展数据处理活动应当加强风险监测，发现数据安全缺陷、漏洞等风险时，应当立即采取补救措施；发生数据安全事件时，应当立即采取处置措施，按照规定及时告知用户并向有关主管部门报告。第三十条要求，重要数据的处理者应当按照规定对其数据处理活动定期开展风险评估，并向有关主管部门报送风险评估报告。且规定，风险评估报告应当包括处理的重要数据的种类、数量，开展数据处理活动的情况，面临的数据安全风险及其应对措施等。

这些要求是数据处理者的义务，也正是数据安全态势感知系统发挥价值的地方。该系统能够持续地监测数据处理过程中的安全风险，自动生成报表，减轻工作人员的负担。

12.2.3 基本功能

1. 数据安全风险扫描

以安全扫描和规范对标等方式对数据资产脆弱性、安全措施有效性、制度完备性等多个维度进行全面评估和深度检查，发现潜在的技术安全风险和管理漏洞，自动生成数据安全现状专项报告、安全目标差距分析报告及风险修补建议。

2. 数据流转监测

利用数据元采集监测、敏感数据识别、数据流转跟踪等技术，实现对数据访问、数据调用、数据共享、数据使用等数据活动和数据流转等行为进行全程监控与跟踪溯源，可为用户提供数据事故定责、敏感 / 重要数据流向分析、流数据资产管控等复杂场景的关键支撑。

3. 安全日志溯源

动态流量敏感数据识别、数据分类分级和数据标记作为核心技术，通过建立数据的唯一标识，记录数据的起始位置、流动路径、数据权属、访问行为、风险告警等标签信息，实现数据的起源、路径管理、权属证明和数据确权，解决数据共享难、共享安全管控难的问题，为数据的流转提供完整可信的溯源路径，为数据的共享交换提供强有力的技术保障。

4. 安全威胁态势感知

可通过丰富的场景规则及 AI 风险分析模型，为用户生成数据资产风险评估基线，同时综合其他数据安全相关数据和日志进行分析研判，实时监控、预测数据安全风险的变化趋势和偏离预警线的幅度，并从行为、事件、合规性和脆弱性等维度为用户提供及时的风险预警和风险处置措施。

12.2.4 部署方式

数据安全态势感知系统，可以简单地理解为一个日志的收集、存储、分析平台，因此，系统从多个安全设备上接收日志并集中存储，需要与各安全设备网络互通。其部署比较容易，如图 12-4 所示，首先将其接入用户网络中，然后在其上配置数据采集接口和平台管理接口，同时将各安全设备的日志上报地址配置为其日志接收地址，即可实现日志汇聚、日志分析和结果呈现的功能。

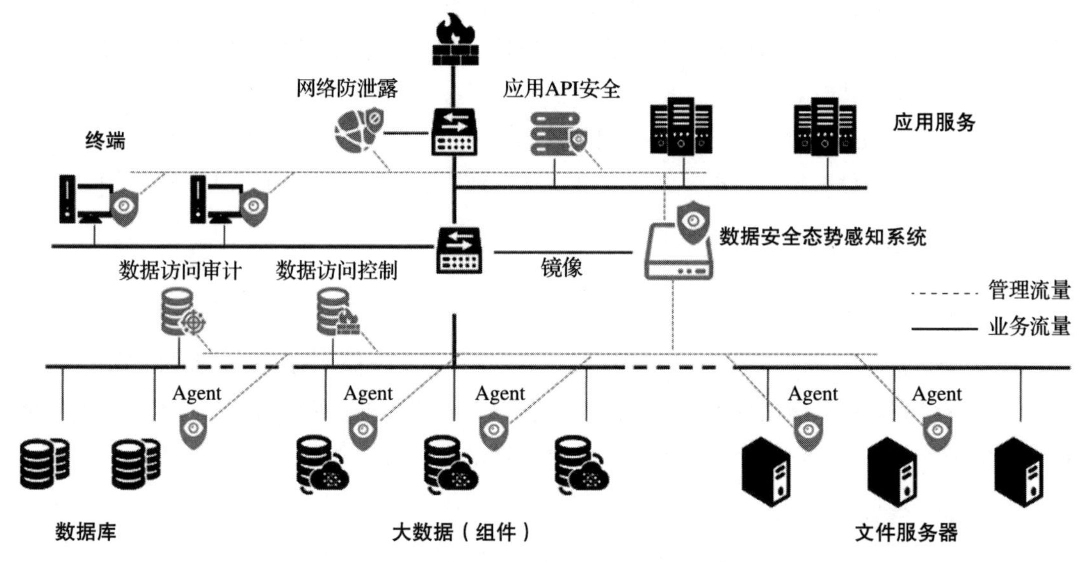

图 12-4 数据安全态势感知系统部署方式

12.2.5 工作原理

态势感知可以分成感知、理解和预测三个层次的信息处理。感知层主要感知和获取环境中的重要线索或信息；理解层主要整合感知到的数据和信息，分析其内在相关性；预测层则基于对环境信息的感知和理解，预测相关指标的未来发展趋势。

在感知层，关注的重要线索或信息包括数据库 SQL 语句、文件访问行为、API 访问行为、网络访问流量、系统脆弱性和设备日志信息等内容。这种全面性正是感知环节必须具备的，否则，感知的信息不完整，上层的理解和预测就不会准确。

在理解层，如图 12-5 所示，对感知到的信息进行分析，除了需要用到机器学习等算法外，还需要借助法律法规、行业标准和数据资产梳理的结果，包括敏感数据地图、数据分类分级信息。因为只有基于这些信息，才能够研判大部分数据安全风险，这也正是数据安全态势感知系统更偏向于业务层的原因。

在预测层，更多的是根据理解到的知识模型，对一些指标或状态的未来发展进行预测。

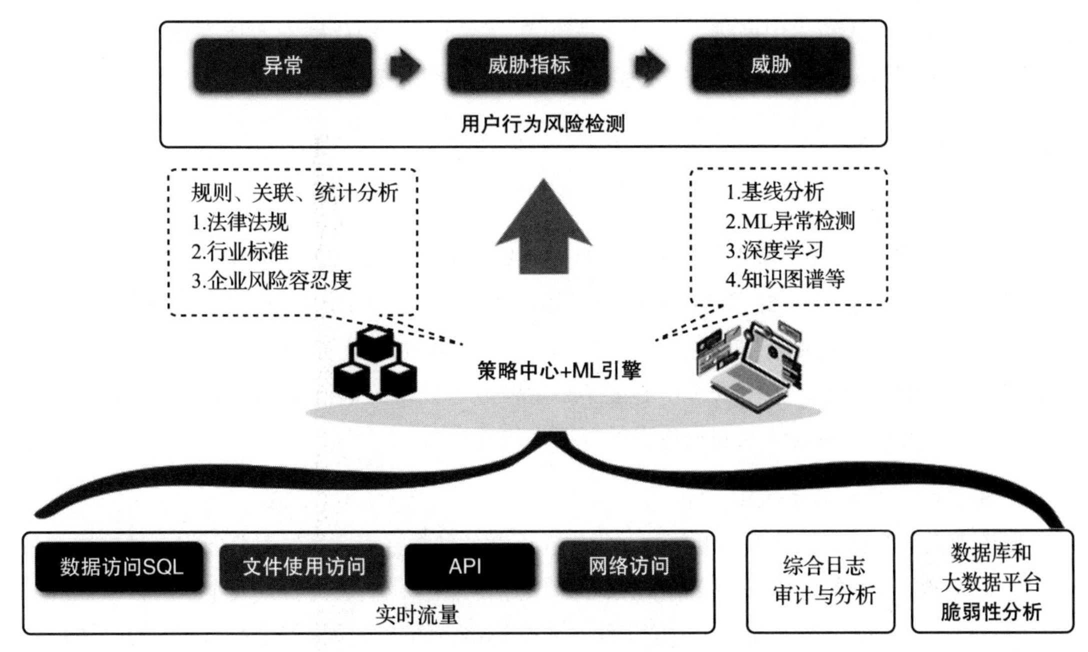

图 12-5　数据安全态势感知系统工作原理

12.2.6　常见问题解答

问题：组织部署数据安全态势感知系统的意义是什么？

解答：数据安全态势感知系统对于不同组织的意义不尽相同，这取决于组织对待数据安全的态度和长远规划。在数据安全能力成熟度模型中，第三级成熟度是充分定义。其中，充分定义的过程是可重复执行的，并使用过程执行的结果数据对有缺陷的过程结果和安全实践进行核查。这意味着过程需要有结果反馈，进而不断优化。数据安全态势感知系统就能发挥这样的作用，快捷地展示过程和实践产生的结果，帮助安全团队及时做出调整。虽然获得反馈不一定非得通过数据安全态势感知系统但是自动化的技术手段会让这个过程更有效率。

12.3　数据安全中心

12.3.1　产品简介

数据安全中心是用于支撑数据安全运营的平台化产品。其主要思想是实现数据安全能力的融合和“一窗式”统一管理，最大限度地释放数据安全技术体系的价值。作为数据安全技术体系的中枢或大脑，数据安全中心在集中管理数据安全系列组件的基础上，统一敏感数据信息和内容识别特征库，对数据安全风险进行监测和响应，实现安全组件的实时状况监控、报警/报表信息的集中展现。这种“一窗式”运营平台是数据安全体系化的落地表现，能够帮助安全团队减少安全合规方面的资源投入，提升日常安全工作效率。

12.3.2 应用场景

1. 满足合规要求

在《信息安全技术　网络安全等级保护基本要求》（GB/T 22239—2019）中，对应第三级安全要求的集中管控，要求“应对网络链路、安全设备、网络设备和服务器等的运行状况进行集中监测”，还要求“应对分散在各个设备上的审计数据进行收集汇总和集中分析”。针对多种数据安全设备，数据安全中心能够集中监测各设备的运行状况，采集各安全设备的运行日志进行分析，满足信息安全建设的等保三级要求。

2. 提升数据安全体系效率

随着数据安全技术措施的不断落地，组织在面对各种数据安全系统时会面临多种挑战。多种数据安全产品有着各自独立的策略配置，且日志信息相互隔离，为数据安全工作带来更多的工作量和更大的难度。数据安全中心能够统一安全策略，简化各数据安全产品的配置工作；同时，采集各产品的日志信息进行关联分析和风险识别，减少日常巡检及应急响应的时间投入。

3. 支撑数据安全运营

数据安全体系建成后，通过日常的运营工作驱动体系不断运行和完善。运营工作包括资产的梳理、设备巡检、风险评估、告警处理、应急响应等众多方面。数据安全中心以平台的方式支撑这些运营工作的在线处理，不仅可以协助组织快速梳理数据资产信息，识别数据资产风险，还可以实时监测安全设备的运行状态，统一处理安全产品的告警信息，自动生成统计分析报表，是安全运营的重要支撑。

12.3.3 基本功能

1. 数据安全能力协同

组织内的数据安全产品越来越多，数据安全中心支持产品间的数据互通、信息共享，能够消除各产品之间的信息壁垒，支持各数据安全产品协同工作。它可以确保用户制订的安全策略和数据授权在多个数据安全产品上保持一致，让数据安全管理体系以融合统一的方式运行。

2. 安全运营

支持工单的管理。通过工单的方式协调各个部门处理安全风险和安全事件。支持对工单的处理情况进行统计，例如各部门接收的工单数量、处理工单的效率。可以帮助数据安全管理团队识别组织内存在的问题，为进一步整改指明方向。

3. 运维管理

用于集中管理数据安全产品，提供全网数据安全产品实时状况的监控和报警，如图 12-6 所示。可以集中展现报表信息，支持多系统“一窗式”运维管理和系统的快速定位。为机构 IT 主管、信息部门领导展示全网数据安全设备的状态，提供管理决策依据，同时提升管理员的日常运维、管理效率。

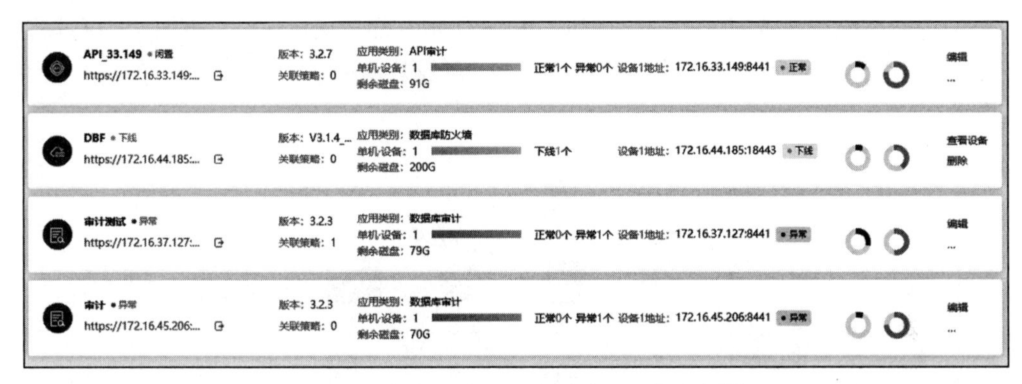

图 12-6　数据安全产品实时状况监控和报警

4. 可视化呈现

数据安全中心内嵌数据知识库和报表功能，支持可视化图表，如图 12-7 所示。它能够帮助用户全面、直观地了解组织内的数据资产现状。敏感数据分析图表帮助用户了解在不同业务系统中敏感数据的分布情况，热度分析图表则结合数据库的访问行为展示数据在一段时间内的访问情况，风险分析图表通过预置的场景规则为用户生成数据资产风险分析结果。

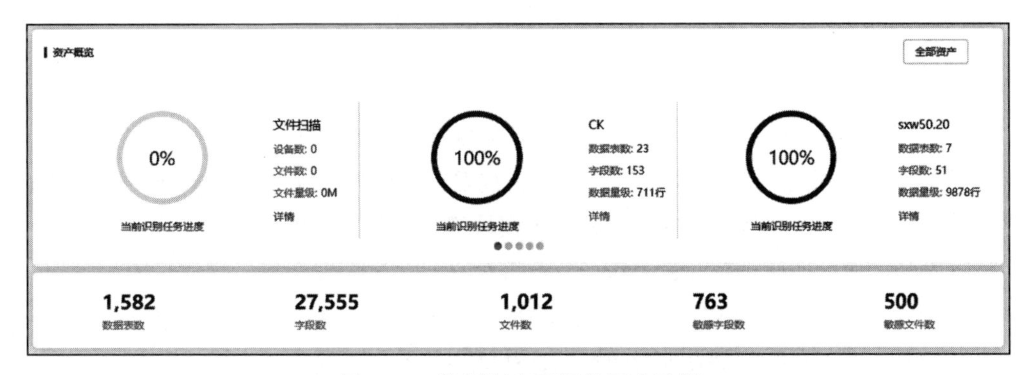

图 12-7　数据资产可视化图表示例

数据安全中心支持用户从多个维度自定义适合自身需要的数据专项报告，例如，自定义整体数据资产统计报告、敏感数据梳理报告、数据合规性专项评估报告、数据安全风险评估报告等，为精细化的数据安全管控提供数据支撑。

12.3.4 部署方式

数据安全中心对组织的业务几乎没有影响，因此能够在多种复杂环境中部署和使用。无论在传统数据中心环境中还是在云计算环境中，数据安全中心都接入用户网络中，必须能够访问数据源和被纳管的数据安全设备。

数据安全中心上配置数据采集接口和平台管理接口，同时，将访问数据源的流量通过交换机镜像功能镜像至数据安全中心，如图 12-8 所示。部署完成后，数据安全中心就能够实现安全设备监控、日志信息汇集、数据源发现、敏感数据识别、分类分级、风险监测等全流程过程管控。

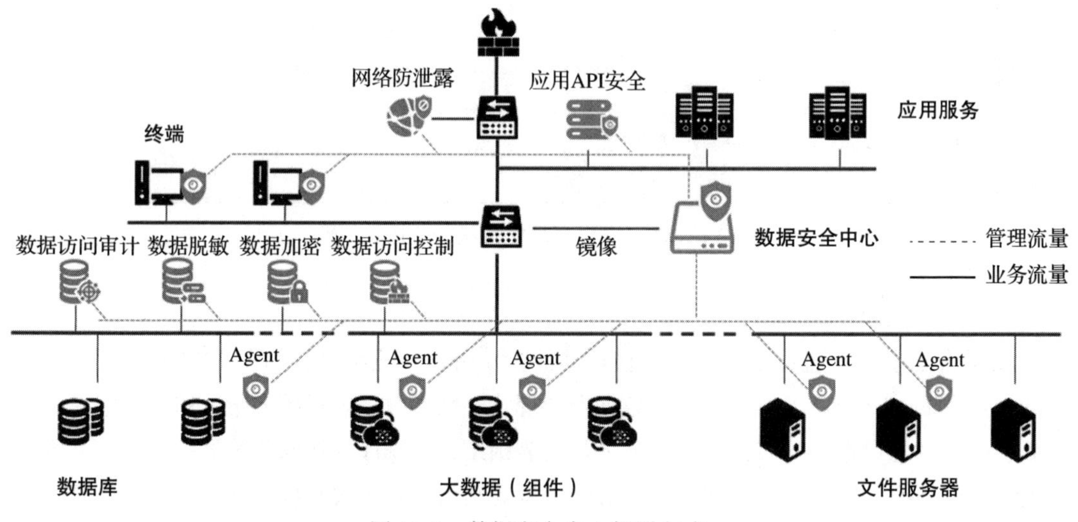

图 12-8 数据安全中心部署方式

12.3.5 工作原理

数据安全中心属于平台性质的系统，包含数据安全运营所需的所有关键组件。如图 12-9 所示，数据安全中心一般由安全运营、数据安全治理、安全引擎模型、数据安全态势感知、安全能力融合和数据采集监测共 6 个模块组成。从这里可以看出，数据安全中心中的一些模块可以独立运行，例如数据资产安全管理平台和数据安全态势感知系统。

安全运营属于用户交互层，提供展示页面。用户可以查看和处理告警信息，制订风险策略，管理安全设备，导出报表进行阅览。这些能力依赖下层模块的互相协作。

数据资产经过敏感数据识别和分类分级之后，形成数据资产目录。这一信息会被同步给其他模块，会作为制订安全策略的基础信息，也会作为风险识别和评估的输入信息。制订的安全策略和设备管理指令会通过接口下发到各安全产品。访问控制、安全审计、防泄露和脱敏等安全产品执行安全策略，共同实现安全防护全景能力。各安全设备的日志信息会上传到数据安全中心进行处理和分析，结合攻击模型、风险模型和其他情报知识识别环境中的风险，并通过交互层向用户呈现。

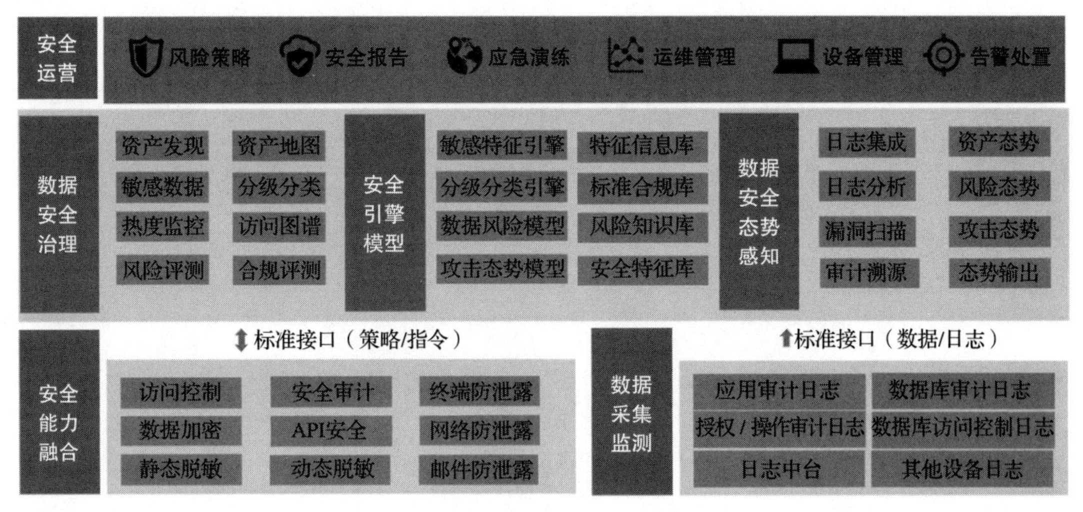

图 12-9　数据安全中心架构

12.3.6　常见问题解答

问题：企业建设数据安全中心的必要性有哪些？

解答：随着企业数字化业务的增长，其相应的数据安全防护体系也在不断扩张。如果总是感觉数据安全团队人员应付不来眼前的工作，那就该考虑一下建设数据安全中心了。

第一，从数据安全的监管需求来看，企业应该定期向主管部门报送风险评估报告。结合《个人信息保护法》以及《数据出境安全评估办法》等法律法规来看，数据处理者需要具备常态化的数据安全监测及响应能力，以便快速输出数据资产的数量、种类、分布、使用、防护措施、风险态势等信息。

第二，从效率提升来看，众多的数据安全产品给安全团队带来了不小的工作量。处理告警信息、对日志进行定期分析、优化设备的配置策略、查看设备工作状态，这些工作在多台设备间切换，会让工作人员不堪重负。这就需要对所有数据安全设备统一管理，自动化分析所有设备的日志，提供“一窗式”交互界面来简化操作。

第三，从能力提升来看，企业部署的众多数据安全产品之间毫无关联，有些产品的功能甚至重叠了。重复建设是一个问题，但更大的问题是安全产品之间不能共享情报，每台安全设备只局限在自己的空间里发挥作用。要改变这种现状，尽可能地发挥每台安全设备的价值，需要在所有安全设备之间共享信息，让安全设备以体系化的方式联动起来。

第四篇 *Part 4*

数据安全综合方案

Chapter 13 第13章

政务大数据安全解决方案

近年来，我国“互联网＋政务服务”取得显著进展，在线政务服务水平跃升至世界第一梯队。在提升政务服务数字化能力、加快推进线上线下融合的过程中，政务的数据安全建设也在持续提升，朝着标准化、规范化和体系化的方向不断发展。由于政务大数据所面对的需求具有全面、新颖的特点，对其他数据安全建设项目具有借鉴意义，因此我们综合多个政务大数据安全方案，总结出了政务大数据安全解决方案。

13.1 背景介绍

近年来，国家实施大数据战略，大力推进电子政务建设，高度重视数据安全和个人信息保护。2021年6月10日，《数据安全法》通过，标志着我国将数据安全保护正式上升到法律层面，其中明确开展数据处理活动应依照法律、法规的规定，建立健全全流程数据安全管理制度，组织开展数据安全教育培训，采取相应的技术措施和其他必要措施，保障数据安全。为贯彻落实《数据安全法》，构建完善政务大数据安全体系，保障数字化改革，规范和指导各地各部门公共数据安全体系建设，业内迫切需要一套体系化的政务大数据安全解决方案，制定出台公共数据安全相关标准。

按照“谁所有谁负责、谁持有谁负责、谁管理谁负责、谁使用谁负责、谁采集谁负责”的原则，各政务部门需要建立健全公共数据安全制度规范体系、技术防护体系、运行管理体系，涵盖数据采集、传输、使用、存储、处理、共享与交换、销毁等数据全生命周期安全防护，有效防范数据篡改、数据泄露和数据滥用。

数据安全作为安全保障体系的重要组成部分，在提供业务便利性的同时，对于安全保障体系的落实起着重要的作用。因此，数据安全建设需要满足数据安全、应用可用的总体安全目标的要求，立足于数据全程的保护，降低数据运行过程中的风险，保证数据在存储、传输和运行过程中的安全。

政务大数据安全解决方案包括数据安全制度规范体系建设、数据生命周期管理平台建设、数据安全驾驶舱建设、基础技术防护体系建设、安全运行管理体系建设。

13.2　现状问题

1. 组织架构尚不健全，人员配备尚不完备

目前，政务大数据团队没有完善的数据安全领导小组负责整体的数据安全规划、组织指导和协调工作；缺少数据安全管理主管部门负责数据安全制度规范、安全技术的论证等数据安全日常管理工作；未细化数据安全管理角色和职责，将数据安全执行工作落实到具体岗位和人员；同时未明确数据安全监督和审计部门，无法形成岗位之间的制约和监督。

2. 制度规范不够完善，管控措施覆盖不全

目前政务大数据关于数据安全的管理制度规范只有《数据安全管理办法（征求意见稿）》，缺少数据安全权限管理、数据分类分级、数据脱敏加密、数据安全审计、数据安全应急响应预案等基础数据安全管理规范，无法有力支撑数据安全管理。

同时，暂未针对数据全生命周期和数据各应用场景的操作流程制定数据安全管理规范，不能对数据采集、开发测试、数据运维、数据共享等环节进行数据安全规范指导。

3. 人员管理有待加强，安全意识薄弱

我们对人员管理进行了调研，发现客户未针对第三方人员制定数据安全管理规范，缺少第三方台账管理机制，且对第三方人员的安全监管力度不够，主要体现在：未定期对第三方人员开展数据安全检查，未制订数据安全管理人员培训计划，存在部分人员数据安全意识薄弱的情况。

13.3　需求分析

1. 管理需求

建立覆盖全局的数据安全管理组织架构，确保全局数据安全管理方针、策略、制度规范的统一制定和有效实施。

完善制度建设，包括数据分类分级保护制度、日常运营、重大活动保障、应急预案等方面。

2. 技术需求

主要是以数据为核心，构建覆盖数据全生命周期的安全保障体系，在数据采集、数据传输、数据存储、数据共享与使用等环节采取相应的安全防护措施以保障政务大数据平台的数据安全。

- 数据分类分级。制定政务数据的分类分级方案，建设能够持续自动对政务数据进行分类分级的能力。同时，对不同级别的数据进行数据安全策略规划。
- 数据采集安全。对采集数据的应用、人员身份进行鉴别，防止出现仿冒身份非法采集数据的情况；对采集的数据进行分类分级，便于在后续各阶段根据数据类别、级别进行相应的安全管控。
- 数据传输安全。在数据传输过程中，应采取加密措施，防止数据被窃取、篡改。
- 数据存储安全。根据数据类别、级别采用不同的安全存储机制：对于重要程度低的数据，可以明文存储；对于重要程度很高的数据，使用加密存储，保证关键数据的保密性。
- 数据使用和处理安全。对使用数据的人员身份进行鉴别，防止有人假冒合法人员使用数据；对使用数据的人员进行权限控制，防止其越权访问数据。对内部人员通过应用访问敏感数据的行为进行监控和审计，并对用户行为进行建模分析，以及时发现数据滥用、泄露的风险；对研发人员、BI 人员和数据库管理员直接访问大数据的行为进行监控和审计，并对其行为日志进行建模分析，以及时发现数据滥用、泄露的风险。
- 数据共享与交换安全。在数据资源共享与开放的过程中，对个人隐私信息（姓名、地址、身份证号码等）等高敏感数据进行匿名化处理，同时嵌入水印信息，防止信息泄露。对数据共享的接口进行用户身份验证，同时对接口数据进行发现、监控和审计，防止数据泄露。
- 数据销毁安全。建立针对数据内容的清除、净化机制，包括流程制度和逻辑销毁、介质销毁等技术措施。实现对数据的有效清除，防止存储介质上的敏感数据被恢复而导致的数据泄露风险。

13.4 方案目标

综合分析政务大数据相关系统的现状，结合后期业务系统的规划情况，数据安全建设将实现如下目标：

1）结合政务行业背景、行业合规要求、风险承受能力、数据安全自身能力等，从识别的数据安全风险出发，开展体系化数据安全建设方案规划，包含数据安全战略方针、总纲，以及短期、中长期目标规划，指导数据安全工作开展。

2）分别从组织建设、制度建设和人员能力三个维度构建有力可靠的数据安全管理体系，提升数据安全管理能力，实现数据安全管理保障、数据管理规范有序、人员安全意识和技能增强。

3）从业务、合规和风险角度出发，进行数据全生命周期管理、数据资产梳理、数据分类分级、敏感数据识别和风险识别检测，实现数据资产可视、数据风险可知、数据威胁可查的能力。基于数据分类分级和数据风险，制订数据安全策略，设计数据安全技术架构，为数据安全防护实施提供依据和支撑。

4）构建以数据为中心的数据安全防护体系，夯实数据安全技术底座，对数据在各应用场景中的流转进行数据安全防护，建立数据可信接入、数据加密、数据脱敏、认证授权、数据操作审计等措施，实现数据产生、采集、传输、存储、使用、共享、销毁的全生命周期可管可控，保证数据安全。

5）构建数据安全运营体系，对各类数据进行关联分析，监控数据的安全态势，以做到数据安全有效防护；同时通过运维保障、应急响应、定期评估、整体加固和人员能力提升等安全能力支撑，保障数据安全能力长期保持并持续改进。

13.5　方案内容

13.5.1　数据安全技术体系建设

数据安全技术体系以数据资产为中心，包含数据资产测绘、敏感数据发现、数据分类分级、统一认证、账户审计、授权管理、设备管理、状态检测、数据资产态势分析，以及对相关安全设备的集中管理、统一策略下发等能力。整个技术体系依靠数据安全中心，实现“一窗式”运维管理、设备快速定位以及高安全冗余备用方案，为数据安全主管领导、信息部门领导提供及时、全面、准确的全网数据安全管理的量化分析和决策依据，同时有效提升管理员的日常运维和管理效率。

数据安全技术体系所包含的能力可分成以下 10 个部分：

- 数据安全中心；
- 数据采集安全；
- 数据传输安全；
- 数据存储安全；
- 数据使用和处理安全；
- 数据共享和交换安全；
- 数据销毁安全；

- 数据回流整体安全防护；
- 合作方安全防护；
- 安全审计。

1. 数据安全中心

数据安全中心以海量的数据安全数据为安全要素，通过大数据技术对这些安全要素进行分析，可全面、精准地掌握数据安全状态，提升数据安全风险的主动预警能力、响应能力，形成数据安全监控的闭环。

数据安全中心是数据安全技术体系的核心，能为数据安全运营提供有力支撑。通过聚合态势呈现、风险预警、安全运营、威胁分析、事件溯源等能力，数据安全中心能够将安全防护范围覆盖到多个典型的数据安全场景。按能力属性分为数据采集监测、安全引擎模型、数据安全态势、数据资产管理、安全能力融合及安全运营六个子系统，其中：

- **数据采集监测**提供多种连接和数据采集方式，是数据源、数据资产以及敏感数据扫描发现的功能基础。
- **安全引擎模型**是整个平台的核心，内置了大量安全引擎和数据模型，为数据风险分析和数据活动跟踪提供关键支撑。
- **数据安全态势**负责分析和呈现环境中的风险。
- **数据资产管理**主要是对数据资产进行扫描发现、分类分级等监测，为其他功能组件提供数据资产的状态信息。
- **安全能力融合**是对所有数据安全能力的管理和协同，消除各安全能力之间的信息壁垒，使整个安全技术体系能够作为一个整体发挥作用。
- **安全运营**提供平台策略、任务以及指标参数的人机交互配置和运维管理功能，作为平台能力整体输出和展现，为用户提供可视化数据图表、风险告警、专项报告等功能。

数据安全中心的逻辑架构如图 12-9 所示，其技术指标如下。

（1）数据源发现和识别

数据安全中心支持流量监测和扫描解析两种在线数据源的侦测、识别方式，既支持对主流数据库、数据仓库、文件服务器等多类数据源的嗅探和发现，也能够针对数据源类型、版本、分布、数量、IP 地址等信息进行采集、统计和异常预警，可有效防范数据资产漏审和私设数据库等资产管理风险。

（2）数据资产地图绘制

通过数据安全中心数据扫描策略可对政务中各类数据进行拉网式清查盘点，并以资产目录及资产索引方式绘制数据源、数据表、文件、类型、大小等多维度数据资产地图，直观、形象地描绘数据资产的分布、数量、归属等详细信息。数据资产地图通过树状结构图、数据关系图等可视化图表能够清晰、准确地揭示数据源、数据库、数据表、字段、文件之间的关系和脉络，为用户提供全面、翔实、易懂、可视的数据资产平台化管理支撑。

（3）敏感数据识别与定位

数据安全中心内置了丰富的通用敏感数据特征库，支持机器学习、正则表达式、数据指纹、关键字等多种敏感特征识别技术，用户可以非常便捷地调取并应用。同时，支持用户根据实际需要在敏感数据特征库中自定义添加敏感特征项，以满足特殊的敏感特征类型或应用场景。配合敏感数据特征库和对应的识别策略，数据安全中心可以从海量数据中自动发现敏感数据并确定其位置、敏感等级、数据类型、数据量、归属等详细信息，然后通过智能算法绘制全网敏感数据分布图谱。

（4）数据资产生命周期监测

通过对数据创建（产生）、配置、修改（更新）、使用、共享等访问和使用环节进行全程动态跟踪，从数据资产维度跟踪和分析数据量级、归属、类别、级别、使用者（业务系统用户名或用户 ID）、操作、状态等动态信息，同时采用基于时间和会话标识的智能关联技术，将用户身份信息和对数据资产的操作行为进行关联，实现对数据资产访问人员的追踪和定位，为数据资产动态监测和安全管理提供技术支撑，实现政务数据资产的全生命周期动态监测和管理。

（5）一窗式统一认证管理

为管理人员提供多数据安全组件统一身份认证，账户集中管理和同步，支持一站式单点登录，不必在每个安全产品上都分别登录账户。支持账户查看、创建、初始化密码、角色授权等功能。

（6）数据安全产品状态监控

数据安全中心能对全网所有受控管系统以鸟瞰式监测各系统的运行状态，并以不同颜色直观展现当前系统的正常、告警、故障、宕机等状态。也可以实时监测受控管系统的 CPU、内存、存储空间、网口状态、关键服务等实时状态，当某项数值超过预设阈值时能以告警方式及时告知管理员。

（7）数据安全态势呈现

数据安全态势呈现可为用户提供安全威胁与预警信息查看、分析的入口，基于安全场景分析能力要求，通过对历史安全数据的归纳总结、对实时安全威胁的分析输出以及对态势发展情况的预测评估，全面描述全网的数据安全情况、影响评估和态势演化，为客户还原一个清晰、透明、可控的多维度数据安全的综合态势，包含数据安全事件态势、数据违规使用态势、数据访问权限态势、数据威胁态势、数据应用态势、敏感数据流转态势等。

（8）安全日志数据融合

数据安全中心可实现对全网安全数据的集中采集、标准化、存储、全文检索等，通过采集向数据安全中心输入分析数据，进行数据的预处理、融合等，实现整体安全运营管理、数据安全分析处置等功能。数据安全中心支持为每个数据采集引擎配置不同的采集策略、采集协议、采集目标、采集存储位置等，保障每个数据采集引擎有针对性地采集数据。同时，数据安全中心支持多种采集协议，以实现对各类数据的采集。

（9）威胁分析引擎

数据安全中心大数据分析技术对平台存在的主要数据安全威胁和攻击事件进行检测，利用接入的安全日志和基础信息，从多个维度对数据安全威胁进行安全态势分析，同时可利用安全威胁情报等识别出潜在攻击行为等。

（10）数据安全运营

数据安全中心支持对数据安全事件的运营管理，支持整体资产接入管理、数据安全监测、安全事件调查、安全报告输出等功能，为数据安全运营部门对整体告警、预警事件的快速响应提供保障。

（11）数据安全态势大屏

数据安全态势大屏为用户提供全面、清晰的数据安全概况，包含数据资产安全态势大屏和资产分布态势大屏等，从业务、数据资产、人员安全等角度全方位地呈现安全风险态势。同时，通过灵活的数据筛选配置、统计方法配置、可视化输出配置等一系列过程，生成大屏页面展示用户数据安全场景需求，具备丰富的扩展能力。

1）安全态势大屏。安全态势大屏直观展现出用户整体系统的风险情况。主要展示以下模块，呈现整体系统的安全态势。

- 数据库量：数据安全中心防护的数据库总量，直观展现用户的数据库资产数量。
- 事件总数：数据安全中心连接的所有设备的事件数量总和，包括风险事件与非风险事件。
- 访问数量：数据安全中心连接的所有数据库被访问的数量总和。
- 风险数量：数据安全中心根据规则识别出所连接安全设备的风险事件的数量总和。
- 风险资产 Top10：数据安全中心中发生风险事件数量最多的 10 个数据库资产。
- 用户 IP 地址风险 Top10：数据安全中心中发生风险事件数量最多的 10 个用户 IP 地址。
- 风险类型 Top10：数据安全中心中发生风险事件数量最多的 10 种风险类型。
- 响应行为分布：数据安全中心对风险事件的响应行为分布显示。
- 告警曲线趋势：告警趋势曲线图，各级别（高危、中危、低危）风险事件发生的次数随时间的变化趋势。

- 实时威胁详情：最新风险事件的详细日志信息。

2）资产分布态势大屏。如图 13-1 所示，资产分布态势大屏直观展现出用户整体系统内的数据库资产分布情况。主要展示以下模块，呈现整体数据库资产的安全态势。

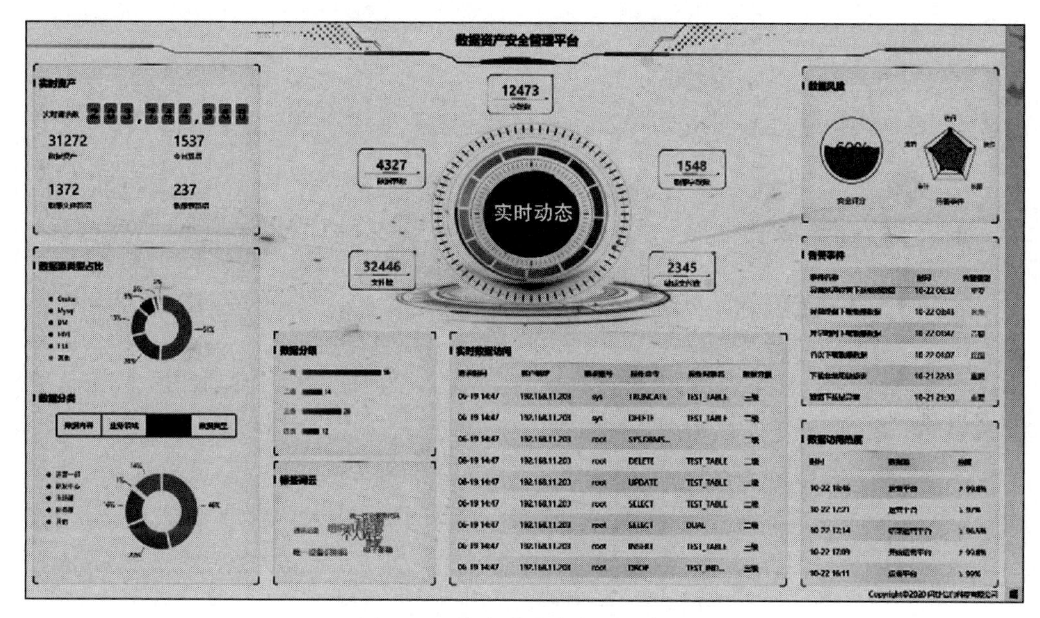

图 13-1　资产分布态势大屏截图

- 数据库数量：数据安全中心连接的数据库总量，直观展现用户的数据库资产数量。
- 敏感表数量：数据安全中心根据分类分级规则设定的敏感表数量，直观展现用户系统内的敏感表数量。
- 敏感列数量：数据安全中心根据分类分级规则设定的敏感列数量，直观展现用户系统内敏感数据总量。
- 数据访问趋势：数据安全中心连接的所有数据库访问情况，直观展现前一日 24 小时各个时间段被访问的次数分布情况。
- 数据库类型及占比：数据安全中心监控的所有数据库类型统计，直观展现数据库各个类型的分布占比情况。
- SQL 执行时长分布：数据安全中心监控的所有数据库内的 SQL 语句执行时长统计，直观展现用户对数据库操作行为的整体监控，防止超负荷操作行为的发生。
- 敏感表数据分布：数据安全中心根据分类分级规则设定的敏感表类型统计，直观展现用户系统内各个敏感表的分布情况。
- 数据库登录情况 Top 10：数据安全中心监控的所有数据库中登录行为的统计，直观展现登录行为次数最多的 10 个行为来源。

3）安全设备运行态势大屏。如图 13-2 所示，安全设备运行态势大屏直观展现出用户系统中所有安全设备的运行情况。主要展示以下模块，呈现整体安全设备运行的总态势。

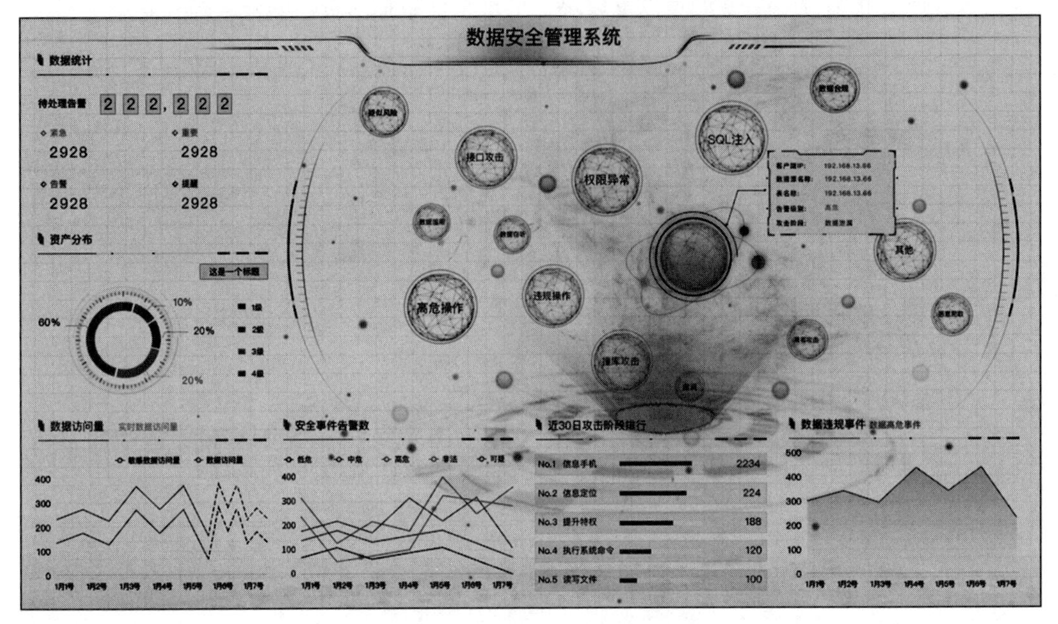

图 13-2 安全设备运行态势大屏截图

- 各安全设备运行状态：通过拓扑图展现数据安全中心连接的所有设备布局以及各子设备的运行概况，直观展现异常设备，方便运维人员及时处理。
- 运行时长：数据安全中心连接的安全设备的运行时长，直观展现设备的工作情况。
- 安全设备数量：数据安全中心连接的安全设备数量，直观展现用户拥有的设备资产数量。
- 事件总数：数据安全中心连接的所有设备监测到的事件数量总和，包括风险事件与非风险事件。
- 告警总数：数据安全中心监测到的所有告警数量，主要指各级别（高危、中危、低危）风险事件发生的次数总和。
- 系统主机性能指标：数据安全中心系统主机的运维性能数据，主要包括硬盘使用率、内存使用率、CPU 使用率、前一日 24 小时各时间段的网络接收量变化趋势，直观展现主机的运行情况。
- 各子安全设备详情：轮播展现数据安全中心接入的所有安全设备的运行情况，主要包括各安全设备的名称、类型、整体状态、硬盘使用率、内存使用率、CPU 使用率、网络接收量和网络发送量等详细信息。

- 日志采集趋势：统计数据安全中心接入的所有设备采集到的日志数变化趋势，集中展现前一日 24 小时各时间段采集到的日志总量随时间的变化趋势。

4）数据安全调度大屏。数据安全调度大屏为 32∶9 宽屏，从多个维度分析，展示整体安全态势，展示的主要内容如下：

- 数据资产统计分析：包括数据源数量、敏感表数量、敏感列数量、数据库类型分布统计、数据资产访问趋势等，呈现总体资产分布态势及风险。
- 用户身份统计分析：包括已知身份、未知身份、黑名单身份、已知身份统计 Top10、应用统计 Top10、身份风险统计 Top10 等，呈现总体身份风险态势。
- 访问行为统计分析：包括登录行为趋势、访问行为趋势、风险类型 Top10、操作类型 Top10、实时事件信息等，呈现总体行为轨迹及风险。
- 安全设备运行分析：包括运行天数、安全设备数量、采集日志数量、各个安全设备的性能状态及日志采集趋势等，呈现总体设备运行状态。

（12）数据评估报告

数据评估报告为数据安全中心内嵌的数据知识库和报表功能，可以让用户从 20 多个维度自定义适合自身需要的数据专项报告，可自定义整体数据资产统计报告、敏感数据梳理报告、数据合规性专项评估报告、数据安全风险评估报告等。

2. 数据采集安全

数据采集处于整个系统环境的边界。由于涉及与外界的交互，其风险比较复杂。从数据安全的角度来考虑，通常需要防范数据的泄露风险、合规风险和篡改 / 破坏风险。

数据采集的数据源包括外部数据、内部数据、协同部门政务数据和社会及互联网数据。为了防止数据泄露或被破坏，需要对涉及数据采集的人员、设备和应用系统进行用户身份鉴别、设备和系统网络准入等安全管控。依托政务系统已有的信任服务基础设施，采用用户身份鉴别、设备身份鉴别、网络认证准入等多种认证方式，确保数据源可信。

在数据采集等系统接入数据库时，采用安全产品限制数据的流动方向和数据访问行为，保障跨域数据接入安全。

按照数据分类分级相关规范对数据进行分类分级标识，遵守相关的数据隐私法规，如《数据安全法》和《个人信息保护法》，以确保系统以合法和道德的方式收集与使用数据。

针对上述防护思路，所应用的安全技术如下。

（1）身份鉴别

数据库在采集、接收相关数据时，需要对数据来源、数据完整性及可追溯性进行验证。可以在数据采集阶段进行用户身份认证，保障数据本身的完整性和真实性，确保数据来源的安全可信，防止伪冒数据源的数据层安全攻击和破坏。

数据采集阶段的安全认证主要包括采集系统到数据源系统（数据库—数据库）的接口认证、采集设备接入认证以及用户身份认证，通过身份认证和账号确权方式确保对端双向数据连接的安全。

数据安全中心基于数据库通信协议解析和双向流量分析，搜集用户访问的上下文信息，通过多因素身份认证（用户账户、短信验证码、指纹、证书认证等）来集中验证用户身份，规范用户的准入控制。

（2）身份发现

数据安全中心会对未知的身份进行发现与记录。对于未知的未定义的身份，数据安全中心会主动记录相关信息，包括应用工具、主机设备信息、登录时间及操作行为等，并基于以上信息构建身份特征。除了已知身份，数据安全中心对于未知身份也能进行管理。

（3）身份治理

数据安全中心基于身份建立访问控制、数据库准入等相关安全策略权限，将权限与身份紧密绑定，避免用户权限过大，产生安全风险。

（4）设备身份鉴别

数据采集设备一般为非智能 IP 设备并基本采用弱化或封闭的内嵌系统，因此传统的身份认证模式无法适应这种特殊环境的身份鉴别要求。但暴露在外的探测感知设备、网络摄像头、手持数据采集设备（IP 类设备），普通人员很容易触及，极大地增加了相关平台的安全风险。通过准入控制系统提供的设备身份认证和网络准入控制功能，能够实时监测并发现接入内网的主机、PC/ 平板电脑、数据采集设备、IP 物联感知设备、网络摄像头等 IP 设备，能够在第一时间联动交换机、网络安全设备进行隔离阻断并通知安全管理人员。同时，能够对非智能 IP 设备做到精准的设备识别，能够即时发现伪造合法 IP 和 MAC 地址的非法设备及行为，并从网络链路层进行阻断，确保数据采集设备的安全可信。

3. 数据传输安全

数据（流式数据、数据库、文件、服务接口等类型的数据）传输过程中，采取加密措施保障数据的完整性、机密性。公开数据的主要安全传输技术有数据完整性校验，内部数据和敏感数据的主要安全传输技术有数据传输加密、数据完整性校验、数据防泄露技术等。

从业务外网 VPC（虚拟私有云）和互联网 VPC 传输到数据 VPC 阶段，数据存在中途被截获、篡改等风险。对于在数据 VPC 落地的数据，无从判断其完整性。

数据传输过程中采用传输加密、数据隧道加密，以防止数据被篡改、截获。对于在数据 VPC 落地的数据，可通过数字签名技术保障其完整性，杜绝数据伪造、篡改。

在传输过程中，需要从数据传输加密、数据完整性保护等多个方面来保障业务系统数据的机密性和完整性。

（1）数据传输加密

数据在网络中传输时，面临中间人攻击、数据窃听、身份伪造等安全威胁。为了保证数据在网络上的传输安全，区域内外部专网接入单位（总部、各分支机构等）之间要保证安全通信。采用网络链路端到端加密，并配合国密算法，防范重要数据被泄露。

（2）数据完整性保护

数据传输过程中的数据完整性保护可以通过数字签名技术来实现。在电子公文流转、敏感数据交换等流程中，基于数据库安全基础设施中提供的签名服务器，采用数字证书的数字签名对数据传输过程中的文件信息进行签名，杜绝数据伪造、滥用，全面保障信息的完整性、严肃性和权威性。

4. 数据存储安全

数据存储安全主要是指数据在存储的过程中保持完整性、机密性和可用性的能力。面临的风险主要是数据泄露、数据丢失等。为解决数据存储阶段的风险问题，应基于数据分级分类标准对数据进行加密存储和分级保护。

在数据（流式数据、数据库、文件等类型的数据）存入数据库后，需要重点防范数据库内部出现 DBA 越权访问、数据拖库、存储介质被盗等极端情况而导致数据泄密事故。为解决数据存储阶段的风险问题，应基于数据进行数据存储加密、存储介质管控以及数据备份与恢复。

（1）数据存储加密

依据数据分类分级的标准，对敏感数据、内部数据等重要数据在存储时进行加密处理。加密后的数据以密文的形式存储，保证存储介质丢失或数据库文件被非法复制的情况下的数据安全。

对进出数据库的敏感数据依据策略进行加解密操作，支持多种密码技术。

加密是基于透明加密技术实现敏感数据加密存储的数据库防泄露产品。支持使用国密算法 SM4 对敏感数据加密，以满足等保、分保等评测要求；在此基础上增加独立于数据库的访问授权机制。任何访问被加密数据的人或应用必须事先经过授权，拥有合法访问权限才能访问加密数据，非授权用户无法访问加密数据，这样可以有效防止管理员越权访问及黑客拖库。

同时，系统支持系统管理员、安全管理员、审计管理员的三权分立管理，增强了数据库使用的安全合规性。

（2）存储介质管控

数据库存储介质具备一定的流动性，使用频繁，经手人员多，导致敏感数据泄露的风险大幅增加。可以通过存储介质管控系统进行存储介质的身份标识、密级标定、授权管理、访问控制和操作审计等一系列安全技术手段，保证存储介质使用的安全性和可控性。

（3）数据备份与恢复

数据备份系统是用于管理政府操作系统、数据库、文件及虚拟机的备份、恢复、容灾和数据高可用的软件。它通过 Web 界面提供一个存储备份管理平台，用户可以通过这个平台统一监控和管理政府操作系统，异构环境下的数据库、文件，以及虚拟化平台下虚拟机的备份、恢复和数据高可用。它不仅能对政府内部操作系统、数据库、文件、虚拟机进行备份和灾难恢复，还能对政府单位分布在各地的备份系统实行分布式多级统一管理和监控，同时，异地容灾和数据同步、服务接管功能为政府提供了高效、经济的数据库高可靠和高可用解决方案。

5. 数据使用和处理安全

（1）数据防泄露

在数据使用和处理过程中，采用数据防泄露技术来保护敏感信息。通过对文档进行自动分类分级，实现数据有效治理。为提升内容识别的准确率，引入 AI 识别算法，对组织内部外泄内容进行识别，管控敏感数据的传输与应用。结合文件加密技术，有效防止核心数据主动、被动泄露，保护重要数据资产安全。

如图 13-3 所示，数据防泄露系统包含统一管理平台、终端防泄露、网络防泄露、邮件防泄露、存储防泄露和在线内容识别六大安全模块。各模块的功能如下：

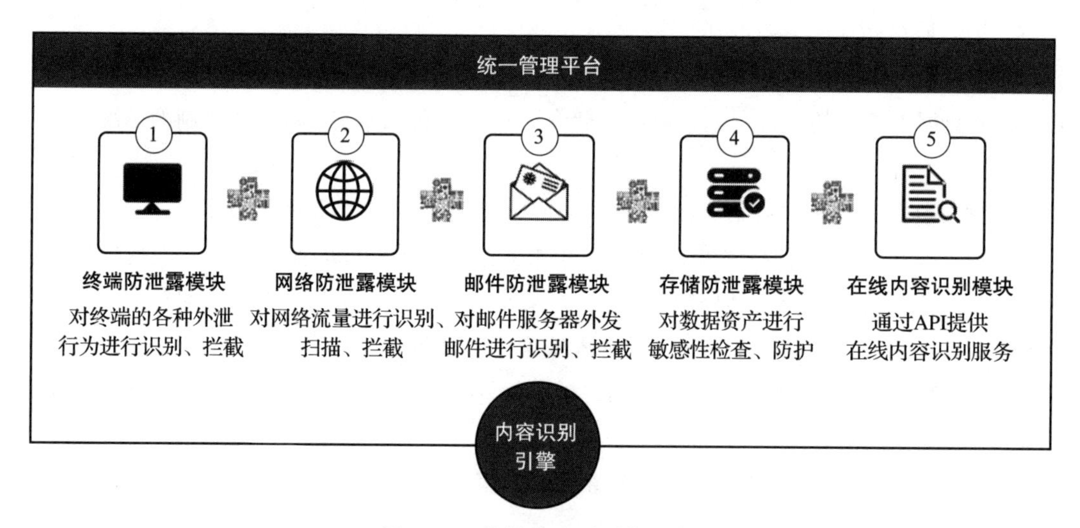

图 13-3 数据防泄露系统组成

- 统一管理平台：监控所有模块的工作状态，制订策略并下发到所有数据防泄露模块上，收集所有数据防泄露模块上的风险事件，提供可视化的日志报表及敏感信息分布地图。

- 终端防泄露模块：如图 13-4 所示，能够自动发现各终端存储的敏感数据，防止其通过终端外设接口和应用程序泄露。
- 网络防泄露模块：部署在网络边界，负责监测网络途径的泄露行为并进行审计/阻断。
- 邮件防泄露模块：提供敏感邮件人工审批功能，主要供有敏感邮件收发需求的企事业单位使用。
- 存储防泄露模块：从存储服务器、文件服务器等数据源提取数据，识别数据敏感程度，并对指定的敏感数据进行告警、归档、加密等处理。
- 在线内容识别模块：能够自动、周期性地发现文件服务器、FTP 服务器、邮件服务器以及个人终端上的敏感数据存储情况，记录并统计每部门、每终端、每类型敏感数据的详细分布。

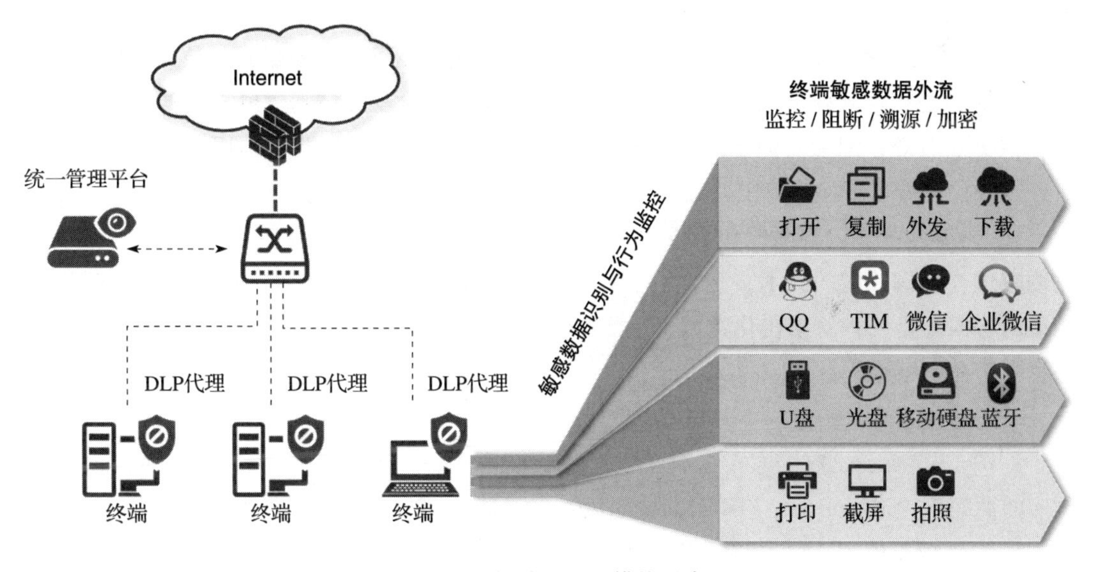

图 13-4　终端防泄露模块示意

数据防泄露技术会根据数据的内容进行安全管控，因此对内容识别技术的要求很高。除了常见的关键字检测、正则表达式等技术之外，还引入字典检测、脚本检测、数据标识符检测、内容匹配等技术，以提升内容识别的准确性。

1）关键字检测。关键字检测技术是将包含一个或多个关键字或关键字短语的列表中的每个关键字或关键字短语与目标文件进行比较的内容识别技术。关键字支持普通关键字和近邻关键字匹配。

近邻关键字是指如果定义了关键字之间的字间距，在出现位于该范围内的字时，系统也能够检测到相关内容。

中文分词指的是将一个汉字序列切分成一个个单独的词。分词就是将连续的字序列按照一定的规范重新组合成词序列的过程。

2）正则表达式。正则表达式是对字符串，包括普通字符（如 az）和特殊字符（称为“元字符”），进行操作的一种逻辑公式，就是用事先定义好的一些特定字符及这些特定字符的组合组成一个规则字符串，这个规则字符串用来表达对字符串的一种过滤逻辑。正则表达式是一种文本模式，描述在搜索文本时要匹配的一个或多个字符串。数据防泄露系统支持通过配置正则表达式（如手机号、身份证号等）对外发内容进行检测。

3）字典检测。字典是一组具有不同权重的关键字的集合，每个关键字称为一个字典项。关键字可以根据需要定义为任意正数或负数。字典主要用于无法用简单的关键字组合来定义文档内容的场景。

4）脚本检测。脚本检测是使用检测脚本来更精确地匹配复杂的内容，主要用于对文档有专门的格式要求或特定标识的场景。

5）数据标识符检测。使用数据标识符，可快速实现精确、简短格式的数据匹配。数据标识符检测是将模式匹配与数据验证器相结合进行内容检测的技术。模式类似于正则表达式，但更加有效，因为它们已经过优化，可精确匹配数据。数据验证器用于进行准确性检查，这种检查着重于检测范围并确保遵从性。

6）内容匹配。内容匹配包括索引内容匹配和精确内容匹配。索引内容匹配是一种对数据内容进行模糊匹配的技术，主要用于检测各种非结构化存储的文档与样本文档的相似度。精确内容匹配是一种对结构化数据（各类表格）进行精确匹配的技术，主要用于检测待检测数据是否命中结构化数据中的某一行。

（2）数据库审计

如图 13-5 所示，数据库安全审计系统基于 CII（合规、独立和智能）的设计理念，对数据库的访问行为进行审计。对审计日志进行统计分析，可以有如下效果：

- 识别越权使用、权限滥用等违规行为；
- 识别数据库漏洞利用、SQL 注入等攻击行为；
- 自动跟踪敏感数据访问行为以及时发现敏感数据泄露，根据自动创建的数据库业务模型及时发现异常 SQL；
- 对 SQL 交互量、TCP 会话、风险行为等态势进行实时监测，为数据库管理与优化提供决策依据；
- 可以根据审计日志的分析结果生成合规报告，满足法律法规要求；
- 提供事后溯源的信息，方便追责定位。

数据库审计通过对数据流量进行深度解析来实现对数据库的独立审计，帮助用户实时分析访问数据库的请求和风险并产生告警，提升数据库运行监控的透明度，降低人工审计成本，真正实现数据库全业务运行可视化、日常操作可监控、危险操作可控制、所有行为可审计、安全事件可追溯。

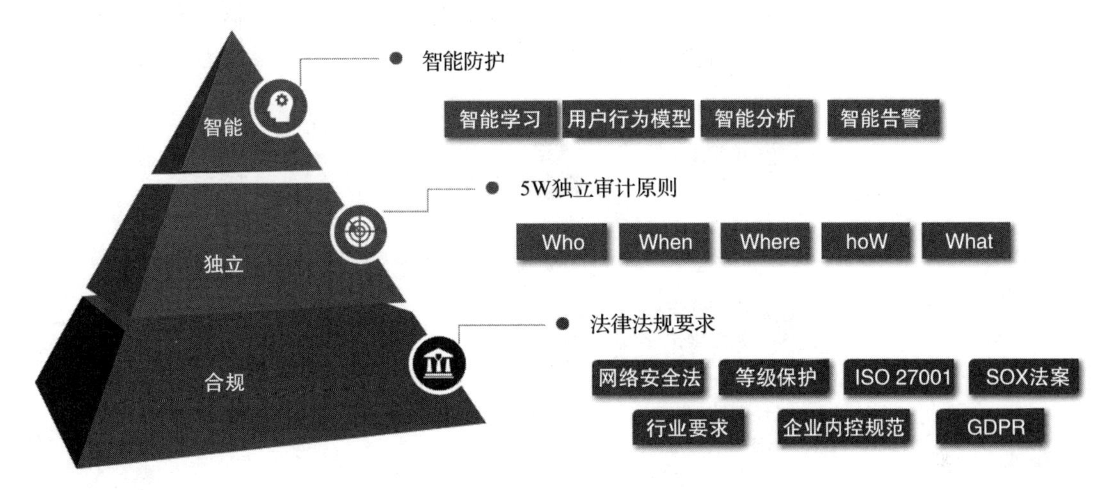

图 13-5 数据库安全审计系统基于 CII 的设计理念

数据库安全审计系统支持用户对告警策略进行灵活配置，也能够根据访问数据的风险高低配置审计的颗粒度。它根据合规要求配置报表的内容和样式，并提供对接的 API 以方便与用户现有系统进行对接。

（3）数据库运维管理

针对数据库管理人员、数据库运维人员等直接访问数据库的场景，对不同权限、不同角色的访问行为进行控制，防止高危操作及误操作行为。运维管理审批流程如图 13-6 所示。系统基于主动防御机制，通过事前身份准入、事中及时管控、事后溯源追溯的技术框架，实现数据库对访问行为的控制和对危险操作的阻断。系统基于特权账号访问、敏感数据访问以及访问频次和访问行数进行权限划分与控制。

- 特权账号访问控制：鉴于数据库运维、开发账号权限无限大，可以进行任何操作，且进入数据库后的操作无法管控，可通过特权账号访问控制，禁止特权用户访问和操作敏感数据集合，限制特权账户权限，使其访问敏感数据集合需要经过授权审批，实现特权用户权限分离管理。
- 敏感数据访问控制：访问敏感数据集合必须事先获得授权，不具备访问权限的操作会被明确阻断拒绝。敏感数据集合要支持设置访问规则，访问规则中可设定精细化的访问因子，如应用程序名、IP 地址、操作系统账户、数据库实例名、时间、U 盾等条件，满足条件方可访问敏感数据集合。
- 访问频次和访问行数控制：通过对访问频次的控制，避免一定时间内对核心数据的高频次访问，避免数据流失。通过全流量的协议解析，包含数据请求、返回数据解析以及跨语句、跨多包的绑定变量名及其值的解析，提供基于敏感表访问的返回行控制技术，同时能够对大量返回行事件做出告警，对频繁的相同语句做出告警，从而避免数据大量泄露，保证数据的安全访问。

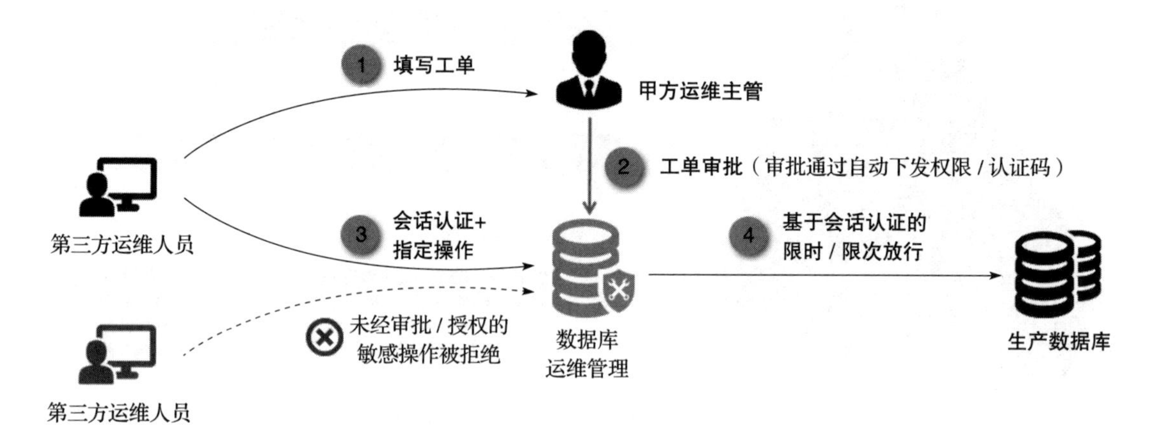

图 13-6 运维管理审批流程示意

（4）数据动态脱敏

数据动态脱敏是指在业务系统进行数据展示时，对展示的敏感信息进行实时脱敏处理，包括变形、隐藏等方式。这样，工作人员可以在不接触原始数据的情况下开展工作，防止数据泄露风险。

如图 13-7 所示，数据动态脱敏主要用在两种场景。第一种场景是业务人员开展业务工作时。需要梳理业务人员开展工作必须访问的敏感信息，以及敏感信息在业务中的实际用途。在很多情况下，实际的业务并不需要展示完整的信息。例如我们在使用打车软件时，上车后只需要通过手机号码的后四位来确认我们的身份，司机并不需要知道我们的姓名和完整手机号码。这就是一个脱敏的场景。

第二种场景就是在运维工作中。运维人员只需要确保数据库系统的正常工作，不需要了解数据的内容，因此，可以通过动态脱敏将每次访问数据库所展示的敏感信息进行脱敏，防止运维人员造成数据泄露。

（5）数据库访问控制

针对通过公共数据平台开放的接口及各类业务应用访问大数据存储的场景，建立数据库的访问控制体系。如图 13-8 所示，基于主体、客体和行为三元组进行配置，每个类别之下再细分多种维度，其中：主体颗粒度可细化至主机用户、IP 地址、主机、应用程序、时间、频次等；客体颗粒度可达目标表、列、敏感数据、行数等；行为颗粒度可达操作、特权操作、SQL 语句、SQL 异常、存储过程等；策略组合多达数百种，能够精准实现各种数据级的权限管控。

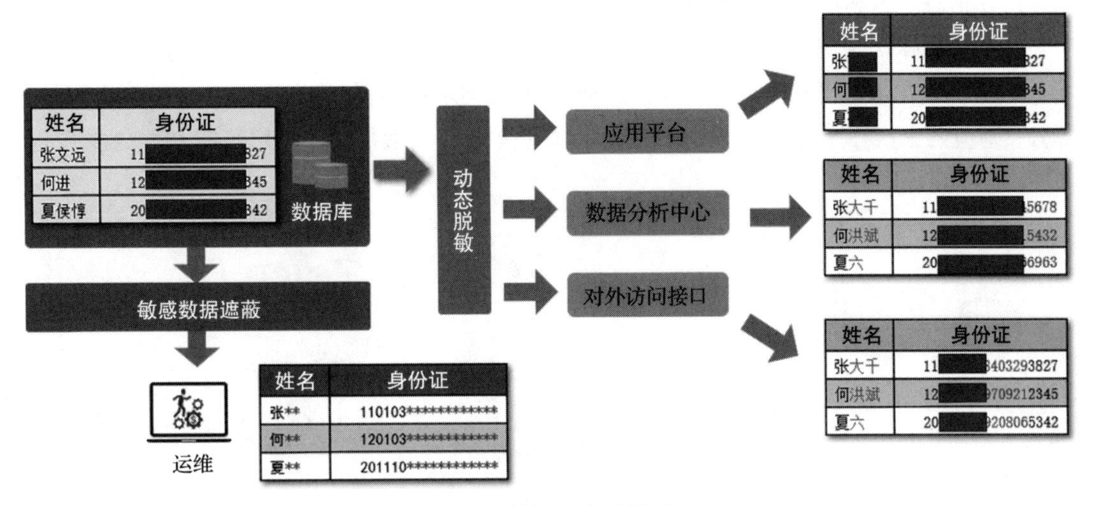

图 13-7 数据动态脱敏示意

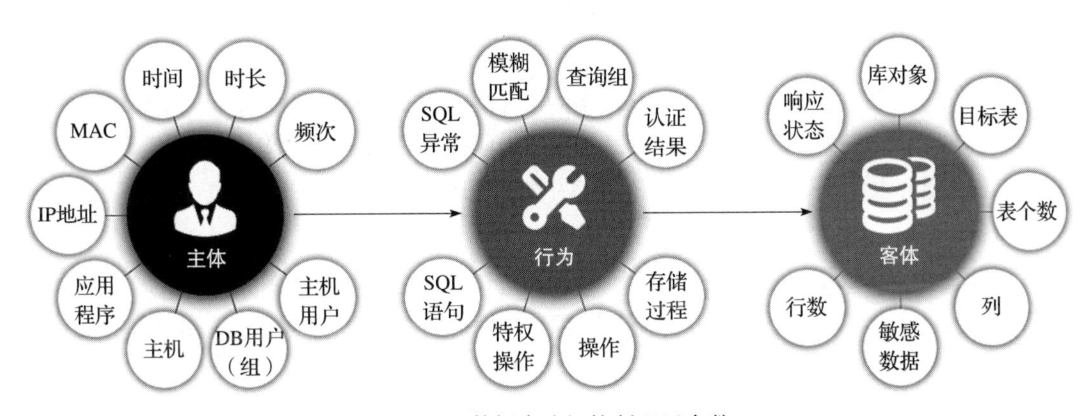

图 13-8 数据库访问控制配置参数

同时，需要防止外部非法入侵及非法攻击行为的发生。系统通过语法描述分析 SQL 注入攻击不同时期的行为特征，构建 SQL 注入特征库。根据预定义的黑白名单规则策略让合法的 SQL 操作通过，阻断非法违规操作，形成数据库的外围防御圈，实现 SQL 危险操作的主动预防。同时针对数据库自身存在的漏洞问题提供虚拟补丁功能。虚拟补丁可以在无须修补数据库内核漏洞的情况下保护数据库的安全。

6. 数据共享和交换安全

数据共享环节涉及向各协同部门提供业务数据、对外信息披露、信息公开等不同业务场景。数据共享环节要依据数据分类分级的标准，根据用户行为、情况动态进行数据授权，通过集中统一的访问控制和细粒度的授权策略，对用户、应用等访问数据的行为进行权限管控，确保用户拥有的权限是完成任务所需的最小权限。同时对敏感数据进行数据脱敏和隐藏，防止信息扩散和信息泄露事件的发生。

（1）数据水印溯源

数据水印技术是将水印信息隐藏在数据库表中的技术，它包括水印嵌入和水印提取两个部分，对应两个核心算法：水印嵌入算法和水印提取算法。数据水印应用场景如图 13-9 所示。

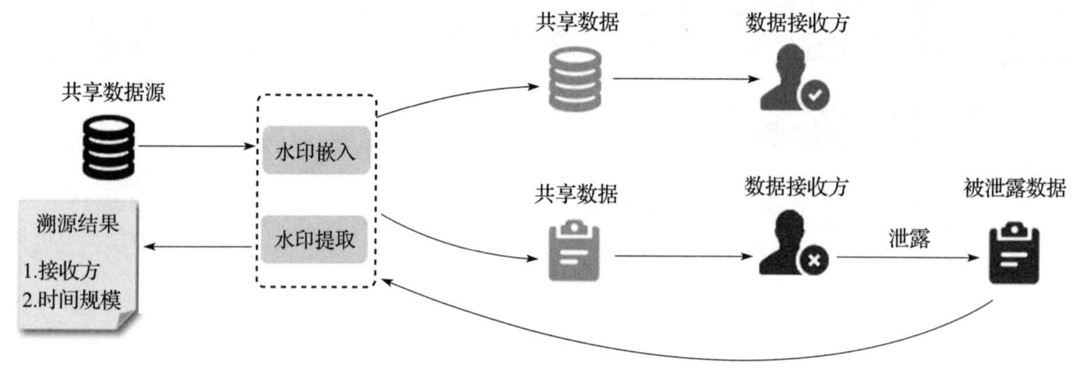

图 13-9 数据水印应用场景

水印嵌入：在为数据添加水印之前，由水印嵌入模块自动在内部生成一个密钥，该密钥不可见。生成的密钥控制源数据库通过复杂的水印嵌入算法，将水印信息隐藏到原始数据中，最终得到含水印的数据。其分发方式有两种，可以以文件形式分发，也可以分发到目标数据库。

水印提取：在数据发生泄露后，将所泄露的目标文件上传到数据水印溯源系统，系统利用水印提取算法可提取出该数据对应的密钥，从而对应到水印名称、相应作业，进而溯源并确定最终的泄露主体，追究责任，进行版权宣示。

密钥生成、水印嵌入和水印提取，三部分的逻辑算法均不可见，整个水印过程杜绝人工干预，隐藏了内部实现逻辑，这在一定程度上防止了监守自盗。

数据增加水印后仍然保持业务规则的关联性，包括主外键关联性、关联字段的业务语义关联性等。

水印添加支持数据库到数据库（数据库可异构）、数据库到文件、文件到文件三种完全不落地的数据流转方式，并且不需要在生产系统中和本地安装任何客户端。

可进行多周期水印作业，水印作业可立即执行，也可定时执行、定期执行，周期可为天、周、月，时间安排灵活。

水印溯源系统支持对水印作业结果进行上传溯源，追溯到使用的水印，在保证数据适度安全的情况下保证第三方数据可用，并可在第三方发生数据泄露后，通过泄露的数据追溯到数据提供给了哪个人或者企业，进而进行数据泄露的追责。

（2）数据静态脱敏

对大规模离线数据进行静态脱敏，采用高性能设备减少脱敏时间，并能够兼容多种数据库，且支持数据去标识化、匿名化。考虑到数据在脱敏后的应用场景比较复杂，静态脱敏技术支持替换、截断、屏蔽、随机、加密、隐藏等脱敏算法和策略，支持禁止删除、编辑等高危操作，限制返回行数等动态访问控制策略。针对数据的不同应用场景，采用灵活的策略和脱敏方案配置。在实施高效脱敏处理的同时，满足脱敏后数据的高保真性、数据之间的关联性，支持脱敏工程的可逆性和不可逆性、可重复性与不可重复性等多种策略选择。充分满足用户在不同应用场景下的各种数据脱敏需求，使脱敏后的数据可以安全地应用于测试、开发、分析和第三方大数据分析等环境。

静态脱敏通过数据脱敏机制对某些敏感数据进行变形，实现敏感数据的可靠保护。在不影响数据共享规则的前提下，对真实数据进行改造并提供使用。这样就可以在开发、测试和其他非生产环境及外包环境中安全地使用脱敏后的真实数据集。数据的静态脱敏技术指标如下：

1）保持数据原始特征。数据脱敏后保持数据原始特征，保证开发、测试、培训以及大数据利用类业务不会受到脱敏的影响，保持脱敏前后的一致性。

在这个脱敏过程中，有一套经过充分研究的数据特征模型可以实现正向脱敏，整个过程中又能保证原始特征。这一套数据特征模型可以运用到实际生产环境中。

2）保持业务规则关联性。数据在脱敏后仍然保持业务规则的关联性，包括主外键关联性、关联字段的业务语义关联性等，这一特性对业务来说尤为重要。

3）保持数据逻辑一致性。数据之前存在大量的逻辑关系，我们通过一致性算法、计算脱敏算法对这种一致性进行保障。常见的一致性有身份证上的出生年月与生日的一致性、销售额与单价和数量的一致性等。

系统自带脏数据处理及错误处理机制，以充分满足不同数据质量用户的数据脱敏需求。

4）支持多种数据脱敏算法。为适应不同数据脱敏的应用场景，提供多种数据脱敏算法：

- 随机映射：随机生成符合数据原始特征的数据。
- 固定映射：根据用户设定的密钥，将最小数据单位根据映射算法做固定映射。
- 替换：根据用户设定的替换字符，对数据的某一段内容进行替换。
- 加减值：对数值在一定范围内做加减值。
- 范围随机：对数值在一定范围内取随机值。
- 截断：将数据根据设定长度进行截断。
- 截取：截取数据中的某一部分。

- 加密：通过 MD5、SHA1、DES、RSA 等算法对数据进行加密。
- 格式化脱敏：根据数据的格式对数据进行切分，以保证数据的原始特征。

5）灵活的脱敏数据分发。支持广泛的数据脱敏分发方式，支持数据库到数据库、数据库到文件、文件到文件、文件到数据库四种完全不落地的脱敏方式，并且不需要在生产系统中和本地安装任何客户端。

6）全面脱敏格式支持。为支撑政府行业当前的数据库类型并满足后续扩展要求，支持各类主流数据库，包括达梦、南大通用、人大金仓等国产主流数据库，支持 HDFS、Hive、Teradata、Greenplum、星环等大数据源，支持 Kafka、Redis 等消息队列，支持 Oracledump、MySQLdump、Excel、CSV、TXT 等各种数据文件敏感源，支持 RSS、XML 等内容共享或数据传输文件。

为了保证数据安全性，同时减少数据脱敏对生产环境的影响，各种备份文件成为数据脱敏源和目标的首选。支持对 Oracledump、MySQLdump 源进行直接解析，然后进行脱敏处理，并最终生成 dump 目标。

7）脱敏过程数据不落地。在数据脱敏系统处理数据的全流程中，敏感数据不落地，不存在中间环节数据泄露风险。

（3）数据访问审计及溯源

针对研发人员、数据建模分析人员或数据库管理人员直接访问数据库或者通过大数据 API 访问大数据存储的场景，对其对敏感数据的访问行为进行审计，如图 13-10 所示。采用网络流量分析技术、API 流量监测技术、大数据审计技术弥补大数据平台各组件日志记录不全，审计深度、广度不够等问题，帮助统一记录数据库、API、各类大数据组件的操作日志，帮助及时发现对数据库或大数据的可疑操作行为。

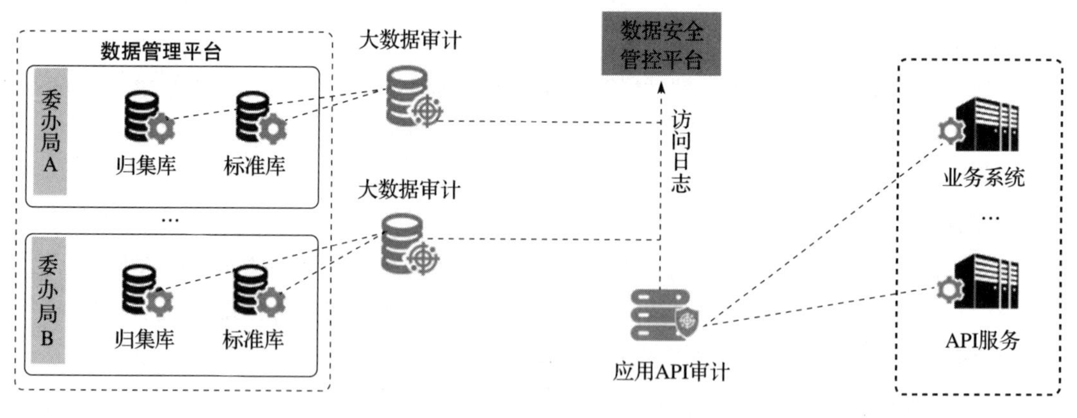

图 13-10 数据访问审计示意

API 业务审计系统采用旁路侦听的工作模式，对政务大数据平台的业务影响很小。对

API 业务审计制订告警策略，配置细粒度的审计日志和合规性的报表，监测政务大数据核心业务面临的敏感信息外发、接口盗用、违规权限、业务风险等安全威胁，真正实现业务运行可视化、所有行为可审计、安全事件可追溯，满足各类法律法规对业务接口审计的要求。

同时，API 业务审计系统识别接口类型、访问内容，监测业务访问流程，自动跟踪敏感数据访问行为，可以为政务大数据的业务管理与优化提供决策依据。

7. 数据销毁安全

数据库拥有海量的数据资产，随着时间的推移和业务的发展变化，会产生大量冗余或无用数据，其中必然存在大量敏感甚至涉密的数据，而长期存储这些数据不仅占用大量存储空间，还增加了数据泄露的风险，因此需要按照数据分类分级规范和相关流程对其进行定时清除或销毁处理。

数据主要有政务、企业、个人等类型，主要以结构化数据、非结构化数据的形式存在。不同业务之间数据流转完成后，将对完成后的数据进行归档处理，对弃用数据进行销毁操作，以真正实现数据安全。销毁方式包括介质销毁、内容销毁等。

通过建立对存储数据销毁的规程，包括数据及存储介质的销毁申请和审批、销毁流程和要求等，防止存储数据丢失、被窃或未授权访问导致存储介质中的数据泄露。

各个政务系统产生的数据在第三方存储空间进行存储后，如果该数据已经使用完毕，则需要根据数据分类分级后设定的销毁策略及时对其进行清除。这一方面可以节约存储空间，另一方面可以避免数据闲置无人监管、遗弃等产生的安全风险，保证数据的安全性。

由云上运营商提供的云端数据销毁服务，通过专用的数据销毁工具进行云上数据销毁；或对已明确无价值的数据进行加密处理，并将相应的密钥遗弃，达成云上数据销毁的目的。

对于所有数据的销毁工作都需要做好数据销毁登记表，并归档存储。

8. 数据回流整体安全防护

为助力基层政府科学决策、精准服务，归集于省公共数据平台的数据会分批次回流和共享至市、县两级。如图 13-11 所示，对数据回流场景，采用数据统一认证授权、应用访问权限控制及敏感数据动态脱敏三个主要能力形成场景化防护方案。

对市、县级平台的数据访问行为进行控制。通过部署数据安全网关，首先验证访问主体的身份，可以采用多因素认证，确保访问主体的身份合法。其次，依据最小权限原则，为不同的市、县级平台分配不同的数据访问权限，一方面限制数据的访问范围，另一方面限制对数据的访问行为。

9. 合作方安全防护

政务大数据平台的建设和运营会涉及众多合作方的员工。例如，对应用系统或者硬件设备的运维、应用系统的开发和测试，都会有接触到政务数据的场景。运维人员会接触到生产业务系统的数据，参与开发、测试、运维的合作方人员也能够接触到敏感数据。如果不对合作方使用数据的行为进行安全管控，则会有敏感数据大规模泄露的风险。

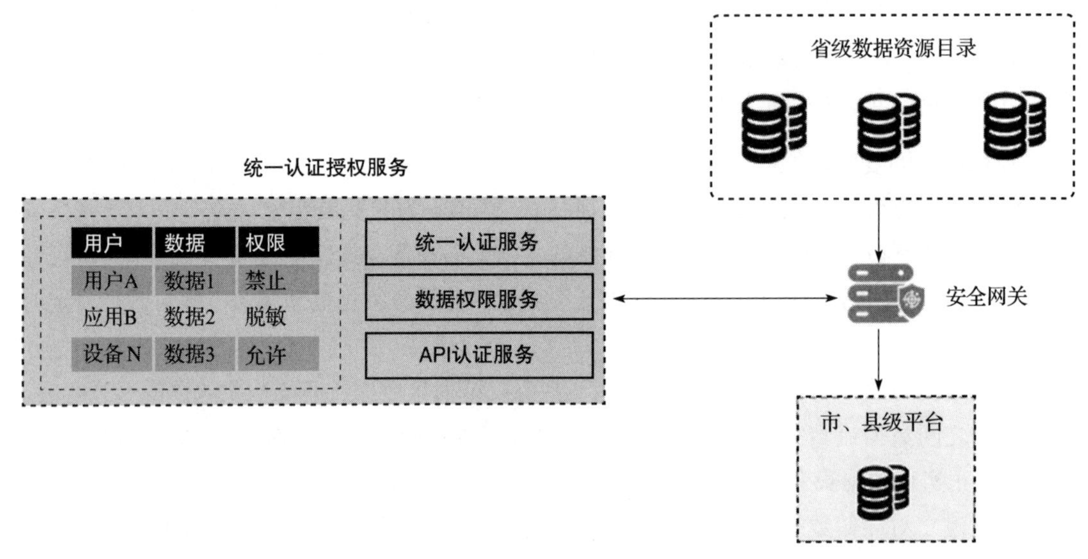

图 13-11 数据回流整体安全防护示意

如图 13-12 所示，对政务大数据平台中导出的数据进行脱敏处理，根据开发、测试的需要，选择合理的脱敏算法，保证脱敏后的数据能够用于正常的分析和使用。这一措施确保进入开发、测试、运维环境的数据为脱敏数据，保障了敏感数据的安全。

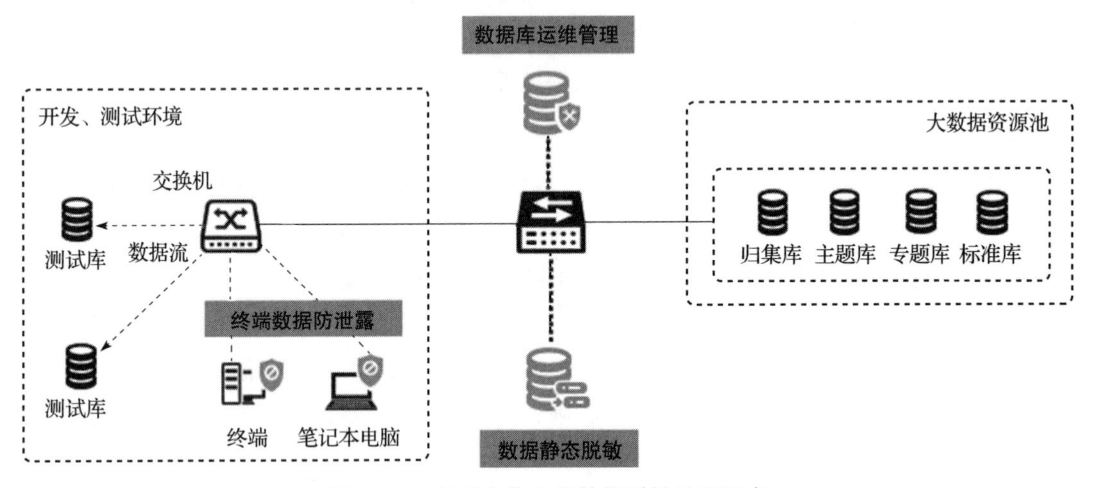

图 13-12 针对合作方的数据脱敏处理示意

在开发、测试环境的终端上部署数据防泄露软件，监控 U 盘复制、邮件外发和共享文件夹等方式，防止数据通过终端途径被泄露。

对于运维场景，部署数据库运维管理系统，收紧数据库账号，运维人员需通过多因素认证登录数据库运维管理系统进行运维工作，避免数据库账号随意分享。所有对数据库的运维操作都要事先经过审批，并审计所有对数据库的运维行为，防止运维人员对数据造成危害。

10. 安全审计

安全审计的范围比较宽泛。在数据安全领域，安全审计主要是对数据操作行为进行细粒度审计，并对数据遭受的风险及异常的访问行为进行告警和记录。数据访问行为的审计包括数据库访问审计、应用 API 访问审计、终端文档访问审计和网络数据传输审计等方面。通过对用户访问数据行为的记录、汇集和分析，能够多角度分析数据在环境内的活动轨迹，帮助用户事后生成风险报告、事故追根溯源，提高数据资产安全。安全审计日志处理架构如图 13-13 所示。

图 13-13　安全审计日志处理架构

提供可视化数据安全事件溯源的能力，在发生数据泄露、数据滥用或其他异常事件时，用户可以通过系统对搜集到的所有线索同时进行交互式的深入分析溯源，以还原数据访问链路，定位事件或风险源头。基于多种类型的日志，支持多种条件（用户、应用、接口、数据等）的统计查询功能，便于管理者从海量日志中精准查询到事件相关日志。

安全审计的技术指标如下。

（1）事件收集

数据安全中心能与系统中部署的其他数据安全设备进行对接，能够主动采集或被动接收安全设备的日志信息，系统通过网络层协议转发日志信息，所有的日志流量将会以加密的形式传输给数据安全中心，数据安全中心能够对日志信息进行收集、存储、备份、备份恢复与分析。

所有安全事件都会被展示，展示信息包含事件发生时间、客户端 IP 端口、资产端 IP 端口、风险等级、风险类型、采集设备类型、审阅状态等。

（2）关联分析

数据安全中心将实时统一收集各安全产品的风险情况，实现安全威胁实时分析、秒级预警、防护策略下发、安全事件取证，以及万亿级别超大规模数据的管理和快速查询，对各设备的运行情况进行每日统计。日志收集完成后，将对其中的安全威胁事件进行标准化、去重、合并和关联分析（支持统计关联、规则关联等），实现安全事件分析、违规操作审计。

（3）汇总报告

数据安全中心能够对资产状态、资产风险、系统风险、运行风险、威胁事件等多个维度进行统计并形成数据安全态势分析报告，报告全网数据安全面临的威胁、遭受攻击情况，为用户下一步安全决策提供依据。支持日报、周报、月报等多种综合性报表统计，同时支持自定义报表输出，实现多维度统计和展示。

- 报表统计维度主要包括资产状态、资产风险、系统风险、运行风险、威胁事件等，展示方式包括文字、图表、日期、建议等。
- 报表统计内容包括攻击威胁、漏洞威胁、敏感数据异常访问、账号异常操作等。
- 报表统计一般采用时间维度，包括日报、周报、月报、年报等，支持在重大节假日输出重点分析报告。
- 用户可以基于相关数据安全法规，如数据安全法、网络安全等级保护、SOX、PCI、HIPAA、GLBA 等输出法规性报表，还提供不同的分类报表。
- 系统至少支持以 Doc、PDF、Excel 等格式导出报告。

（4）情报获取

数据安全中心周期性地获取最新威胁信息，如最新的 SQL 注入病毒、数据库漏洞、系统漏洞、勒索病毒等。数据安全中心对外通过接口，能够及时获取这些漏洞信息，并能提供报警能力，外部威胁信息分析库支持通过离线和在线两种方式进行更新，保证系统可用、可靠。

（5）漏洞风险

数据安全中心与外部漏洞扫描系统联动，定期对关键资产进行漏洞扫描，第一时间发现安全漏洞，保证资产安全。

（6）策略联动

数据安全中心能够基于风险来源、风险类型、风险内容等多个维度来智能研判后续的响应措施。数据安全中心能够针对不同的安全问题进行策略下发，形成数据安全中心与端点安全产品之间的策略协同联动，当发现安全风险时，能够对风险事件生成相关风险策略，并下发策略到端点安全设备。

（7）持续监测

数据安全中心将统一展示各数据安全设备的监控展示大屏，形成风险监控墙，实现数据全生命周期的持续风险监测，从识别、保护、检测、响应、恢复等多角度进行监控。

（8）安全告警模块

数据安全中心检测到风险时产生对应的告警信息，可以通过实时告警引擎依据管理制度将告警信息发送给相关管理员或负责人，告警方式包括对内与对外。在数据安全中心内部，可以以工作流的方式发送告警信息，也可以通过 Web 界面的弹窗与声音进行提醒；在数据安全中心外部，可以通过短信、邮件等方式发送告警信息，也可以通过企业微信、钉钉发送提醒。

数据安全中心通过多种告警方式，最大限度地保证告警信息第一时间传递到相关管理员或负责人，以便于他们进行下一步处理。

（9）公共数据应用一体化监管

数据安全体系建设完毕后，可通过设备探针对各主要公共数据系统进行数据安全监测，包括数据访问、数据流转、安全策略制订与下发、安全日志统一对接分析等，做到数据应用一体化监管。

13.5.2 安全运营体系建设

1. 安全运营体系概要

安全运营体系提供数据资产管理、分级分类、访问控制等技术措施的综合管理能力，同时以海量的数据安全数据作为安全要素，通过大数据技术对这些安全要素信息进行分析，可全面、精准地掌握数据安全状态，提升数据安全风险的主动预警能力、响应能力，形成数据安全监控的闭环。

安全运营体系采取以服务为主、以工具为辅的运营模式，支持数据安全能力的一体化运营，同时广泛采集和收集整体数据环境中的安全状态和事件信息，并加以处理、分析和展现，从而明确当前数据的总体安全态势，为数据安全运营过程中的预警和响应提供决策支撑，提供一站式的数据保护和防御机制。

如图 13-14 所示，最终实现全网数据安全风险通报预警、数据安全知识管理、数据安全运营报告、数据安全风险评估、重大活动保障等数据安全运营活动的常态化、自动化。

2. 日常运行管理服务

数据安全服务的目的在于动态地管理组织风险，提高信息系统的安全性，完善信息安全体系，保障客户的业务连续性，避免造成损失或负面影响。

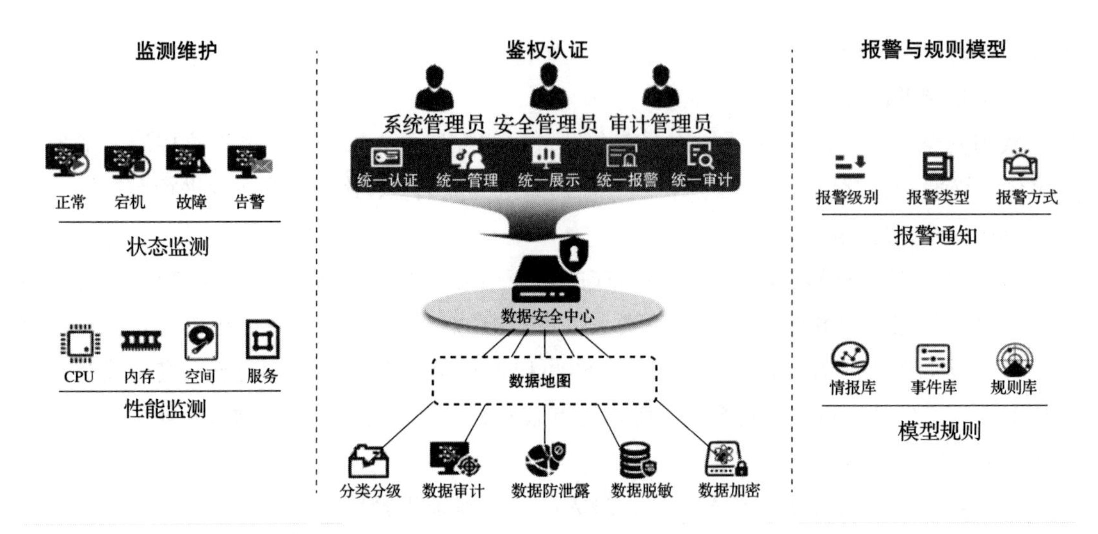

图 13-14 数据安全运营平台示意

针对政务大数据业务系统提供数据安全加固服务，确保数据安全的正常运营。服务范围包括应用系统的现有业务数据及在服务器内持续增加的数据。服务内容包括数据资产梳理、数据评估与分类分级、数据权限管理审批、敏感接口审查和确认、日常监控巡检服务和数据泄露事件溯源等，具体如下。

（1）数据资产梳理

对业务系统现有数据以及未来两年内将持续增加的数据进行数据资产梳理，梳理内容如下：

- 对业务系统的静态数据资产情况进行梳理，梳理内容包括数据大小、归属、分布等。
- 对数据发现制定相应的特征规则，便于发现数据时进行初始化数据特征定义。
- 对数据的动态情况进行梳理，梳理内容包括访问情况、分析数据、数据敏感情况等。
- 对系统的数据权限进行梳理，梳理内容包括数据访问权限、交换权限、开放权限、分析权限等。

（2）数据评估与分类分级

对现有业务系统的数据资产进行详细评估，结合业务系统情况对数据进行分类分级。

参照国家相关标准按照主题、行业和服务三个维度对政务公共数据进行分类。每个维度采用线分类法将数据分为大类、中类和小类三级。

充分考虑现有数据对国家安全、社会稳定和公民安全的重要程度，以及数据是否涉及国家秘密、用户隐私等敏感信息，对现有数据进行分级，需按照公开数据、内部数据、涉密数据三个级别对数据进行定义。

（3）数据权限管理审批

对使用现有数据平台的人员权限进行梳理，按照最小权限原则对数据权限进行管理，管理内容如下：

- 根据数据风险程度对数据权限进行定级，定义出敏感数据权限。
- 需在经过相关审批流程后设置敏感数据权限。
- 必须对所有的数据权限设置进行记录留存并归档。

（4）敏感接口审查和确认

服务人员从合理性和必要性的角度对数据风控产品发现的所有敏感数据接口进行人工审查，并与应用系统服务商的开发人员确认每一个敏感接口。对于发现的违规敏感数据接口，通知应用开发商进行敏感数据去标示化等处理；对于发现的可能的后门接口，提供预警和处理。

（5）自定义风控规则制定

自定义风控规则制定的内容如下：

- 要求服务人员通过敏感数据资产管理平台识别数据资产，不断完善数据风控规则。
- 对于现有业务系统使用人员，针对异常导出流量、异常访问和非可信 IP 地址访问等制定符合业务系统个性化特点的风险识别规则。
- 针对政务大数据业务系统提供数据安全运营服务，制定覆盖数据全生命周期的安全运维制度，包括数据泄露事件处理规范、数据共享开放审批规范、数据销毁处理规范、数据访问权限授予 / 撤销规范等，以保障运维人员在最短的时间内用正确的方法解决数据安全问题。

（6）日常监控巡检服务

对安全相关产品运行情况进行日常监控及定期巡检。

（7）风险预警处理

针对现有业务系统提供风险预警处理服务。实时查看敏感数据风险分析系统的告警信息，并结合敏感数据风险控制系统对数据泄露风险事件进行及时处理，对正在发生的数据泄露事件进行阻断。

（8）访问行为分析和审计

对人员的数据访问行为进行分析和审计。发现内部人员访问了数据但并没有相应的业务需求时，及时通知用户进行处理；对内部人员利用内部系统查阅和导出大量数据的行为进行审计和处理。

（9）数据泄露事件溯源

如在外部获取一批情报或者用户反馈了批量的数据泄露情况，通过数据风险分析产品，定位该信息在什么时候被谁在什么环境下访问过，同时通过可视化的交互分析还原数据访问路径，快速定位高危的可疑人员，快速定位问题。

（10）高危人员数据行为审查

离职人员和新员工往往属于高风险群体，数据服务人员通过数据风险和分析产品对该类用户的行为进行审查，及时确认或排除风险。

（11）定期运营服务总结

定期对数据安全运营服务的工作内容进行总结及汇报，服务人员每周、每月、每季度、每年交付数据安全运营报告。

3. 应急预案建设

为政务大数据部门建设数据安全应急预案，针对大数据中心的整体环境建设规划应急预案。应急预案应至少包含数据安全应急组织建设、关键岗位及职责、数据安全应急流程建设、数据安全事件应急处理、核心业务恢复演练等内容。

（1）数据安全应急组织建设

成立信息安全领导小组，该小组是信息安全的最高决策机构，下设办公室，由其负责信息安全领导小组的日常事务。

信息安全领导小组负责研究重大事件、落实方针政策和制定总体策略等。其主要职责如下：

- 根据国家和行业有关信息安全的政策、法律和法规，批准公司信息安全总体策略规划、管理规范和技术标准；
- 确定各有关部门工作职责，指导、监督信息安全工作。

信息安全领导小组下设两个工作组，即信息安全工作组和应急处理工作组，组长均由相关信息系统管理负责人担任。

信息安全工作组的主要职责如下：

- 贯彻执行信息安全领导小组的决议，协调和规范信息安全工作；
- 根据信息安全领导小组的工作部署，对信息安全工作进行具体安排、落实；
- 组织对重大的信息安全工作制度和技术操作策略进行审查，拟订信息安全总体策略规划，并监督执行；
- 负责协调、督促各职能部门和有关单位的信息安全工作，参与信息系统工程建设中的安全规划，监督安全措施的执行；
- 组织信息安全工作检查，分析信息安全总体状况，提出分析报告和安全风险的防范对策；
- 负责接收各单位的紧急信息安全事件报告，组织进行事件调查，分析原因、涉及范围，并评估安全事件的严重程度，提出信息安全事件防范措施；
- 及时向信息安全工作领导小组和上级有关部门、单位报告信息安全事件。
- 跟踪先进的信息安全技术，组织信息安全知识的培训和宣传工作。

应急处理工作组的主要职责如下：

- 审定网络与信息系统的安全应急策略及应急预案；
- 决定相应应急预案的启动，负责现场指挥，并组织相关人员排除故障，恢复系统；

- 每年组织对信息安全应急策略和应急预案进行测试与演练。

指定分管信息的领导负责本单位信息安全管理，并配备信息安全技术人员，有条件的应设置信息安全工作小组或办公室，对信息安全领导小组和工作小组负责，落实信息安全工作和应急处理工作。

（2）关键岗位及职责

设置信息系统的关键岗位并加强管理，配备系统管理员、网络管理员、应用开发管理员、安全审计员、安全保密管理员，要求五人各自独立。关键岗位人员必须严格遵守保密法规和相关的信息安全管理规定。

系统管理员的主要职责如下：

- 负责系统的运行管理，实施系统安全运行细则；
- 严格用户权限管理，维护系统安全正常运行；
- 认真记录系统安全事项，及时向信息安全人员报告安全事件；
- 对进行系统操作的其他人员予以安全监督。

网络管理员的主要职责如下：

- 负责网络的运行管理，实施网络安全策略和安全运行细则；
- 安全配置网络参数，严格控制网络用户访问权限，维护网络安全正常运行；
- 监控网络关键设备、网络端口、网络物理线路，防范黑客入侵，及时向信息安全人员报告安全事件；
- 对操作网络管理功能的其他人员进行安全监督。

应用开发管理员的主要职责如下：

- 负责在系统开发建设中严格执行系统安全策略，保证系统安全功能的准确实现；
- 系统投产运行前，完整移交系统相关的安全策略等资料；
- 不得对系统设置后门；
- 对系统核心技术保密。

安全审计员负责对涉及系统安全的事件和各类操作人员的行为进行审计与监督，其主要职责如下：

- 按操作员证书号进行审计；
- 按操作时间进行审计；
- 按操作类型进行审计；
- 按事件类型进行审计；
- 日志管理等。

安全保密管理员负责日常安全保密管理活动，其主要职责如下：

- 监视全网运行和安全告警信息；

- 网络审计信息的常规分析；
- 安全设备的常规设置和维护；
- 执行应急中心制订的具体安全策略；
- 向应急管理机构和领导机构报告重大的网络安全事件等。

（3）数据安全应急流程建设

建设内部应急响应流程，根据流程进行数据安全应急响应处理。数据安全应急流程如图 13-15 所示。

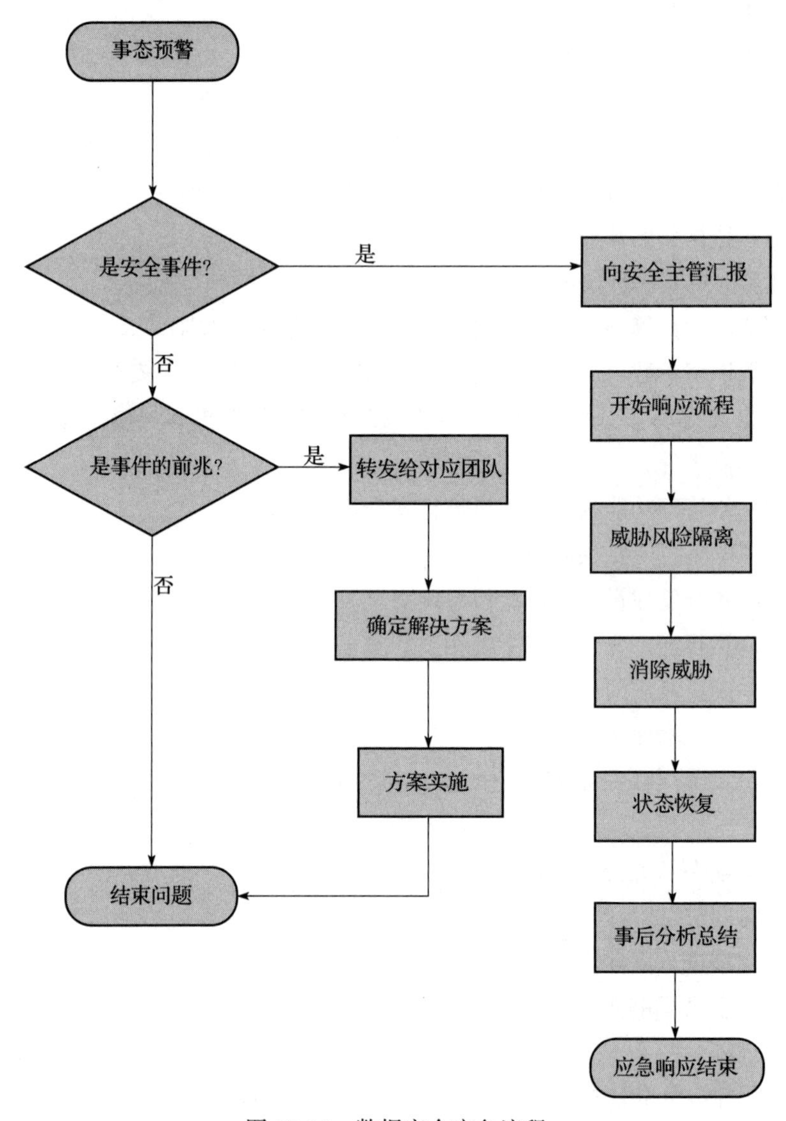

图 13-15 数据安全应急流程

（4）数据安全事件应急处理

针对不同类型的数据安全事件，制定相应的应急处置措施，如数据泄露事件的处置、数据篡改事件的处置、数据丢失事件的处置等。确保在事件发生时能够有针对性地采取措施，最大限度地减少损失。

（5）核心业务恢复演练

组织全局定期开展应急演练，检验和完善预案，提高实战能力。每年至少组织一次预案演练，模拟真实的数据安全事件场景，必要时可邀请专业人员指导演练，提高演练的针对性，评估应急响应的效果，不断加强人员的应急安全意识和应急响应的熟练程度。

4. 重大活动保障支撑服务

为重大活动设立保障支撑服务流程，帮助用户在重大活动期间加强对网络系统和数据的监控与保护。重大活动保障支撑服务流程如图 13-16 所示。

（1）准备阶段

目标：在事件发生前为应急响应做好预备性的工作。

角色：负责人、技术人员、市场人员。

内容：不同角色准备不同的内容。

- 负责人准备内容；
- 技术人员准备内容；
- 市场人员准备内容。

输出：《准备工具清单》《事件初步报告表》《实施人员工作清单》。

（2）评估阶段

目标：对可能出现的威胁进行风险评估，并在接到事故报警后在服务对象的配合下对异常的系统进行初步分析，对发生的信息安全事件进行确认。制订进一步的响应策略，并保留证据。

角色：应急服务实施小组、应急响应日常运行小组。

内容：

- 保障支撑范围及对象的确定；
- 保障支撑方案的确定；
- 保障支撑方案的实施；
- 安全事件评估结果的处理结论。

输出：《评估结果记录》等。

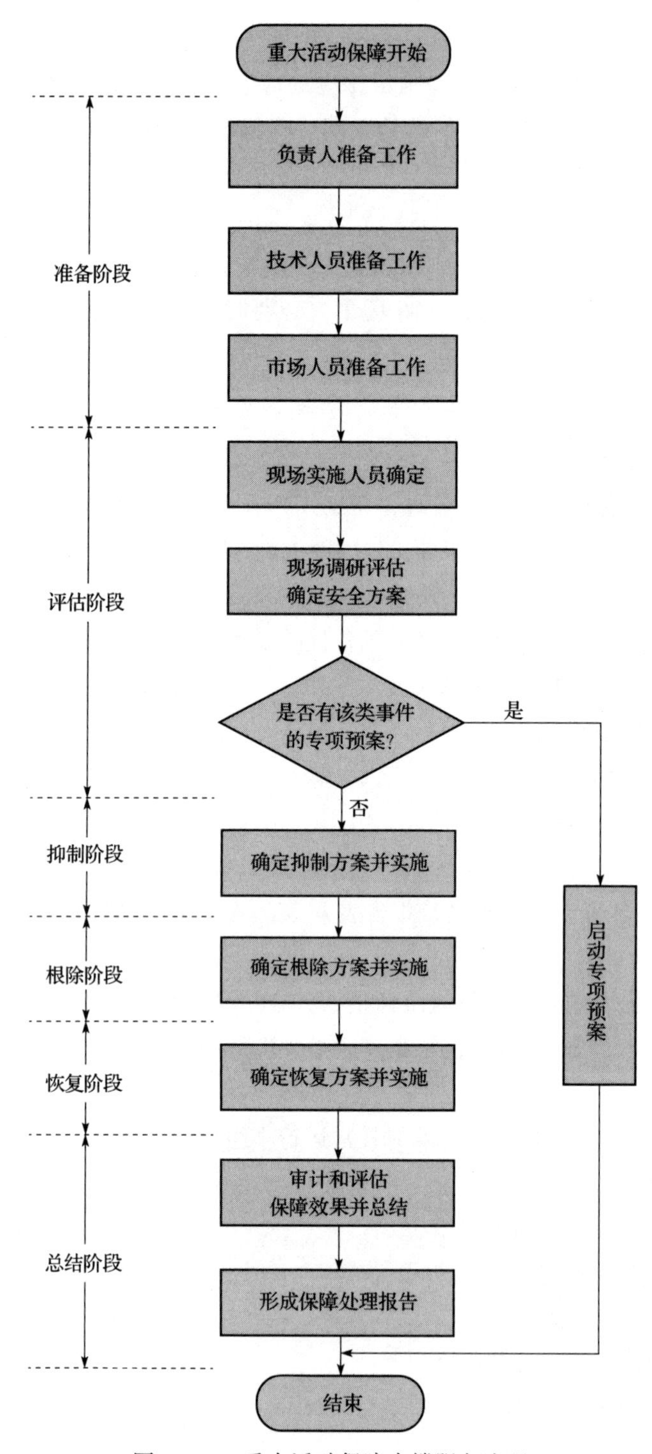

图 13-16 重大活动保障支撑服务流程

（3）抑制阶段

目标：及时采取行动限制事件扩散和影响的范围，限制潜在的损失与破坏，同时要确保封锁方法对涉及的相关业务影响最小。

角色：应急服务实施小组、应急响应日常运行小组。

内容：

- 抑制方案的确定；
- 抑制方案的认可；
- 抑制方案的实施；
- 抑制效果的判定。

输出：《抑制处理记录表》等。

（4）根除阶段

目标：对事件进行抑制之后，通过对有关事件或行为进行分析，找出事件根源，明确相应的补救措施并彻底清除根源。

角色：应急服务实施小组、应急响应日常运行小组。

内容：

- 根除方案的确定；
- 根除方案的认可；
- 根除方案的实施；
- 根除效果的判定。

输出：《根除处理记录表》等。

（5）恢复阶段

目标：恢复安全事件所涉及的系统并还原到正常状态，使业务能够正常进行。恢复工作应避免出现误操作导致数据丢失。

角色：应急响应实施小组、应急响应日常运行小组。

内容：见表 13-1。

表 13-1　恢复阶段工作内容

内容	内容描述及要求
恢复方案的确定	应急服务提供者应告知服务对象一个或多个能从安全事件中恢复系统的方法，以及它们可能存在的风险
	应急服务提供者应和服务对象共同确定系统恢复方案，根据抑制和根除的情况，协助服务对象选择合适的系统恢复方案
	如果涉及涉密数据，确定恢复方法时应遵循相应的保密要求

（续）

内容	内容描述及要求
恢复信息系统	应急响应实施小组应按照系统的初始化安全策略恢复系统
	恢复系统时，应根据系统中各子系统的重要性确定恢复的顺序
	恢复系统过程宜包括各方面的确定
	当不能彻底恢复配置和清除系统上的恶意文件，或者不能肯定系统在根除处理后是否已恢复正常时，应选择彻底重建系统
	应急服务实施小组应协助服务对象验证恢复后的系统是否正常运行
	应急服务实施小组宜帮助服务对象对重建后的系统进行安全加固
	应急服务实施小组宜帮助服务对象为重建后的系统建立快照和备份

输出：《恢复处理记录表》等。

（6）总结阶段

目标：通过以上各个阶段的记录表格，回顾安全事件处理的全过程，整理与事件相关的各种信息，进行总结，并尽可能地把所有信息都记录到文档中。

角色：应急服务实施小组、应急响应日常运行小组。

内容：见表 13-2。

表 13-2 总结阶段工作内容

内容	内容描述及要求
事故总结	应急服务提供者应及时检查安全事件处理记录是否齐全，是否具备可塑性，并对事件处理过程进行总结和分析
	应急处理总结的具体工作及分析
事故报告	应急服务提供者应向服务对象提供完备的网络安全事件处理报告
	应急服务提供者应向服务对象提供网络安全方面的措施和建议
	上述总结报告的具体信息参考《应急响应报告表》

输出：《应急响应报告表》。

5. 渗透测试服务

渗透测试是一种主动防御的手段。在用户的授权下，采用与攻击者相同的工具、技术和思路来发现与验证系统的弱点。渗透测试通常模拟可能威胁业务的各种攻击，从实战的角度帮助用户发现整个系统的漏洞，包括软件缺陷、错误配置、缺失的访问控制等方面。

通过模拟黑客的渗透测试，评估目标系统是否存在可能被攻击者利用的漏洞以及由此引起的风险大小，为制订相应的安全措施与解决方案提供实际的依据。

服务内容如下。

（1）操作系统的渗透测试

Windows 操作系统的漏洞测试项见表 13-3。

表 13-3　Windows 操作系统的漏洞测试项

序号	测试项	序号	测试项
1	端口扫描	8	SQL Server 弱口令测试
2	NetBIOS Name Service 测试	9	系统弱口令测试
3	RFC 漏洞攻击	10	终端服务弱口令测试
4	SMB 漏洞攻击	11	IIS 权限及溢出测试
5	Windows DNS 测试	12	Exchange Server 漏洞测试
6	SNMP 漏洞测试	13	FTP 弱口令测试
7	活动目录测试		

*nix 系统的渗透测试项见表 13-4。

表 13-4　*nix 系统渗透测试项

序号	测试项	序号	测试项
1	端口扫描	6	NFS 漏洞测试
2	SSH 弱口令测试	7	DNS 漏洞测试
3	Telnet 弱口令测试	8	rlogin、rsh 漏洞测试
4	FTP 弱口令测试	9	SNMP 漏洞测试
5	Samba 弱口令测试	10	RPC 枚举和漏洞测试

（2）数据库系统的渗透测试

对 SQL Server、Oracle、MySQL、DB2 等数据库应用系统进行渗透测试，包括以下内容：

- 默认账号与弱口令攻击；
- 存储过程漏洞攻击；
- 数据库运行权限探测；
- 提权漏洞攻击；
- 低版本溢出漏洞攻击。

（3）Web 应用系统渗透测试

对渗透目标提供的各种应用，如 JSP、PHP 等组成的 Web 应用进行渗透测试。Web 脚本及应用测试专门针对 Web 及数据库服务器进行。在 Web 脚本及应用测试中，可能需要检查以下部分：

- 检查应用系统架构，防止用户绕过系统直接修改数据库；
- 检查身份认证模块，防止非法用户绕过身份认证；
- 检查数据库接口模块，防止用户获取系统权限；
- 检查文件接口模块，防止用户获取系统文件；
- 检查其他安全威胁。

（4）网络设备渗透测试

对各种防火墙、入侵检测系统、网络设备进行渗透测试，包括以下内容：

- TFTP 获取配置攻击；
- 管理界面默认账号密码；
- SNMP 读写权限攻击；
- Telnet、SSH 默认账号弱口令攻击；
- 低版本溢出漏洞攻击。

（5）系统业务的渗透测试

对系统的核心业务进行安全风险挖掘，包括以下内容：

- 业务安全、恶意注册、盗号风险；
- 支付安全、交易安全；
- 秒杀、排名作弊；
- 垃圾消息。

（6）口令猜解

口令猜解是一种出现概率很高的风险，攻击者几乎不需要任何攻击工具，利用一个简单的暴力攻击程序和一个比较完善的字典就可以猜解口令。

对一个系统账号的猜解通常包括两个方面：首先是对用户名的猜解，其次是对密码的猜解。

（7）其他

除了上述测试手段外，还有一些可能会在渗透测试过程中使用的技术，如社会工程学、客户端攻击、DoS 攻击、中间人攻击等。

（8）外网测试

测试人员完全处于外部互联网，模拟对内部状态一无所知的攻击者的行为，包括网络设备的远程攻击、口令管理安全性测试、防火墙规则试探与规避、Web 及其他开放应用服务的安全性测试等。

（9）内网测试

测试人员从内部网络发起测试，这类测试能够模拟内部违规操作者的行为——核心优势是绕过了防火墙的保护。

内部主要采用的渗透方式有远程缓冲区溢出、口令猜解、B/S 或 C/S 应用程序测试（如果涉及 C/S 程序测试，需要提前准备相关客户端软件，供测试使用）。

（10）风险规避管理

由于渗透测试模拟的黑客攻击情景有可能造成目标服务器故障停机，为了最大限度地减轻渗透测试对客户主机服务的影响，防止渗透测试造成网络和主机的业务中断，安全团队建议在以下三方面采取措施规避风险。

1）时间选择。渗透测试时间尽量选在业务流量不大的时段或晚上。测试人员每次测试前要通过电话、邮件等方式告知相关人员，以防止测试过程中出现意外情况。

2）策略选择。为防止渗透测试造成网络和主机的业务中断，在渗透测试中不使用含有 DoS 的测试策略。工程师都具有丰富的经验和技能，在每一步测试前都会预估可能带来的后果，将可能产生影响的测试（如溢出攻击）记录下来后跳过，并在随后与客户协商决定是否进行测试，如进行测试，采用何种测试方法。

3）信息控制。对客户信息通过严格的保密协议进行信息控制，保证客户敏感信息的安全性。

6. 数据安全风险评估服务

数据安全风险评估服务借助风险评估系统开展工作。可以对数据资产现状、脆弱性、安全威胁、人员状态、制度完备性等各个维度进行全面、深度的安全检查和风险评估，支持基于法律合规和自身风险进行预定义评估对象、评估流程的导引评估模式。能够对客户采用的安全策略和规章制度进行评审，发现不合理的地方，同时采用工具扫描的形式对目标可能存在的已知安全漏洞进行逐项检查，确定存在的安全隐患和风险级别。

按能力属性分为评估流程管理、数据源扫描发现、脆弱性评估、数据资产评估、账号权限梳理、安全评估报告、安全知识库等模块。评估流程管理模块提供安全评估流程向导，引导安全评估策略的配置、制订以及报告的输出等操作动作。数据源扫描发现提供多种连接和扫描方式，为数据源、数据资产及关键数据扫描发现风险的基础依赖。脆弱性评估、数据资产评估、账号权限梳理和安全评估报告提供策略、任务及指标参数的人机交互配置和风险管理功能。安全知识库提供完备的目标业务场景信息，辅助用户构建各类数据安全场景，它内置了大量安全引擎和数据模型，为数据风险分析和数据活动跟踪提供关键支撑。

风险评估系统的功能指标如下。

（1）数据源扫描发现

主动扫描模式：可指定 IP 地址段和端口范围进行全网数据库的侦测、识别，自动发现全网所有在线数据库，支持数据发现扫描参数配置，可定义扫描时段、扫描范围等。

监测识别模式：通过对流量数据的监测、分析，识别网络内在线数据源的类型、数量、位置等信息。

支持手动添加数据源、手动加入 / 修改数据库、自动发现数据库、批量导入数据源信息等功能。

（2）脆弱性风险评估

对存储数据资产的主机系统漏洞进行扫描、发现，评估补丁安装情况、开启的端口、关键服务等状况；判断防病毒软件是否在运行，病毒特征码是否已更新；能够检查发现PC是否在执行非法进程；支持对口令强度、屏幕保护、注册表更改、文件共享情况、桌面属性使用情况等进行检查。

支持的漏洞类型：缓冲区溢出、权限提升、文件删除、信息泄露、DoS、内存泄漏、未授权访问、代码执行、默认密码等。

（3）敏感数据识别

可对各类政务数据进行拉网式清查盘点，并以资产目录及资产索引方式绘制数据源、数据表、文件、类型、大小等多维度数据资产地图，直观、形象地描绘数据资产的分布、数量、归属等详细信息。

通过通用敏感数据特征库、机器学习、正则表达式、数据指纹、关键字等多种敏感特征识别技术，配合敏感数据特征库和对应的识别策略，从海量数据中自动发现敏感数据的位置、敏感等级、数据类型、数据量、归属等详细信息，并通过智能算法绘制全网敏感数据分布图谱。

（4）账号权限梳理与账号关联分析

账号权限梳理：支持以图表的形式查看账号和权限列表，支持查看账号权限梳理任务状态，支持新增、修改和删除账号权限梳理任务。

账号关联分析：支持以图表的形式展现应用用户、数据库账号和数据表的关联情况，支持以模板导入的形式人工修改和完善关联分析。

（5）体系对标评估

管理弱点评估支持从安全管理制度、管理流程等方面对标国内外主流安全要求，进行差距对标检查，可在平台上发起人工抽查、渗透测试相关技术评估，支持内容线上填报、录入内容，并支持自定义访谈 / 问卷评估题目、方式，支持自定义设定单选、多选、问答等多种应答类型的评估项，支持编辑和维护题目顺序、内容，支持对题目进行新增、修改、删除、导入 / 导出等维护操作。

（6）安全评估报告

安全评估报告可以综合数据源、数据弱点、数据资产、安全威胁、安全合规等多个维度，检测、评估数据安全的整体情况，输出数据安全综合评估报告。专项评估报告可以按照具体法规、制度以及评估对象和内容定制专项安全评估报告，并支持自定义维护，提供报告的预览、展示、下载、导出以及报告邮件定期发送等，支持以PDF、DOC等格式分析报告。

（7）安全知识库

内置敏感信息特征库，包含证件号码、银行卡号、手机号、住址、IP地址、MAC等30多项敏感信息特征项，支持人工新增特征信息类别功能，支持按照特征信息类别、特征项名称、规则类别和来源检索特征项信息。

内置数据安全评估知识库，提供技术、管理等多维的数据安全评估项，支持评估项属性标签。

内置多项安全法律法规的合规库，支持自行创建合规评估项目。

内置多项漏洞库，涵盖丰富的安全漏洞，并兼容公开漏洞标准，如 CVE、CNNVD、CNVD、CNCVE 等。

（8）支持分布式部署

风险评估和管理端程序分离，两者可以部署在同一台服务器上，也可以分开部署。支持多数据源并发评估，多个管理端程序进行评估时采用同一引擎，而引擎采用多线程技术，有效提高了评估性能。

Chapter 14 第14章

工业互联网数据安全方案

工业互联网这一概念涵盖的内容极其丰富。从传感器和设备连接，到数据采集和分析，再到物联网平台，数据的流动使得生态中的企业建立了联系。工业互联网本身还是新生事物，其数据安全建设方案更是处于摸索阶段。在支撑了多个由工业和信息化部组织的数据安全试点项目之后，我们团队总结经验，结合工业互联网的特点，形成了本章内容。

14.1 背景介绍

工业互联网是一种新一代信息通信技术与工业经济深度融合的新型基础设施、应用模式和工业生态，而不是互联网技术在工业领域的简单应用。通过对人、机、物、系统的全面连接，工业互联网将云计算、大数据、物联网、人工智能等新一代信息技术与工业经济深度融合，在产品设计、生产、制造、管理等环节进行高效精准决策、实时动态优化、敏捷灵活响应，构建起覆盖全产业链、全价值链的全新制造和服务体系，为工业乃至产业数字化、网络化、智能化发展提供了实现途径，是第四次工业革命的重要基石。

2020年6月中央深改委审议通过的《关于深化新一代信息技术与制造业融合发展的指导意见》以及2020年11月的《中共中央关于制定国民经济和社会发展第十四个五年规划和二〇三五年远景目标的建议》等文件中，都部署了发展工业互联网的相关重要任务。这一系列的政策加码、资本跟进和新基建提速，表明当前工业互联网发展正驶入“快车道”，深化工业互联网创新发展已成为制造业转型升级、发展智能制造的核心，推动数字经济与实体经济深度融合的关键路径，促进经济高质量发展的重要选择。

工业互联网面向制造业数字化、网络化、智能化需求，将融合几次工业革命的成果，通过全要素、全产业链、全价值链的连接，以数据作为创新发展的使能要素，构建基于“数据 + 算力 + 算法”的新型能力图谱，推动建立数据驱动的新型生产制造和服务体系。工业互联网数据日益成为提升制造业生产力、竞争力、创新力的关键要素。

在全球严峻的数据安全形势下，工业互联网数据已成为重点攻击目标，加之工业互联网泛在互联、资源集中等特征，导致数据暴露面扩大、攻击路径增多，数据采集、传输、存储、使用、交换共享与公开披露、归档与删除等生命周期各环节都面临安全风险与挑战。此外，云计算、大数据、人工智能、5G、数字孪生、虚拟现实等新技术新应用，也引入了新的数据安全风险隐患。

对此，世界各国高度重视工业互联网数据安全。美国发布了《工业互联网数据保护最佳实践白皮书》，欧盟发布了《增强欧盟未来工业的战略价值链》，提出建立欧洲可信数据空间。自 2017 年始，我国先后发布了《国务院关于深化“互联网 + 先进制造业”发展工业互联网的指导意见》《加强工业互联网安全工作的指导意见》《关于工业大数据发展的指导意见》等政策文件。2021 年 9 月，我国《数据安全法》和《关键信息基础设施安全保护条例》正式实施。2022 年 12 月，工业和信息化部印发《工业和信息化领域数据安全管理办法（试行)》，着力加强工业互联网数据安全保障。

14.2　现状问题

数据安全和工业互联网都属于近年来快速发展的领域，不同行业的企业在数据安全方面的建设处于不均衡的状态。我国的工业互联网企业清晰地了解数据安全工作的意义和重要性，但整体而言，企业的数据安全能力还处于初级阶段。

第一，数据安全意识薄弱。在工业互联网企业的运营过程中，部分人员仍无法正确理解数据安全和网络安全的区别，对数据的重要性、敏感性、合规性等缺乏足够的安全认识，存在明文存储高敏信息、随意转发数据等行为，导致数据遗失、泄露等事件频发。

第二，数据安全管理不完善。工业企业、工业互联网基础设施运营单位、工业互联网平台企业等多方主体在保护工业互联网数据安全方面的权责义务还不够清晰，难以有效落实工业互联网数据安全保护要求。多数企业尚未制订数据管理和安全相关战略规划，数据安全管理未成为信息化的常规基础性工作。

第三，数据资产分级防护能力不足。工业互联网企业在面对海量的工业互联网数据及多样的数据汇聚、交换共享时，基本尚未开展有针对性的数据分类分级和分级防护工作。传统数据安全防护通常是“一刀切”地根据数据所在系统的级别进行等级保护，并未专门针对数据开展分级防护。

第四，数据安全技术保障能力较弱。工业互联网企业经过一段时间的发展，具有了一定的基础数据安全能力，例如对数据访问进行审计和控制，但尚未建立完整的数据安全风险发现、实时告警、防护处置等体系化能力，无法应对快速演进的数据安全风险。

14.3 需求分析

根据工业和信息化部印发的《工业和信息化领域数据安全管理办法（试行）》以及国家在数据安全方面的其他法律法规，结合工业互联网行业的现状和问题，数据安全能力需要从如下四个方面考虑。

1. 健全数据安全组织

数据安全管理组织不健全，就无法保障数据安全工作的落实。通过建立覆盖全局的数据安全管理组织架构，确保全局数据安全管理方针、策略、制度规范的统一制定和有效实施。数据安全管理团队由各类专业技术人员组成，负责数据安全日常管理、数据安全管理工作的阶段性总结及汇报、与相关单位的沟通协调等工作。建立管、用、审分离的数据安全岗位职责，明确分工，加强沟通协作，落实安全责任，把握每一个数据流通环节的管理要求，以完整而规范的组织体系架构保障数据流通每个环节的安全管理工作。

2. 完善数据安全制度

完善的数据安全制度使组织在日常的数据安全工作中有章可循。通过规范工作人员的行为，保障数据安全工作持续优化。数据安全制度包括数据分类分级保护制度，数据安全风险评估、报告、信息共享、监测预警机制，数据安全应急处置机制，数据安全审查制度等，还包括多级数据安全管理制度文档体系，如方针策略、管理规定、手册指南、表单记录。需要注意的是，数据安全制度要与现有的信息安全管理制度融合。

3. 提升分类分级能力

数据分类分级是数据安全治理的前提条件和关键步骤，只有对数据进行有效分类分级，才能避免一刀切的控制方式，在数据的安全管理上采用更加精细的措施，使数据在共享流通和安全之间获得平衡。

4. 建设数据安全技术体系

工业互联网中的业务数据在其被采集、传输、存储、共享、使用直至销毁的全生命周期之中，每时每刻都存在各种各样的安全风险，包括合规性风险、可用性风险、存储风险、操作风险、展示风险、传输风险、滥用风险、残留风险等。应建设数据安全技术体系，保证重要数据在涉及其中每一个环节时，都有可靠的技术手段应对，以避免数据损毁、丢失、泄露等安全事件。

14.4　方案目标

2020 年 5 月，由国家工业信息安全发展研究中心牵头起草的《工业互联网数据安全防护指南》在全国信息安全标准化技术委员会大数据特别工作组作为国家标准研究项目立项，该指南以“技管结合、动静相宜、分类施策、分级定措”作为工业互联网数据安全防护的总体思路，从通用防护、分类防护、分级防护三个维度提出工业互联网数据安全防护框架，为工业互联网企业开展数据安全防护能力建设提供指导和参考。

本方案以数据为中心，从业务、合规和风险角度出发，对数据资产进行梳理、分类分级、敏感数据识别和风险识别检测。根据实际需求和数据分类分级结果制订数据安全策略，设计数据安全管理制度和技术架构，对数据在各应用场景的流转进行数据安全防护。采用数据可信接入、数据加密、数据脱敏、认证授权、数据操作审计等措施，实现数据全生命周期中的资产可视、风险可知、威胁可查、使用可管，为工业互联网夯实数据安全技术底盘，保证数据安全。

14.5　方案内容

在工业互联网平台内部，建设数据生命周期安全管理模块，通过规范数据的生命周期管理，优化数据存储结构，有效控制在线数据规模，确保平台安全、稳定、高效运行。建设数据资产管理、分级分类、脱敏加密、API 审计等安全能力，同时以海量的安全数据作为安全要素，通过大数据技术对安全要素信息进行分析，可全面、精准地掌握数据安全状态，提升数据安全风险的主动预警能力、响应能力，形成数据安全监控的闭环。

14.5.1　分类分级

1. 数据资产盘点服务

数据资产盘点服务主要是借助数据资产安全管理平台，为用户提供数据资产梳理、热度分析和数据库账户权限梳理服务。该服务对用户各类数据进行拉网式清查盘点，并以数据资产地图、数据资产目录等方式进行展现；对数据访问热度进行分析，绘制数据访问热力图；同时对数据库账号权限进行梳理，梳理出用户、数据库账号和数据表的关联图谱。

2. 敏感数据识别服务

敏感数据识别服务主要是借助数据资产安全管理平台，通过机器学习、正则表达式、数据指纹、关键字等多种敏感特征识别方式，对用户敏感数据进行识别和定位。在敏感数据自动识别的基础上，安全专家对业务场景进行梳理分析，绘制敏感数据分布图谱；同时对敏感数据的篡改、下载、访问等异常行为或违规操作进行识别和监控，提前发现可能存在的安全隐患。

3. 数据安全分类分级服务

数据安全分类分级服务是借助数据资产安全管理平台对用户数据资产进行梳理，摸清数据资产情况；安全专家根据国家、地方或行业法律法规，结合用户数据分类分级需求和数据资产现状，开展数据分类分级融标工作，确定数据安全分类分级方案；通过AI算法智能标签、数据分类分级规则模型和人工配置数据分类分级规则集的方式对数据表和字段进行数据分类分级标识，形成数据安全分类分级图谱。

14.5.2 安全防护

如图14-1所示，根据分类分级结果及安全策略规划，对工业互联网平台的数据采取安全措施，覆盖数据全生命周期。

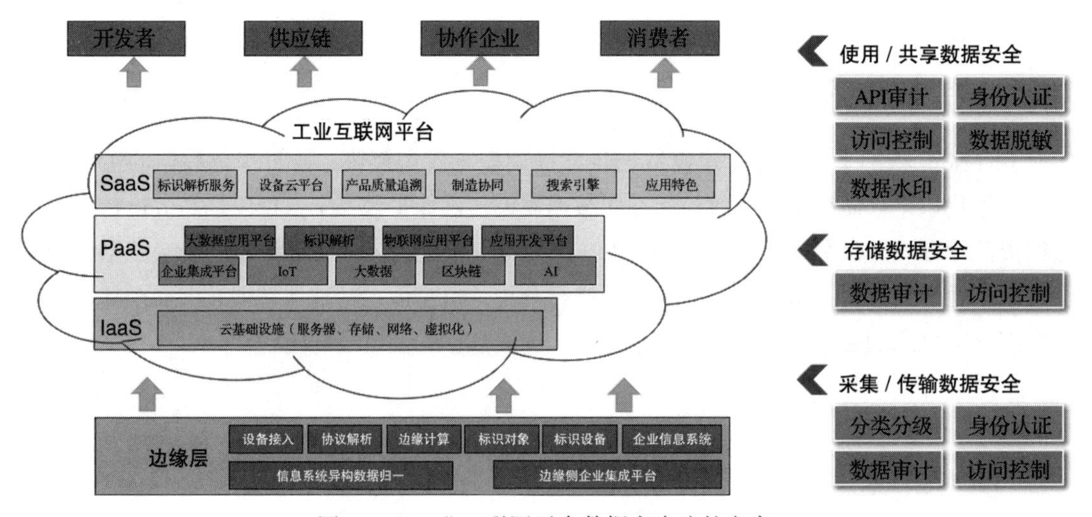

图14-1 工业互联网平台数据安全防护方案

在工业数据采集阶段，对接入工业互联网的采集设备进行安全认证，防止工业互联网设备仿冒攻击。对数据的采集行为进行审计，方便事后核对和溯源。

在工业数据传输阶段，对数据传输主体进行身份鉴别和认证，对重要、敏感的工业数据交换操作进行监控，并在传输过程中通过数据加密等方式确保数据的机密性。

在工业数据存储阶段，考虑优化工业数据的存储架构，部署数据存储加密、数据备份/恢复等产品。工业大数据平台建立统一的数据权限管理机制，结合访问控制、用户身份认证和鉴别等手段实现工业数据存储的访问权限管理，避免对工业数据的非授权访问。

在工业数据使用阶段，建设数据的访问控制和权限管理体系，对于重要、敏感的数据服务要进行多因素身份认证。采用脱敏技术对敏感隐私数据，如个人信息以及生产、运营、销售等数据进行信息模糊处理。同时，对工业数据操作行为进行审计，监测数据滥用行为，建立数据使用过程的数据溯源能力。

14.5.3　安全运营

依托数据安全管理系统的能力，实现数据安全的一体化运营。广泛采集和收集整体数据环境中的安全状态和事件信息，并加以处理、分析和展现，从而明确当前数据的总体安全态势，为数据安全运营过程中的预警和响应提供决策支撑，提供一站式的数据保护和防御机制。

如图 14-2 所示，数据安全管理系统的关键能力如下：

- 统一告警中心：广泛采集和收集整体数据环境中的安全状态和事件信息，基于大数据技术，实现事件关联分析、用户行为分析，发现深度威胁，实现数据风险预警、告警。
- 关联事件调查：动态监控资产分级与保护措施情况，监测数据流转轨迹，还原安全事件上下文，为数据安全运营过程中的预警和响应提供决策支撑。
- 风险自动化处置：利用安全编排和自动化响应技术，实现风险自动处置或给出风险措施处理建议，提供一站式的数据保护和防御机制。

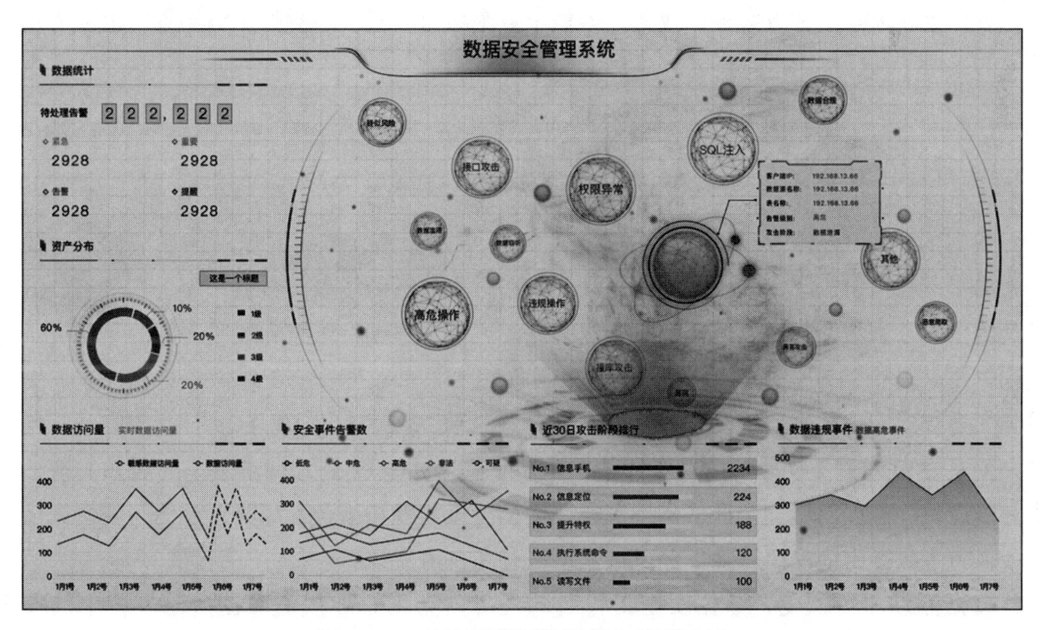

图 14-2　工业互联网数据安全管理系统

Chapter 15 第 15 章

数据流转风险监测方案

在当今数字化的业务环境中，数据的流动变得日益复杂且频繁。组织需要确保数据在存储、传输和处理的过程中始终保持安全，需要提高数据管理的透明度。在一次与用户的沟通中，我们对用户的痛点有了更深的体会，随即组织技术力量设计方案。在随后的几个月里，数据流转风险监测方案逐渐成熟，落地了数个项目，甚至在数据出境场景中也成为用户的监测手段。

15.1 背景介绍

数据的流动已经成为数字时代的常态，不但更加频繁，流动的规模也在增长。大数据技术加速了数据的流动，催生了数据交易和数据合作等新的场景。数据作为生产要素，流动是其内在诉求。除了在企业内部和企业之间流动之外，数据在国家和地区之间的流动也日益受到关注。《“十四五”规划和 2035 年远景目标纲要》对数据安全工作做了具体部署，提出要“加强数据安全评估，推动数据跨境安全有序流动”。2021 年 10 月 29 日，国家互联网信息办公室发布关于《数据出境安全评估办法（征求意见稿)》公开征求意见的通知。该征求意见稿指明，数据出境安全评估坚持事前评估和持续监督相结合、风险自评估与安全评估相结合，防范数据出境安全风险，保障数据依法有序自由流动。

数据流动不可避免，数据安全工作者的任务是帮助企业规避数据流动过程中的安全风险，保障并促进企业的业务和创新。《数据安全法》第 29 条要求，开展数据处理活动应当加强风险监测，发现数据安全缺陷、漏洞等风险时，应当立即采取补救措施。如何及时发现数据流转过程中的安全风险？这就需要针对数据的流转过程进行风险监测，使用户能够尽早采取措施进行规避，降低发生数据安全事件的可能性，减少数据安全事故带来的损失。

15.2　现状问题

数据流转中的安全问题一直存在，但是直到近几年才得到重视。现阶段数据安全问题的解决方案主要是针对某一特定场景的，例如数据库审计可以记录数据库的访问行为。这是必要的，但是数据从数据库出来之后，经过了怎样的变形处理？以什么方式在组织内或组织间流转？敏感数据有没有被泄露出去？这些问题单靠数据库审计或某一种产品是无法解决的。

另外，数据流转的过程比较复杂，方式也很多样。目前常见的方式有文件夹共享、U 盘复制、API 传输、邮件发送、即时通信工具发送等，这使数据流转全流程的风险监测成为跨越多个场景的任务，这种并不统一的数据流动增加了风险监测的成本。

15.3　需求分析

企业目前无法及时感知自身的数据流转所面临的数据安全风险，这给业务的持续运营带来了极大的不确定性。为了及时感知数据流转过程中的安全风险，对解决方案提出了以下三点需求。

1. 全面掌握敏感数据分布的需求

由于企业数据的规模巨大，对全量数据进行风险监测将会带来极高的成本。为了发挥出风险监测的最佳效果，需要梳理出数据中的敏感数据并了解其在企业内部的分布。这有助于企业制订合理有效的数据安全策略，是开展数据安全建设工作的基础。

2. 数据在整个流动路径上的风险监测需求

数据在流动过程中产生价值，流动是数据作为生产要素所具有的特性。数据的流动成为常态，数据流动的路径也愈加复杂，这为企业的数据安全风险管理带来了困难。数据在流动中产生的风险占比增加，不容忽视，对数据在流动的完整路径上进行监测，能够消除风险监测盲区，有助于增强企业的整体数据安全风险监测能力。

3. 日志统一分析的需求

数据存储在数据库中，有可能在运维环节发生泄露，也有可能在数据使用过程中由员工的办公环境泄露。企业目前并未形成体系化的数据安全防护能力，各防护节点的信息呈

"烟囱"式分布，缺乏全局视野。对各防护节点的日志信息进行统一分析，有助于还原事件的全貌。

15.4 方案架构

数据流转监测方案由四个部分构成，分别是数据流转安全能力、数据流转监测应用、评价体系和三大体系（政策制度体系、标准规范体系、法律合同体系）所代表的安全策略，如图 15-1 所示。

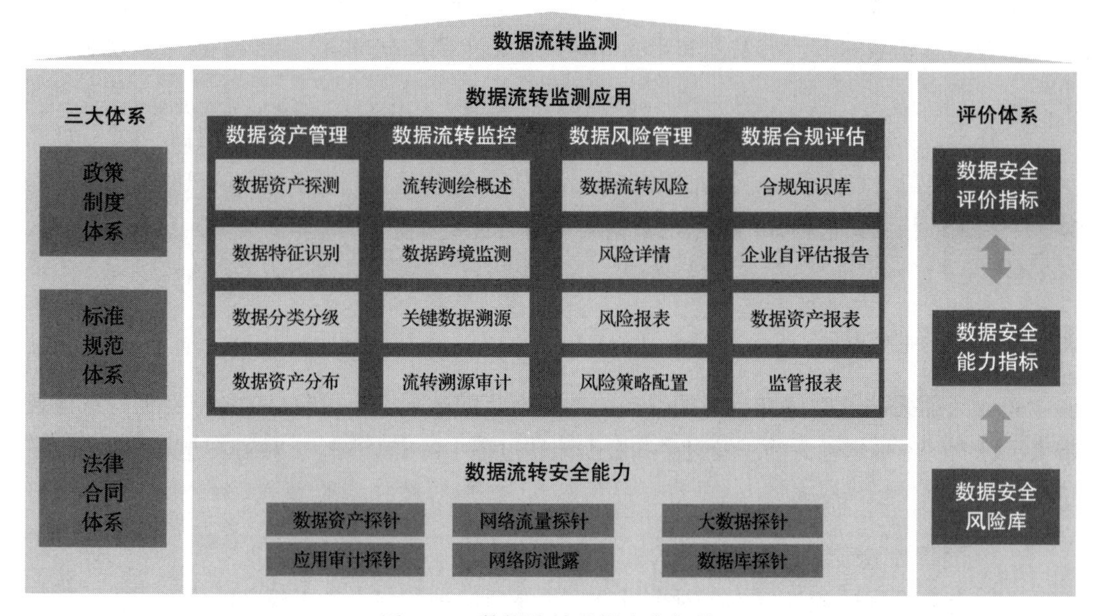

图 15-1 数据流转监测方案架构

如图 15-2 所示，数据流转安全能力主要是融合流量和日志探针，负责收集网络中与数据流转相关的信息，这些信息包括对数据库的访问、终端对文件的操作、网络传输以及应用（API）的访问行为。数据流转监测应用（数据流转监测平台）则负责对探针收集的信息进行分析和研判，包括识别数据流转的行为（如应用访问、文件传输等）、数据流转的流向、流转过程中的敏感数据，可视化呈现出各组织、节点间的数据流转链路。

评价体系则是根据安全策略确定的监测指标。通过观察指标的变化，可帮助用户及时发现安全风险。最终由数据流转监测应用输出体系化的数据安全评估、数据出境风险自评估等报告，以满足《数据安全法》《个人信息保护法》《数据出境安全评估办法》等合规要求。

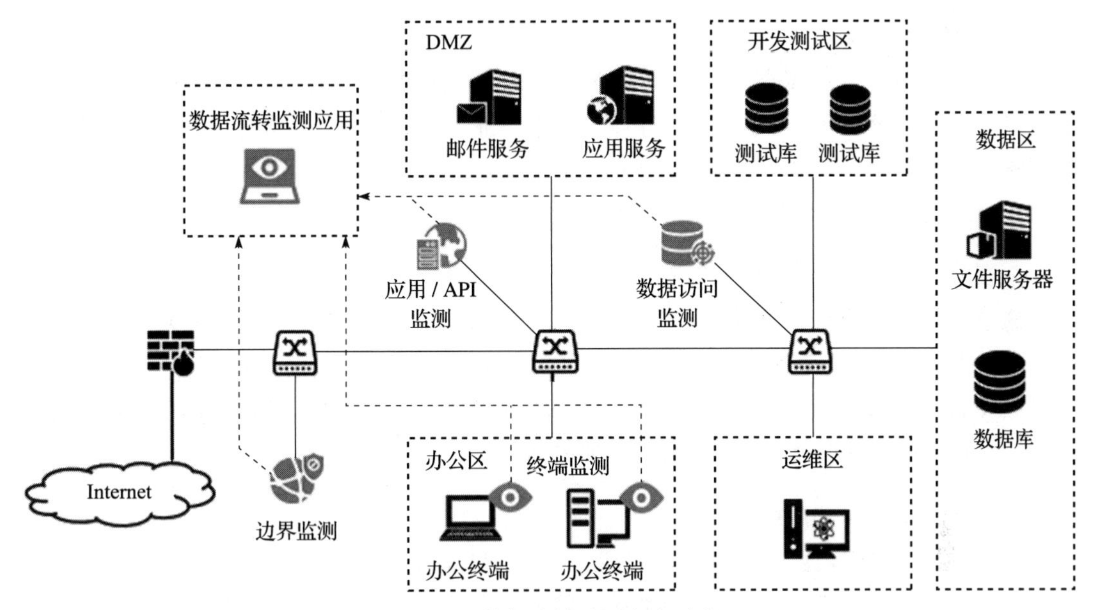

图 15-2　数据流转监测方案示意

15.5　方案内容

1. 数据资产盘点

对主流数据库、文件服务器等多类数据源进行嗅探和发现，能够针对数据源类型、版本、分布、数量、IP 地址等信息进行统计和呈现。

通过数据扫描策略可对企业中各类数据进行拉网式清查盘点，并以资产目录及资产索引方式绘制数据源、数据表、文件、类型、大小等多维度数据资产地图，直观、形象地描绘数据资产的分布、数量、归属等详细信息。数据资产地图通过树状结构图、数据关系图等可视化图表能够清晰、准确地揭示数据源、数据库、数据表、字段、文件之间的关系和脉络，为用户提供全面、翔实、易懂、可视的数据资产平台化管理支撑。

2. 敏感数据识别定位

基于丰富的通用敏感数据特征库，采用机器学习、正则表达式、数据指纹、关键字等多种敏感特征识别技术，支持用户非常便捷地调取并应用敏感数据特征库。同时，支持用户根据实际需要在敏感数据特征库中自定义添加敏感特征项，以满足特殊的敏感特征类型或应用场景。配合敏感数据特征库和对应的识别策略，对静态存储数据、动态流转数据进行敏感数据识别定位，自动发现敏感数据的位置、敏感等级、数据类型、数据量、归属等详细信息。

3. 数据分类分级

数据分类分级是数据重要性的直观展示，也是数据确权与访问控制的基础和依据。建设自定义数据分级、分类标签能力，用户可根据行业标准或者自身业务场景、数据价值、数据影响、数据用途、数据来源等确定数据分类分级标准，进而形成企业专属标签库，并利用人工核验的结合方式提升数据打标签效率，缩短数据安全治理周期。

4. 数据流转采集与监测

融合流量和日志探针，能够采集各种数据流转场景的流转信息，如运维人员访问数据库、内部人员访问业务系统、文件和邮件传输等场景。系统支持收集流量并进行解析，覆盖HTTP、FTP、SMB、POP3、主流数据库等多种协议类型以及主流数据库，还原流转过程中的文件，并上报给平台进行报文的敏感数据识别。

5. 数据流转分析与测绘

利用数据源采集监测、敏感数据识别、数据流转跟踪等技术，对数据访问、数据调用、数据共享、数据使用等数据活动以及数据流转等行为进行全程监控与跟踪溯源，并在聚合分析后汇总为统一的日志格式，供用户进行检索，以便快速发现敏感数据流出行为。可为用户提供数据事故定责、敏感 / 重要数据流向分析、流数据资产管控等复杂场景的关键支撑。

可通过配置组织、节点等信息，结合系统内置的 IP 地址库，动态匹配流量解析识别后的日志中的 IP 地址、域名等信息，可视化呈现组织内部各节点、组织和组织、境内和境外的数据流转情况，智能化地自动绘制出数据流转图，帮助用户建立对数据流转链路的清晰了解。

6. 数据流转统计

经过采集、分析后，能够统计和汇总不同的数据信息，如 X 组织累计流出到境外的敏感数据量、Y 应用总共被多少个 IP 地址访问、热度标签、高频访问 IP 地址等。系统经计算后生成相应的图表、报表等结果，可为用户提供多种维度的数据流转统计报告，提供给运营人员数据流转中的各项数据指标。

7. 场景化评估报告

能够应对数据出境、数据交易、个人信息保护等不同场景下的数据流转监测。例如，系统能够输出数据出境场景下的数据风险自评估报告，通过系统评估和人工问卷评估的方式，帮助用户构建风险自评估报告，以用于合规申报。

同时，系统内置不同场景下的合规要求，可实时监测用户数据流转过程中的违规行为，并予以告警通知，帮助用户实现合规自检。合规要求同样支持用户根据自身情况进行自定义配置。

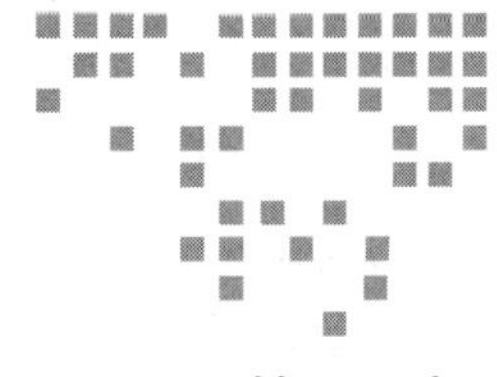

第 16 章 Chapter 16

数据出境安全评估

AIGC 的潮流席卷全球，并让大众认识到数据作为战略物资的重要性。数据在塑造人工智能的能力和智能水平方面具有决定性的作用。精准、多样且大规模的数据集不仅加速了模型的学习过程，还决定了人工智能系统的性能和预测准确性。因此，为了防止数据被境外组织非法获取，维护国家和社会各界的利益，需要所有的数据处理者审视自身的数据出境业务，及早规避风险。

16.1 数据出境的监管规则

数据在当代社会发挥着越来越重要的作用，甚至成为与土地、劳动力、资本、技术并列的生产要素。各国出于种种原因，也就“数据主权”展开争夺。在保障数据流动性以充分利用其价值、推动社会进步的同时，为了防止数据泄露、滥用等危害国家安全、社会公益以及我们每个人的权利，数据的使用及流通不应是绝对自由的，需要受到管理和调控。其中，数据出境规则就是数据安全相关规制中最重要的部分之一。

中国第一次对数据跨境流动做出统一规定是在 2017 年 6 月 1 日正式施行的《网络安全法》中。该法第三十七条规定，关键信息基础设施的运营者在中华人民共和国境内运营中收集和产生的个人信息和重要数据应当在境内存储。因业务需要，确需向境外提供的，应当按照国家网信部门会同国务院有关部门制定的办法进行安全评估；法律、行政法规另有规定的，依照其规定。

在 2022 年 12 月公布的《中共中央国务院关于构建数据基础制度更好发挥数据要素作

用的意见》（下文简称“数据二十条”）中，数据安全被反复提及，而“构建数据安全合规有序跨境流通机制”更是被作为这“数据二十条”中的一条进行特别强调，要求数据跨境流动方式安全规范，建立跨境数据分类分级管理机制，进行国家安全审查，实施数据出口管制，保障出境数据用于合法用途，防范数据出境安全风险。

我国数据安全领域的法律《网络安全法》《数据安全法》和《个人信息保护法》对数据出境仅仅做出了非常原则和概括的规定，大量的细节执行条款留给了后续低位阶的法规进行填补。这三部法律关于数据出境的规定如表 16-1 所示。

表 16-1 法律法规里的数据出境要求

对比项	《网络安全法》	《数据安全法》	《个人信息保护法》
生效时间	2017 年 6 月 1 日	2021 年 9 月 1 日	2021 年 11 月 1 日
规制主体	关键信息基础设施的运营者	关键信息基础设施的运营者、其他数据处理者	关键信息基础设施的运营者、个人信息处理者（处理个人信息达到规定数量）
数据类型	个人信息、重要数据	重要数据	个人信息
出境条件	安全评估	按照国家网信部门会同国务院有关部门制定的规则执行	1. 以下条件之一： 1）国家网信部门组织的安全评估 2）国家网信部门规定的经专业机构进行的个人信息保护认证 3）按照国家网信部门制定的标准合同与境外接收方订立合同 4）符合我国缔结的国际条约、协定 2. 采取必要措施 3. 告知义务及取得单独同意
法律条文	第三十七条、第六十六条	第三十一条、第四十六条	第三十八至第四十一条

也就是说，《网络安全法》仅提出关键信息基础设施的运营者就个人信息和重要数据出境提出了安全评估的要求；《数据安全法》并未对《网络安全法》进行任何新的补充；《个人信息保护法》则相对详细，不过限定在了个人信息这种数据范围之内。

因此，为了填补这三部法律中关于数据出境规定的空白细节，以中央网信办为主导，有关部门先后出台了一系列的规定、征求意见稿和国家标准，如《数据出境安全评估办法》《个人信息跨境处理活动安全认证规范》《个人信息出境标准合同办法》及《个人信息出境标准合同》等，为企业数据出境起到了指引作用，如图 16-1 所示。

其中，《数据出境安全评估办法》（下文简称《评估办法》）及《数据出境安全评估申报指南（第一版）》进一步细化了安全评估的适用范围及数据出境安全评估具体方案，通过特定数据、特定主体、特定量级界定必须适用安全评估流程的“提供行为”。

《评估办法》是一项重要的法律制度，主要源于《网络安全法》《数据安全法》和《个人信息保护法》。下面对《评估办法》中的一些重要内容进行解读。《评估办法》第一条规定，为了规范数据出境活动，保护个人信息权益，维护国家安全和社会公共利益，促进数据跨境安全、自由流动，根据《网络安全法》《数据安全法》《个人信息保护法》等法律法规，制定本办法。

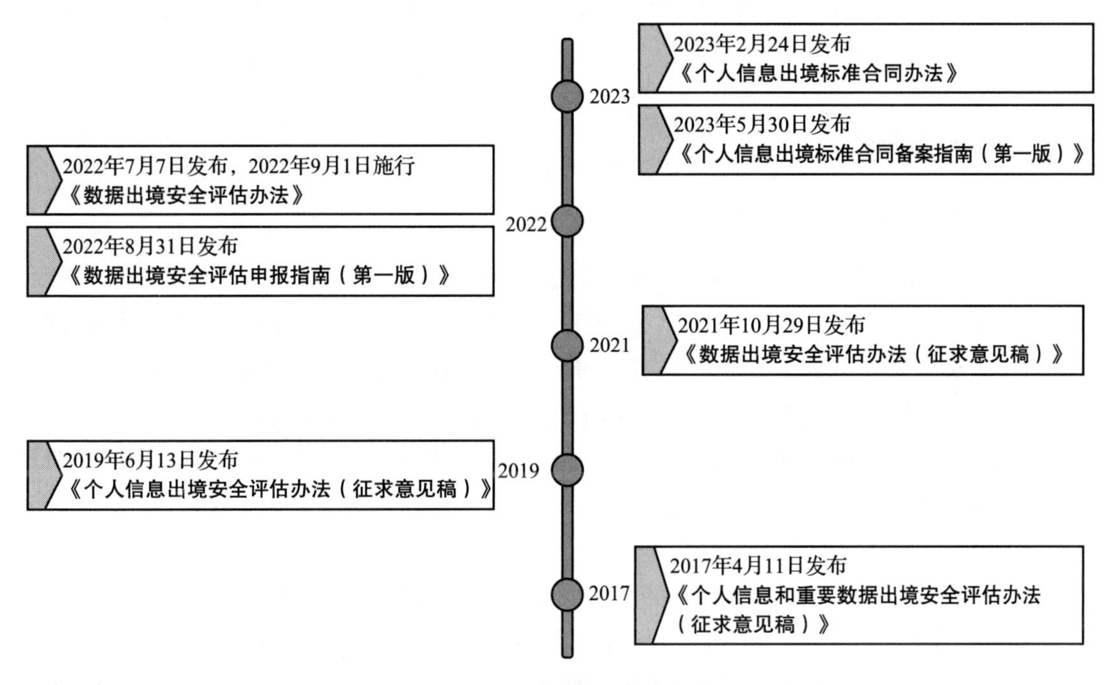

图 16-1 相关法律法规时间线

从立法目的看，《评估办法》体现了总体国家安全观，其中“规范、保护、维护、促进”这四个关键词在立法目的中是一种递进关系，规范数据出境活动是核心，只有在规范数据出境活动的基础上，方能保护个人信息权益，维护国家安全和社会公共利益，从而实现促进数据跨境安全和自由流动之目的。

《评估办法》第二条进一步对数据出境安全评估做了划分，即“数据处理者向境外提供在中华人民共和国境内运营中收集和产生的重要数据和依法应当进行安全评估的个人信息，应当按照本办法的规定进行安全评估；法律、行政法规另有规定的，依照其规定”。上述规定划定了需要对数据出境安全评估的两种情形：

第一，数据处理者在中国境内运营中收集和产生的重要数据，全部要通过国家数据安全评估。该项内容明确了对数据获取的两种模式：一种是“收集”，这是一种主动和积极的行为，主要是通过自动化方式收集的数据；另一种是在运营中信息系统“产生”的数据。以上特别强调的是仅限于“重要数据”，即一旦遭到篡改、破坏、泄露或者非法获取、非法利用等，可能危害国家安全、经济运行、社会稳定、公共健康和安全等的数据。

第二，不是所有的个人信息出境都要进行安全评估，个人信息出境只有在符合法律法规要求的安全评估条件时，才应当按照《评估办法》的规定进行安全评估。比如《网络数据安全管理条例（征求意见稿）》规定，“处理一百万人以上个人信息的数据处理者向境外提供个人信息”，应当通过国家网信部门组织的数据出境安全评估。如果不符合上述规定的要求，就无须申报个人信息出境安全评估。

16.2 现状问题

16.2.1 哪些行为属于数据出境

为了解决数据出境的安全问题，首先要明确哪些行为属于数据出境。很多企业对于数据出境的认识存在一个重大误区，那就是认为只有通过邮件等方式向境外发送数据才属于数据出境，但这其实只是数据出境行为中很小的一部分。数据出境主要有以下三类情形：

1）数据处理者在境内运营中收集和产生的数据传输、存储至境外；

2）数据处理者收集和产生的数据存储在境内，境外的机构、组织或者个人可以查询、调取、下载、导出；

3）国家网信办规定的其他数据出境的行为。

如图 16-2 所示，对于第一类行为，除了用邮件等向境外发送数据之外，通过 U 盘或硬盘等载体将数据携带出境、使用供应商通过境外系统提供的数据处理服务等都构成数据出境。对于第二类行为，即使境外主体不实际对数据进行查询、调取、下载、导出，对于其有权限进行前述行为的，也会被视为数据出境。例如，境外关联公司对中国境内子公司的服务器、中国子公司邮箱系统等有较高权限，有能力自行查询、调取相应数据，即使它没有实际进行查询调取，该权限范围所覆盖的数据（有权限查询 1 万人敏感个人信息，或重要技术资料等）也会被认为是数据出境的对象。

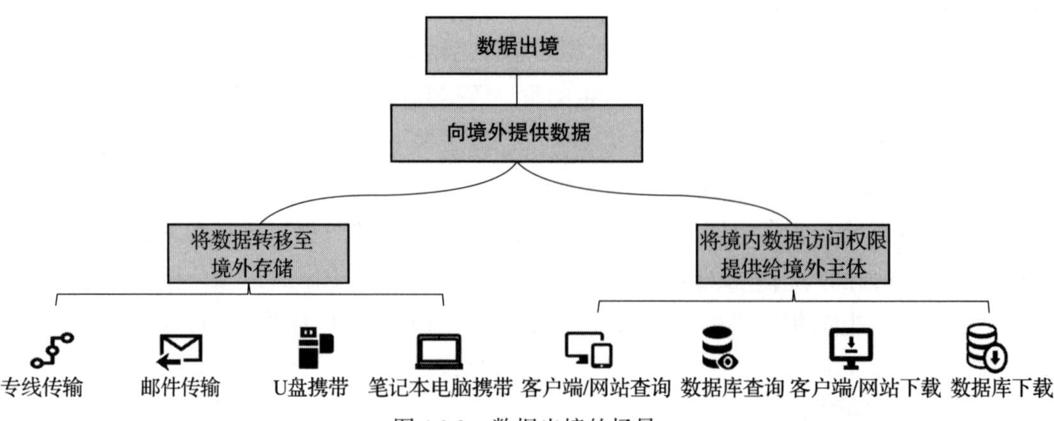

图 16-2 数据出境的场景

在实践中，企业常见的可能存在数据出境的行为如下：

- 使用架设在境外的云服务器存储企业数据；
- 使用境外服务商提供的信息系统（OA、邮箱、财务系统、名片等数据管理系统等）；
- 通过境外的企业 VPN 等进行数据交换；
- 向境外主体开放境内服务器、数据库权限；
- 使用境外服务商（法务、会计、审计等）时使其查阅境内企业数据；
- 向境外关联公司、客户等提供产品说明、技术资料；
- 由境外总公司进行境内公司的员工管理。

但是以下两种情形不属于数据出境：一是非在境内运营中收集和产生的数据经由本国出境，且数据未经任何加工处理；二是非在境内运营中收集和产生的数据，但在境内存储、加工处理后出境，不涉及境内运营中收集和产生的数据。

基于对数据出境的认定，《评估办法》第四条明确了有以下 4 种数据出境情形之一的，应当申报数据出境安全评估，如图 16-3 所示。

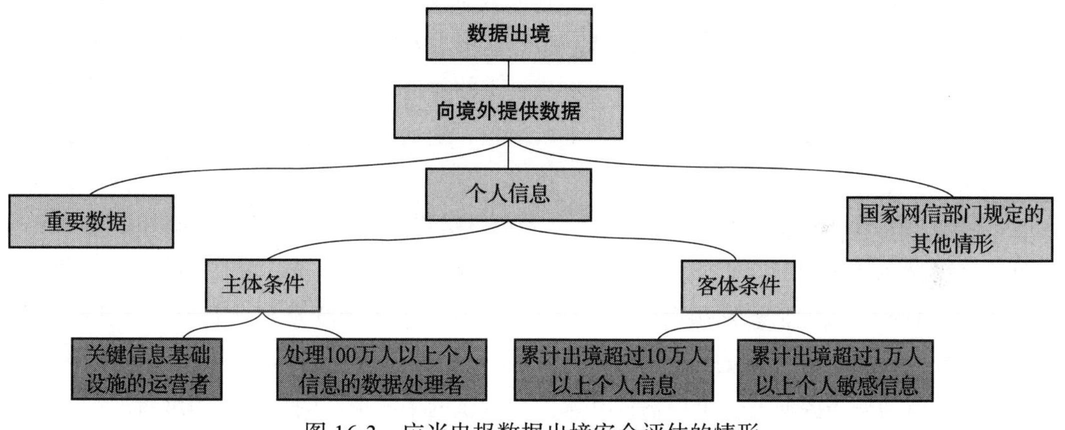

图 16-3 应当申报数据出境安全评估的情形

1）数据处理者向境外提供重要数据；

2）关键信息基础设施运营者和处理一百万人以上个人信息的数据处理者向境外提供个人信息；

3）自上年 1 月 1 日起累计向境外提供十万人个人信息或者一万人敏感个人信息的数据处理者向境外提供个人信息；

4）国家网信部门规定的其他需要申报数据出境安全评估的情形。

申请者申报数据出境安全评估，应当通过所在地省级网信部门向国家网信部门提出。

接下来，我们要明确数据出境的情况企业需要履行哪些法律义务。目前，我国对于数据出境行为的规制主要针对重要数据及个人信息两类。

（1）重要数据出境相关义务

《评估办法》定义的重要数据的概念是《数据安全法》所规定的数据分类分级保护制度的延续，各地区、各部门应当按照数据分类分级保护制度，确定本地区、本部门以及相关行业、领域的重要数据具体目录，对列入目录的数据进行重点保护。目前，工业和信息化、金融、测绘、汽车等领域的重要数据认定标准或清单业已公布，其他行业及地区的重要数据目录正在逐步制定。同时，于2022年公布的推荐性国家标准《信息安全技术 重要数据识别指南（征求意见稿）》也较之初稿进行了大幅修改，在这一轮的征求意见及调整后，该标准的正式版本有可能在近期出台。

重要数据的处理者除在日常业务活动中需履行建立健全数据安全管理制度、明确负责人和管理机构、定期开展风险评估等数据安全保护义务外，在向境外提供重要数据时还应当向国家网信部门申报数据出境安全评估。

（2）个人信息出境相关义务

个人信息指以电子或者其他方式记录的与已识别或者可识别的自然人有关的各种信息，不包括匿名化处理后的信息。结合该定义，并非只有能够识别个人信息主体身份的信息（如身份证号、电话号码等）才属于个人信息，在已知该个人信息主体身份时，与之相关的信息也构成个人信息。例如，在企业的个人用户或员工的身份已被特定的情况下，该企业所掌握的相关通话记录、网页浏览记录等也属于个人信息，受到《个人信息保护法》等相关法律法规的规制。

向境外提供个人信息时，需要从境内个人信息提供者的主体属性、向境外提供的个人信息的规模两个角度判断是否需要向网信部门申报安全评估。首先，从主体属性的角度看，若境内提供者属于关键信息基础设施的运营者，或属于处理100万人以上个人信息的主体，无论其向境外提供的个人信息的规模如何，也无论相关信息是否通过关键信息基础设施提供，该出境行为均需要通过安全评估；其次，从提供的个人信息的规模的角度看，即使境内提供者不属于前述特殊主体，自上年1月1日起累计向境外提供10万人个人信息或者1万人敏感个人信息的，同样需要通过安全评估。

此外，对于无须通过安全评估的个人信息出境行为，境内提供者依然需要在提供前与境外接收方签订个人信息出境标准合同并完成备案，或进行个人信息保护认证。需要注意的是，在签订个人信息出境标准合同并进行备案时，境内提供者应一并完成个人信息保护影响评估，相关评估报告需向网信部门提交。

16.2.2 数据出境原则和要求

我国数据出境安全评估的目的，是在确保防范数据出境安全风险的基础上，保障数据依法有序地自由流动。为了实现上述目的，《评估办法》提出了数据出境安全评估应遵循两项原则：一是事前评估和持续监督相结合原则，二是风险自评估与国家安全评估相结合原则。

第一项原则表明，重要数据和依法应当进行安全评估的个人信息，必须在出境前进行数据安全出境评估，但是保障数据出境安全不是一次性评估，还要对出境后的数据进行持续的安全监督，重点监督与境外接收方订立法律文件中约定的数据安全保护责任义务的履行情况。第二项原则表明，对重要数据和依法应当进行安全评估的个人信息实施阶梯式评估模式，即“自评估”+“国家安全评估”，以企业数据出境自评估为基础，以国家安全评估为保障，这是一个合二为一的整体性安全评估模式。

《评估办法》第五条规定，数据处理者在申报数据出境安全评估前，应当开展数据出境风险自评估，重点评估以下事项：

1）数据出境和境外接收方处理数据的目的、范围、方式等的合法性、正当性、必要性；

2）出境数据的规模、范围、种类、敏感程度，数据出境可能对国家安全、公共利益、个人或者组织合法权益带来的风险；

3）境外接收方承诺承担的责任义务，以及履行责任义务的管理和技术措施、能力等能否保障出境数据的安全；

4）数据出境中和出境后遭到篡改、破坏、泄露、丢失、转移或者被非法获取、非法利用等的风险，个人信息权益维护的渠道是否畅通等；

5）与境外接收方拟订立的数据出境相关合同或者其他具有法律效力的文件是否充分约定了数据安全保护责任义务；

6）其他可能影响数据出境安全的事项。

以上自评估的内容有四大特征：一是数据出境的合规性评估，重点评估数据出境的目的、范围和方式是否符合我国数据处理的法定原则——“合法、正当、必要”；二是数据出境的风险性评估，重点从出境数据的规模、范围、种类、敏感程度四个维度评估出境的数据是否会给国家安全、公共利益、个人或者组织合法权益带来风险；三是数据出境的安全保障能力评估，重点评估境外接收方是否能够保障出境数据的安全，尤其是评估境外接收方能否依据诚实信用原则，全面履行合同所约定的安全保障义务；四是数据出境中和出境后的救济渠道评估，重点评估在数据出境期间和出境后，一旦遭到篡改、破坏、泄露、丢失、转移或者被非法获取、非法利用等，个人信息权益维护和救济的渠道是否畅通。

16.2.3 数据出境安全评估的流程

《评估办法》和《个人信息出境标准合同办法》对数据出境情形有明确的解释，同时针对不同的情形提出了具体申办方式和流程。

数据出境安全评估的流程如图 16-4 所示。数据处理者达到安全评估情形，首先应完成

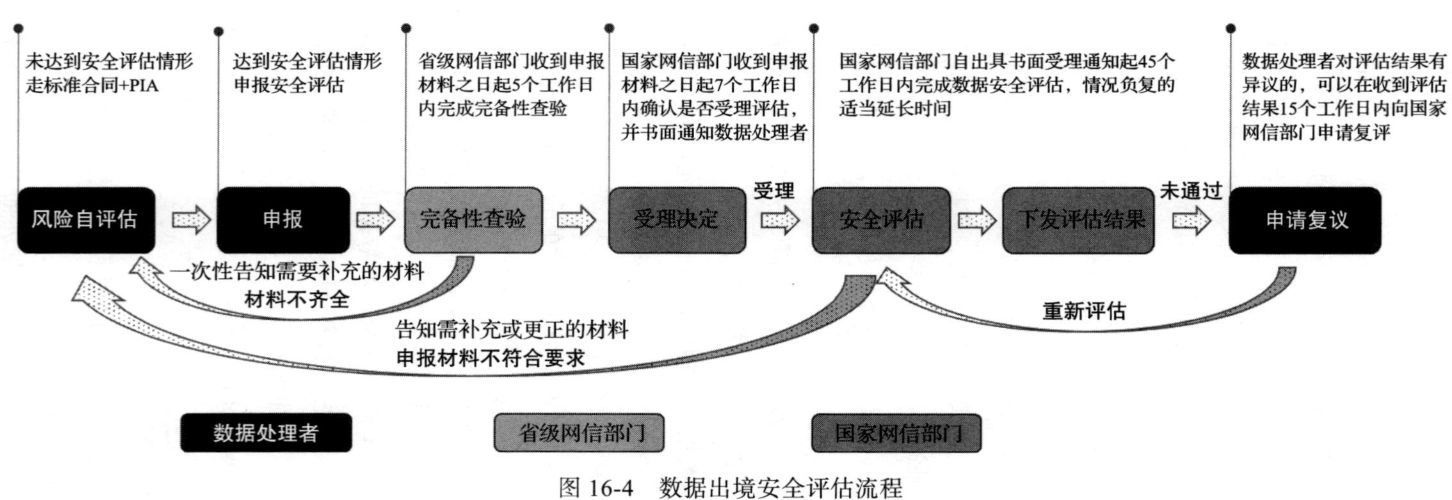

图 16-4　数据出境安全评估流程

数据出境风险自评估，然后向省级网信部门提交申报材料，省级网信部门完成完备性查验后交国家网信部门评估。正常情况下数据处理者申报之后 57 个工作日内下发评估结果，情况复杂或需要补充、更正材料的可以适当延长。

对于未达到安全评估情形的个人信息出境，可以依据《个人信息出境标准合同办法》来处理。该办法第四条明确提出，同时满足以下四种情形的，应当在规定时间内向省级网信部门备案，如图 16-5 所示。

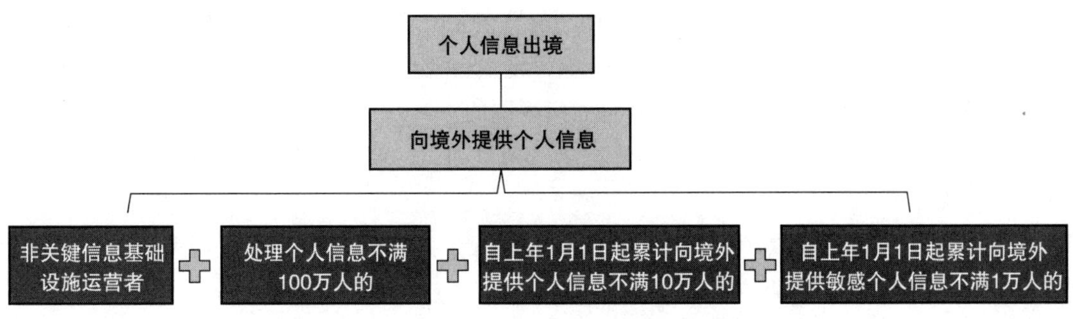

图 16-5　个人信息出境需要向网信部门备案的情形

1）非关键信息基础设施运营者；

2）处理个人信息不满 100 万人的；

3）自上年 1 月 1 日起累计向境外提供个人信息不满 10 万人的；

4）自上年 1 月 1 日起累计向境外提供敏感个人信息不满 1 万人的。

如图 16-6 所示，个人信息处理者在与境外个人信息接收者签订标准合同前，应开展个人信息保护影响评估（PIA），并在标准合同生效之日起 10 个工作日内向省级网信部门备案。正常情况下个人信息处理者备案后 15 个工作日内下发备案结果，情况复杂或需要补充、更正材料的可以适当延长。

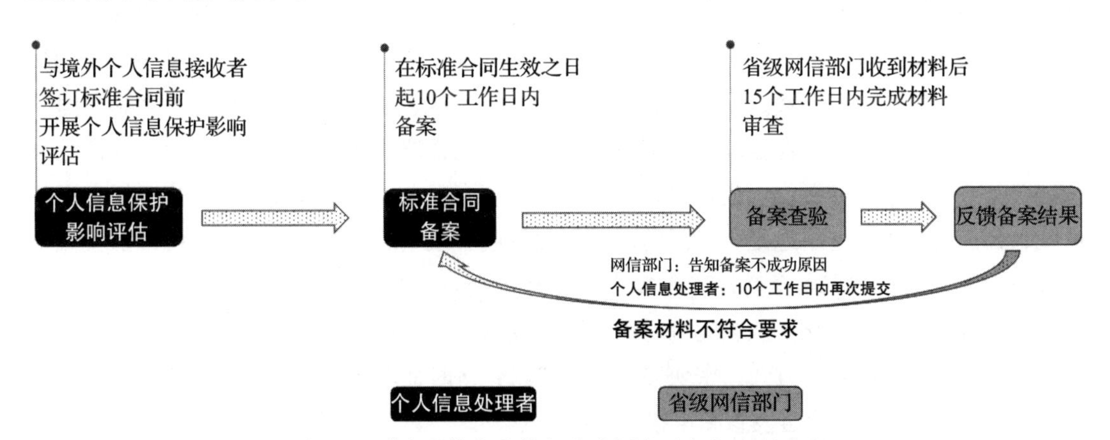

图 16-6 《个人信息出境标准合同办法》规定的流程

16.2.4 常见问题解答

数据出境安全与传统的信息安全虽然都是保护重要数据、敏感数据，但它们的侧重点、需求场景和处理方式存在明显的差异，数据出境安全更侧重于法律法规的遵从，企业需要规范整个操作流程从而规避法律风险。为了消除大家的疑惑，本节针对一些常见问题统一做出解答和释疑。

问题 1：如何理解“数据出境”中的“出境”？

解答：“数据出境”中的“出境”，不仅指物理上跨越国境的行为，更指从一个司法管辖区域到另一个司法管辖区域的行为，而其中司法管辖区域既包括具有独立主权的国家，也包括具有司法独立主权的地区，因此这里认为向我国港澳台地区传输数据也属于数据出境的场景。

问题 2：关键信息基础设施运营者是如何识别的？

解答：要判断是否落入《评估办法》的适用范围，就要判断企业是否构成关键信息基础设施运营者。

依据 2021 年颁布的《关键信息基础设施安全保护条例》（下文简称《关基条例》）第二条，关键信息基础设施是指公共通信和信息服务、能源、交通、水利、金融、公共服务、电子政务、国防科技工业等重要行业和领域的，以及其他一旦遭到破坏、丧失功能或者数据泄露，可能严重危害国家安全、国计民生、公共利益的重要网络设施、信息系统等。依据《关基条例》第十条，由保护工作部门根据其制定的认定规则负责组织认定本行业、本领域的关键信息基础设施，并将认定结果通知运营者。基于此，企业一旦被认定为关键信息基础设施的运营者，将会收到相关主管部门的通知。可以理解为，如未收到自己被主管部门认定为关键信息基础设施的运营者的通知，企业可以暂时认为自己不是。

问题 3：重要数据是如何识别的？

解答：依据《评估办法》第十九条，重要数据是指一旦遭到篡改、破坏、泄露或者非法获取、非法利用，可能危害国家安全、经济运行、社会稳定、公共健康和安全等的数据。据此可以判断，重要数据的识别主要聚焦于数据的性质与对国家安全和公共利益的影响。

对于重要数据采用的是定性与定量相结合的判断方法。若对国家安全可能造成影响，单条信息亦可能构成重要数据，如国家战略物资的储备量。若单条或少量信息不会影响国家安全或社会公共利益，但覆盖较大范围或较长时间，或者涉及某些重要区域或时期的信息集合，单条或少量信息亦可能构成重要数据。从实务角度出发，虽然《数据安全法》规定由各地区、各部门负责确定本地区、本部门以及相关行业、领域的重要数据目录，但目前仅汽车领域出台了《汽车数据安全管理若干规定（试行）》对此做出尝试，其他领域的重要数据识别指南仍有待进一步细化。从企业自评估实践角度出发，企业存在判断难度。这里建议企业采取定性与定量相结合的方式，密切关注立法实践，适时征求相应主管部门的意见。

问题 4：哪些情形会触发重新申报评估？

解答：根据《评估办法》第十四条，触发重新申报评估的情形包括：

1）评估有效期（2 年）届满。

2）评估有效期内，发生以下情形之一：①出境活动事实变化，包括出境活动本身的目的、方式、范围、类型以及接收方的使用、存储等发生变化；②境外环境变化，主要指数据接收方所在国家 / 地区数据安全保护政策法规或网络安全环境发生变化导致可能影响数据安全；③出境双方变化，包括出境双方的变更、实际控制权变化以及双方的合同变更导致可能影响数据安全。

问题 5：企业申报数据出境安全评估的结果可能有哪几类？

解答：一是申报不予受理。对于不属于安全评估范围的，数据处理者接到国家网信部门不予受理的书面通知后，可以通过法律规定的其他合法途径开展数据出境活动。二是通过安全评估。数据处理者可以在收到通过评估的书面通知后，严格按照申报事项开展数据出境活动。三是未通过安全评估。未通过数据出境安全评估的，数据处理者不得开展所申报的数据出境活动。

数据处理者对评估结果有异议的，可以在收到评估结果 15 个工作日内向国家网信部门申请复评，复评结果为最终结论。

问题 6：《评估办法》生效前已经传输出境的数据该如何处理？

解答：《评估办法》规定了 6 个月的过渡期，要求在《评估办法》实施前已经开展的数据出境活动，不符合《评估办法》规定的，应当在《评估办法》施行之日起 6 个月内完成整改。基于此，暂时可以认为：

1）对于已经完成传输、且数据接收方已经删除或匿名化处理数据的数据出境活动，《评估办法》不溯及既往。

2）对于已经完成传输、但数据接收方仍继续在存储或处理数据的数据出境活动，由于数据处理活动是一个连续的行为，数据接收方的后续处理行为仍可能对国家安全、社会安全及个人权益等产生影响，因此倾向于认为《评估办法》适用于此种情形。

3）对于正在进行中的数据出境活动，在过渡期内，企业因业务需要需进行数据跨境传输的，仍可继续进行，但应同时完成对现有数据出境行为的风险自评估，若触发数据出境安全评估申报的，应当在过渡期内完成安全评估。

问题 7：通过数据出境安全评估的结果有效期是多久？

解答：通过数据出境安全评估的结果有效期为 2 年，自评估结果出具之日起计算。有效期届满，需要继续开展数据出境活动的，数据处理者应当在有效期届满 60 个工作日前重新申报评估。

问题 8：监管机构如何进行执法？

解答：根据《评估办法》第十六条、第十七条，国家网信部门可以采取主动检查与接受举报监督的方式，核实企业出境活动与申报评估的情况是否一致、是否符合数据出境安全管理要求。一旦发现不符合数据出境安全管理要求的，国家网信部门可以书面通知企业停止数据出境活动。企业违反《评估办法》规定进行数据出境活动的，将面临《网络安全法》

《数据安全法》《个人信息保护法》等法律法规规定的处罚。

问题 9：企业在进行数据出境安全评估时需要经历哪些具体流程？

解答：16.2.3 节已用文字的形式详细说明了过程，这里用流程图的形式具体诠释一下整个流程，如图 16-7 所示。

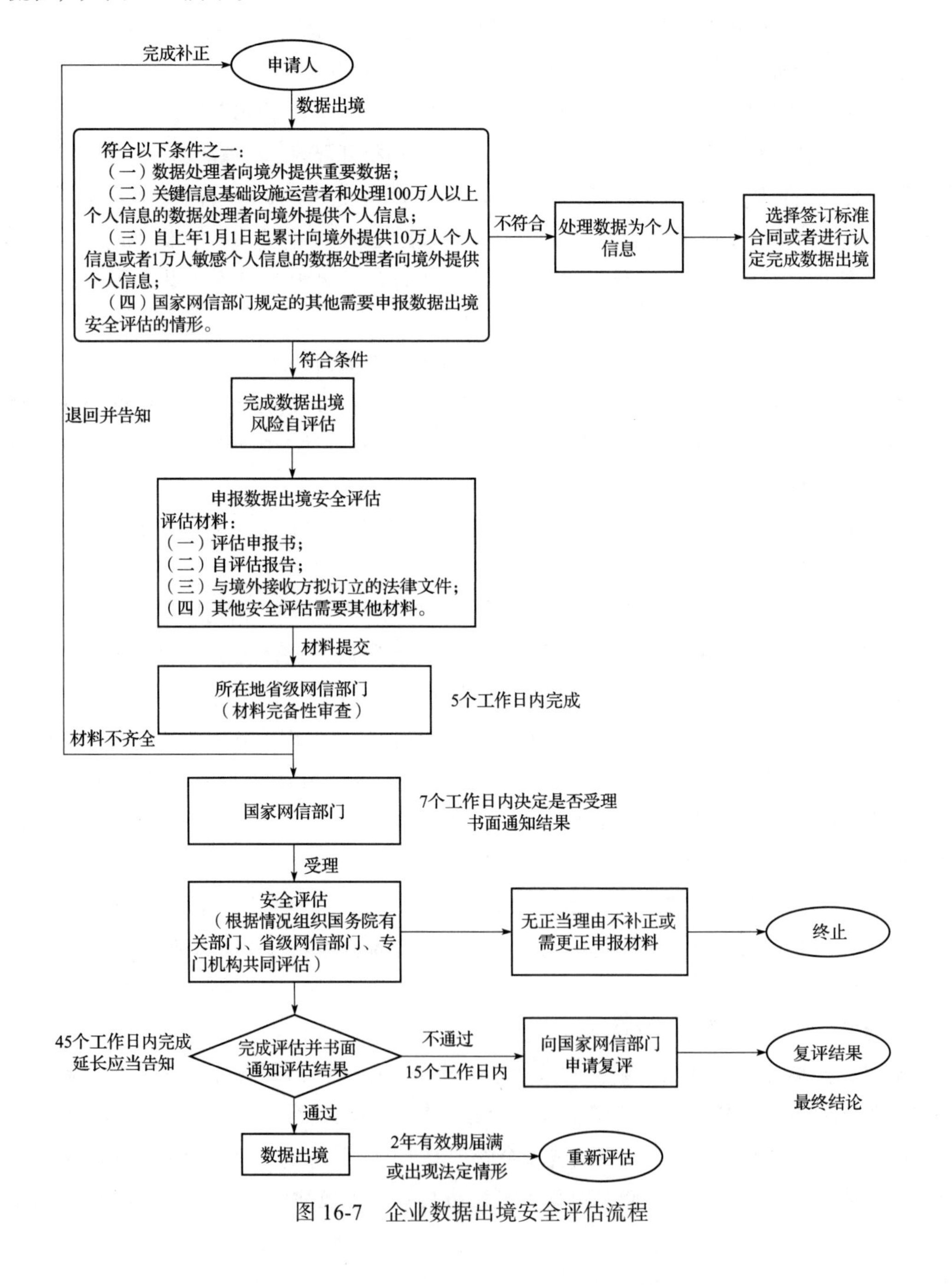

图 16-7 企业数据出境安全评估流程

16.3　方案目标

本方案的目标是帮助有数据出境相关业务的企业通过数据出境申报工作，取得相关资质。依据客户企业所披露的业务以及相关数据，确保客户企业完成数据安全自评估活动，并根据自评估结果选择合适的申报路径，协助其完成数据出境申报工作，并取得相应的资质。

为使客户企业顺利通过监管部门的数据出境评估工作，首先以工具加访谈相结合的方式开展数据出境安全自评估。随后，根据自评估的结果确定数据出境评估的申报路径。申报路径有如下两条：

- 数据出境安全评估；
- 个人信息出境标准合同备案。

《个人信息影响评估》将作为标准合同备案的必要附件一同提交。最后，在确认数据出境评估路径后，依照已选择的路径，补充其他相关材料并制作最终的申报材料。

16.4　方案内容

16.4.1　评估依据

本方案的评估主要依据以下体系标准：

- 《网络安全法》：明确关键信息基础设施运营者在中华人民共和国收集和产生个人信息和重要数据，并需向境外提供的，应进行安全评估。
- 《数据安全法》：明确其他数据处理者在中华人民共和国境内运营中收集和产生重要数据的，应进行安全评估。
- 《个人信息保护法》：明确个人信息处理者因业务等需求，确需向境外提供个人信息的，应通过网信部门安全评估（或进行个人信息保护认证，或制定标准合同约定双方权利和义务，或网信部门规定的其他条件）。
- 《数据出境安全评估办法》：明确数据出境安全评估总体原则、流程与形式、评估重点事项、义务责任权利和处罚等内容。
- 《个人信息出境标准合同办法》：明确个人信息处理者通过订立标准合同向境外提供个人信息的情形及申报程序。
- 《信息安全技术　个人信息安全规范》（GB/T 35273—2020）：参考个人信息示例和个人敏感信息判定等内容。

16.4.2　评估办法

在数据出境自评估中采用技术与人工相结合的方法进行评估。

对于存储在数据库中的数据，使用扫描数据库的方式对其进行资产发现与分类分级，并人工对识别出的分类分级结果进行确认。数据资产梳理流程如图 16-8 所示。

对于通过各类 API 传输的数据，使用 API 扫描方式对其进行资产发现与敏感信息识别，同时能为企业的数据流转提供技术角度的证明。接口梳理流程如图 16-9 所示。

对于非结构化数据，使用流量探针与人工访谈相结合的方式进行资产梳理评估。

对于企业所申报业务的梳理，使用人工访谈的方式进行评估。而基于业务的数据流则由“数据流转监测系统”结合人工访谈的方式评估。

企业内部的规章制度等由人工访谈的方式评估。

16.4.3 项目评估过程

根据监管部门在具体评估工作中的实践，以及之前的项目积累，项目评估分为两条路径：数据出境安全评估和个人信息出境标准合同备案（包含个人信息影响评估）。

当企业可能出境的数据符合以下几种情况中的一种时，需要选择数据出境安全评估路径：含有重要数据、个人信息超过 100 万条、个人敏感信息超过 1 万条、自去年 1 月 1 日起已经出境 10 万条个人信息，或者监管部门认定的需要进行安全评估的。

如图 16-10 所示为数据出境的不同路径。当企业可能出境的数据没有达到数据出境安全评估要求的下限时，企业可以选择个人信息出境标准合同备案路径。

每条路径的起点均为数据出境安全自评估，而后根据企业具体的行业属性、业务规模、个人信息规模、出境业务特征、出境数据规模及属性等实际情况，并结合行业主管部门对“是否存在重要数据”的判断，以及监管部门的申报建议选择申报路径。

16.4.4 自评估阶段

根据《数据出境安全评估申报指南（第一版）》，申报主体需要准备的数据出境风险自评估报告包括以下四部分内容：

1）自评估工作简述；

2）出境活动整体情况；

3）拟出境活动的风险评估情况；

4）出境活动风险自评估结论。

由于上述四部分内容覆盖范围较广，涉及组织和单位较多，我们基于自身的产品和服务优势，满足自评估服务过程中对技术的需求，并通过合作的方式将其他方面内容交由专业的律所和组织机构完成，最终由我们集合所有内容，为客户提供最终自评估报告，降低企业相关成本。

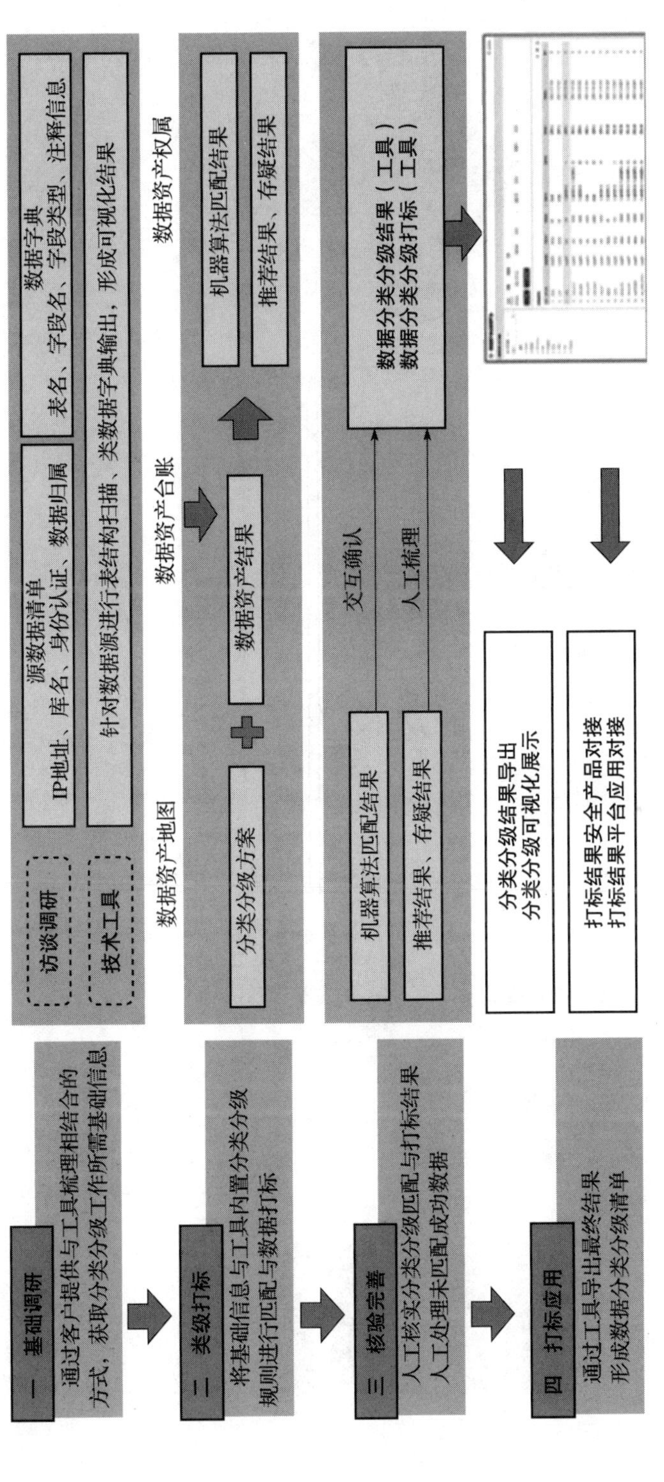

图 16-8 数据资产梳理流程

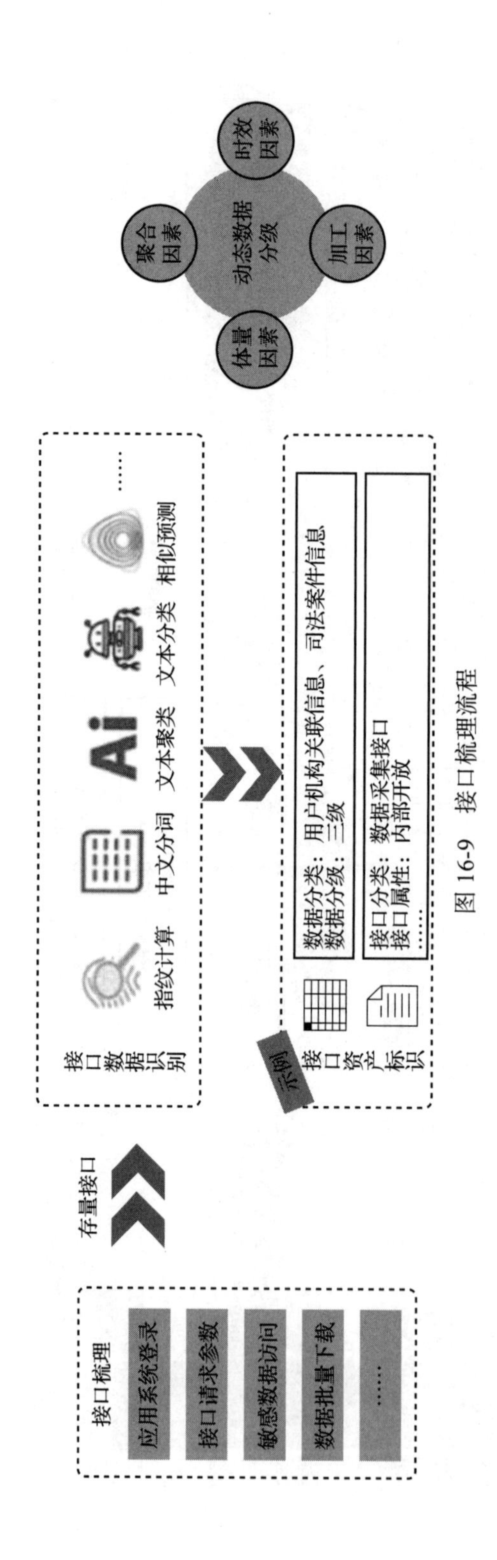
接口梳理
应用系统登录
接口请求参数
敏感数据访问
数据批量下载
……
存量接口
接口数据识别
指纹计算
中文分词
文本聚类
文本分类
相似预测
……
示例
接口资产标识
数据分类：用户机构关联信息、司法案件信息
数据分级：三级
接口分类：数据采集接口
接口属性：内部开放
……
动态数据分级
聚合因素
时效因素
加工因素
体量因素

图 16-9 接口梳理流程

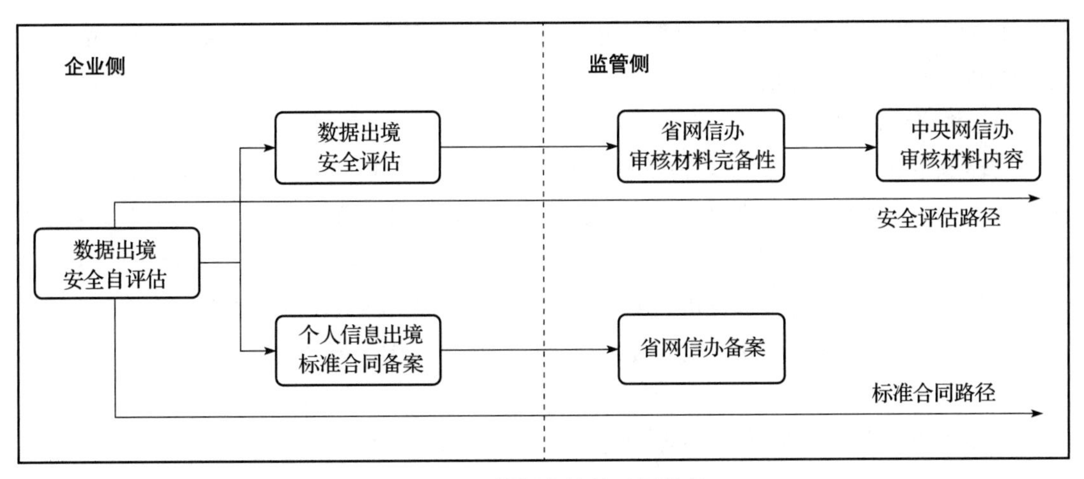

图 16-10 数据出境的不同路径

四大部分内容中，第一、三、四部分相对简单，第二部分最为复杂。第二部分，也就是出境活动整体情况，共分为 7 个环节，具体如下。

（1）数据处理者基本情况

该环节包含 6 点内容，主要是收集数据处理者基本信息，这些信息完全可以由数据处理者提供，保证资料的完整性和真实性即可。

1）组织或者个人基本信息；

2）股权结构和实际控制人信息；

3）组织架构信息；

4）数据安全管理机构信息；

5）整体业务与数据情况；

6）境内外投资情况。

（2）数据出境涉及业务和信息系统情况

该环节包含 5 点内容，主要是数据出境涉及的业务信息系统相关情况，属于数据处理者自身掌握的信息，可以由业务部门、IT 部门和运营部门等相关部门提供。

1）数据出境涉及业务的基本情况；

2）数据出境涉及业务的数据资产情况；

3）数据出境涉及业务的信息系统情况；

4）数据出境涉及的数据中心（包含云服务）情况；

5）数据出境链路相关情况。

其中第 2 点，要求提供数据出境涉及业务的数据资产情况，可以由我们的数据资产安全管理平台完成。通过在数据处理者环境中部署数据资产安全管理平台，可以对环境中涉及出境业务的数据资产进行识别和分析，并能够自动生成资产的报告，包括数据资产的规模、使用情况、数据敏感度等信息。

（3）拟出境数据情况

该环节包含4点，主要是对拟出境的数据情况进行说明。其中，第1、3、4点可以由数据处理者收集整理，第2点可以由我们提供技术服务来进行梳理。与上一环节中的第2点类似，通过在数据处理者环境中部署数据资产安全管理平台，可以对环境中出境的数据资产进行梳理，并能够自动统计和分析出境数据的规模、范围、种类和数据敏感度等信息。

1）说明数据出境及境外接收方处理数据的目的、范围、方式，及其合法性、正当性、必要性；

2）说明出境数据的规模、范围、种类、敏感程度；

3）拟出境数据在境内存储的系统平台、数据中心等情况，计划出境后存储的系统平台、数据中心等；

4）数据出境后向境外其他接收方提供的情况。

（4）数据处理者数据安全保障能力情况

该环节包含4点，主要是说明数据处理者的数据安全保障能力。

1）数据安全管理能力，包括管理组织体系和制度建设情况，全流程管理、分类分级、应急处置、风险评估、个人信息权益保护等制度及落实情况；

2）数据安全技术能力，包括数据收集、存储、使用、加工、传输、提供、公开、删除等全流程所采取的安全技术措施等；

3）数据安全保障措施有效性证明，例如开展的数据安全风险评估、数据安全能力认证、数据安全检查测评、数据安全合规审计、网络安全等级保护测评等情况；

4）遵守数据和网络安全相关法律法规的情况。

（5）境外接收方情况

该环节需要说明境外的数据接收方信息。作为境内的数据提供方，可以由数据处理者收集整理。

1）境外接收方基本情况；

2）境外接收方处理数据的用途、方式等；

3）境外接收方的数据安全保障能力；

4）境外接收方所在国家或地区的网络和数据安全法律法规情况；

5）境外接收方处理数据的全流程过程描述。

（6）法律文件约定数据安全保护责任义务的情况

该环节包含6点，需要说明法律文件约定数据安全保护责任义务的情况。

1）数据出境的目的、方式和数据范围，境外接收方处理数据的用途、方式等；

2）数据在境外保存地点、期限，以及达到保存期限、完成约定目的或者法律文件终止后出境数据的处理措施；

3）对于境外接收方将出境数据再转移给其他组织、个人的约束性要求；

4）境外接收方在实际控制权或者经营范围发生实质性变化，或者所在国家、地区数据安全保护政策法规和网络安全环境发生变化以及发生其他不可抗力情形导致难以保障数据安全时，应当采取的安全措施；

5）违反法律文件约定的数据安全保护义务的补救措施、违约责任和争议解决方式；

6）出境数据遭到篡改、破坏、泄露、丢失、转移或者被非法获取、非法利用等风险时，妥善开展应急处置的要求和保障个人维护其个人信息权益的途径和方式。

（7）数据处理者认为需要说明的其他情况

该环节并未有明确内容，我们可以参考其他出境项目给予一定指导。

自评估阶段一般需要注意的事项有：

1）数据出境和境外接收方处理数据的目的、范围、方式等的合法性、正当性、必要性；

2）出境数据的规模、范围、种类、敏感程度；

3）数据出境可能对国家安全、公共利益、个人或者组织合法权益带来的风险；

4）境外接收方承诺承担的责任义务，以及履行责任义务的管理和技术措施、能力等能否保障出境数据的安全；

5）数据出境中和出境后遭到篡改、破坏、泄露、丢失、转移或者被非法获取、非法利用等的风险；

6）个人信息权益维护的渠道是否通畅等；

7）与境外接收方拟订立的数据出境相关合同或者其他具有法律效力的文件等（以下统称法律文件）是否充分约定了数据安全保护责任义务；

8）其他可能影响数据出境安全的事项。

自评估阶段的主要工作将包含四部分，即前期调研、现场网勘、安全评估和专家评估，表 16-2 给出了各个部分的工作内容和交付物。

表 16-2　自评估阶段各个部分的工作内容和交付物

部分	工作内容	交付物
前期调研	数据处理者基本信息调研（包含组织或个人基本信息、股权结构和实际控制人信息、组织架构信息、数据安全管理机构信息、整体业务与数据情况、境内外投资情况等）	《数据处理者基本情况调研表》
	数据出境业务系统调研	《数据出境业务系统调研表》
	拟出境数据情况调研	《拟出境数据情况调研表》
	数据处理者安全情况调研	《数据处理者安全调研表》
	数据接收方安全情况调研	《数据接收方安全调研表》
	法律文件收集和合同材料收集	《数据出境法律文件和合同收集表》

（续）

部分	工作内容	交付物
现场网勘	出境数据活动梳理分析（包含出境数据场景梳理和出境数据流图绘制等）	《数据出境活动场景一览表》 《数据出境数据流图》
	出境数据资产梳理和分析（包含出境个人数据资产梳理、出境重要数据资产梳理、出境数据资产梳理等）	《出境个人信息清单》 《出境个人敏感数据清单》 《出境重要数据资产清单》 《出境数据资产清单》
	出境数据风险技术检查（包括脱敏策略核查、访问控制核查、数据库安全核查、服务器配置核查、安全设备核查等）	《出境数据威胁分析表》 《出境数据脆弱性分析表》
安全评估	数据出境风险分析和判定	《数据出境风险评估报告》
	数据出境风险处置建议	《数据出境风险处置报告》
	数据出境自评估报告编制	《数据出境自评估报告》
专家评估	业内专家评估	《数据出境自评估报告》
	确定数据出境方案	《数据出境自评估报告》

当监管部门依据自评估报告给出具体的申报路径建议后，企业就可以依照监管意见进入评估的第二阶段。在该阶段存在两种可能性：数据安全评估和标准合同备案。这两种可能性是互斥的。

这里针对这两种情况分别做出简要说明。表16-3给出了数据安全评估的工作内容和交付物。

表16-3 数据安全评估的工作内容和交付物

阶段	工作内容	交付物
自评估	开展数据出境风险自评估工作	• 数据出境风险自评估报告
安全整改	优化和完善数据安全管理组织体系和制度，提升数据安全管理能力 提升数据收集、存储、使用、加工、传输、提供、公开、删除等全流程数据安全技术能力	• 数据出境管理组织体系和相关制度 • 数据脱敏、加密、审计、防泄露等数据安全技术能力
合同签订或优化	与境外接收方签订数据出境合同或对原有合同进行优化和完善	• 与境外接收方拟订立的数据出境相关合同或者其他具有法律效力的文件影印件
报送准备	整理数据出境安全评估申报材料	• 统一社会信用代码证件影印件 • 法定代表人身份证件影印件 • 经办人身份证件影印件 • 经办人授权委托书 • 数据出境安全评估申报书
查验评估	根据网信部门的告知补充相关材料	• 数据出境相关补充材料

表16-4给出了标准合同备案的工作内容和交付物。

表 16-4　标准合同备案的工作内容和交付物

阶段	工作内容	交付物
个人信息保护影响评估	开展个人信息出境影响评估工作	● 个人信息出境安全影响报告
安全整改	优化和完善个人信息安全管理组织体系和制度，提升个人信息安全管理能力 提升个人信息收集、存储、使用、加工、传输、提供、公开、删除等全流程数据安全技术能力	● 个人信息安全管理组织体系和相关制度 ● 数据脱敏、加密、审计、防泄露等个人信息安全技术能力
合同签订或优化	与境外接收方签订个人信息出境标准合同	● 与境外接收方拟订立的个人信息出境标准合同
报送准备	整理个人信息出境标准合同备案材料	● 统一社会信用代码证件影印件 ● 法定代表人身份证件影印件 ● 经办人身份证件影印件 ● 经办人授权委托书 ● 承诺书
查验评估	根据网信部门的告知补充相关材料	● 个人信息出境相关补充材料

16.4.5　安全评估阶段

安全评估阶段一般需要注意以下事项：

1）数据出境的目的、范围、方式等的合法性、正当性和必要性；

2）出境数据的规模、范围、种类、敏感程度；

3）数据出境活动可能对国家安全、公共利益、个人或者组织合法权益带来的风险；

4）境外接收方的数据保护水平是否达到中华人民共和国法律、行政法规的规定和强制性国家标准的要求；

5）出境中和出境后遭到篡改、破坏、泄露、丢失、转移或者被非法获取、非法利用等的风险；

6）数据安全和个人信息权益是否能够得到充分有效保障；

7）数据处理者与境外接收方拟订立的法律文件中是否充分约定了数据安全保护责任义务；

8）国家网信部门认为需要评估的其他事项；

9）境外接收方所在国家或者地区的数据安全保护政策；

10）法规和网络安全环境对出境数据安全的影响；

11）遵守中国法律、行政法规、部门规章情况。

安全评估阶段的工作将包含四部分，即风险整改、材料编制、专家评估和结果跟踪，表 16-5 给出了各个部分的工作内容和交付物。

表 16-5 安全评估阶段各部分的工作内容和交付物

部分	工作内容	交付物
风险整改	数据出境风险处置建议	《数据出境风险处置报告》
	数据出境安全中长期规划	《数据出境安全规划》
	数据出境安全管理体系建设	《数据出境安全管理制度规范》
材料编制	数据出境自评估报告编制	《数据出境自评估报告（修改稿）》
	数据出境申报书编制	《数据出境申报书》
	其他材料整合	数据出境相关验证材料
专家评估	业内专家评估	数据出境相关交付物（终稿）
	专家评审报告	《数据出境自评估报告（终稿）》
结果跟踪	跟踪自评估报告结果	《数据出境自评估报告结果通知单》

16.4.6 标准合同阶段

标准合同阶段的工作将包含四部分，即风险整改、报告编制、专家评估和备案跟踪，表 16-6 给出了各个部分的工作内容和交付物。

表 16-6 标准合同阶段各部分的工作内容和交付物

部分	工作内容	交付物
风险整改	个人信息出境安全能力验证	《个人信息出境安全现状清单》 《个人信息出境安全措施有效性证明材料》
报告编制	个人信息出境安全合规分析	《个人信息出境安全事件可能性分析表》 《个人信息出境安全风险评估及整改措施表》
	个人信息保护影响评估报告编制	《个人信息保护影响评估报告（初稿）》
专家评估	个人信息出境标准合同备案材料整理	《个人信息出境标准合同备案材料（初稿）》
	专家评审备案材料初稿	个人信息出境标准合同备案材料评审建议
	个人信息出境标准合同备案材料完善	《个人信息出境标准合同备案材料（终稿）》
备案跟踪	个人信息出境标准合同备案跟踪	《个人信息出境标准合同审查通知单》

16.4.7 项目规划

依照监管部门对于数据时效性的要求，从数据出境自评估开始直至向监管部门提交报告为止，数据的有效期不应超过 3 个月。因此整个项目从入场开始到提交最终报告的时间将会控制在 3 个月内。

具体的项目计划表将在对企业的业务情况及出境数据进行预调研 3 天后提交。

第五篇 *Part 5*

数据安全实践案例

Chapter 17 第 17 章

国家部委数据安全实践

本章介绍国家部委数据安全防护体系的建设实践，该项目建设完成之后的几年，《数据安全法》和《个人信息保护法》才颁布施行。即便如此，用户在建设该项目的过程中仍然高度重视数据安全，提出了一些领先于当时的理念和思路。这些想法在项目中进行了充分的验证，并形成了一些标准，对后来的数据安全实践产生了不小的影响。

17.1 项目背景

近年来，党中央、国务院从推进国家治理体系和治理能力现代化全局出发，准确把握全球数字化、网络化、智能化发展趋势和特点，围绕实施网络强国战略、大数据战略等做出了一系列重大部署。为更好地激发数字经济活力，持续增强数字政府效能，国务院各部委积极推动数字技术和传统公共服务融合，着力普及数字设施、优化数字资源供给，推动数字化服务普惠应用。

数字化离不开数据安全的保障。数据安全作为数字化的安全底座，是安全保障体系的重要组成部分，在保障业务便利性的同时，对于各部委大数据平台安全保障体系的落实起着重要的作用。随着国务院各部委的数字化建设持续推进，相应的数据安全保障能力也在不断建设和完善。

17.1.1 安全风险

国务院部委作为关系国家经济社会发展全局和人民群众生活利益的重要国家部门，运行着大量重要的业务系统，各个业务系统中存在着大量保密及敏感数据。

部委应用系统中的业务数据从被采集、传输、存储、共享和使用直至销毁的全生命周期之中，每时每刻都存在各种各样的安全风险，包括合规性风险、可用性风险、存储风险、操作风险、展示风险、传输风险、滥用风险、残留风险等。数据安全应当保证重要数据在涉及其中每一个环节时，都有可靠的管理和技术手段应对，以避免数据损毁、丢失、泄露等安全事件。

17.1.2 合规要求

《“十四五”规划和 2035 年远景目标纲要》对数据安全工作做了具体部署，提出：“加强涉及国家利益、商业秘密、个人隐私的数据保护，加快推进数据安全、个人信息保护等领域基础性立法，强化数据资源全生命周期安全保护。完善适用于大数据环境下的数据分类分级保护制度。加强数据安全评估，推动数据跨境安全有序流动。”中央从国家战略层面对数据安全保护做出详细部署，明确了数据安全治理的工作方向、重点任务和根本要求。

国务院部委的数据安全建设需要满足数据安全、应用可用的总体安全目标的要求，立足于数据的全程保护，降低数据运行过程中的风险，保证数据在存储、传输和运行过程中的安全。

17.1.3 安全现状

国务院各部委建设有内部办公网，一般与互联网物理隔离，内部办公网业务系统和互联网业务系统均依据等保三级技术要求建设。因此，在网络安全、应用安全、数据安全、物理安全和安全管理方面建有较为完备的安全防护体系。

- 网络安全方面，部署有防火墙、防毒墙、IPS、IDS、应用审计、数据库审计等安全设备。
- 应用安全方面，采用了用户名 + 口令、身份 key 和应用审计等 5 种安全防护手段。
- 数据安全方面，设计有数据备份和恢复等防护措施。
- 物理安全方面，机房环境按照等保三级要求建设。
- 安全管理方面，制定有健全的安全管理制度和相应的应急事件处置预案，部署有安全管理平台，具备安全设备管理、安全预警、漏洞统计、安全事件处置和态势呈现等功能。

但是，后续重要业务系统需按照国务院部委的总体规划完成测评定级。数据安全缺乏全生命周期的安全防护措施，还需考虑数据采集、存储、分类分级、共享、使用等安全防护措施。同时，安全认证需考虑与部委进行对接，实现业务网中的统一身份认证。

17.1.4 需求分析

通过前期调研，针对当前存在的问题，本项目所整理的数据安全需求如下。

1. 数据分类分级

制定数据目录，设计数据分类分级方案；根据方案建设持续的、自动化的数据资产梳理及分类分级能力。

2. 数据采集安全

对采集人员身份进行鉴别，防止假冒采集人员身份非法采集数据；对采集过程进行审计；对采集的数据进行分类分级，便于在后续各阶段根据数据类别、级别进行相应的安全管控。

3. 数据传输安全

在数据传输过程中，应采取加密措施防止数据被窃取、篡改；采用签名等措施防止数据传输双方抵赖身份。

4. 数据存储安全

根据数据类别、级别采用不同的安全存储机制：对于重要程度低的数据，可以明文存储；对于重要程度高的数据，使用加密存储，保证关键数据的保密性。

5. 数据使用安全

对数据使用者身份进行鉴别，防止有人假冒合法人员使用数据；对数据使用者进行权限控制，防止数据使用者越权访问数据。对内部人员通过应用访问敏感数据的行为进行监控和审计，并对数据使用者的行为日志进行建模分析，以及时发现数据滥用、泄露的风险。对研发人员、BI 分析人员和数据库管理员直接访问大数据的行为进行监控和审计，并对其行为日志进行建模分析，以及时发现数据滥用、泄露的风险。

6. 数据共享交换安全

在数据资源共享开放过程中，针对个人隐私信息等高敏感数据（姓名、地址、身份证号码等）进行匿名化处理，防止数据泄露。针对数据共享的接口进行发现、监控和审计，防止数据泄露。

7. 数据销毁安全

在数据生命周期结束后，将数据彻底删除。采用逻辑销毁或介质销毁的方式，防止敏感数据被恢复，进而导致数据泄露。

8. 风险监测能力

对数据全生命周期内的数据安全风险进行监测，能够根据规则和模型识别违规行为，能够汇集各数据安全产品的日志进行关联分析，识别高危风险。

9. 标准规范和制度指南

制定《数据安全保护技术要求》《数据安全分级分类操作指南》《数据资产安全管理规范》《数据运营安全管理规范》《数据安全角色管理规范》《数据安全权限管理规范》《数据安全运维管理制度》等制度规范，保障数据在全生命周期内的安全。

17.2　项目建设

17.2.1　建设思路

严格遵循《网络安全法》《信息安全技术　个人信息安全规范》（GB/T 35273—2020）等法律法规要求，以数据分类分级为基础，围绕数据全生命周期提供安全保护能力。

基于等保 2.0 移动互联安全扩展要求等相关政策法规，有机结合部委业务发展趋势，全面梳理部委的数据安全需求，整体规划部委的数据安全保障体系。

17.2.2　建设目标

以“零信任”为出发点，在数据分类分级的基础上，遵循最小权限和动态授权原则，在数据全生命周期各个阶段建立数据可信接入、数据加密、数据脱敏、认证授权、数据操作审计等措施，实现数据可见、数据风险可控、数据可管，为业务的稳定、可靠运行保驾护航。实现以下目标：

1）数据可见：数据分布可见，数据流转可见，数据访问可见。

2）数据风险可控：风险驱动，减少数据安全的风险暴露面，提升整体安全效能。

3）数据可管：贯彻 IPDRR 的理念（识别、保护、检测、响应、恢复），实现数据全生命周期可管。按照 IPDRR 的理念，项目建设包括数据安全管理系统，以及针对数据全生命周期安全管控的控制点，通过数据安全管理系统和数据流转各阶段工具的协同，实现项目的建设目标。

17.2.3　建设内容

项目所建设的数据安全能力覆盖数据全生命周期。数据安全能力包括数据分类分级、数据采集安全、数据传输安全、数据存储安全、数据与使用共享安全、数据销毁安全。在数据生命周期内，针对数据在各个系统中以各种各样的形式流转，系统还提供了全程的数据安全监测，包括全程的风险分析与告警、全程的审计与溯源、数据安全态势感知及安全监测上报。

基于数据安全的风险分析，对于各个环节采用以下措施：

- 对于数据采集环节，采用身份认证、准入控制、分类分级等手段，保障大数据被依法依规采集、获取；
- 对于数据传输环节，采用隔离交换、传输加密和完整性校验等手段，保障大数据被安全传输；
- 对于数据存储环节，采用数据发现、标记、分类分级、加密等手段，保障大数据被安全存储；
- 对于数据使用环节，通过数据认证授权、访问控制、审计、脱敏等手段，保障数据被合规使用；
- 对于数据共享环节，采用动态脱敏、应用授权和审计等手段，保障大数据被安全共享；
- 对于数据销毁环节，采用介质销毁和内容销毁等手段，保障数据被安全销毁。

总之，通过对数据采集、数据传输、数据存储、数据使用与共享、数据销毁各环节采取相应的安全防护措施，建立大数据全过程的纵深安全保护体系，保障数据全生命周期安全。

在基础的数据安全能力之上，项目还建设了数据安全管理系统。数据安全管理系统基于全局统一的敏感数据知识库提供一体化策略管理能力，基于数据流动监测和日志留存提供数据安全风险的感知和分析能力。通过敏感数据地图、策略协同、风险分析等特性，与数据全生命周期安全的控制点（终端数据防泄露、网络数据防泄露、大数据安全审计等产品）协同管理，实现数据可视、风险可管、数据可控的目标。

如图 17-1 所示，国家某部委数据安全管理系统部署在安全和运维管理 VPC，部署在同一区域的还有数据安全态势感知设备、数据库静态脱敏设备和存储数据防泄露设备。其中，数据安全管理系统是软件形态，数据安全态势感知设备负责整个平台的数据安全风险监测，数据库静态脱敏设备负责对从数据资源池到应用测试区的数据进行脱敏，存储数据防泄露设备负责保护平台的敏感数据不被泄露和滥用。

网络防泄露产品部署在核心交换机旁，负责审计从高等级区域到低等级区域的数据流量，旁路部署；应用数据安全网关旁路挂载在电子政务外网和部委业务网的核心交换区，解决业务人员访问应用存在的数据滥用等风险；终端防泄露产品部署在客户端 PC 上，包括数据治理相关参与人员使用的 PC、部委业务网的关键 PC、电子政务外网的关键 PC 等。

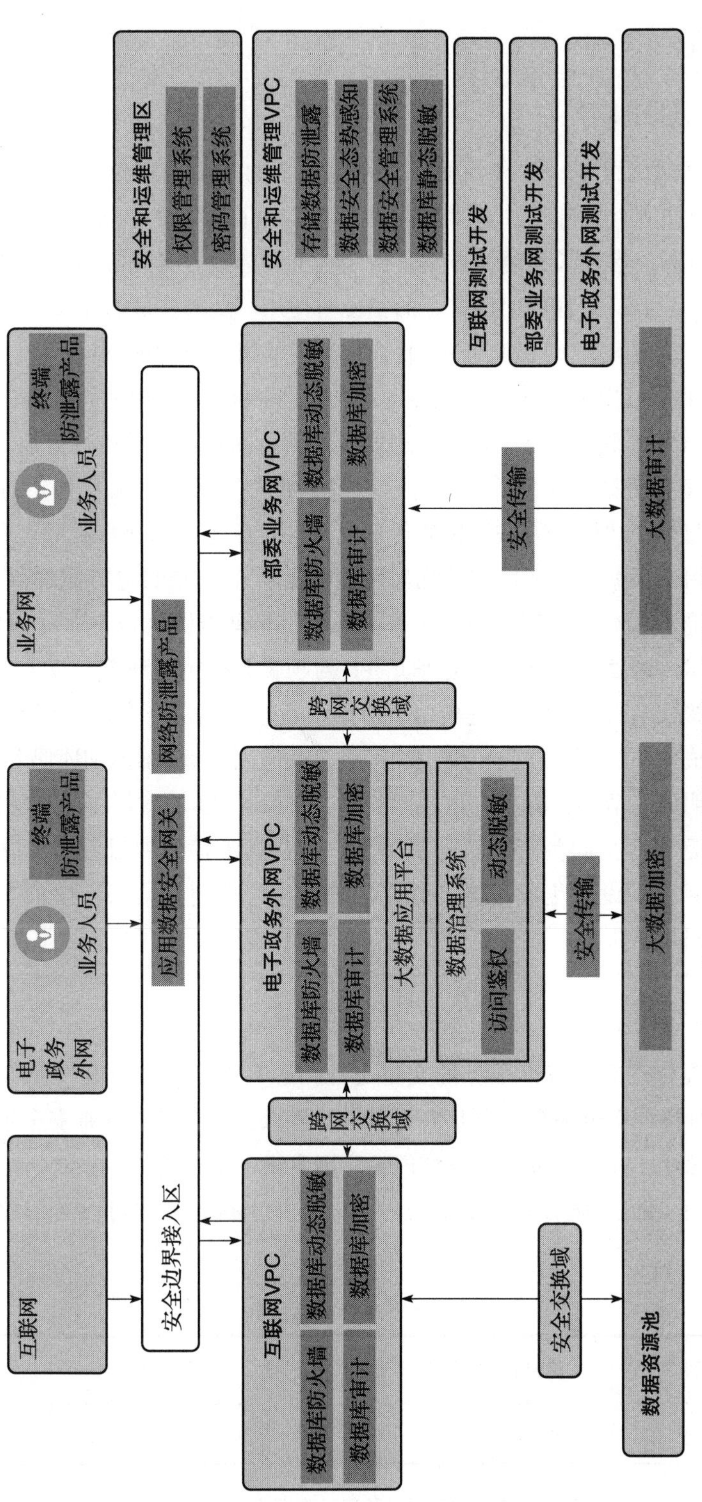

图 17-1　国家某部委数据安全管理系统

17.3 实施过程

17.3.1 项目管理机构

本项目是一项时间跨度大、涉及面广、系统复杂的大型信息化工程。为了保证项目建设顺利进行，成立工作领导小组，作为本项目建设与运行管理的领导机构。其主要职责是：确定建设规划和目标，审查工程建设方案，按照批准的建设方案领导组织实施，组织履行项目建设的立项程序，组织和管理项目资金的报批与使用。此外，联合本项目承建商组成强有力的联合项目组，共同推动项目的实施。联合项目组的组织架构如下：

- 项目领导组：承担项目建设的领导工作。确保项目参与方职责明确、分工清楚，协调项目参与方关系，督导项目整体进度，对项目的重点事项进行审议。
- 项目管理组：根据项目目标、任务、进度、投资要求，对项目各参与方各自承担的任务进行督导，协同各方按期保质保量完成各自任务，对项目质量负有总体负责。
- 项目监理组：根据国家《信息系统工程监理规范》，对项目进行监理；熟悉项目方案，编制项目监理规划和监理实施细则；协助项目管理组协调好与项目各参与方的关系；对项目技术、进度、质量、变更等负责；对项目关键技术环节、技术交底确认，对存在的问题提出有针对性的改进措施；协助项目管理组检查会议议定事项的落实情况，分析未完成事项的原因；收集周报、月报，并向项目管理组汇报情况；督促检查承建商安全文明施工情况；参与工程竣工验收，将监理资料归档，总结项目经验。
- 承建商项目组：全面负责项目的实施工作，包括承建商项目管理、总集成、软件开发、设备采购、设备集成实施、软件部署实施、软硬件培训、技术支持和运维保障等工作；对项目进度、质量负责；配合各方对项目进行验收。

17.3.2 实施计划

项目除了标准化产品和咨询服务的交付之外，还有很大一部分开发工作。这些开发工作主要源于用户对整个安全平台的交互内容提出的需求，也有对接现有安全系统，例如统一认证、统一身份管理、资源目录、资源管理、应用商城、安全管控等系统所需的工作。

表17-1摘取了项目实施计划的部分关键内容作为示例，从中可以了解此类项目的大致过程和主要节点。

表 17-1 项目实施计划

序号	任务名称	输出物 / 交付物	工期（工作日）	开始时间	完成时间
1	项目实施计划	《实施计划》	15	20×× 年 6 月 8 日	20×× 年 6 月 28 日
2	开工准备阶段		6	20×× 年 6 月 8 日	20×× 年 6 月 15 日

（续）

序号	任务名称	输出物 / 交付物	工期（工作日）	开始时间	完成时间
3	调研阶段	《调研记录》《调研报告》	15	20×× 年 6 月 8 日	20×× 年 6 月 28 日
4	政务云资源申请	《资源列表》	10	20×× 年 6 月 8 日	20×× 年 6 月 22 日
5	需求阶段	《需求规格说明书》	30	20×× 年 6 月 22 日	20×× 年 8 月 2 日
6	概要设计说明书编写	《概要设计说明书》	18	20×× 年 8 月 3 日	20×× 年 8 月 26 日
7	详细设计说明书编写	《详细设计说明书》	28	20×× 年 8 月 29 日	20×× 年 10 月 11 日
8	开发建设工作		206	20×× 年 6 月 8 日	20×× 年 3 月 31 日
9	数据标准规范体系制定		164	20×× 年 6 月 8 日	20×× 年 2 月 1 日
10	数据资源目录梳理	数据资源目录	60	20×× 年 7 月 25 日	20×× 年 10 月 21 日
11	数据安全保障体系制定	各项管理制度	60	20×× 年 6 月 9 日	20×× 年 8 月 31 日
12	系统部署		32	20×× 年 9 月 8 日	20×× 年 10 月 28 日
13	系统测试	《测试报告》	45	20×× 年 4 月 10 日	20×× 年 6 月 6 日
14	组织培训		11	20×× 年 5 月 16 日	20×× 年 5 月 30 日
15	项目初验	《初验报告》	8	20×× 年 5 月 30 日	20×× 年 6 月 8 日
16	系统试运行		131	20×× 年 6 月 9 日	20×× 年 12 月 8 日
17	第三方验收测评	《测评报告》	19	20×× 年 6 月 9 日	20×× 年 7 月 5 日
18	等保测评	《测评报告》	19	20×× 年 6 月 9 日	20×× 年 7 月 5 日
19	第三方密评	《密评报告》	19	20×× 年 6 月 20 日	20×× 年 7 月 14 日
20	项目终验	《终验报告》	25	20×× 年 11 月 6 日	20×× 年 12 月 8 日

17.3.3　实施难点

项目实施过程中总会有一些计划外的问题出现，该项目更是如此，因为它规模大、方案复杂，而且是用户在数据安全方面的开创性实践。其中最为突出的难点是加密技术的实施和数据资产分类分级工作的开展。

1. 加密技术实施

根据方案内容，需要对数据库中敏感数据进行加密，但是采用哪种加密技术却经历了漫长的讨论和验证。在最初的方案中，对数据库的加密是计划采用数据库后置代理加密技术的。但在部署前的调研环节发现，后置代理加密技术在对列数据加密后，数据库自身的运算无法正常进行，涉及加密列的存储过程也无法正常工作。摆在项目组面前的方案有三个：

1）升级后置代理加密技术，使得列加密后不影响原有业务；

2）选择其他加密技术，要求不影响原有业务；

3）对业务系统进行改造，对加密的列不进行运算或者不牵扯进存储过程。

对于第一个方案，只有同态加密技术达到实用的程度才能够继续，而这不是短时间内能够实现的，只能放弃。对于第二个方案，表空间加密技术能够规避上述问题，但问题是加密的颗粒度有些大，无法到列级。且表空间加密技术很大程度上依赖数据库自身，对密钥的管理存在合规风险，有可能无法通过密评，因此也不得不放弃。最后一个方案，对所有业务系统进行改造，这是一个非常大胆的想法，很快遭到甲方的质疑。

为了项目能够继续，经过不断沟通和妥协，最终的方案被敲定了。对于新建或在建的业务系统，立刻进行数据梳理工作，明确必须加密的字段，指导业务系统开发人员在开发过程中避免这些字段的运算和存储过程。对于已建成的应用系统，重新梳理要加密的字段，缩小加密字段的范围。同时，引入新加密技术支持部分数据库运算，例如加密列的等值查询、模糊查询等。再对存储过程做些调整和替换，基本解决了数据库加密实施的难题。

加密技术的实施经过了 POC 测试、模拟生产环境测试和生产环境上线三个重要阶段，反复验证实施流程的安全性，以最大限度地降低加密技术对业务的影响，如图 17-2 所示。

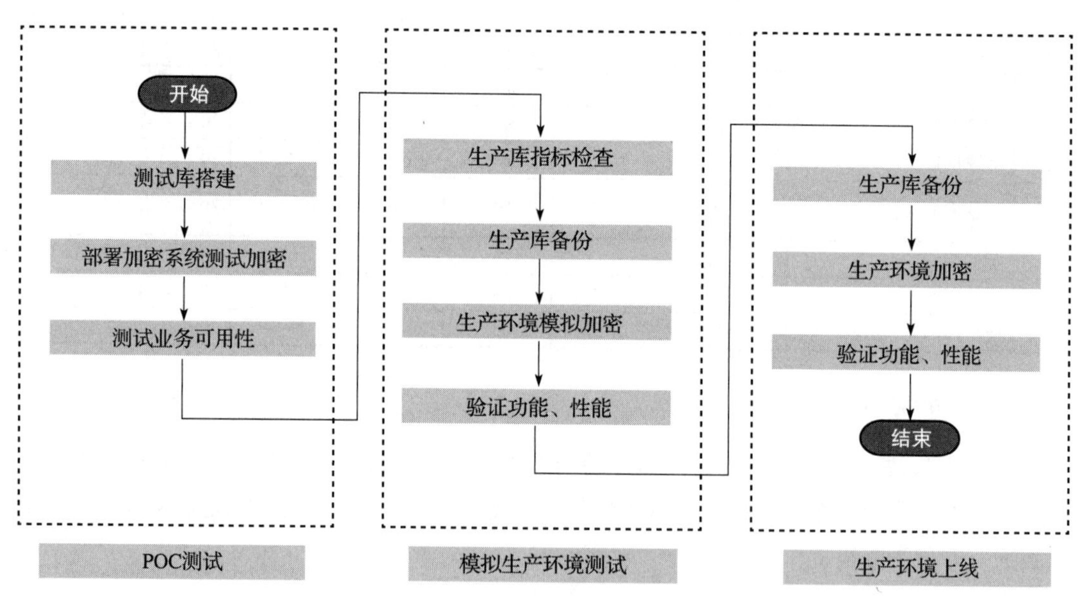

图 17-2 数据库加密设备上线实施流程

2. 数据资产分类分级

在项目实施的过程中，用户所在行业尚没有正式的数据资产分类分级规范。也就是说，这个行业的数据该怎么分类，该怎么分级，要分多少级，都没有正式的标准。国内也没有相关的材料可以参考。

于是，当时的分类分级工作遇到了如下挑战：

1）分级的级数定为多少合适？

2）分级的粒度到什么程度合适？

3）分类按照哪个维度进行？

第一点，数据分级时，需要确定一个合适的级数，使得在使用过程中达到效率和安全管控的平衡。过多的级数会给实际使用带来困难，太少的级数又难以准确地管控数据。经过充分的讨论之后，并没有哪种方案占据优势，但是有一个共识，那就是级数多所带来的问题相对较少，因为后续还可以按照需要进行合并。如果级数少，比如只有 2 级或 3 级，似乎无法发挥分级保护的优势，后续有可能还会再进行分级工作。相比较而言，级别合并似乎容易些。

第二点，分级的粒度也是影响分级效果的主要因素之一。数据库中的数据分级粒度到表级还是字段级才可以达到分级防护的目的？这一问题相对容易解决。根据防护策略，针对数据库的防护措施会精细到字段，例如数据库加密就是进行列加密。因此，分级的粒度也应该达到字段级。如果不合适，由字段级到表级的调整相对容易。而反过来，由表级到字段级的调整就需要更多的工作。

第三点，数据可以基于很多维度分类。例如，可以基于数据存储方式、数据更新频率、数据所处地理位置、数据量等进行分类，也可以基于数据所涉及的主体、业务维度等进行分类。由于本项目首次对一个行业的数据进行分类，项目组当时并没有一个清晰的思路。因为数据量庞大，不可能基于所有维度都进行分类，因此需要选定与数据安全防护相关的维度。最终，技术团队结合数据安全策略，决定分类的维度以业务维度为主，兼顾数据所涉及的主体。

这些麻烦在现在看来都不再是问题，分类分级也有了成熟的流程和各种操作指南。这里回顾一下当时项目中遇到的挑战和解决思路，希望能为以后遇到的新问题提供借鉴。

17.4 项目运行情况

17.4.1 运行状态

部委数据安全防护体系目前在用户环境中已进入试运行阶段，保护的数据规模规划为 370PB，已接入 5 个部属单位，5 个议事机构。结合客户业务特点，制定了《政务大数据平台数据安全－数据安全管理办法 v1.0》《大数据平台数据安全－分类分级方案 v1.0》《政务大数据平台－分类分级索引 v1.0》《数据资产安全管理平台用户操作手册》等制度和规范文档，对客户的安全运营团队完成了培训和指导。完成了省级数据特征梳理服务，对一个局级单位数据完成了加密保护。目前正在进行其他组织数据库加密、动态脱敏功能的调优。

17.4.2 社会效益分析

充分结合现有的网络体系架构、应用情况与安全架构，在利旧和继承的基础上发展国家部委数据安全体系，对接身份认证系统、数据治理平台等，建立兼顾便捷与安全的数据安全加解密平台，利用安全网关等安全基础设施，遵循“同步规划、同步建设、同步运行”原则实施，保障国家部委数据安全体系的可落地性。

数据安全是数字政府发挥作用的前提，数据安全能力不健全，将会妨碍数据在政务大数据平台上的流通和共享，极大影响政务大数据平台的运作。个人隐私数据的泄露不仅会给个人造成损失，也会给社会带来不利影响。政务大数据平台数据安全防护体系则为数据构建了安全的流通环境，保护了个人隐私数据，促进电子政务各级部门充分整合利用现有数据资源，盘活大量信息通信沉淀资产，提升政务效率，有力地支持了国家战略的落实，具有非常高的经济效益和深远的社会效益。

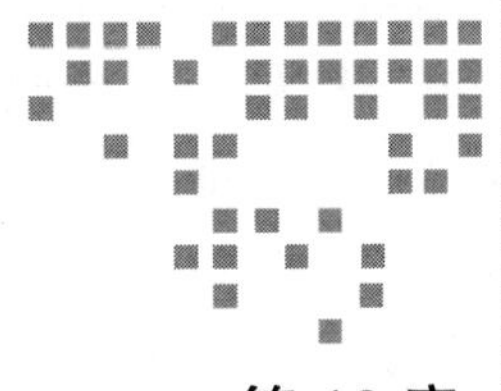

第 18 章　Chapter 18

省级大数据局数据安全实践

各省大数据局的官方名称不尽相同，有叫省大数据中心或省大数据局的，也有叫省大数据发展管理局的，还有叫省政务服务数据管理局的。虽然名字有区别，但是它们都有一项基本职能是全省数据资源的归集、整合、应用和服务。无论是数据的规模还是业务的创新速度，省级大数据局都超过了其他大多数企业，因此，它们的数据安全实践值得借鉴。

18.1　项目背景

信息技术高速发展，日新月异，云计算、大数据、物联网、移动应用和 5G 等新技术正从方方面面改变着社会的运行方式。国家政府部门为积极应对“互联网 +”和大数据时代的机遇与挑战，响应全国经济社会发展与改革要求，将大数据平台的建设列为新时代信息化建设的重要工作。大数据局的政务大数据平台汇集政府各部门的重要数据，涉及国计民生和社会安定，因此数据安全防护是整个政务大数据平台安全保障体系的重要组成部分。

18.1.1　安全风险

政务大数据平台为社会提供了便利的服务，同时掌握着巨量的个人和机构敏感信息。这些数据具有时效性强、内容丰富、标识度高的特点，成为外部组织，特别是诈骗团伙觊觎的对象。

由于存在巨大的利益，政务大数据平台所拥有的敏感数据通常会受到外部人员和内部人员的双重威胁。外部人员通常指黑客、维护人员、外包人员等。黑客通过 SQL 注入或者利用漏洞，获得数据库的访问权限并导出数据。维护人员和外包人员则有机会接触到机构的内部网络，能够在不被发现的情况下导出敏感数据。相较而言，内部人员造成的数据泄露更加隐蔽。由于业务需要，很多内部人员，如DBA、系统维护人员等具有特殊权限。还有很多内部人员访问敏感数据本身就是业务需要。

18.1.2 合规要求

网络安全的核心是数据安全，从《中华人民共和国刑法修正案》到《网络安全法》《信息安全技术 网络安全等级保护基本要求》和《关键信息基础设施网络安全保护基本要求》，再到各行业的数据安全规范，都对数据安全做了细致要求。例如，《网络安全法》第三章第二节规定了关键信息基础设施的运行安全，包括关键信息基础设施的范围、保护的主要内容等。国家对公共通信和信息服务、能源、交通、水利、金融、公共服务、电子政务等重要行业和领域，以及其他一旦遭到破坏、丧失功能或者数据泄露，可能严重危害国家安全、国计民生、公共利益的关键信息基础设施，在网络安全等级保护制度的基础上，实行重点保护。因此，作为数据的所有者，机构负有保护数据安全的法律责任，否则将要承担相应的法律责任。

《数据安全管理办法》要求建立数据安全管理责任和评价考核制度，制定数据安全计划，实施数据安全技术防护，开展数据安全风险评估，制定网络安全事件应急预案，及时处置安全事件，组织数据安全教育、培训。

《信息安全技术 网络安全等级保护基本要求》强调注重全方位主动防御、动态防御、整体防控和精准防护，实现对云计算、大数据、物联网、移动互联和工业控制信息系统等保护对象全覆盖，以及除个人及家庭自建网络之外的领域全覆盖。

18.1.3 安全现状

1. 数据资产信息不清楚

在国家的数字经济战略背景下，各大数据局的政务大数据平台汇集和产生的数据越来越多。同时，数据回流、公开和交易等业务的开展，也在更多地使用数据创造价值。大规模的数据和多场景的数据应用对数据安全提出了更高要求。在开展数据安全工作之前，首先需要回答如下问题：

- 政务数据资产有哪些？
- 政务的敏感数据有哪些？
- 敏感数据在什么地方？
- 访问敏感数据的人和应用有哪些？
- 是否还有其他敏感数据没有被发现？

目前，较多政务大数据平台的相关信息不完整，直接影响了后续数据安全的体系化建设。

2. 数据安全能力不完善

数据资产梳理工作不足会影响到数据安全技术的应用。因为数据资产相关信息的缺失，安全人员很难明确保护的范围，也无法选择需要采用的技术，更谈不上建设完善的安全技术体系。

政务大数据平台在数据安全防护方面存在的常见问题如下：

1）数据资产梳理主要依赖人工实施。清晰的数据资产台账是安全的基石，但人工实施容易出错，投入的成本高，且周期长，梳理的结果很难应对机构快速的业务变化。

2）缺乏对安全策略进行检测的机制。制订的安全策略是否正确实施，安全策略是否正常工作，目前尚缺乏相关技术来检测。这一现状会给系统带来长期的风险和隐患。

3）风险监控能力还需完善。网络中每时每刻都有大量的数据在流转，违规的高风险操作随时可能发生，如果风险监控能力不能及时跟上业务的发展，就无法对数据形成有效的防护。

4）溯源能力待加强。在数据发生泄露之后，溯源能力可以帮助机构快速定位到造成泄露的人员、设备和应用系统，方便追责，也可以形成震慑，防止员工犯错误。溯源能力需要详细的日志数据和数据分析能力，是目前需要加强的。

5）缺乏数据防泄露能力。政务大数据环境复杂，办公人员、外包人员、开发和测试人员都会对敏感数据造成威胁，需要在资产梳理的基础上建设数据防泄露能力，实现统一防护。

18.1.4　需求分析

1. 分类分级能力

需要对政务数据进行盘点梳理、分类分级，并且要能够定期自动进行分类分级工作。定期对数据进行分类分级是数据处理者必须开展的工作，这是《数据安全法》所要求的，而自动化的能力则能够降低用户的成本。

2. 风险监测能力

对于政务数据而言，不能把关注的焦点仅放在事中的管控和事后的响应。因为政务数据的重要性，如果数据发生了泄露，不管怎么响应，都会有无法挽回的损失，所以需要对整个环境进行持续的数据安全风险监测，帮助用户及时发现整个体系的漏洞和高危的数据处理行为，使用户尽早处理这些风险，进而降低数据安全事件发生的可能性。

3. 安全管控能力

根据用户的现状和风险规划数据安全策略。对数据的访问建立访问控制，需要根据用户身份和数据的安全级别来管控数据的访问行为，包括对数据库的访问、对文档的访问以及对应用和 API 的访问。通过加密、脱敏等技术措施实现数据的细粒度访问控制，实现权限最小原则。

4. 安全运营能力

以平台化的方式简化用户对数据安全产品的运维和使用，能够对所有安全能力进行统一管理，汇聚所有安全产品的日志进行全局风险分析并集中呈现风险态势，并通过编排使得各安全能力协调联动。

18.2 项目建设

18.2.1 建设思路

建设数据安全管理系统，提供综合的敏感数据地图、策略协同管理、威胁与风险感知和数据泄露溯源能力。

按照数据全生命周期安全的原则，结合用户业务特点和数据安全风险分析，部署建设数据梳理服务、数据库审计设备、数据脱敏、网络数据防泄露、终端数据防泄露、数据库加密、应用数据网关、大数据安全审计、存储 DLP 等数据安全设备。如图 18-1 所示，整个数据安全防护体系可以分成 5 个步骤进行构建。

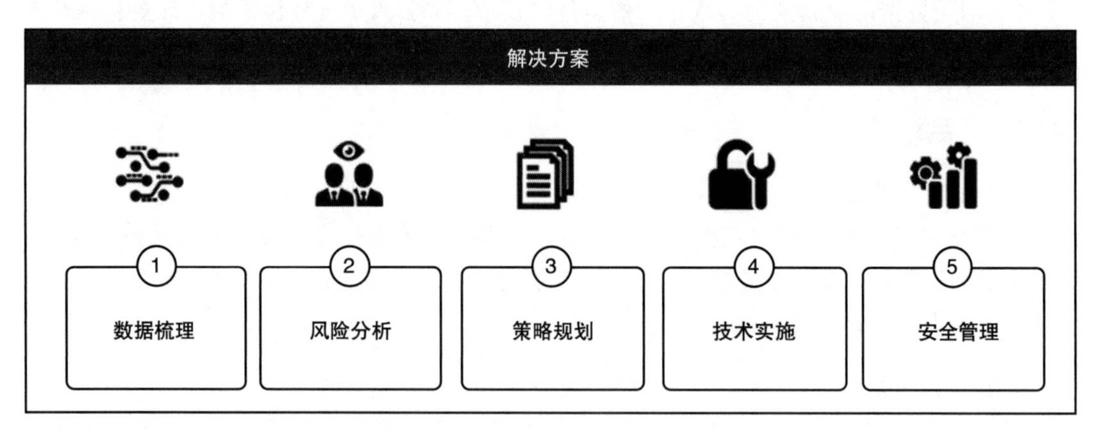

图 18-1 数据安全防护体系“五步走”

18.2.2 建设内容

1. 数据梳理

数据梳理主要是为了解决数据安全保护边界不清晰的问题。只有掌握了机构数据资产全貌，敏感数据规模、类型、流转和分布等信息，才能为后续安全工作奠定基础。为了能够应对数据资产的快速增长和变化，建议使用自动化的数据资产梳理工具，对机构的数据资产进行实时梳理。

如图 18-2 所示，由于机构的数据分布广泛，格式繁多，采用自动化扫描工具对机构中的数据源进行扫描。首先，将机构中的结构化数据、半结构化数据和非结构化数据的数据源全部发现。其次，为数据源中的重要数据建立目录，方便用户更好地理解自身的数据。最后，形成资产元数据，可以降低后续数据资产保护的成本。

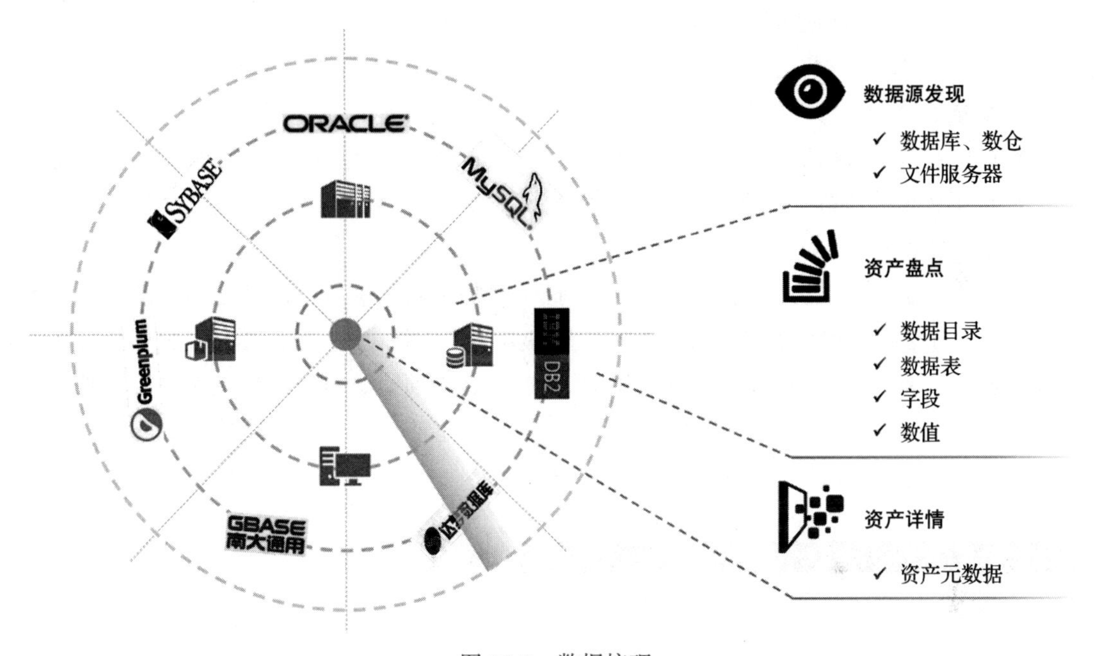

图 18-2　数据梳理

根据资产盘点所形成的数据目录，依次扫描所有的数据资产，对扫描到的字段内容进行分析，识别出敏感数据，这主要是把扫描到的内容识别成有意义的数据，例如把一串数字识别成银行卡号或身份证号码。需要根据法律法规和用户所属行业的标准规范对敏感数据进行界定。个人信息特别是个人隐私信息，一般都作为敏感信息。目前敏感信息识别技术有关键字、正则表达式等。可以结合人工智能来提升敏感信息识别的准确性。

（1）分类分级

为了让数据得到安全、高效的使用和共享，需要对多种来源的数据进行分类分级。对不同级别的数据采取差异化安全管控，确保数据安全资源精准地应用到需要保护的数据上。

数据分类分级是数据安全的基础，是对数据资源访问级别进行限定的基础和依据。通过数据分类分级，对涉及敏感内容、隐私内容、定位信息等内容的记录和字段进行分级别的访问限制，防止敏感信息的扩散、滥用。

数据分类分级的依据是三个因素：首先是用户的业务战略，其次是合规要求，最后是机构的风险容忍度。其本质是根据数据泄露所造成危害的程度来对数据进行定级。

根据来源、内容和用途分类。依照《信息安全技术 大数据安全管理指南》《信息安全技术 个人信息安全规范》《信息技术 大数据 政务数据开放共享》，对政务数据资产按照以下类别进行分类。

- A类：个人信息，指以电子或者其他形式记录的能够单独或者与其他信息结合识别特定自然人身份或者反映特定自然人活动情况的个人信息。
- B类：政务数据，指各级政务部门及其技术支撑单位在履行职责过程中依法采集、生成、存储、管理的各类数据资源。
- C类：政务数据衍生数据，通过对政务数据进行加工、分析等生成的各类数据资源。
- D类：企事业单位数据，一般指国有企事业单位基础数据、经营数据等。

（2）加密检测

数据库数据在分类分级之后，会根据存储策略加密敏感字段。通过定期扫描数据库数据内容，判断数据库敏感字段是否根据安全策略实施了加密措施，帮助用户监控安全策略实施中的漏洞，减少风险。数据加密检测的原理如图18-3所示，首先对数据源进行扫描，根据内容进行分类分级，形成相应的安全策略，例如敏感信息加密。然后持续监控数据源内容，若发现敏感信息仍然是明文特征，则告警展示。

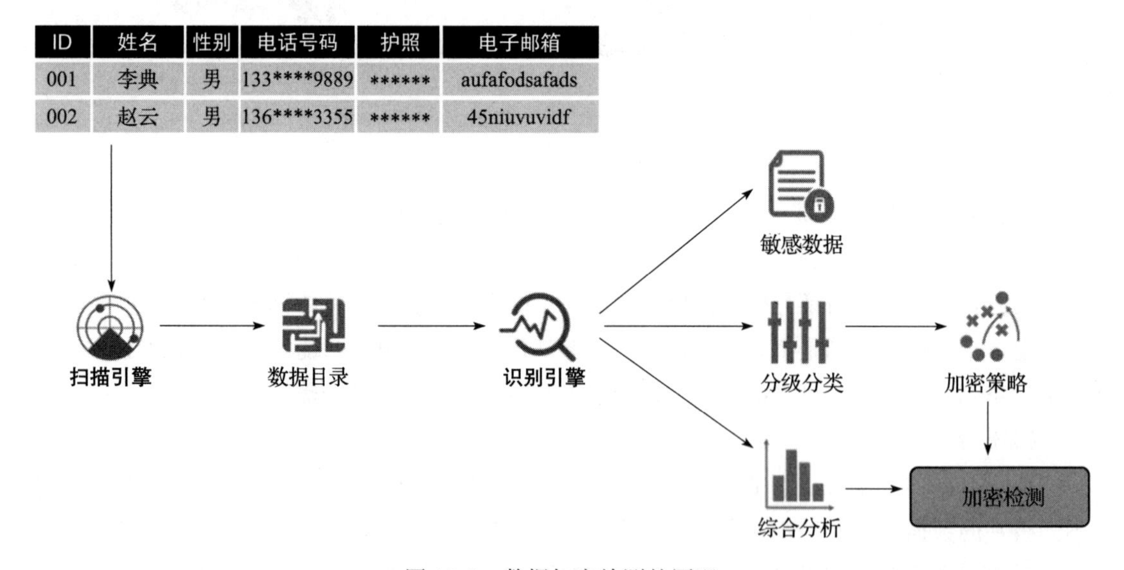

图18-3 数据加密检测的原理

2. 风险分析

风险分析的主要目的是发现用户环境中存在的严重风险点，这使得解决方案更具有针对性。

风险分析通常以用户的安全策略为依据，围绕敏感数据进行。首先，对访问敏感数据的账号、设备和应用程序进行分析，发现违规访问敏感数据或越权访问数据的行为；其次，对敏感数据流转的路径进行分析，发现有可能造成敏感数据泄露的路径和节点。

对于风险分析，建议使用工具自动完成。从账号、设备和应用程序多个维度监测对敏感数据的访问行为，同时在网络中部署探针，检测敏感数据的流转，最终从监测数据中分析出用户环境中的数据安全问题。

3. 策略规划

如表 18-1 所示，策略规划主要是为敏感数据制定存储策略、访问策略、共享策略和审计策略等规范。以访问策略为例，为实现精细化数据访问与授权，对数据表、字段（列）、字段值（行）和字段关系进行授权。

表 18-1　分级策略规划表

安全等级	存储策略	访问策略	共享策略	审计策略
极敏感	全部密文（数据库加密＋文档加密）	备案审批、最小权限（权限管控＋脱敏）	禁止导出、泄露防护（脱敏＋防泄露）	字段级过程审计（行为审计）
敏感	全部密文（数据库加密＋文档加密）	加密访问，审批、视角色授权（权限管控＋脱敏）	根据用户权限，审批、脱敏导出，泄露防护（脱敏＋防泄露）	字段级过程审计（行为审计）
较敏感	部分密文（数据库加密＋文档加密）	加密访问，视角色授权（权限管控＋脱敏）	按用户权限，判断是否导出，泄露防护（脱敏＋防泄露）	表、文件级审计（行为审计）
低敏感	部分密文（数据库加密＋文档加密）	视角色授权（权限管控＋脱敏）	根据权限控制，泄露防护（脱敏＋防泄露）	表、文件级审计（行为审计）
公开	明文	明文	可共享、外发	不审计

授权的主体是用户、系统、应用程序等，授权的客体是数据表、字段、字段值和字段关系，授权过程考虑主体的环境属性及安全状态评估，支持静态授权和动态授权。

授权基于属性进行，主体关键属性是用户的授权级别，需要支持扩展到多个属性，客体关键属性是标记在数据表、字段和字段值上的分级分类标签。基于属性的授权在满足静态授权需求的同时，可以很好地实现动态授权，调整主体的授权级别就实现了授权的调整。同样，调整客户属性，比如为某类数据打上一个临时标签，可临时调整对客体的访问授权。

4. 技术实施

策略规划完成后，需要有基础的安全能力来支持策略的实施。基础的安全能力包括数据加密存储、数据脱敏、数据访问控制、数据审计和防止敏感文档泄露五个方面。

（1）数据加密存储

策略中要求敏感数据以密文形式存储，这需要数据库加密存储技术实现。数据加密存储能力具备独立于数据库权限之外的权限控制体系，同时利用数据加密技术为核心数据库构建一个“安全保险箱”。利用身份认证、访问控制、安全审计、加解密等技术，提供全方位、多层次的安全防护方案。

通过数据加密技术可以解决以下应用场景中碰到的问题：

针对黑客的攻击或者绕过相关安全设备对数据库进行拖库的行为，或者发生撞库造成数据库中的数据大量泄露。通过数据加密技术对数据库中的敏感数据进行密文存储后，只要确保密钥的安全性，即便发生了上述事件，也不会造成敏感数据的丢失。

运维人员、DBA 或其他高权限人员，有可能会受到各种外界因素的影响而对敏感数据进行一些非法或违规操作，造成敏感数据泄露。在对敏感数据进行密文存储的同时，数据加密技术还应具备独立于数据库之外的第三方权限控制系统，能对所有的数据库账号进行不同的权限控制，从而更加全面地保护数据库中敏感数据的安全性。

在数据存储介质出现故障进行维修或者数据存储介质丢失时，通过数据加密技术密文存储在介质中的数据不会有泄露的风险，这就从物理底层确保了敏感数据的安全性。

（2）数据脱敏

数据脱敏主要用于数据共享和应用时的敏感数据防泄露场景。数据共享场景既包括从生产环境导出数据到开发测试环境，也包括导出数据给其他部门，甚至其他机构。数据应用场景一般指机构员工开展正常工作时，数据从数据源到终端界面呈现的过程。两种数据交互都涉及数据源在不同安全级别的区域流动。从防止敏感数据泄露的角度考虑，应该通过对数据进行变形和遮蔽，在不影响数据使用的前提下，将敏感信息过滤，以保证敏感数据的机密性。

（3）数据访问控制

数据访问控制是根据规划的数据访问策略，建立用户对数据访问权限的控制，降低内部的用户访问风险和外部的攻击风险。内部的用户访问风险包括 DBA、运维人员等滥用特权账号、滥用合法权限、身份验证不规范、敏感数据泄露、安全防护措施不足等安全问题。外部的攻击风险则包括黑客等通过 SQL 注入、0day 漏洞等进行的数据窃取等行为。

（4）数据审计

在网络中部署审计探针，对数据库访问及 API 访问行为进行审计。数据访问行为的全面审计可以清楚地记录访问数据的人员、数据应用时间和数据具体内容。将这些访问行为以日志的方式记录下来，便于在发生相关问题后进行追溯。对访问数据的相关行为进行回放处理，可以更加直观、清晰地展示整个访问过程。同时，对数据访问行为日志进行综合分析，可以帮助用户发现高危风险。通过丰富的报表来全面展示各种数据访问行为及其风险情况。帮助用户生成合规报告，并可根据这些报告进一步修改和完善数据安全策略库，提高数据的安全防护。

（5）防止敏感文档泄露

相比数据库中的敏感数据，包含敏感数据的文档（敏感文档）在机构中有更复杂的流转和使用场景。要防止敏感文档泄露，机构的数据安全技术架构需涵盖终端、网络、邮件的安全。终端方面，用户对文件的访问、存储、复制、打印、外发等操作行为都应进行严密管控。网络方面，需要对公司网络出口进行监控和访问外发控制，使数据的流通安全可控。邮件方面，通过对邮件服务器外发邮件进行监控和权限控制，使所有的邮件可控、可查、可溯源。

如图 18-4 所示，敏感文档防泄露是一种通过一定的技术手段，防止机构的敏感文档以违反安全策略规定的形式流出机构的策略。工作中，文档的流通包含存储、使用、交互和传输四个主要过程。从这个角度说，敏感文档防泄露就是保护机构的机密信息不被非法存储、使用和传输。全程管控信息流通的各个环节，机构数据安全就能受到严密的保护。

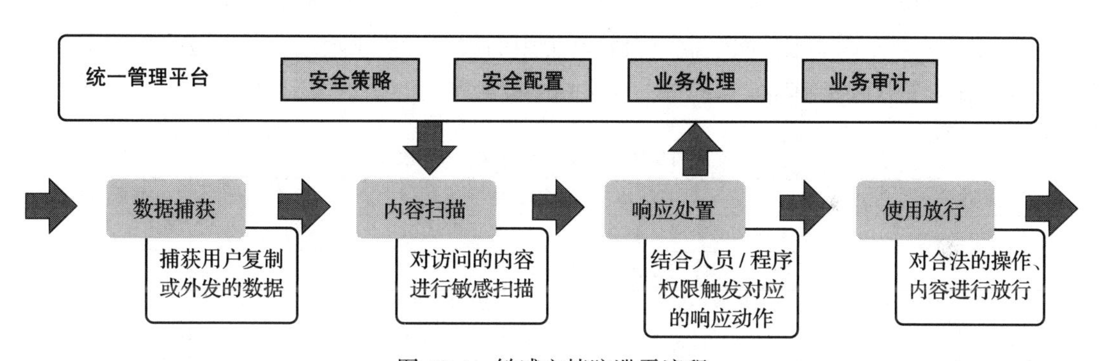

图 18-4　敏感文档防泄露流程

5. 安全管理

安全管理要求所有的数据安全能力作为一个体系，受到统一管理，并且相互之间协同联动，为客户提供闭环的风险管理能力。数据安全管理的整体框架如图 18-5 所示。

（1）统一管理

部署在用户环境中的所有安全设备可以通过统一的管理设备进行管控，能够对全网数据安全产品的实时监控、告警 / 报表信息进行集中展现。

数据安全管理系统基于全局统一的敏感数据知识库来提供一体化策略管理能力。系统通过分析引擎提供感知异常数据访问风险的能力。系统采用大数据技术架构，基于 Hadoop、Spark、Elasticsearch 等技术完成海量数据的存储、处理、分析和检索。系统可依据数据量的增加平滑扩展，以满足大数据分析和未来业务发展的需求。通过敏感数据地图、策略协同、风险分析等特性，与数据全生命周期安全的控制点（终端数据防泄露、网络数据防泄露、大数据安全审计等产品）协同管理。

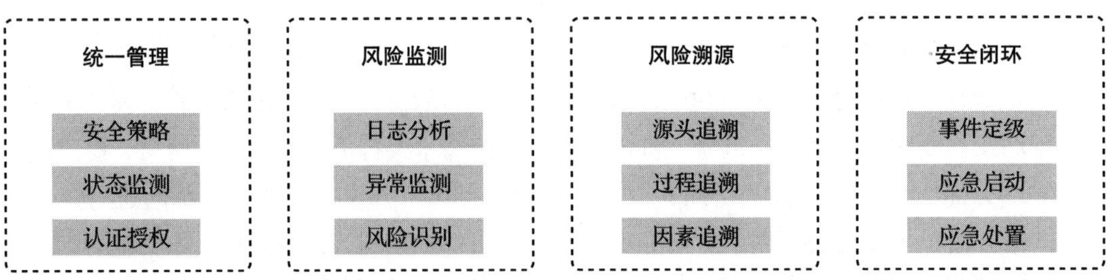

图 18-5 数据安全管理的整体框架

（2）风险监测

数据安全防护体系能够实时监测机构环境中的数据安全风险。安全风险包括安全策略不匹配、账号异常登录和异常访问等，其影响分析见表 18-2。

表 18-2 安全风险影响分析表

分类	异常描述	影响分析
安全策略不匹配	本应加密的字段被明文存储	高
	账号对数据库的操作不符合该账号的权限策略	高
账号异常登录	长时间不登录的账号登录使用，查询敏感信息	高
	同一个账号被多人使用，同时登录或登录 IP 地址经常变化	中
异常访问	访问行为偏离了基线，例如突发提权操作	高
	短时间内遍历了数据库记录	中
	单次查询数据量超过阈值	中

（3）风险溯源

如图 18-6 所示，风险溯源是指根据数据泄露事件的线索，追溯到敏感数据泄露相关的人员、设备和应用程序。安全溯源一方面能够支持事后追责，调查取证；另一方面可以在机构内部形成有效的震慑，使机构员工远离违法行为。

溯源通常需要审计和水印两种技术支持。审计可以记录数据的产生、变更、访问和流转，支持敏感数据泄露前的历史信息回溯。水印则记录数据在转发时刻的责任人、设备和应用程序等信息。一旦在机构安全管控范围之外获得被泄露数据的样本，可以通过水印定位到转发该数据的责任人。

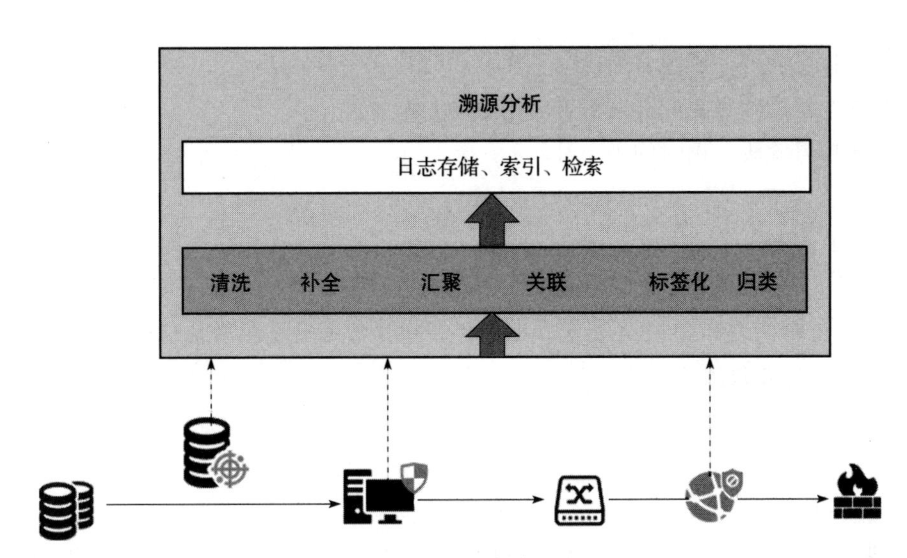

图 18-6　风险溯源

（4）安全闭环

整个安全体系可以对安全风险事件形成闭环处理，能够快速定位问题，发现管控策略上的漏洞并采取相应措施进行及时修复。

18.3　实施过程

18.3.1　实施计划

本工程项目的进度计划编制遵循科学性、客观性的原则，既考虑系统全局，又兼顾施工的特殊性，施工还涉及其他单位的配合。本项目实施进度计划分为以下几个阶段（见表 18-3），预计项目总体建设周期为 11 个月。

表 18-3　项目实施进度计划表

序号	阶段名称	预计完成时间
1	项目立项	—
2	项目初步设计编制及批复	项目立项后 1 个月内
3	工程造价	初步设计批复后一周内
4	项目启动招标	工程造价评审结束后两周内
5	合同签订	项目中标后 3 个月内
6	项目完成开发部署	合同签订后半年内
7	项目完成验收	合同签订后一年内

1）项目的前期立项及初步设计阶段，获取批复。项目立项后 1 个月内完成初步设计。

2）根据批复内容完成项目招投标工作。用时约 3 个月。

3）合同签订后项目完成开发部署。用时约 6 个月。

4）完成项目验收。用时约 1 个月。

18.3.2 资源需求

数据安全产品部署在云计算环境中，因此需要根据设计的指标来明确计算资源和存储资源，部署资源申请表如表 18-4 所示。例如，要想让数据动态脱敏系统达到较高的吞吐量，必须提供相应的计算资源。

18.3.3 实施难点

1. 产品适配数据库

数据库安全产品基本都要能够解析数据库通信协议才能发挥安全防护作用，因此实施过程中的重大风险之一就是数据安全产品与用户环境中的数据库不适配。市面上数据库有数十种，再加上每个数据库软件又有多个版本，这为项目的实施带来不小挑战。

表 18-5 列举了本次项目用户环境中常见的数据库软件及其版本，以及当时的安全产品的支持能力。经过梳理，发现有 4 个对应的数据库版本不支持，这意味着针对这些数据库的防护效果无法立刻呈现给用户。解决这一问题的思路并不另类。首先安排技术人员评估这些数据库的适配工作量。同时和用户沟通这些数据库的规划，项目组担心数据库后续还会有升级的可能。沟通下来确实有些好消息，DB2 和 GBase 数据库很快就要被替换成新的数据库。于是，在和用户充分沟通后，部署计划有了新的调整。优先部署别的数据库，为 MySQL 8 和 GaussDB 的适配争取时间，另两个数据库的适配不作为必须满足的内容。具体到数据库软件的适配上，有些时候，数据库软件的一些小版本差异不会有太大问题。跨度较大的版本更新，往往需要安全厂商的研发人员进行一定的适配工作。

数据库适配的问题往往容易被忽略。在用户和解决方案专家眼里，这些都不是重要的问题。用户认为无论有哪些数据库，做这个项目的人都应该来解决。而解决方案专家更看重需要解决的安全问题，而不太关心具体有哪些数据库。于是，从项目立项到招投标，再到启动项目实施，关于数据库的信息很少被人提及。在实施团队入场后，这些问题才会成为主要矛盾，因为确实影响到了实施进度。这种情况并不罕见，甚至在一些大型项目中也时有发生。

这种问题有时候无法避免。因为在项目早期，用户也不会完全透露自身的 IT 资产信息。他们认为，不清楚数据库的情况并不影响设计方案。

总之，尽早收集数据库信息，早发现可能存在的风险，让产品部门早做准备，会让实施的过程更流畅些。

表 18-4 数据安全产品部署资源申请表

系统名称	子系统名称	部署节点	服务器配置	存储空间	操作系统	服务器数量	备注
数据安全	数据安全管理中心	管理中心服务端	32 核 64GB	100GB 系统盘 1TB 数据盘	CentOS 7.4	1	此管理端属于管理分析节点，需要大量计算各个风险指标数据，计算量很大，需要 32 核 64GB 资源
		大数据节点服务器	16 核 64GB	100GB 系统盘 8TB 数据盘	CentOS 7.4	3	大数据节点服务器，最低需要 3 个节点，暂使用 3 台 16 核 32GB 服务器集群化部署，随着日志量增加再增加节点数量
	数据访问控制	数据库防火墙	32 核 64GB	100GB 系统盘 8TB 数据盘	CentOS 7.4	4	按照 50 000 条 SQL/s 的访问控制性能，采用高可用设计，使用主备部署模式（两台），在数据沙箱和运维区域分别部署一套
	数据加密	数据库加密	16 核 64GB	100GB 系统盘 4TB 数据盘	CentOS 7.4	2	支持单表千万级加密，选用 32 核 64GB 内存 / 系统盘 100GB/ 数据盘 4TB，采用高可用设计，主备部署模式
	数据脱敏	数据静态脱敏	32 核 64GB	100GB 系统盘 4TB 数据盘	CentOS 7.4	3	提供大于 50GB/h 的脱敏性能支持，故选用 32 核 64GB 内存 / 系统盘 100GB，考虑到有时可能需要本地脱敏，申请 4TB 的本地脱敏存储空间
	数据脱敏	数据动态脱敏	32 核 64GB	100GB 系统盘 4TB 数据盘	CentOS 7.4	1	提供 1 万～ 3 万 SQL/s 的实时脱敏性能支持，故选用 32 核 64GB 内存 /100GB 系统盘 /4TB 数据盘
	数据安全审计	数据库审计	32 核 64GB	100GB 系统盘 8TB 数据盘	CentOS 7.4	2	估算达到 1 万～ 5 万 SQL/s 的流量，后续可能达到 5 万～ 8 万 SQL/s 的流量，按照不小于 80 000 条 SQL/s 的审计性能，选用 32 核 64GB 内存，另外为主备或业务扩展需要两台

表 18-5 用户的数据库软件列表

序号	数据库类型	数据库版本	数量	是否支持
1	MySQL	MySQL 8	8	否
2	SQL Server	SQL Server 2016	2	是
3	DB2	DB2 11	1	否
4	Gauss DB	GaussDB 200	1	否
5	PostgreSQL	PostgreSQL 10	1	是
6	GBase	GBase 8	1	否
7	MongoDB	MongoDB 3.6.3	2	是
8	Redis	Redis 2.8.24	1	是
9	达梦	达梦 8	2	是
10	金仓	金仓 9	2	是
11	神舟通用	神舟通用 7	2	是
12	Elasticsearch	Elasticsearch 6.2.3	5	是

2. 产品部署条件

有些时候，用户的实际环境无法支撑方案的落地。如果等到签署合同后才发现这样的问题，那将会给项目带来巨大的冲击。

在本项目中，对数据库访问行为的审计是最大的障碍。数据库审计系统需要获取数据库流量。这在通常情况下并没有什么问题，要么从交换机镜像流量，要么在数据库端安装插件，要么在应用端安装插件。但是本项目中，这三种方式都无法实现。首先，在云计算环境中，获取镜像流量的做法实在有难度。其次，数据库都是以服务的形式直接启动的，而不是装在虚拟机中的服务，所以数据库端安装插件的方式也没法进行。最后，看看应用端，在应用端安装任何软件都需要征得业务部门的同意，这种跨部门的协调给用户增加了额外的工作量。

后续的解决思路有两种：一种是协调云平台厂商来提供技术支持，通过配置云平台让数据库审计产品能够获得流量；另一种是采用串联部署数据库审计的方式，数据库审计产品以代理的方式工作，这样也可以获得流量。

此外，安全产品的探针（或插件）也会对操作系统有要求。例如，要在数据库、大数据平台上安装和部署探针软件，操作系统类型及版本需要在 Red Hat（6x、7x）、CentOS（6x、7x）、Windows Server（2008、2012、2016）范围内。

18.4　项目运行情况

本项目的实施为政府的数字化建设构筑了坚实的安全底座，使各部门现有数据资源得到充分整合利用，有效解决了各部门之间“条块分隔，各自为政”，难以进行高效的数据交互和信息共享的问题；通过部省级互联实现全域覆盖、广泛接入，全面提升政府在经济调节、市场监管、社会治理、公共服务、生态环境等领域的履职能力，既降低了政府成本，也提升了行政效率，具有深远的意义。

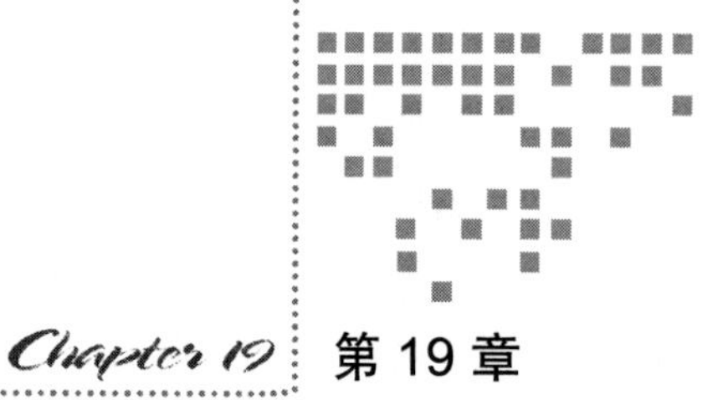

Chapter 19 第 19 章

股份制银行数据防泄露能力建设

与其他数据安全实践相比，本章所涉及的安全技术种类非常单一，只有数据防泄露。但是，该项目是一次现有安全系统的替换，覆盖了用户数万台终端，还需要在尽可能小地影响银行业务的前提下，对接上百个银行应用系统。此外，银行的制度也对项目提出了严苛的交付要求。可想而知，该项目的建设过程充满了挑战。

19.1 项目背景

从金融行业的角度出发，随着互联网和数据产业的快速发展，大数据、AI、云计算等高新技术在金融领域的应用日益普及和深入，金融数据呈海量增长趋势，金融数据安全管理的压力越来越大。数据安全的合规性及防护体系建设都需要不断改进思路，加强管理，以确保金融数据中重要信息和个人信息的安全保障。

与此同时，在国际战略博弈加剧的背景下，国产化、自主可控已是金融业的必由之路。《“十四五”规划和2035远景目标纲要》明确提出了“稳妥发展金融科技，加快金融机构数字化转型”“坚持自主可控、安全高效”等要求，近期密集出台的一系列政策文件亦表明，在越来越多的核心科技领域，我们都在迎来一个国产化的大时代。在金融数据安全领域，我们也需要持续关注国产化体系下的新技术发展和应用情况，快速提升新的数据安全防护体系和技术能力，保持核心技术应用的安全自主可控。

本项目中，客户是经国务院、中国人民银行批准成立的首批股份制商业银行之一。其整体信息化建设程度非常高，因业务的需要，银行办公网络和生产网络均做了物理隔离，不可以直接连接互联网；网络安全建设比较健全，防火墙、邮件网关、堡垒机、负载均衡、准入等安全产品都已部署，基本实现了对于来自外部的入侵与攻击的安全防护。随着行业监管规范化程度的提高，自身业务的安全需求提升，内部生产和业务数据至关重要。客户希望进一步加强内部数据安全防护体系的建设。同时，在现有的数据安全防护体系建设中纳入信创环境因素，对重要数据（尤其是文档类数据）进行加密传输、加密存储，在数据使用环境中遵循最小权限原则，结合数据使用场景实现精细化保护的目标。

随着《网络安全法》《数据安全法》《个人信息保护法》《个人金融信息保护技术规范》《金融数据安全　数据生命周期安全规范》《金融数据安全　数据安全分级指南》及《金融数据安全　数据安全评估规范（征求意见稿）》等一系列法律法规和标准规范的发布，数据安全和隐私保护的顶层监管框架日趋完善，个人信息保护成为商业银行数字化转型中合规监管的重中之重。

19.2　项目建设

19.2.1　建设思路

为保障提升金融行业数据安全综合能力，在数据安全治理和数据识别基础上，结合金融行业数据特点，建设数据防泄露平台，提供数据全生命周期智能防护监测建设方案，为业务的稳定、可靠运行保驾护航。同时在建设过程中充分兼顾国产化软硬件环境。

整个建设过程中以“围绕数据存储、使用、流转和共享进行全方面全周期防护”为理念，通过构建数据安全环境、采用数据识别等技术手段，实现敏感数据的可见、可控、可管等目标。

19.2.2　建设内容

数据防泄露平台采用“集中管理、多点协同”的分布式架构，围绕 1 平台、1 内核、*N* 防护构建多点数据防泄露体系，其中：

- 1 平台指数据防泄露平台的统一管理系统，负责对整个终端数据防泄露组件的管理与维护、策略定义与分发、风险告警与处置等。
- 1 内核为数据智能内容识别引擎，组合运用传统识别技术、机器学习算法对文档数据进行敏感信息、重要信息的识别与标记。
- *N* 防护为数据防泄露平台的核心单元，以构建数据的安全环境为核心，辅以风险防护执行单元，对监控范围内的泄露风险、用户行为进行识别、采集与防护。

整体方案以构建数据安全环境为核心，以围绕内容进行防护、区分人员权限、采用统一管理机制为主要原则，对重要数据全生命周期安全管理实现覆盖，建设的数据安全能力如下。

1. 一体化管控

管理平台可用于集中管理不同环境体系下的数据防泄露终端，实现“一窗式”运维管理，集中展现不同环境下终端运行状况、策略运行状况等，为数据安全管理人员提供及时、全面、准确的全网敏感数据安全管理的量化分析和决策依据，有效提升管理人员日常运维、管理效率。

2. 群组需求

支持全行范围的用户选择；支持子公司、分行、总行各自系统管理员创建群组和群组管理员，可设置群组可见范围；群组管理员可修改群组名称，增加、修改、删除群组成员；支持离线更新群组成员。

3. 文档有效期设置

与传统方式不同的是，方案中增加了默认文档过期时间配置和文档权限的过期时间配置，强化了文档的生命周期管理。每一个月或半年进行一次文件信息和权限信息备份，将过期的文档信息以及该文档信息对应的权限信息迁移至备份数据库，从现有数据库中删除。

4. 实时透明加解密

采用应用层和驱动层相结合的加密技术及国密算法，集应用层的安全性与驱动层的稳定性于一体，实现对任意文档的实时透明加密，在文档数据产生的源头进行控制，确保受控文件只有授权用户能够访问。

5. 数据存储检查

系统通过数据抓取技术，对存储在终端计算机、文件服务器、专用存储设备等中的数据文档进行识别与监控，结合文档内容识别技术，对违规或异常存储数据进行检测，保障数据在存储阶段的安全。

6. 半透明加解密

兼顾数据安全与实际工作场景，实现非核心部门能打开但不会核心部门的加密文件，并且自身创建的文件依旧保持明文状态。在保障核心数据安全的同时，不影响企业业务的连续性，提高了安全环境下的数据访问效率。

7. 留痕审计

在文档安全管理运维过程中，可识别细粒度的操作记录，用于文档安全风险操作的风险溯源，同时结合数据内容识别增强留痕信息的可信可读，进一步加强在内部不断流动过程中对敏感文件的细粒度监控。

8. 数据存储格式识别

平台不依赖于文件扩展名来识别格式。可通过文件格式的唯一特征码识别文件类型，能够准确识别各种常见的数据存储格式。同时，平台还支持自定义机制，对组织自定义的数据存储格式的特征码进行提取和识别。

9. 数据内容识别

平台在传统的文本识别基础上引入了先进的人工智能识别技术，实现更高效的敏感数据识别，同时大大地提高了识别的准确度。

- 指纹比对：基于已识别敏感数据的指纹（Hash 数据），与待检测数据进行二进制内容比对，确认待检测数据是否包含已识别的敏感数据。
- 机器学习：利用样本训练机制，在有监督或无监督机制下，对已知样本文件进行聚类计算、特征提取，形成识别模型，判断待检测数据的分类归属。
- 关键字检测：根据预先定义的敏感数据关键字扫描待检测数据，通过是否被命中来判断其是否属于敏感数据。
- 词典检测：扫描待检测数据时，统计敏感关键字词典中被命中的敏感关键字数量，如果这个数量达到或超过阈值，则待检测数据就属于敏感数据。
- 正则表达式检测：利用数据的组成规则进行内容识别，判断待检测数据是否包含有指定规则的目标数据，比如手机号、身份证号码等。同时可以对具有自我校验规则的数据进行真伪校验。
- 图片识别：利用神经网络算法对图片中的敏感标记、文字进行定位、切割和提取，以判断待检测图片是否包含有图章或其他指定敏感内容。
- 异常数据识别：平台除了可以对正常的数据进行识别外，还能及时识别可以绕过系统检测的异常数据。

10. 终端外设管控

密切监控用户在终端设备上对数据的操作行为，对应用程序读取、文件共享、打印、截屏、邮件发送、即时通信发送、移动介质复制等行为进行分析研判，根据用户的权限及数据的安全级别判断行为是否有敏感信息泄露风险，对高危的操作行为进行拦截并产生告警，对合规的行为放行并产生日志。

11. 文档泄露溯源

平台提供打印水印、进程水印及屏幕水印功能。其中，屏幕水印支持明文水印和点阵水印，水印可以设置，可配置内容、字体、字体大小、水印透明度、倾斜度等。利用屏幕水印功能，可以对拍照、截屏等手段开展有效追溯。

12. 精细化策略管控

平台支持结合文档数据敏感度、人员权限、数据所处环境等信息构建防护策略。例如，根据文件识别标识、组织架构、人员账号、设备标识、IP 地址、邮箱地址、URL 等设置实时防护策略。通过策略机制可以阻断明确的违规行为，放行合法数据流转行为，从而在有效减少系统维护工作的同时，提升防护效率。数据防泄露终端通过用户身份加设备身份，避免传统授权鉴别系统可能存在的“一刀切”式的操作，影响正常业务运作。

19.3 实施过程

19.3.1 任务目标

通过本项目对用户现有数据防泄露系统进行替换升级。一方面替换现有的文档防泄露系统，另一方面完成数据防泄露系统平滑升级。项目建设中，用户侧对系统升级无感知，所有内部系统调用接口的变更工作量和影响均在可控范围内。在保留文件加解密、权限管理等各项现有功能的基础上，新增加密文档外发功能，满足各单位与外部合作单位安全交换敏感文件的需求；新增数字水印、文档特征值提取记录等功能，与本行其他数据安全能力有机结合，提升数据防泄露能力；新增对微办公等内部移动 App 的支持，使用户能在手机端安全读取加密文档。

19.3.2 阶段工作规划

阶段工作规划如表 19-1 所示。

表 19-1 阶段工作规划

阶段	任务	责任方	备注
需求分析	1. 业务建模 2. 分析功能性需求 3. 分析非功能性需求 4. 确定系统外部接口需求和相关规范	甲方、乙方	
概要设计	1. 架构决策验证 2. 确定软件系统架构 3. 确定系统划分 4. 确定网络及硬件环境架构 5. 数据库物理设计	甲方、乙方	
详细设计	1. 划分子系统，确定系统功能 2. 系统内模块细分，确定功能模块设计 3. 数据库逻辑设计	乙方	
开发环境搭建	建立开发环境，建立配置库	甲方	
系统编码	编写代码，完成单元测试	乙方	
测试设计	1. 制订测试计划 2. 编写测试大纲 3. 编写测试用例	甲方	

（续）

阶段	任务	责任方	备注
测试环境搭建	1. 建立测试环境 2. 准备测试工具 3. 准备测试数据	甲方	
系统集成测试	1. 测试系统错误，编写测试问题卡 2. bug 修正	乙方	
系统验收测试	1. 编写 UAT 测试用例 2. 执行测试用例	乙方	
用户手册	1. 编制用户手册 2. 编制系统维护手册	乙方	
实施计划	确定系统实施目标、范围	乙方	
应用部署	可以通过与用户共同部署的方式，或者用户自行部署、我方指导的方式	甲方	
用户培训	培训用户使用系统及知识转移	乙方	
系统维护	监测系统上线后发生的问题，排查生产问题并给出应急方案和解决方案	乙方	

19.3.3 实施难点

本项目涉及用户整个集团的终端数据防泄露系统的替换和升级，包括 6 万多台终端设备和 150 多个应用系统的对接。最大的挑战就是在实施过程中，不能影响用户当前的业务和使用习惯。由于涉及总部、各地分公司等多个机构，这种替换不可能一次性完成。稳妥起见，必须先小范围验证，没有问题后再逐步扩大范围，直到完全替换。

实施替换的方案最终聚焦在两条路线，即方案一（自然方案）和方案二（强制方案）。这两个方案的优缺点对比见表 19-2。

表 19-2 方案优缺点对比

对比项	方案一（自然方案）	方案二（强制方案）
方案内容	**步骤一**：按调用量逐月跟踪关联系统调用情况，发布并督促关联系统进行接口替换 **步骤二**：确认所有系统替换完成后，关闭旧接口 **步骤三**：待步骤二完成后，替换旧版客户端	**步骤一**：确保新系统能够正确读取旧版加密文件，并提供替代接口 **步骤二**：发布通知要求全行替换旧系统接口，1 年内，按照网络区域逐步关停旧版接口 **步骤三**：按月抽取调用量 Top10 的系统逐个对接，跟踪改造进度 **步骤四**：在替换旧版客户端的同时，旧的软件并存一段时间，进行平滑过渡
优点	全部对接完成后，替换的新终端防泄露软件完全接管原有的防泄露软件进行文件管理的所有操作，安装完成后无感知	1. 逐步推进，平滑过渡，保证业务流畅的同时进行平滑升级，符合集团的替换安排计划 2. 业务更稳定，保证管理受控数据平滑过渡到新的系统 3. 不需要业务停机 4. 更加符合用户的心理预期，可以慢慢适应新的软件系统

（续）

对比项	方案一（自然方案）	方案二（强制方案）
缺点	1. 现有防泄露系统的系统信息很难收集完整，要么缺失，要么无法查询 2. 每个系统的对接周期较长，影响最终的项目实施进度 3. 需要业务停机，强制使用新的方法制作文件	1. 未对接的应用系统无法使用新防泄露软件进行文件授权制作 2. 各个应用系统的对接对项目的实施进展会有影响 3. 应用系统对接需要一段时间，在此期间，用户安装新客户端后制作的加密文档应用系统可能无法识别

经过项目组与客户的多轮沟通和评估，最后一致认为，方案二（强制方案）对业务连续性的影响较小，实施周期较短，系统对接的技术难度较小，且用户的接受程度较高，因此方案二比较适合。

19.4 项目运行情况

本项目为银行办公环境中的 6 万多台终端提供数据防泄露能力，主要用于保护合同、信贷及用户个人信息的安全。使用的数据安全防护产品和技术均以国内自主研发为主，所涉及的加密算法为国密算法，相关系统完全兼容统信 UOS 等国产化环境，同时在技术选型上兼顾了主流国产化软硬件发展情况，在不同软硬件体系下具有良好的扩展性。

该项目在文档安全管理过程中引入基于人工智能的数据内容识别新技术。在准确率方面，新识别技术相比传统的内容识别技术精准幅度上升超过 60%，尤其是指纹学习及聚类分析方面可对识别准确率产生显著影响。在检测效率方面，在硬件性能相同的情况下，新识别技术能够带来 30% 左右的性能提升。人工智能技术的引入，极大提升了数据内容识别的综合能力，显著降低了事件的误报率，改善了用户体验，并促进了人员的工作效率。

该项目面向银行的敏感数据，通过建设数据防泄露平台，建立了一套以数据内容识别为基础的数据全生命周期防泄露体系。项目以国产化为大背景，将现有数据防泄露技术在信创体系下进行拓展和强化，通过平台化的架构保障多环境体系下安全管控的融合及拓展性，形成可供复制和参考的典型金融信创安全技术案例。

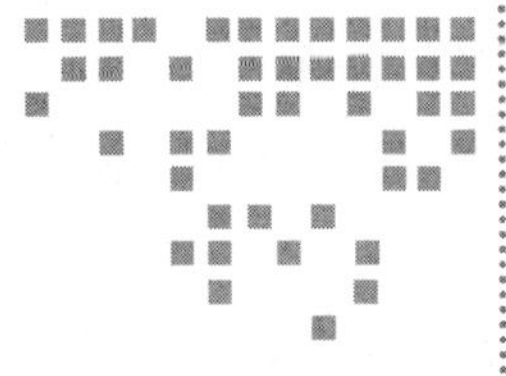

第 20 章 Chapter 20

电网公司数据中台数据安全实践

前几年，我们团队参与了电网某省公司（以下简称“S 电网公司”）数据中台的安全建设。这次经历令人印象深刻。我们与客户一起探索了数据中台的技术方案，特别是数据共享场景的安全技术。由于客户的业务复杂多样，团队也得到了成长。本章是对这次项目的一个总结，希望能为读者提供一些有价值的参考。

20.1 项目背景

为打通数据人才链、数据创新链、数据技术链、数据价值链与资金链，深化产学研结合，培育核心竞争力，进一步加大科技创新力度，S 电网公司通过建设企业级数据中台实现了数据资源目录的构建与应用，为公司的数字化转型奠定了基础。依托数据中台，电网公司有了数据成果展示、共享、交易、创新的平台和统一入口，激发了大数据价值，对内助力公司生产经营方式转变，对外服务政府、社会和客户。

20.1.1 安全现状

通过调研发现，S 电网公司的数据中台已经完成了网络安全建设，达到了等保第三级的要求。运维人员通过堡垒机对 FusionInsight 和 GaussDB 进行管理。数据安全方面已经有了分类分级的标准和方案，但是数据安全能力方面存在以下问题：

1）业务人员的权限尚未完全根据最小权限原则进行分配，员工的日常业务工作中缺乏必要的审计和防泄露措施，存在数据泄露的风险。

2）整个数据中台对外提供数据服务的主要方式是API，但目前对外提供数据服务的API缺乏必要的审计和管控：一方面并不掌握API流出的敏感数据内容、规模、流向等信息，另一方面对流经API的敏感数据缺乏脱敏、水印等管理措施。

3）S电网公司与一些政府部门或企业有数据共享业务，能够帮助企业实现业务效率提升。目前的数据共享方式比较传统，很容易在数据接收方发生二次泄露。

4）针对整个数据中台，尚无法对数据流转的风险进行实时监测。对数据安全工作者而言，这相当于面对一个黑盒，对其中是否有违规事件发生、整个环境存在着哪些风险无从知晓，这就像是一颗定时炸弹。这些未知的安全隐患长期存在，酿成祸患就只是时间问题了。

20.1.2 合规要求

《数据安全法》第二十七条要求，开展数据处理活动应当依照法律、法规的规定，建立健全全流程数据安全管理制度，组织开展数据安全教育培训，采取相应的技术措施和其他必要措施，保障数据安全。利用互联网等信息网络开展数据处理活动，应当在网络安全等级保护制度的基础上，履行上述数据安全保护义务。

同时，电网公司关于进一步规范数据安全工作的要求，加快建立数据全生命周期的安全防护，防范数据泄露、窃取、篡改、损毁、非法使用等事件对公司造成的不良影响。

20.1.3 需求分析

根据S电网公司的实际情况及调研结果，目前最需要解决的核心问题是风险实时监测、数据安全防护和数据安全共享三方面。

风险实时监测需要覆盖数据采集、存储、使用等多个环节，通过探针采集多个环节的日志信息，进行大数据分析后识别环境中的高危风险，包括偏离基线的行为、外部攻击、漏洞利用等。

数据安全防护需要对数据使用者的身份进行鉴别，区分业务人员的不同级别和运维人员权限。对接触和使用数据的人员进行权限控制，防止数据使用者越权访问数据。对内部人员（研发人员、BI人员和数据库管理员）通过应用访问敏感数据的行为进行管控和审计，并对用户行为进行建模分析，以及时发现数据滥用、泄露的风险。

数据安全共享需要在共享开放过程中，特别是向合作机构提供数据时，对个人隐私信息（如姓名、地址、身份证号码）等高敏感数据进行匿名化处理；需要对整个共享过程进行管控和审计，并对终端的外设进行管控，同时监控用户行为，以及时发现和阻断高危行为。

20.2　项目建设

20.2.1　数据安全风险评估

1. 敏感信息盘点

敏感信息的盘点工作由技术工具支撑。首先，使用扫描引擎获得数据中台资产授权，并根据扫描策略和数据类型集对用户网络范围内的所有数据源进行扫描；然后，使用识别引擎，结合识别策略和识别模型，识别出数据中的敏感数据，对数据进行分类分级。

技术工具内置敏感数据特征库，通过关键字、正则表达式、算法等构建丰富的特征项，用于定义敏感数据识别的匹配策略，同时特征项支持自定义敏感数据类型和特征，比如个人敏感数据、商业敏感数据、企业敏感数据等。

敏感数据发现可以从海量数据中自动发现、分析敏感数据的分布及使用情况，及时发现数据资产的安全违规风险并进行风险预警，帮助用户防止数据泄露和满足合规要求。

2. 数据资产分类分级

数据分类是按照数据融合后的种类进行分类。数据融合之后将数据分为原始库、资源库、主题库、专题库。根据应用的需求，可以访问不同类别的数据资源。

按多维度、多层级进行分类，例如按数据来源、数据组织、数据字段和其他维度进行分类。多维度分类涉及基于元数据的静态分类和基于内容的动态分类。对同一维度也可按多层级分类。例如，根据行业的数据特征，对信息资源进行汇总、融合，将信息化处理的主题数据分成客户数据、公司数据、生产数据等几大类。

数据分级是为了解决数据管理，特别是数据开放共享过程中缺乏数据敏感度衡量标准等问题。其主要内容包括：对数据进行分级；根据对外开放及敏感程度进行管控，制定不同级别的敏感数据在对外开放和内部管理中应遵循的管控要求，并提供原始数据及标签数据的模糊化等示例；对数据进行标识，配合数据授权、数据鉴权等，确保数据的安全使用。

数据分级是根据数据内容的敏感程度对数据资源进行分级。数据分级包括数据分级管理、用户分级管理和系统分级管理三个方面。

3. 全面审计

确保数据库活动记录的100%捕获是极为重要的，任何一种遗漏关键活动的行为都会导致数据库安全上的错误判断。捕获包括捕获数据访问和捕获数据库配置，其中，捕获数据访问是指不论在什么时间、以什么方式，只要数据被修改或查看了就需要自动对其进行追踪，捕获数据库配置是指当数据库表结构、控制数据访问的权限和数据库配置模式等发生变化时，需要进行自动追踪。

根据事先设置的安全策略，采取产生告警记录、发送告警邮件（或短信）、提升风险等级、加入黑名单等响应。

提供多视角的审计报告，根据实时记录的网络访问情况，提供多种安全审计报告，以更清晰地了解系统的使用情况及安全事件的发生情况。通过对用户访问数据库行为的记录、分析和汇报，帮助用户事后生成合规搜索报告，对事故追根溯源，并可根据安全审计报告进一步修改和完善数据库安全策略库，加强内外部网络访问行为记录，提高数据的安全防护。

对访问数据资产的所有账号进行发现、采集、监控和管理。对账号进行动态的风险分析，帮助用户及时发现隐患；通过对账号进行全生命周期管理，防止出现高危账号，做到对账号清晰了解，能够明确“谁在使用数据”的问题。

4. 数据安全风险评估

咨询顾问通过对现场调研得到的各类数据进行综合分析，最终确定公司信息资产存在的问题，并在此基础上确定信息资产的风险级别，为评估报告提供依据。

咨询顾问通过对现场访谈、漏洞扫描及控制台审计得到的信息和数据进行脆弱性分析、威胁分析、已有控制措施分析，对信息系统存在的弱点进行综合评价，了解脆弱性被利用的可能性及被利用后对公司造成的影响，最终确定信息资产的风险级别。

识别风险的各个步骤说明如下：

1）脆弱性分析。给出目前公司的资产有可能被潜在威胁源利用的系统缺陷或弱点列表。

2）威胁分析。对公司需要保护的每一项关键资产进行威胁识别，并根据经验、有关的统计数据来判断威胁发生的频率或概率，为威胁的可能性赋值。

3）已有控制措施分析。针对发现的安全弱点，分析公司当前已经实现或计划实现的安全控制。

4）可能性及影响分析。结合现有控制措施，咨询顾问与公司相关人员进行风险的可能性和影响分析。

5）风险识别。根据定义的风险级别矩阵，通过脆弱性分析、威胁分析、已有控制措施分析、可能性及影响分析，确定最终的风险级别。

6）编写风险评估报告。根据收集的信息和完成的分析，咨询顾问编写风险评估报告初稿，报告中说明评估的结论、证据及使用的方法等，使公司充分理解信息系统存在的风险。

评估报告初稿完成后，咨询顾问组织公司的相关部门进行讨论，并与公司的相关人员讨论本次风险评估结果。

根据讨论的评估报告修改意见，项目小组修改评估报告，并最终形成定稿。

20.2.2 数据安全防护

数据安全防护从安全策略规划做起，这是根据企业的数据安全管理办法等制度性文件细化而来的。

安全策略规划主要是制定敏感数据的采集策略、存储策略、传输策略、访问策略和导出策略等规范，同时对接触数据的人员、应用进行访问权限设计。这个过程比较耗时，也充满挑战，因为权限是否合理，需要和业务人员确认。这种跨部门的合作必须事先有铺垫，否则将会变得低效。本项目的客户高度重视，在项目启动会上邀请了项目涉及的多个部门负责人，因此建设过程并没有在这个环节遇到困难。

1. 数据脱敏

本项目中，分别在 API 访问、数据库数据共享和数据库运维三个场景应用了数据脱敏技术。在 API 访问场景，与应用系统的用户权限管理功能进行关联，根据应用系统的用户权限来进行数据脱敏。数据库数据共享场景一般是指将数据导出到开放测试环境或者提供给数据共享合作者。通过工单审批功能，使得用户将数据共享过程流程化，有利于跟踪和改进。在数据库运维场景，运维人员没有必要了解数据的内容，因此其数据权限和业务人员有很大的区别。在不影响运维工作的前提下，对运维人员能够接触到的敏感数据进行动态脱敏，实现最小权限原则。

2. 敏感数据加密存储

基于数据分类分级保护制度，只选择数据库表中安全级别最高的数据列进行加密存储。本项目中选择了网关加密的方式。如图 20-1 所示，数据库加密措施上线的流程比较复杂，需要经过充分的测试和上线准备，包括完善的回退方案。首先构造测试环境，在测试环境中将上线方案进行充分验证，然后在生产环境的数据库上进行测试，最后才是正式上线。

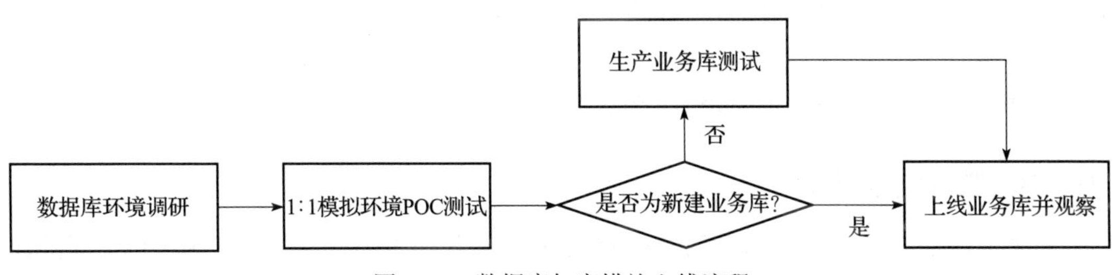

图 20-1 数据库加密措施上线流程

3. 敏感数据防泄露

虽然该项目针对的是数据中台内的敏感数据，但是方案所要考虑的范围却要比数据中台更广。企业的员工会在办公区的终端上访问中台的数据，因此从完整性考虑，中台的数据流动到终端后，其各种文件操作就应该被监控起来，包括浏览、打印、转发、复制等行为。

由于电网公司有相对严格的管理措施，为避免敏感数据防泄露的上线对业务造成冲击，项目组决定上线半年内对高风险行为不做拦截，只进行审计和告警，半年后对审计和告警数据进行分析，调优之后再开启拦截机制。

4. 数据访问控制

根据用户的业务情况，主要对数据采集过程、数据访问过程和数据库运维过程采用了数据访问控制技术。在数据采集过程中，主要对数据源的接入进行身份认证，防止有伪冒的数据源接入。同时，制定访问策略只允许必要的数据库指令通过，防止中台数据库被删库或破坏。在数据访问过程中，除了 API 方式之外，还存在一部分 JDBC 的访问方式，针对这种情况，可以用数据库防火墙一类产品对访问数据库的指令进行过滤，并开启 SQL 注入、虚拟补丁等功能，防止外部攻击。在数据库运维过程中，堡垒机的防护能力是有限的，其短板在于无法解析 SQL 语句这类数据库指令，因此通过专门的数据库运维工具对运维人员的工作进行细致的记录、审核和管控。

5. 数字水印

水印可以实现安全提醒、添加标记和流转溯源。水印就像人民币上的编码。每张人民币上有了编码这样独一无二的“身份证”之后，它在银行间流通的路径是可以查询的。而水印的信息则更加丰富，除了能够反映出数据流转的路径外，还必须能够反映出流转的合法性。

本项目中的水印能力覆盖敏感数据的访问、打印过程和共享场景。在用户浏览文件时，屏幕上附着一层水印，用于记录终端信息，可对截屏、拍照操作起到威慑作用。在打印文件时，纸质上附着一层水印（虚拟打印时，保存文件自动附着水印）。在共享数据时，支持在数据中添加水印，标记数据接收方。当共享的数据发生泄露时，也能够确定泄露数据的责任主体。

本项目涉及的数据安全能力较多，其部署方案如图 20-2 所示。

20.2.3 数据安全共享

对外的数据安全共享是依靠数据沙箱来实现的，如图 20-3 所示。由于 S 电网公司的数据中台是建立在云平台之上的，因此数据沙箱也就建设在由云平台划分出来的一些虚拟机资源上。在数据沙箱内，根据 S 电网公司的业务实际情况，部署华为的 GaussDB，用于存放共享数据。预留部分虚拟机作为应用计算区域。同时，在 4 台虚拟机上分别部署数据库防火墙、数据库审计、数据库加密系统和 API 网关，用于共享数据的安全防护。

数据沙箱方案本身还有很大的提升空间，但是在本项目中，基本满足了 S 电网公司当前的需求。这是一次尝试，也得到了客户的认可。

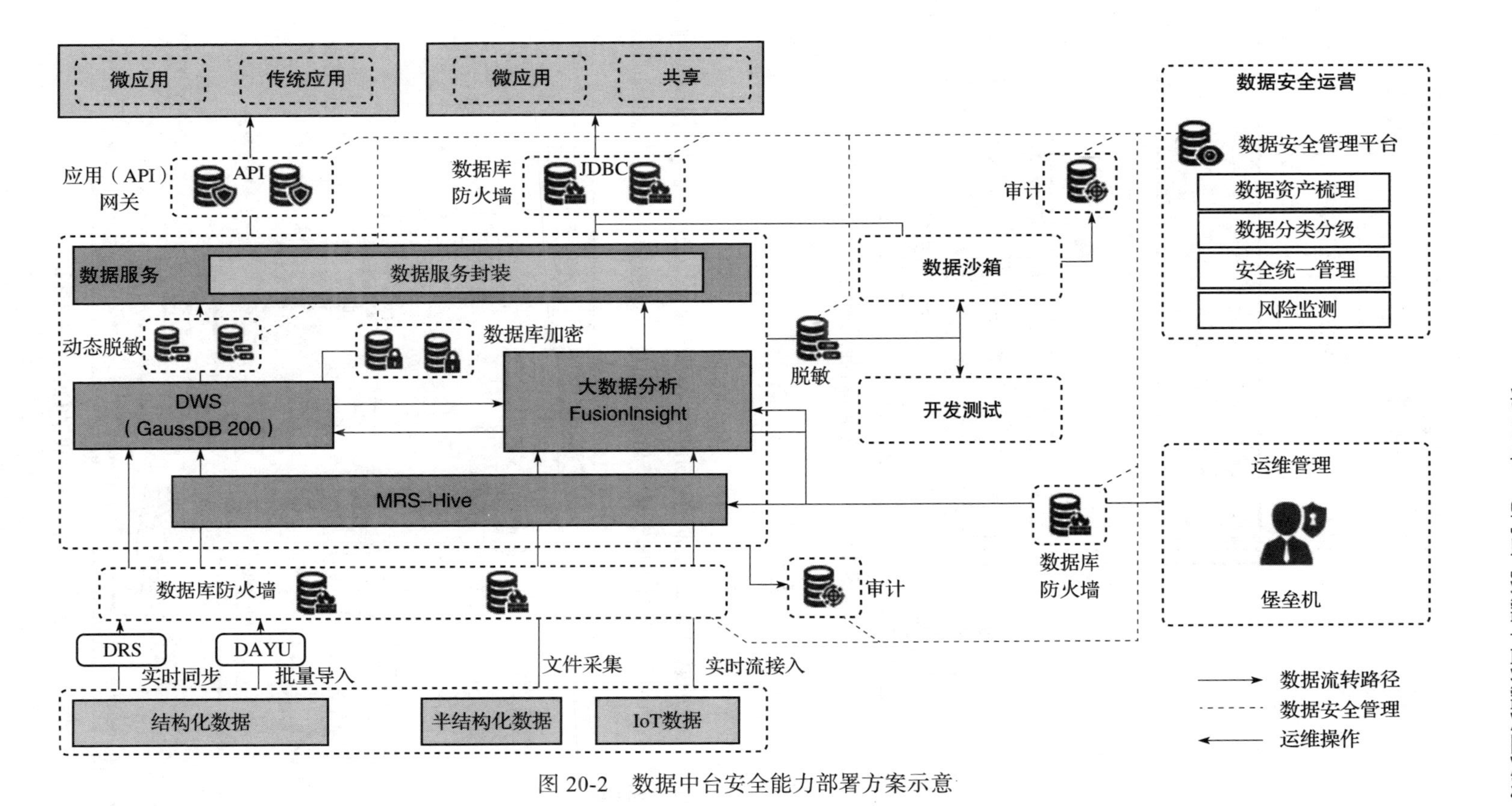

图 20-2　数据中台安全能力部署方案示意

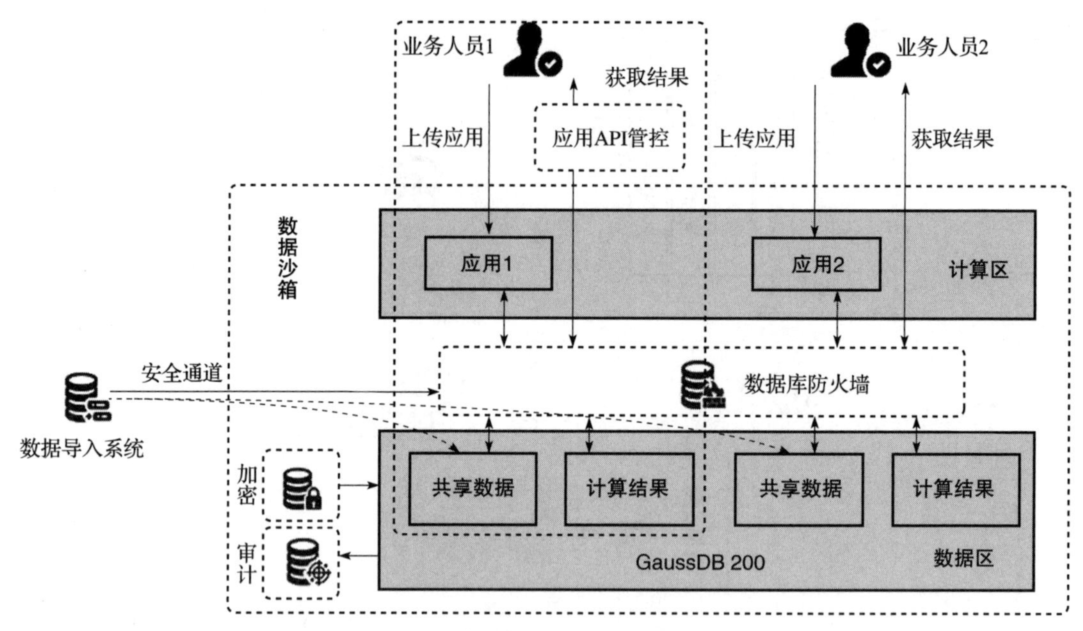

图 20-3 数据安全共享能力部署示意

20.2.4 数据安全集中管理

1. 安全能力统一管理

可以通过统一的管理设备对部署在用户环境中的所有安全设备进行管理。通过数据安全管理大屏能够集中展现全网数据安全产品的实时监控、报警 / 报表信息，如图 20-4 所示。

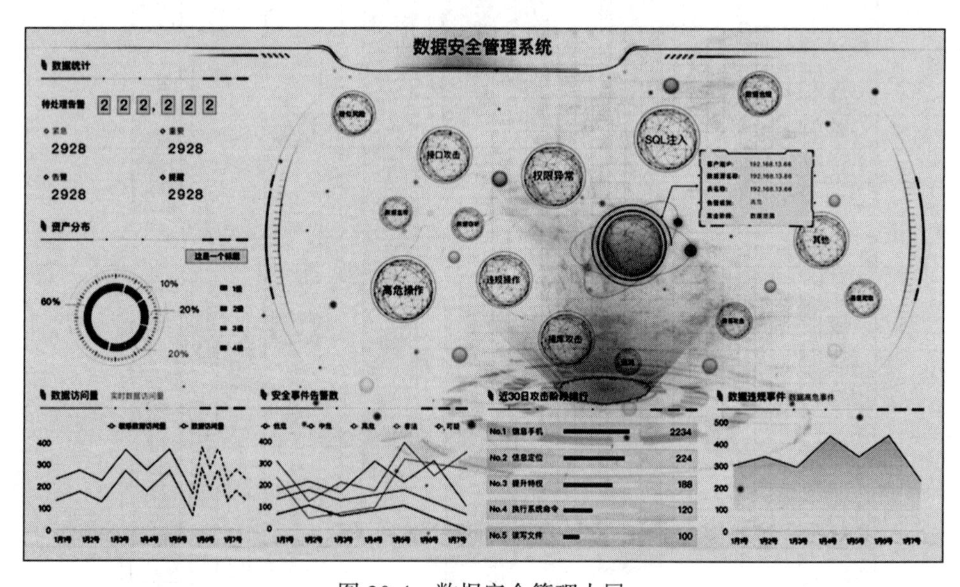

图 20-4 数据安全管理大屏

2. 资产安全报表

资产安全报表提供丰富的资产报表形式，通过内嵌的报表功能提供丰富的数据资产专项报表，如整体资产统计报表、敏感数据梳理报表等供用户分析和审核。同时，管理员可自定义生成 DOC、CSV、PDF 等格式的报表。

3. 敏感数据地图

敏感数据地图可以帮助 S 电网公司客户完全掌控敏感数据在多个维度的分布信息。

4. 数据安全事件告警

支持安全能力组件报警信息的汇总和审计，管理员可通过报警中心模块实时监测各个设备上报的风险和异常状况。支持通过 SYSLOG、SNMP、邮件接收和外发告警日志，支持邮件报警和 syslog 转发。同时，为了方便管理员及时、准确地获取报警信息，系统提供自定义功能：支持定义需要报警的事件类型，支持定义需要邮件报警的事件类型，支持定义需要转发到 syslog 服务器的事件类型。

报警级别分为紧急、重要、警告和提醒四级，由高到低依次用红色、橙色、黄色和蓝色标示。

5. 数据资源违规滥用态势

通过丰富的场景规则及 AI 风险分析模型，为用户生成数据资产风险评估基线，同时综合其他数据安全相关数据和日志进行分析研判，实时监控、预测数据安全风险的变化趋势和偏离预警线的幅度，并从行为、事件、合规性和脆弱性等维度为 S 电网公司提供及时的风险预警和风险处置措施。

20.2.5　数据安全运营

通过构建数据安全运营和保障体系，确保数据安全治理工作和数据安全管理系统连续运行与持续优化。支持、辅导 S 电网公司推进数据安全运营工作。

组建包括技术及业务人员在内的专业支持队伍，并保持支持队伍稳定性、响应及时性、解答准确性、质量与流程规范性。

1）提供专家解答与支持服务，全面解答系统验收后数据安全运营过程中的问题。如对于数据安全合规达标工作，协助开展安全合规达标自评估，满足监管要求。

2）定期对客户进行回访，提供数据安全评估服务，如数据安全成熟度评估、数据资产风险分析等，并针对评估中发现的问题，及时优化和完善数据安全运营体系。

3）提供现场技术支持服务。确保客户在接受监管机构评估、现场检查及后续整改期间的技术支持服务。

4）与 S 电网公司已有的网络安全管理中心或安全态势感知平台对接，将数据安全管理系统中的日志、告警、威胁分析等信息发送到关联的安全管理中心。

20.3 实施过程

该项目从实施工作启动开始，到终验完成，持续了8个月左右。这个时间跨度超过了项目组的预料。用时最长的环节就是设备上线过程，其中的主要工作是对产品根据实际情况进行改造。入场和对资源的协调都要提前申请。在项目初期，项目组成员会对这样的节奏不适应。但在后期，实施人员也能够充分利用这种节奏，主动调整工作计划，尽量缩短周期，加快实施过程。

20.3.1 实施计划

实施计划的表格（见表20-1）勾勒出了项目的实施计划、甲方和乙方的职责分工以及每个阶段的输出成果。

表20-1 实施计划

阶段	工作内容	工作细节	时间节点	职责分工	输出成果
实施前期	前期准备	环境准备（实施环境和上线环境）准备		网络组、主机组、数据库组、厂商实施人员	完成准备工作（账号准备、资源申请、策略开通、安装包准备）
		系统实施公告（通知相关部门、机构和业务使用部门）		S电网公司	向各相关业务部门发布实施公告
	产品部署和安装	完成产品云上部署和安装		厂商技术人员完成，S电网公司提供协助	完成《设备上线验收表》
	数据授权管控系统配置	整合并完成数据授权管控系统的配置工作		厂商技术人员完成	根据用户手册完成安全产品配置
实施中期	设备上线	安全设备上线，与数据库、运维管理端等网络连通正常		由厂商技术人员完成，S电网公司提供协助	完成设备上线，并测试网络连通性
	数据访问控制组件和数据脱敏等组件功能验证与测试	通过授权管控网关完成对数据库访问行为的安全检查与分析以及对敏感数据的脱敏处理		厂商技术人员完成，S电网公司提供协助	
	数据授权管控系统效果、性能、功能验证	应用部门和用户信息管理部门测试		厂商技术人员、S电网公司共同参与	完成数据授权管控的功能性能验证

（续）

阶段	工作内容	工作细节	时间节点	职责分工	输出成果
实施后期	设备试运行	现场驻场监测	驻场	厂商技术人员完成	《设备运行报告单》
		运行情况记录	驻场	厂商技术人员完成	
		应急响应、回退机制	驻场	厂商技术人员完成	《故障处理报告单》
	现场培训	完成现场培训		厂商技术人员完成	完成现场培训工作
	系统验收	完成系统验收、报告签署		厂商技术人员完成	完成系统验收与文档移交工作
	移交系统资料	完成系统资料移交		厂商技术人员完成	

20.3.2 现场调研

不同于网络安全项目，数据安全项目的调研工作有着很高的要求。例如数据库类型和数据库版本信息，如表 20-2 所示，越早了解到这些信息，项目的风险越小。客户或方案设计者最多只关注有哪些数据库，并不会预先收集数据库的版本。这往往会给实施工作带来意料之外的时间成本，也会让客户有不好的体验。

表 20-2 数据库专项调研表

序号	调研项	调研结果	参考数据
1	数据库类型		示例：MySQL、Oracle
2	数据库版本		示例：MySQL 5.7.12
3	数据库数量		示例：MySQL 10 个，Oracle 3 个
4	数据库资产 IP 地址 / 端口		示例：192.168.100.10:5000
5	数据库环境		示例：独立数据库 / 集群数据库环境 / 其他
6	应用是否与 DB 分离部署		示例：数据库与应用系统安装在同一台主机上
7	数据库服务器系统及版本		示例：Windows Server 2008 R2、Red Hat 7.3
8	数据库访问方式［业务系统（ODBC/JDBC）、工具、版本］		示例：JDBC、Navicat
9	数据库应用情况		示例：支持 ×× 系统，存储 ×× 数据，有存储过程
10	数据库负载、流量情况		示例：500Mbit/s
11	数据库及应用系统并发数		示例：1000 QPS
12	数据库备份方式		示例：集群

20.3.3 实施部署

1. 网络资源申请

IP 地址分配：需要若干空闲 IP 地址用于安全部署。表 20-3 为网络端口资源申请表。

表 20-3 网络端口资源申请表

序号	源 IP 地址→目的 IP 地址	端口	协议	用途	备注
1	各安全系统→数据库	数据库访问端口	TCP	安装插件，访问数据	
2	各安全系统→数据库	SSH 端口	TCP	监控资源占用，日志同步（Linux/Unix 系统）	
3	各安全系统→数据库	873	TCP	日志同步（Windows 系统）	
4	管理终端→各安全系统	SSH/HTTPS 端口	TCP	系统配置及问题排查	
5	管理终端→数据安全管理系统	443	TCP	策略配置，平台管理	

2. 计算资源申请

根据数据存储安全管控的需求，本项目涉及的数据安全服务工具包括数据库加密、数据库防火墙、数据安全管理平台等几个部分。基于客户当前电力数据中台的部署要求，所需资源需求如表 20-4 所示。

表 20-4 虚拟机资源申请表

序号	名称	虚拟机资源要求	软件要求	数量 / 台
1	数据安全管理系统	Web 管理服务器、后台分析管理服务器、数据库服务器：4 核 /8GB 内存 / 系统盘 100GB/ 数据盘 500GB	CentOS 7.6	2
		大数据节点服务器 :4 核 /8GB 内存 / 系统盘 100GB/ 数据盘 500GB	CentOS 7.6	2
2	数据审计	4 核 /8GB 内存 / 系统盘 100GB/ 数据盘 500GB	CentOS 7.6	2
3	数据静态脱敏	4 核 /8GB 内存 / 系统盘 100GB/ 数据盘 500GB	CentOS 7.6	2
4	应用数据安全网关	4 核 /8GB 内存 / 系统盘 100GB/ 数据盘 500GB	CentOS 7.6	2

20.3.4 实施难点

由于电网行业的特点，该项目在实施过程中不可避免地遇到了一些问题。要想产品能够在电网环境中正常运行，这些问题必须解决。

1. 外置库

出于安全的考虑，电网数据中台上部署的所有系统，如果有内置数据库的话，必须使用中台提供的数据库。中台通常会提供几种数据库，每种数据库有若干版本。这些特定的数据库应该是经过加固的安全版本。中台这么做是为了防范新系统带来安全隐患。

这样的要求无疑给项目的实施带来了很多工作量。数据安全产品通常会内置数据库，用于保存系统的配置和日志信息。这要求所有的产品都必须按要求改造。对于各模块耦合度比较低的产品，改造的工作量就会小很多。

2. 安装权限

不得不说，电力行业在信息安全方面的流程制度非常细致。在数据中台环境中，电力行业对各虚拟机权限的管控很严格，不会长期开放操作系统的 root 用户及权限，甚至对重启虚拟机的 reboot 权限也做了严格管控。要使用 root 账号，需要提前一段时间报告申请。因此产品在部署过程中可能需要的调试、升级、重启等操作，都需要改造成非 root 权限可以支持的操作。

在实际项目中，改造后的产品只在安装时会用到 root 权限，之后的运行都只需要非 root 权限。产品的问题排查、补丁升级和日志操作都是通过页面进行的。

20.4　项目运行情况

本项目的建设落地使客户具备了相对完善的数据安全能力体系，实现了 60TB 电网数据的安全防护。试运行初期，帮助客户发现数百次高危行为。通过及时调整流程并完善安全策略，目前月高危告警数量已长期保持在个位数。

数据沙箱的建设，帮助客户提升了数据共享环节的安全保障。通过分离出数据的使用权，使客户不用再额外出让其他不必要的权益，从根本上杜绝了数据发生二次泄露的可能，在满足业务要求的同时，也满足了客户的合规要求。

统一管理能力对数据中台内部流动和存储的数据进行全方位的统一安全管理，通过对数据进行加密、脱敏处理，以及对数据访问行为进行精准管控，平台将关键数据安全能力进行深度融合，支持用户在一个“窗口”上对各种数据安全能力进行管理、配置，具备数据发现、分类分级、风险识别、策略配置和技术管控等多种能力，实现了数据安全能力的一体化运营以及对重要数据全生命周期的安全防护。

参考文献

[1]《中华人民共和国网络安全法》，2016 年 11 月 7 日第十二届全国人民代表大会常务委员会第二十四次会议通过。

[2]《中华人民共和国数据安全法》，2021 年 6 月 10 日第十三届全国人民代表大会常务委员会第二十九次会议通过。

[3]《中华人民共和国个人信息保护法》，2021 年 8 月 20 日第十三届全国人民代表大会常务委员会第三十次会议通过。

[4] 全国网络安全标准化技术委员会．信息安全技术　大数据安全管理指南：GB/T 37973—2019 [S]．北京：中国标准出版社，2019.

[5] 全国金融标准化技术委员会．个人金融信息保护技术规范：JR/T 0171—2020 [S/OL]．(2020-02-13)[2024-04-02]. https://hbba.sacinfo.org.cn/attachment/onlineRead/69bfa34620e1e22425450fa511bc155a386fbbb4caee58ed0687cf50782fa3d8.

[6] 全国金融标准化技术委员会．金融数据安全　数据生命周期安全规范：JR/T 0223—2021[S/OL]．(2021-04-08)[2024-04-02]. https://hbba.sacinfo.org.cn/attachment/onlineRead/1f9eb70777d824631167a79569f3ba72f8850dfaee4070f4397fe6a9a81f2f1e.

[7] 全国信息安全标准化技术委员会．信息安全技术　网络安全等级保护基本要求：GB/T 22239—2019 [S]．北京：中国标准出版社，2019.

[8] 全国信息安全标准化技术委员会．信息安全技术　信息系统密码应用基本要求：GB/T 39786—2021 [S]．北京：中国标准出版社，2021.

[9] 全国信息技术标准化技术委员会．数据管理能力成熟度评估方法：GB/T 42129—2022 [S]．北京：中国标准出版社，2022.

[10] 全国信息安全标准化技术委员会．信息安全技术　个人信息安全规范：GB/T 35273—

2020［S］. 北京：中国标准出版社，2020.
［11］全国信息安全标准化技术委员会. 信息安全技术　个人信息安全影响评估指南：GB/T 39335—2020［S］. 北京：中国标准出版社，2020.
［12］全国信息安全标准化技术委员会. 信息安全技术　电信领域数据安全指南：GB/T 42447—2023［S］. 北京：中国标准出版社，2023.
［13］贵州省大数据发展管理局. 政府数据　数据分类分级指南：DB52/T 1123-2016［S/OL］.（2016-09-28）［2024-04-02］. https://dbba.sacinfo.org.cn/attachment/downloadStdFile?pk=d406ee752844e0de018999c6be6b1499.
［14］全国信息安全标准化技术委员会. 信息安全技术　重要数据识别指南（征求意见稿）［S/OL］.（2022-01-07）［2024-04-02］. https://www.tc260.org.cn/file/2022-01-13/bce09e6b-1216-4248-859b-ec3915010f5a.pdf.
［15］全国信息安全标准化技术委员会. 信息安全技术　数据出境安全评估指南［S/OL］.［2024-04-02］. https://www.tc260.org.cn/ueditor/jsp/upload/20170527/.87491495878030102.pdf.
［16］全国信息安全标准化技术委员会. 信息安全技术　数据安全能力成熟度模型：GB/T 37988—2019［S］. 北京：中国标准出版社，2019.
［17］中国互联网协会. 数据安全治理能力评估方法：T/ISC-0011-2021［S/OL］.（2021-04-27）［2024-04-02］. https://www.isc.org.cn/profile/material/2021/11/11/634610a0-fb9c-45c0-8372-7932cbf3c628.pdf.
［18］国家工业信息安全发展研究中心，工业信息安全产业发展联盟. 工业互联网数据安全白皮书（2020）［R/OL］.（2020-12-24）［2024-04-02］. https://www.hrssit.cn/Uploads/file/20201224/1608794246591643.pdf.
［19］中国信息通信研究院. 数据安全治理实践指南（1.0）［R/OL］.（2021-07-20）［2024-04-02］. http://www.caict.ac.cn/kxyj/qwfb/ztbg/202107/P020210720377857004616.pdf.
［20］闪捷信息科技有限公司. 2022 年度数据泄露态势分析报告［R/OL］.（2023-03-31）［2024-04-02］. https://docs.qq.com/pdf/DSE15WUxBVWNlQ3Vt.
［21］International Household Survey Network. Introduction to Statistical Disclosure Control (SDC)［EB/OL］.［2024-04-02］. http://www.ihsn.org/sites/default/files/resources/ihsn-working-paper-007-Oct27.pdf.
［22］National Institute of Standards and Technology. Post-quantum cryptography［EB/OL］.［2024-04-02］. https://csrc.nist.gov/projects/post-quantum-cryptography.
［23］IBM. What is data security?［EB/OL］.［2024-04-02］. https://www.ibm.com/cloud/architecture/architecture/practices/data-security/.
［24］结城浩. 图解密码技术［M］. 周自恒，译. 3 版. 北京：人民邮电出版社，2016.

推荐阅读

给安全工程师
讲透Linux
LINUX BASICS FOR HACKERS

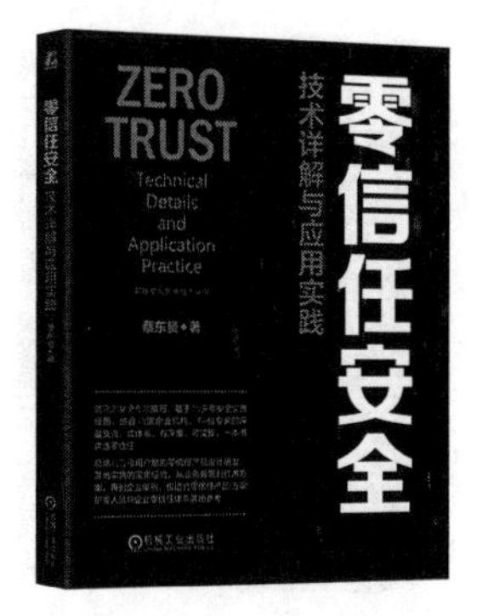

ZERO
TRUST
Technical
Details
and
Application
Practice
零信任安全
技术详解与应用实践

构建新型
网络形态下的
网络空间安全体系

Apress
API安全进阶
基于OAuth 2.0框架
ADVANCED
API SECURITY

安全
技术
运营
方法与实践
SECURITY
TECHNOLOGY
OPERATIONS

O'REILLY®
威胁建模
安全设计中的风险识别和规避
Threat Modeling

CYBERSPACE
MAPPING
TECHNOLOGY
AND PRACTICE
网络空间测绘
技术与实践
让互联网情报服务于
网络安全

DevSecOps Agile Security
DevSecOps
敏捷安全

API
安全实战
API Security
in Action

推荐阅读

权限提升技术
PRIVILEGE ESCALATION
攻防实战与技巧

RED TEAMS VS BLUE TEAMS
红蓝攻防
构建实战化网络安全防御体系

数据安全实践指南
Data Security Practice Guide

基于人工智能方法的网络空间安全
AI IN CYBERSECURITY

ARM汇编与逆向工程
蓝狐卷 基础知识

unidbg逆向工程
原理与实践
UNIDBG REVERSE ENGINEERING

内网渗透
实战攻略
INTRANET PENETRATION PRACTICE STRATEGY

ATT&CK视角下的
红蓝对抗实战指南

原书第4版
Kali Linux
高级渗透测试
MASTERING KALI LINUX FOR ADVANCED PENETRATION TESTING
Fourth Edition